FORSCHUNGSERGEBNISSE
DES INSTITUTS FÜR ORGANISCHE CHEMIE
DER DEUTSCHEN AKADEMIE DER WISSENSCHAFTEN
ZU BERLIN

BERLIN-ADLERSHOF
1954—1961

ALFRED RIECHE ZUM 60. GEBURTSTAG GEWIDMET

AKADEMIE-VERLAG · BERLIN
1962

Erschienen im Akademie-Verlag GmbH, Berlin W 8, Leipziger Straße 3—4

Lizenznummer: 202 · 100/748/62
Satz und Druck: VEB Druckerei „Thomas Müntzer" Bad Langensalza
Buchbindearbeit: Buchbinderei Hans Ritter, Berlin

Aufnahme: Tita Binz

ALFRED RIECHE ZUM 60. GEBURTSTAG

Prof. Dr. phil. Alfred Rieche, Direktor des Instituts für organische Chemie der Deutschen Akademie der Wissenschaften zu Berlin, Professor mit Lehrstuhl an der Friedrich-Schiller-Universität, Jena, Direktor des Instituts für technische Chemie in Jena und Professor mit Lehrstuhl für Technische Chemie an der Humboldt-Universität, Berlin, begeht am 28. April 1962 seinen 60. Geburtstag.

Obwohl der Jubilar diese Tatsache im Hinblick auf seine Tätigkeit als Forscher und Lehrer nicht als einen besonderen Abschnitt empfinden wird, möchten seine Freunde und Mitarbeiter diesen Tag aber doch zum Anlaß nehmen, ihn durch einen Rückblick auf seinen Werdegang und seine Leistungen zu ehren.

A. Rieche wurde am 28. April 1902 in Dortmund als Sohn eines Chemikers geboren. Seine Schulzeit verlebte er in Bernburg/Saale. Er studierte dann in Greifswald Chemie bei Meisenheimer, Sieverts, Fredenhagen, Posner und später bei R. Pummerer, dem er 1925 nach Erlangen folgte, wo er noch im gleichen Jahr mit einer Arbeit „*Über einwertigen Sauerstoff*" promovierte. Es folgte ein Studienaufenthalt in Graz bei F. Pregl, der ihn zur Entwicklung einer ebullioskopischen Mikromolekularbestimmungsmethode anregte, und später ein Studienaufenthalt in München bei E. Waldschmid-Leitz.

Nach seiner Promotion war A. Rieche zunächst Assistent und später Leiter der organischen Abteilung des Chemischen

Laboratoriums der Universität Erlangen, wo er sich 1930 mit einer Arbeit über „*Alkyl-Peroxyde und Ozonide*" habilitierte, die auch als erste Monographie über organische Peroxyde in Buchform herauskam.

In Erlangen waren in einem Zeitraum von nur fünf Jahren (1927–32), vor allem mit seinem langjährigen Mitarbeiter R. MEISTER[1]), seine grundlegenden *Untersuchungen über organische Peroxyde und Ozonide* entstanden. Die einfachsten und wegen ihrer Explosivität gefürchteten Peroxyde, wie z. B. Dimethylperoxyd, Methylhydroperoxyd (letzteres mit F. HITZ), Peroxyde des Formaldehyds und Acetaldehyds sowie Alkylidenperoxyde, wurden nicht nur hergestellt, sondern auch physikalisch untersucht. Er lieferte grundlegende Beiträge für die *Aufklärung des Mechanismus der Ozonspaltung* und stellte erstmalig ein Ozonid aus einem Peroxyd, also ohne Ozon, dar (mit R. MEISTER, H. SAUTHOFF). Auf Grund seiner Untersuchungen über die Autoxydation der Äther konnte A. RIECHE 1937 einen allgemeinen *Autoxydationsmechanismus organischer Verbindungen* aufstellen, wonach als primäre Autoxydationsprodukte Hydroperoxyde auftreten sollen. Die Auffindung dieser Hydroperoxyde in fast allen Verbindungsklassen hat später diesen Mechanismus bestätigt.

Neben den Grundlagenforschungen mit rein theoretisch-wissenschaftlicher Zielsetzung interessierte sich A. RIECHE bereits als junger Dozent in Erlangen auch für wissenschaftliche Probleme mehr praktischen Charakters, z. B. für *Farbstoffzwischenprodukte* und *Pharmazeutica*. Er stelle u. a. die den Naphthanthrachinonen isomeren *peri-Phthaloylnaphthalin-*

---

[1]) In dieser Übersicht über die Arbeiten von A. RIECHE sind nur die Namen derjenigen Mitarbeiter, Assistenten und Doktoranden erwähnt, die besonders eng und längere Zeit mit ihm zusammen gearbeitet haben; die zahlreichen anderen Mitarbeiter und insbesondere diejenigen, die als Diplomanden seine Schüler waren, sind nicht genannt.

verbindungen her und bewies ihre Siebenringstruktur. Daraus ergaben sich auch neue Synthesen für noch nicht bekannte 2-Hydroxynaphthalincarbonsäuren (mit E. FRÜHWALD, O. MÜLLER, K. JUNGHOLT, W. HASSLER).

Als er 1933 in die Farbenfabrik Wolfen als wissenschaftlicher Leiter des Laboratoriums der Zwischenproduktenabteilung eintrat, kamen zu den Arbeiten über Farbstoffzwischenprodukte (z. B. neuer Ausgangsstoffe für Schwefelbuntfarben wie Dinaphthocarbazol (mit K. SEIFERT)) noch weitere auf dem Gebiet der *Wasch- und Textilhilfsmittel, der Pflanzenschutzmittel* und *Riechstoffe* hinzu. Im Rahmen der *Untersuchungen über Dinaphthylverbindungen* wurden erstmalig 1,1-Dinaphthon und der Grundkörper des Flavanthrons, das Dehydrodinaphthylendiimin, hergestellt (mit W. RUDOLPH und K. SEIFERT). Nach der ihm noch übertragenen Einrichtung eines Laboratoriums für Kunststoffe im Werk Bitterfeld wurden dort unter seiner Leitung Arbeiten auf dem *Polyvinylchlorid-Gebiet* durchgeführt.

Seit 1936 liefen in Wolfen seine umfassenden Arbeiten zur *Ausnutzung der Buchenholzsulfitablauge*, die dort erstmalig anfiel, als die Agfa-Filmfabrik Wolfen die Produktion von Zellstoff auf der Basis von Buchenholz aufgenommen hatte. Es wurde zunächst die *Aceton-Butanol-Gärung* (mit G. HILGETAG) bis zur halbtechnischen Reife ausgearbeitet und dann vor allem die bis dahin nicht für durchführbar gehaltene *Verhefung der in der Buchenholzsulfitablauge enthaltenen Pentosen* (mit G. HILGETAG und G. BUTSCHEK) so weit entwickelt, daß mehrere kontinuierlich arbeitende Großanlagen zur Verheftung von Sulfitablauge bzw. von Schlempen der Sulfitspritfabrikation geplant und angefahren werden konnten (in Wolfen, Odermünde, Tilsit-Ragnit, Attisholz, Schweiz und Lielahti, Finnland).

1938 wurde (mit A. GNÜCHTEL) ein technisches Verfahren zur Gewinnung von *Vanillin aus Sulfitablauge* entwickelt, das aber infolge des Krieges nicht zur großtechnischen Ausführung kam.

Andere Versuche zur Verwertung der in der Sulfitablauge enthaltenen Ligninsulfosäure führten (zusammen mit W. Rudolph und H. Matthauser) zur Synthese einer Reihe von *Gerbstoffen*, den ersten aus Buchenholzsulfitablauge, und (mit A. Gnüchtel und H. Wittmeyer) zur Entwicklung von *Preßmassen auf Basis Säure-Lignin und entsulfoniertem Lignin.* Außerdem wurden in dieser Zeit Arbeiten auf dem Lösungsmittel- und Weichmachergebiet zur Herstellung und Verwertung von *Furfurol* durchgeführt (mit A. Gnüchtel).

Seine ausgesprochene Passion und Begabung zum Planen, Konstruieren und Bauen, die sich außerberuflich u. a. in seiner Freude am Tischlern ausdrückt, fand auch beruflich ihren Niederschlag, z. B. in der Konstruktion eines „Reaktionsbandes" zur Herstellung von *Cyanursäure* aus Harnstoff (mit A. Gnüchtel und H. Matthauser) und in der Entwicklung einer *Verhefungsbütte*, die in Anlehmung an den Scholler-Seidel-Apparat nach dem Mammutpumpenprinzip arbeitet, und die sich zur Zeit immer mehr in die Technik einführt (mit G. Butschek, G. Hilgetag und Dipl.-Ing. O. Kutsch).

In diesen Jahren konzentrierter Industrietätigkeit fand A. Rieche noch die Möglichkeit, seine theoretischen und experimentellen Arbeiten über die Autoxydation von Äthern (mit K. Koch) und Fetten, über Antioxydantien und über die Ozonspaltung zu fördern. Auch die Lehrtätigkeit an der Hochschule wurde fortgesetzt, nachdem er sich an die Universität Leipzig umhabilitiert hatte. 1937 wurde er dort zum a. o. Professor ernannt und hielt Spezialvorlesungen über organische Chemie.

Nach Kriegsende betrachteten es A. Rieche und sein langjähriger Mitarbeiter G. Hilgetag zunächst als dringendste Aufgabe, möglichst viel *Nährhefe* für die Bevölkerung herzustellen. Die Hefeanlage der Farbenfabrik Wolfen konnte in kürzester Frist von der vorübergehend nicht mehr anfallenden Buchenholzsulfitablauge auf Melasse als Rohstoff umgestellt werden. Die übrigen Arbeiten von A. RIECHE konzentrierten sich damals hauptsächlich auf die Ausarbeitung von Verfahren zur Sicherstellung der *Komponenten-Fabrikation für den Farbfilm* der „Agfa" Wolfen.

1946–51 war A. RIECHE in einem wissenschaftlichen Industrielaboratorium in der Sowjetunion tätig, wo er über Farbstoffe arbeitete. Nach seiner Rückkehr in die Farbenfabrik Wolfen verlagerten sich die Schwerpunkte seiner Tätigkeit etwas. Inzwischen war dort eine intensive Entwicklung auf dem *Pharmagebiet* angelaufen, in die er sich tatkräftig einschaltete (zusammen mit G. HILGETAG und A. MARTINI). Es wurden Verfahren zur Herstellung von Tuberculostatica, Sulfonamiden, Antirheumatica, Anästhetica, Desinfektionsmitteln und medizinischen Waschmitteln ausgearbeitet und in Produktion genommen. Als Leiter des Pelzfarbenlabors entwickelte er neue *Haarfarben* und eine Reihe *Kosmetika* (mit A. SCHLICHT). Auch neue *Austauschergerbstoffe*, die Wofagane, wurden hergestellt (mit G. MÜLLER und I. WAGNER) und zusammen mit H. LE BLANC erste Versuche zur Reinigung von phenolhaltigen Abwässern durchgeführt. Auch eine Reihe von neuen Verfahrensvorschriften für Zwischenprodukte wurde ausgearbeitet, u. a. wurde auch die katalytische Umsetzung von Anilin, Toluidinen und Benzylamin am Al_2O_3-Kontakt eingehend untersucht (mit H. MÖLLER).

Im Oktober 1954 schied A. RIECHE aus der Farbenfabrik Wolfen aus, um die Leitung des Instituts für organische Chemie der Deutschen Akademie der Wissenschaften zu Berlin in Berlin-Adlershof zu übernehmen. In diesem von ihm mit viel Liebe neu eingerichteten Institut begann sehr rasch eine lebhafte und vielseitige Forschungstätigkeit, die sich in wohlabgewogenem Maße sowohl auf reine Grundlagenforschung als auch auf die Lösung wirtschaftlich-technisch wichtiger Tagesfragen erstreckte. Außer seinen beiden langjährigen Mitarbeitern G. Hilgetag und A. Martini und auch E. Schmitz, die ihm nach Berlin folgten, wurden nur ganz junge Wissenschaftler, die im Institut den Abschluß ihrer Ausbildung als Diplomanden und Doktoranden machten, und fast nur ungelernte Laborhilfskräfte (meist Abiturienten) eingestellt, die im Institut in Abendkursen zu Chemotechnikern und Laboranten herangebildet wurden. Hierdurch gelang es, in dem Institut eine besondere Atmosphäre der Arbeitsfreude, der Begeisterung für das Forschen und der freundschaftlichen Zusammenarbeit aller zu schaffen, auf die die raschen Erfolge des Instituts zurückzuführen sind.

Die *Peroxyduntersuchungen* wurden zunächst mit E. Schmitz 1953 wieder aufgenommen. Sie begannen mit eingehenden Untersuchungen über die *Isochromane* und ihre Autoxydationsprodukte und solchen der *Phthalane* (mit M. Schulz). Bei den Autoxydationsversuchen gelang es, grundlegende Gesetzmäßigkeiten über die Abhängigkeit von der Konstitution zu finden, die Ätherhydroperoxyde und Acetalhydroperoxyde zu isolieren und ihre Konstitution durch unabhängige Synthesen zu sichern (mit E. Schmitz, Chr. Bischoff, M. Schulz, E. Beyer). Viele neue Peroxyde wurden synthetisiert, u. a. wurden auch für die Gewinnung *stickstoffhaltiger Peroxyde* mehrere Synthesen ausgearbeitet. Man kann diese Synthesen am besten unter dem Motto „*Peroxydbildung über Carbeniumionen*" zusammenfassen. Es wurden außerdem *metallorganische Peroxyde* synthetisiert (mit J. Dahlmann, T. Bertz) und ein neues Fällungsreagens für Hydroperoxyde gefunden (mit P.-G. Dietrich). Die *Papierchromatographie* und die Dünnschichtchromatographie wurden erstmalig für die Identifizierung von Peroxydgemischen angewendet (mit M. Schulz). Diese zunächst mit rein theoretischen Zielsetzungen begonnenen Peroxyd-Arbeiten haben in jüngster Zeit auch praktische Auswirkungen bekommen; so konnte z. B. das Mesityloxydperoxyd, nachdem seine Struktur aufgeklärt worden war (mit E. GRÜNDEMANN), für Telomerisationen und technische Polymerisationen erfolgreich angewandt werden.

Auf dem Gebiet der aromatischen Zwischenprodukte widmete er sich sehr eingehend (zusammen mit H. SEEBOTH) der Aufklärung des *Mechanismus der* BUCHERER-*Reaktion* — eine Aufgabenstellung, die ihn sicherlich „potentiell" schon seit 1934 beschäftigte, als seine Berufung an die T. H. München als Nachfolger von H. TH. BUCHERER von der dortigen Fakultät zwar beschlossen, aber von dem damaligen Kultusministerium abgelehnt worden war. Jetzt gelang es in jahrelangen Arbeiten, den Mechanismus dieser Reaktion und der verwandten Carbazolsynthese aufzuklären und auch neue Anwendungsmöglichkeiten zu finden.

Mit H. GROSS und E. HÖFT wurden neue Typen von *α-Halogenäthern* synthetisiert (u. a. der asymmetrische Dichlormethyläther), die ganz neue präparative Möglichkeiten eröffneten. Im Rahmen dieser Arbeiten konnte auch eine neue Aldehydsynthese aufgefunden werden, die der GATTERMANN-KOCH-Synthese überlegen ist. Auf dem Gebiet der Arzneimittelsynthese liefen zusammen mit G. HILGETAG und A. MARTINI Arbeiten über perorale *Diuretica* (mit R. PHILIPPSON), *Sulfonamide* und Cytostatica (mit H. DORN) und *fungistatisch und virusstatisch wirkende Verbindungen*, die u. a. auch eine nutritive Wirkung in der Tierernährung zeigen (mit D. MARTIN sowie J. SCHLEGEL, O. NEJEDLY und W. SCHADE).

Sehr umfangreiche Arbeiten mit unmittelbarer Auswirkung auf die Technik wurden auf dem Gebiet der Reinigung (mit H. SEEBOTH) und der mikrobiellen *Verwertung industrieller Abwässer* durchgeführt und damit neue Möglichkeiten der Abwasserreinigung und zusätzliche Rohstoffe für die Futtereiweißerzeugung erschlossen (mit A. MARTINI und M. LORENZ). Hierbei ergaben sich grundsätzliche neue Erkenntnisse über das Verhalten von Wuchshefen auf unphysiologischen bzw. sogar giftigen Substraten.

Die *Untersuchungen auf dem Ligningebiet* (Alkalilignin) führten u. a. zu Harzen, die als Bindemittel beim Formmaskenverfahren und für Hartfaserplatten verwendet werden können (mit L. Redinger und K. Junghans). Außer diesen in Adlershof durchgeführten Arbeiten liefen noch solche mit mehr technischer Zielsetzung an seinem Jenaer Institut, z. B. *Modellversuche zur Autoxydation* von Fettsäuren (mit H.-E. Seyfarth), über die Konstitution von Disulfamidoheterocyclen (mit G. Malewski), Sulfochlorierung und Sulfochloride (mit E. Naumann, W. Fischer), selektive Chlorierung (mit E. Naumann, D. Brox), neue Aldehydsynthesen (mit G. Mathey). Auch die alten Arbeiten über die *Dehydrierung von Phenolen* zu „Radikalen mit einwertigem Sauerstoff" wurden erneut unter Einsatz modernster Hilfsmittel erfolgreich aufgenommen (mit M. Landbeck).

Schließlich wurden noch eine Reihe von Arbeiten in Industrielaboratorien von ihm betreut und dabei wichtige Ergebnisse über den Verlauf der *HCl-Abspaltung beim Polyvinylchlorid* (mit H. Mücke) und den Mechanismus der partiellen *Hydrierung von Vinylacetylen* erzielt (mit H. Albrecht). Die Frage der Konstitution von Cyanursäure- und Isocyanursäure-Derivaten und ihre Anwendung in der Plastindustrie wurde bearbeitet (mit L. Zipfel) und Fragen der Bindung von Harnstoff- und Melaminleimen an Lignin und Cellulose studiert (mit G. Mittelbach).

Die enge Verflechtung eines Teils seiner Arbeitsgebiete mit der Praxis und seine großen und vielseitigen Erfahrungen auf industriellem Gebiet führten dazu, daß A. Rieche als Ratgeber für technische Fragen vielfach herangezogen wird und daß er um seine Mitarbeit in einer Reihe von Fachgremien gebeten wurde. So ist er heute Mitglied des Zentralen Arbeitskreises „Organische Zwischenprodukte", Mitglied der Forschungsgemeinschaft „Abwässer der Kohleindustrie" und Mitglied der Forschungsgemeinschaft „Ligninverwertung". Er ist Leiter der Arbeitsgruppe „Mikrobielle Eiweißsynthese" in der 1961 gegründeten Forschungsgemeinschaft „Eiweiß in der Tierernährung".

Die nach Kriegsende zunächst unterbrochene Hochschultätigkeit wurde 1951 im Rahmen eines Lehrauftrages für spezielle organische Chemie an der Universität Halle wieder aufgenommen. Im nächsten Jahr erfolgte die Berufung zum Direktor des Instituts für Technische Chemie der Friedrich-Schiller-Universität, Jena, wo er zunächst zum Professor mit vollem Lehrauftrag und dann bald zum Professor mit Lehrstuhl ernannt wurde. 1955 erhielt er noch einen Lehrauftrag für Technische Chemie an der Humboldt-Universität, Berlin, wo er 1960 ebenfalls zum Professor mit Lehrstuhl ernannt wurde.

Die wissenschaftlichen Arbeiten von A. Rieche haben ihren Niederschlag in bisher ca. 140 Veröffentlichungen und ebensovielen Patenten gefunden, in 2 Monographien auf dem Peroxydgebiet, in einem Kapitel über „Peroxyde als Katalysatoren" im Handbuch der Katalyse und in seinem Lehrbuch „*Grundriß der technischen organischen Chemie*", das auch in einer sowjetischen Ausgabe vorliegt und dessen 2. erweiterte Auflage 1961 erschien. Seit 1955 ist er Herausgeber der „Technischen Fortschrittsberichte" des Verlages Steinkopff, seit 1962 Mitwirkender bei der Herausgabe der „Chemischen Berichte" der Gesellschaft Deutscher Chemiker.

A. Rieche ist ordentliches Mitglied der Deutschen Akademie der Wissenschaften zu Berlin, Mitglied der Sektion „Chemie" und der Sektion „Biologie" der DAdW, Mitglied des Kuratoriums und Mitglied der Fachkommission Chemie der Forschungsgemeinschaft der naturwissenschaftlichen, technischen und medizinischen Institute und Mitglied des Direktoriums der Forschungsinstitute der DAdW Berlin-Adlershof.

1959 berief ihn die Deutsche Akademie der Naturforscher „Leopoldina" zu ihrem Mitglied.

1958 erhielt er für seine Verdienste auf dem Gebiet der organischen Peroxyde und Ozonide die Adolf-von-Bayer-Denkmünze der Gesellschaft Deutscher Chemiker und 1959 wurde ihm der Nationalpreis der Deutschen Demokratischen Republik verliehen.

A. Rieche kann bereits heute mit Stolz auf die Ergebnisse seiner wissenschaftlichen Arbeiten zurückblicken. Abgesehen von dem Peroxyd-Gebiet, auf dem er, mit seinen ersten selbständigen wissenschaftlichen „Gehversuchen" beginnend, bis jetzt fast ununterbrochen und konsequent tätig war, sind eine Fülle teilweise sehr heterogener Themen von ihm bearbeitet worden; aber keines wurde „nur angeschnitten", sondern jedes bis zum gesetzten Ziel auch wirklich erschöpfend bearbeitet; und wenn das beim ersten Anlauf nicht gelang, wurde es oft Jahre später wieder neu aufgegriffen. Auch mit der rein akademischen Lösung eines Problems gibt er sich selten zufrieden; wenn er glaubt, daß die erarbeiteten Resultate volkswirtschaftlich genutzt werden können, ist er unermüdlich bemüht, diese der Industrie und Technik nahezubringen. Er sagt von sich selbst, daß zwei Seelen in seiner Brust sind, einmal die eines Forschers, der viele Probleme um ihrer selbst wegen bearbeitet wissen will, und zum anderen die eines auf die Praxis orientierten Wissenschaftlers, der gern Tagesfragen der chemischen Industrie aufgreift und sie zu fördern versucht.

Seine Freunde, Mitarbeiter und Schüler gratulieren dem Jubilar sehr herzlich zum 60. Geburtstag und verbinden ihre

Glückwünsche mit der Überreichung einer Auswahl von wissenschaftlichen Arbeiten[1]), die in den vergangenen sechs Jahren unter der Leitung von A. RIECHE entstanden.

G. HILGETAG

---

[1]) Die ersten 6 umfangreicheren Arbeiten (Sonderdrucke der „Sitzungsberichte der DAdW") sind Übersichten über jahrelang bearbeitete Forschungsthemen des Instituts für organische Chemie der Deutschen Akademie der Wissenschaften zu Berlin, Berlin-Adlershof. Die sich daran anschließenden 13 kürzeren Beiträge, (Sonderdrucke der „Monatsberichte der DAdW") sind zum Teil kurze Zusammenfassungen von Arbeiten, die an anderer Stelle ausführlich veröffentlicht wurden, zum Teil Originalmitteilungen kleinerer Teilgebiete der Arbeiten des Instituts für organische Chemie der DAdW und des Instituts für technische Chemie der Friedrich-Schiller-Universität Jena.

Die Zusammenstellung der Festschrift lag in den Händen von A. MARTINI.

INHALTSVERZEICHNIS

SITZUNGSBERICHTE DER DEUTSCHEN AKADEMIE
DER WISSENSCHAFTEN ZU BERLIN

Klasse für Chemie, Geologie und Biologie
Jahrgang 1962 Nr. 2

Dr. habil. ERNST SCHMITZ

ÜBER AUTOXYDATIONSVORGÄNGE UND ORGANISCHE PEROXYDE

Aus dem Institut für Organische Chemie
der Deutschen Akademie der Wissenschaften zu Berlin
(Direktor: Prof. Dr. Alfred Rieche)

AKADEMIE-VERLAG · BERLIN
1962

Vorgelegt von Hrn. RIECHE in der Plenarsitzung vom 18. Mai 1961
Zum Druck genehmigt am gleichen Tage, ausgegeben am 29. 11. 1961

Erschienen im Akademie-Verlag GmbH, Berlin W 8, Leipziger Straße 3—4

Lizenznummer: 100/507/62
Gesamtherstellung: VEB Druckerei „Thomas Müntzer" Bad Langensalza
Printed in Germany
Bestellnummer: 2010/62/II/2 · ES 18 C 5 · Preis: DM 4,20

Unter Autoxydation versteht man im ursprünglichen Sinne des Wortes Oxydationen, die „von selbst" verlaufen, also ohne Zusatz eines Oxydationsmittels und ohne Energiezufuhr. Die Einwirkung von Luftsauerstoff auf Äther oder Terpentin sind bekannte Beispiele solcher Autoxydationen.

Diese Vorgänge sind in den letzten dreißig Jahren intensiv bearbeitet worden [1]. Durch Zusatz von Katalysatoren, Belichtung oder schwach erhöhte Temperatur hat man viele Autoxydationen rationell gestalten können. Man hat die Bezeichnung Autoxydation beibehalten, obwohl die Vorgänge durch das Eingreifen des Chemikers nicht mehr „von selbst" verlaufen. Heute nennt man in der organischen Chemie solche Reaktionen Autoxydationen, bei denen Sauerstoff bei Temperaturen bis etwa 100 °C auf organische Moleküle einwirkt. Als neues gemeinsames Kennzeichen vieler Autoxydationen tritt die Bildung von *Peroxyden* in den Vordergrund.

Organische Peroxyde enthalten die Gruppierung C–OO–. Die O–O-Verknüpfung des Sauerstoffmoleküls bleibt also bei Autoxydationen zunächst erhalten. In der Mehrzahl der Fälle entstehen Alkylhydroperoxyde [1]:

$$R—H + O_2 \rightarrow R—OOH$$

Alkylhydroperoxyde können als Derivate des Wasserstoffperoxyds aufgefaßt werden. Oft kann man die Alkylhydroperoxyde aus geeigneten Alkylderivaten und Wasserstoffperoxyd synthetisieren, was verschiedentlich zum Konstitutionsbeweis herangezogen wurde [2].

$$R—X + H_2O_2 \rightarrow R—OOH$$

1*

Untersuchungen über den Verlauf von Autoxydationsvorgängen

Bei den in den letzten Jahrzehnten durchgeführten Arbeiten über Autoxydationsvorgänge ging es einerseits darum, die schädliche Wirkung des Luftsauerstoffs auf Fette, Treibstoffe, Lösungsmittel oder Narkoseäther kennenzulernen und Mittel zu ihrer Verhinderung zu finden. Andererseits hat man in den letzten Jahren zunehmend die Autoxydation zur Gewinnung definierter Peroxyde herangezogen [1].

Während die Autoxydation von Kohlenwasserstoffen und Olefinen bereits in vielen Fällen zur Gewinnung von Peroxyden geführt hatte, war die Autoxydation von Äthern wenig, die Autoxydation von Acetalen gar nicht untersucht worden. Beide Verbindungsklassen sind aber wichtige Lösungsmittel im Laboratorium und in der Technik. Die Autoxydationsneigung beider Substanzklassen war bekannt und gefürchtet, da vor allem die peroxydischen Autoxydationsprodukte der Äther hochexplosiv sind [3]. Als technische Lösungsmittel haben sich daher Äther und Acetale nur schwer durchsetzen können [4].

Nach dem allgemeinen Autoxydationsschema von A. Rieche [5] sollten Äther bei der Autoxydation Ätherhydroperoxyde (I) liefern. Die Isolierung eines Ätherhydroperoxydes war in einem Falle gelungen. Tetrahydrofuran gab ein definiertes Ätherhydroperoxyd [6].

Die Ätherhydroperoxyde (I) sind acetalartige Verbindungen, die sich durch Säure in je ein Mol Aldehyd, Alkohol und Wasserstoffperoxyd spalten lassen. Eine Synthese der Ätherhydroperoxyde aus den drei Spaltstücken war erstmalig A. Rieche und R. Meister geglückt [7].

$$R{-}CH_2{-}O{-}R' \xrightarrow{O_2} \underset{\text{I}}{\underset{OOH}{\underset{|}{R{-}CH}}{-}O{-}R'} \rightleftarrows \begin{array}{l} RCHO \\ R'OH \\ HOOH \end{array}$$

Entsprechend sollten die noch hypothetischen Autoxydationsprodukte der Acetale, die Acetalhydroperoxyde (II), den Charakter von Orthoestern haben. Sie müßten zu Säure, Alkohol und Wasserstoffperoxyd hydrolysierbar und eventuell aus diesen Spaltstücken synthetisierbar sein.

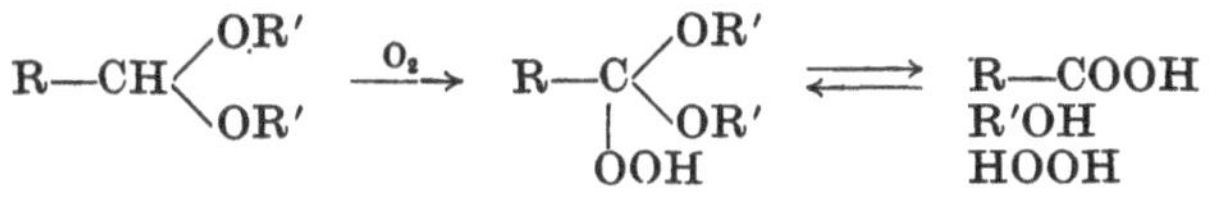

II

a) Ätherautoxydation

In der organischen Chemie ist es üblich, daß man sich die Bearbeitung komplizierter Moleküle dadurch erleichtert, daß man einfache Modellsubstanzen herstellt und die an diesen einfachen Verbindungen gewonnenen Erfahrungen für die Bearbeitung der komplizierten Moleküle verwertet. Bei der Bearbeitung der Autoxydation von Äthern und Acetalen erwies es sich nun als zweckmäßig, gerade den umgekehrten Weg zu gehen und mit der Untersuchung größerer und komplizierterer Moleküle zu beginnen.

Peroxyde einfacher Moleküle sind nämlich hochexplosiv, während die Peroxyde größerer Moleküle relativ harmlos sind. Auch kann man größere Moleküle hinsichtlich ihrer Eigenschaften leicht variieren, indem man Substituenten einführt.

Wir suchten Modellsubstanzen, die eine große Autoxydationsneigung mit einer gewissen Beständigkeit der gebildeten Peroxyde vereinten. Für die Ätherautoxydation kamen wir so zu den Ringsystemen des Isochromans (III) und des Phthalans (IV). Nachdem die Peroxyde dieser Verbindungen hergestellt und untersucht worden waren, erwies es sich als verhältnismäßig einfach, analoge Verbindungen aus kleineren Molekülen herzustellen.

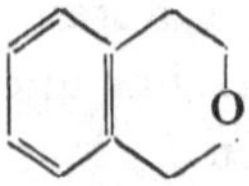

III

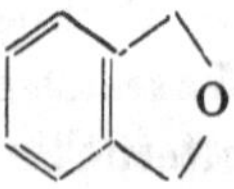

IV

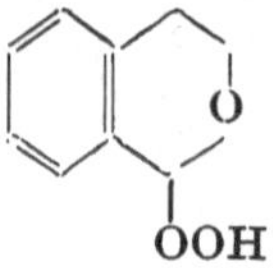

V

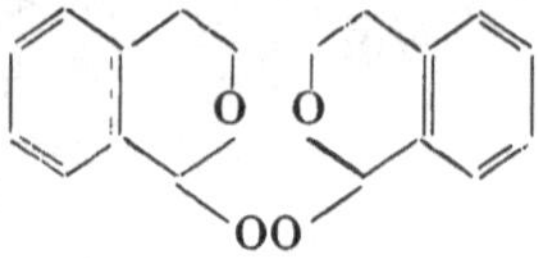

VI

Sowohl beim Isochroman [8] als auch beim Phthalan [9] war in der Literatur bereits über peroxydische Produkte einer Sauerstoffeinwirkung berichtet worden. Isochroman (III) sollte bei mehrwöchigem Stehen an der Luft in eine kristalline Substanz der Struktur VI übergehen. Nun war aber bereits von Clover [10] vermutet und später von Rieche [7] sehr wahrscheinlich gemacht worden, daß bei der Ätherautoxydation als Primärprodukte Ätherhydroperoxyde (I) entstehen. Im Falle des Isochromans müßte man also mit dem Auftreten des Isochromanhydroperoxyds (V) rechnen. Es sollte daher versucht werden, in der Isochromanreihe und der Phthalanreihe die Ätherhydroperoxyde nachzuweisen und eventuell zu isolieren.

Es zeigte sich, daß bei der Autoxydation des Isochromans zunächst tatsächlich Isochromanhydroperoxyd V entsteht [11]. Unter geeigneten Bedingungen läßt es sich in fast 50prozentiger Ausbeute isolieren. Wie erwartet, zeigt es eine große Tendenz zur Dimerisierung. Bei längerem Stehen in Lösung geht es in Di-isochromanylperoxyd (VI) über. Bei Einwirkung von Säure erfolgt diese Dimerisierung in wenigen Stunden quantitativ. Es ist daher verständlich, daß frühere Bearbeiter nur das dimere Peroxyd VI fanden.

Bei der thermischen Zersetzung liefert das Peroxyd VI unter Entwicklung gasförmigen Wasserstoffs 1-Isochromanon [11a].

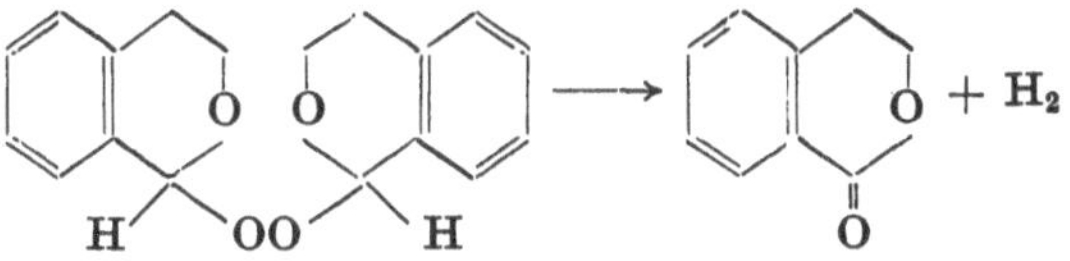

VI

Der gleiche Autoxydationsverlauf, Bildung eines Hydroperoxyds und dessen Dimerisierung, wurde bei verschiedenen in 1-Stellung substituierten Isochromanen gefunden. 1-Methylisochroman und 1-Äthylisochroman lieferten kristalline Hydroperoxyde und deren Dimerisierungsprodukte, während beim 1-Isopropylisochroman zwar ein Hydroperoxyd gebildet wurde, aber keine Dimerisierung zu erreichen war.

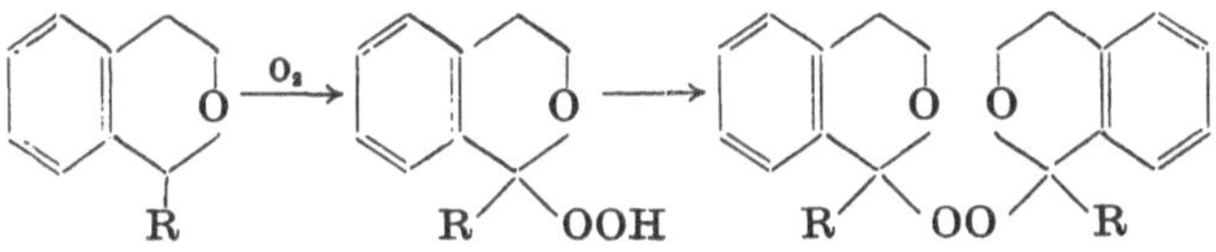

Auch in den Phthalanen (VII) wurden sehr autoxydable Äther gefunden. Die Autoxydation führt zunächst ebenfalls zu Ätherhydroperoxyden (VIII) [12]. Erhalten wurden die Hydroperoxyde des Phthalans, 1,1-Dimethylphthalans, 1,3-Diphenylphthalans, 1,3-Dimethylphthalans, 1-Phenylphthalans und 1-Methylphthalans. Auch hier gilt also der Autoxydationsmechanismus von A. Rieche [5], der das Auftreten von Hydroperoxyden fordert.

Die Tendenz zur Bildung symmetrischer Peroxyde besteht auch in der Phthalanreihe. Fast alle genannten Hydroperoxyde gehen bei Säureeinwirkung unter Abspaltung von Wasserstoffperoxyd in dimere Ätherperoxyde (IX) über.

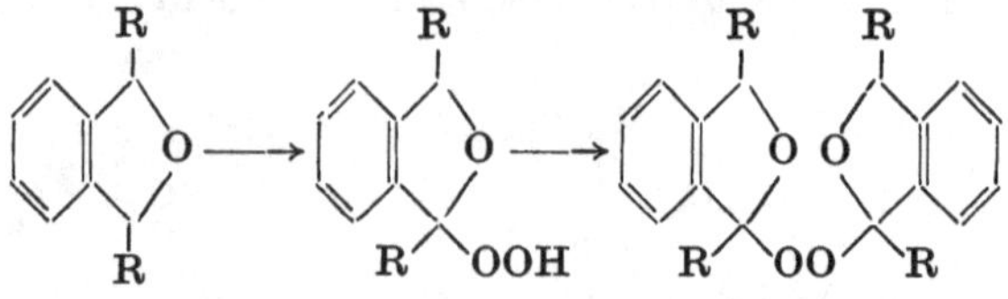

VII VIII IX

Eine Ausnahme bildete das Hydroperoxyd des 1,3-Diphenylphthalans. Es ging unter den Bedingungen der Dimerisierung in 1,3-Diphenylisobenzofuran (X) über:

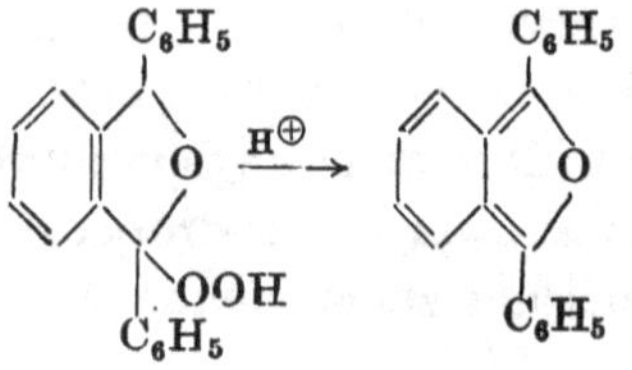

X

Bei der Autoxydation chlorierter Tetrahydrofurane entstanden halogenhaltige Ätherperoxyde [12]. Diese Verbindungen waren nicht sehr beständig; ihr Zerfall führte zu sauren Produkten (Salzsäure). Gleiche Reaktionen können das „Säuern" halogenhaltiger Lösungsmittel bedingen.

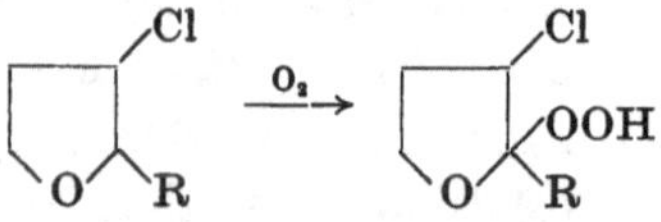

b) Acetalautoxydation

Als nächstes wurde versucht, an der Modellsubstanz des Benzaldehydäthylenacetals (XI) den Verlauf der Acetalautoxydation zu verfolgen [13]. Benzaldehydäthylenacetal nahm schon in der Kälte Sauerstoff auf, pro Stunde ungefähr ein Prozent der zum vollständigen Umsatz erforderlichen Menge. Isoliert wurde in ca. 30prozentiger Ausbeute ein kristallines Acetalhydroperoxyd (XII), dessen Konstitution durch Überführung in Benzoesäureglykolester (XIII) gesichert wurde.

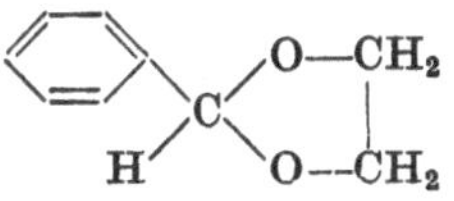
XI

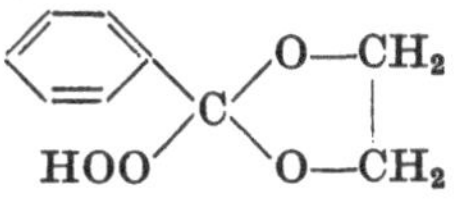
XII

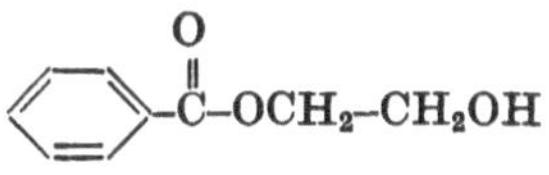
XIII

Entsprechende Acetalhydroperoxyde wurden aus den Äthylenacetalen des *p*-Chlorbenzaldehyds und des Terephthaldialdehyds erhalten. Diese Hydroperoxyde sind Orthoester des Wasserstoffperoxyds.

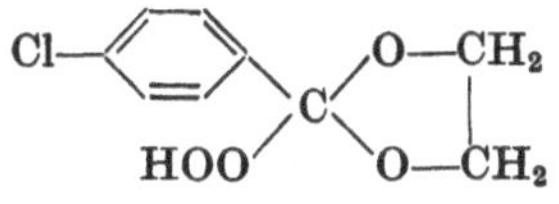

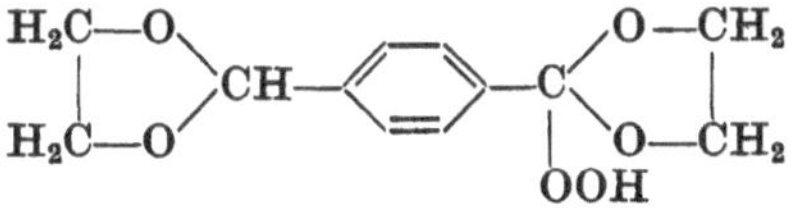

Auch in zwei weiteren Fällen wurden glatt Acetalhydroperoxyde erhalten. Die Benzalverbindungen des *cis*- und des *trans*-1,2-Cyclohexandiols (XIV, XIV a) lieferten ohne nennenswerte Schwierigkeiten die Acetalhydroperoxyde XV und XV a [14]. Es kann daher angenommen werden, daß die Hydroperoxydbildung auch in der Reihe der Acetale allgemein erfolgt und für die Sauerstoffempfindlichkeit auch der einfachen Acetale verantwortlich ist.

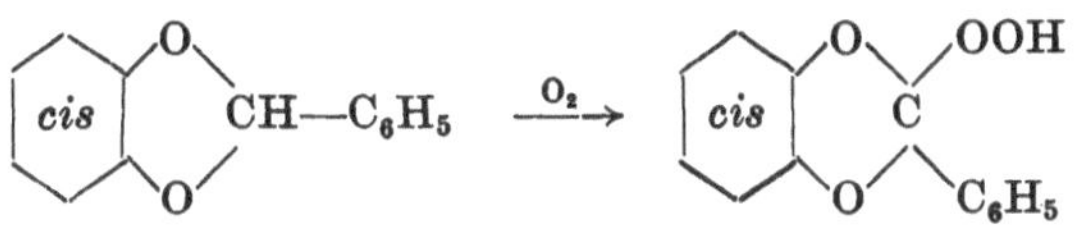
XIV XV

2. Synthese von Peroxyden aus Wasserstoffperoxyd und Alkylhydroperoxyden

Als die hier zu behandelnden Untersuchungen über Peroxydsynthesen begonnen wurden, war die Peroxydgewinnung durch Autoxydation ziemlich weit ausgebaut. Demgegenüber war die zweite Möglichkeit der Peroxydsynthese, die Alkylierung des Wasserstoffperoxyds, nicht in gleichem Umfang untersucht worden. Der Stand war kurz folgender: Das für die Äthylierung und die Methylierung des Wasserstoffperoxyds entwikkelte Verfahren der Umsetzung mit Dialkylsulfaten versagte bereits bei Alkylresten mit mehr als drei C-Atomen. Alkylhydroperoxyde mit längeren primären oder sekundären Alkylresten konnten überhaupt nicht hergestellt werden. Dagegen waren Hydroperoxyde und Peroxyde mit tertiären Alkylresten durch eine allgemein anwendbare Reaktion bekannt geworden: Die Reaktion von tertiären Alkoholen oder verzweigten Olefinen mit Wasserstoffperoxyd in Gegenwart von Schwefelsäure [15].

Gründlicher untersucht war die Umsetzung von Wasserstoffperoxyd mit Aldehyden und Ketonen. Nach einigen Untersuchungen, die bis ins vorige Jahrhundert zurückreichten, hatten A. Rieche und Mitarbeiter die acetalartige Bindung des Wasserstoffperoxyds an Aldehyde untersucht, besonders eingehend beim Formaldehyd und beim Acetaldehyd [16]. Auch die Reaktion von Ketonen mit H_2O_2, erstmalig von Wolffenstein [17], dann von Baeyer und Villiger [18] bearbeitet, wurde von Rieche beim Aceton, von Milas [19] und von Criegee [20] beim Cyclohexanon untersucht. Schließlich lagen noch Einzeluntersuchungen über Umsetzungen mit Wasserstoffperoxyd vor, meist an Verbindungen vom Typ des Triphenylchlormethans [21].

Gleichzeitig mit unseren Arbeiten wurden in den letzten Jahren in anderen Arbeitskreisen drei neue Verfahren zur Alkylierung des Wasserstoffperoxyds aufgefunden. Durch Verwendung der Methansulfonate wurden endlich Alkylhydroperoxyde mit beliebigen Alkylresten zugänglich [22]. Die Untersuchungen von Hüttel und Ross [23] über Umsetzung von Alkylhalogeniden mit H_2O_2 führen in einigen Fällen mit guten Ausbeuten zu Peroxyden. Schließlich beschrieben Milas [24] und Mitarbeiter die Anlagerung von Wasserstoffperoxyd an Vinyläther.

Für Umsetzungen des Wasserstoffperoxyds mit organischen Verbindungen ist, wie wir fanden, in den meisten Fällen die Gleichgewichtslage kein Problem. In der allgemein formulierten Reaktionsgleichung

$$>\!C\text{—}OR + R\text{—}OOH \rightleftarrows\ >\!C\text{—}OOR + R\text{—}OH$$

also beim Einsatz einer Sauerstoffunktion durch eine Peroxydgruppe, pflegt das Gleichgewicht ganz auf der rechten Seite zu liegen. Die Peroxydherstellung ist daher kein thermodynamisches, sondern ein kinetisches Problem. Man muß Reaktionspartner und Reaktionsbedingungen finden, unter denen die Alkylierung eintritt, ohne daß die Peroxyde irreversibel zerstört werden. Als Regel kann gelten, daß bei Peroxydsynthesen aus Wasserstoffperoxyd Raumtemperatur nicht oder nicht wesentlich überschritten werden darf. Für die Reaktion kommen also nur überdurchschnittlich reaktionsfähige Verbindungen in Betracht.

Ein Überblick über die zur Alkylierung von Wasserstoffperoxyd befähigten Systeme zeigte nun, daß es ausnahmslos Verbindungen waren, die bei Substitutionsreaktionen nach einem S-N-1-Mechanismus reagieren können. Die tertiären Alkylreste sind geradezu das Schulbeispiel für S-N-1-Reaktionen. Diese Eignung der S-N-1-Partner — zu Beginn unserer Untersuchungen auf Grund des lückenhaften vorliegenden Materials nur unsicher angedeutet — bestätigte sich sowohl bei unseren eigenen Untersuchungen als auch bei den gleichzeitig durchgeführten Arbeiten anderer Arbeitskreise. Tritylchlorid, Sulfonsäureester und Vinyläther in saurer Lösung sind ebenfalls typische S-N-1-Partner.

Unseren Arbeiten lag die Arbeitshypothese zugrunde, daß solche Verbindungen besonders glatt mit Wasserstoffperoxyd reagieren sollten, die durch Abspaltung ihrer funktionellen Gruppe ein *mesomeriestabilisiertes* Kation ausbilden können [24a]. Da im Übergangszustand einer Alkylierung die alkylierende Komponente weitgehend unter Ausbildung eines Carbeniumkations dissoziiert ist, werden alle Effekte, die den Energieinhalt des Kations herabsetzen, auch die Aktivierungsenergie der Umsetzung erniedrigen und damit die Reaktionsgeschwindigkeit erhöhen.

Allen von uns untersuchten Verbindungen gemeinsam ist daher die Nachbarschaft einer Gruppierung, die durch Abgabe von Elektronen imstande ist, das durch Abdissoziieren der funktionellen Gruppe entstehende Kation zu stabilisieren.

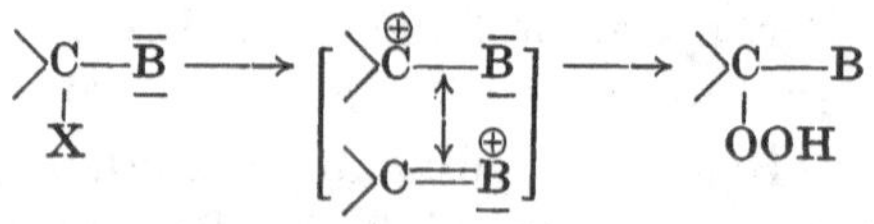

Diese Arbeitshypothese sollte in verschiedenen Verbindungsklassen auf ihre Brauchbarkeit geprüft werden. Dem schlossen sich weitere Problemstellungen an. Es sollte versucht werden:

1. Die Konstitution von Peroxyden, die bei Autoxydationen isoliert wurden, durch Synthese zu sichern.
2. Die Struktur komplizierter Peroxyde durch stufenweisen Aufbau zu klären.
3. Verbindungen zu finden, die so glatt und vollständig mit Wasserstoffperoxyd reagieren, daß sie zu dessen Abscheidung und Charakterisierung dienen können.
4. Zur Polymerisationsauslösung geeignete Peroxyde zu finden.
5. Peroxydische Heterocyclen aufzubauen.

a) Ätherperoxyde

Die Aufgabe, das bei der Peroxydsynthese durchlaufende Carbeniumkation zu stabilisieren, kann von einem Äthersauerstoff übernommen werden. Es werden dann Peroxyde gebildet, die Äthersauerstoff und Peroxydgruppe am gleichen C-Atom tragen.

Die ersten und besonders gründlich untersuchten Versuchsobjekte waren Derivate des cyclischen Benzyläthers Isochroman (I). Die Umsetzungen des Isochromanyl-1-kations und seine Bildungsweisen waren durch die Vielfalt der Reaktionsmöglichkeiten besonders reizvoll.

Beispielsweise lagert sich 1-Bromisochroman thermisch in 2-β-Bromäthylbenzaldehyd um; der Aldehyd schließt mit Natriumäthylat wieder den Isochromanring und liefert das Acetal Ic [25a].

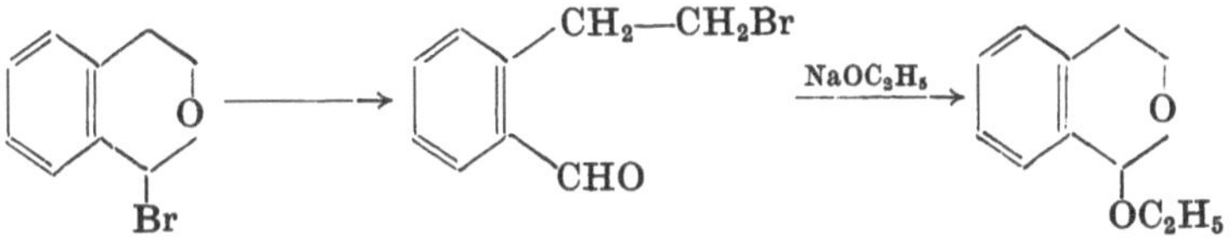

I Ic

In starken Säuren disproportioniert sich das Isochromanylkation unter Hydridverschiebung [25c].

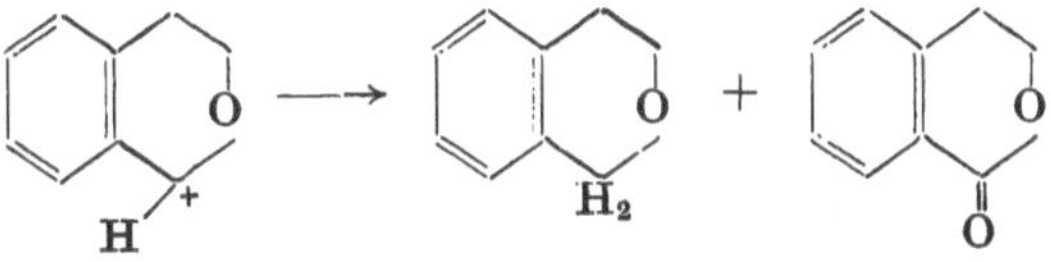

Aus 1-Methylisochroman entsteht durch Bromierung und Verseifung eine Spiroverbindung [25b].

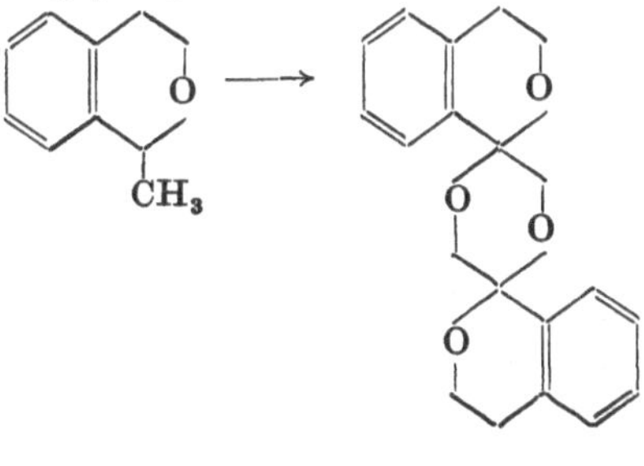

Zur Umsetzung mit Wasserstoffperoxyd erwiesen sich die Isochromanderivate mit funktioneller Gruppe am C-Atom 1 als hervorragend geeignet (I a—I c). In wasserfreiem Medium wurde Chlor glatt ausgetauscht, in wäßrig-schwefelsaurer Lösung die Hydroxyl- und die Äthoxylgruppe. Je nach der Acidität der Lösungen und dem Mengenverhältnis der reagierenden Komponenten wurde Isochromanhydroperoxyd (II) oder ein Gemisch zweier diastereomerer Diisochromanylperoxyde (IIIa und IIIb) [26] erhalten.

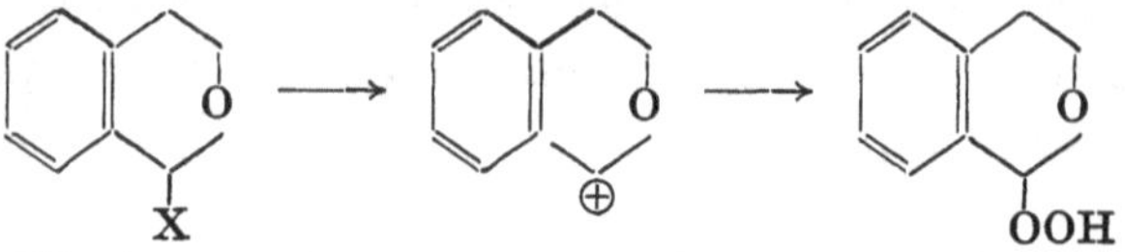

II

I X = H
Ia X = Cl
Ib X = OH
Ic X = OC_2H_5

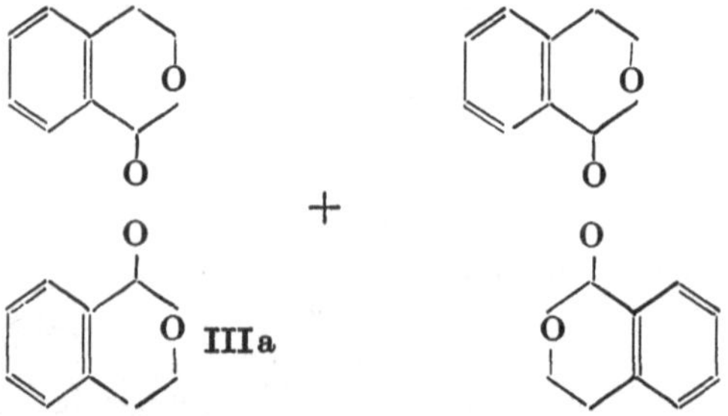

IIIa IIIb

Ebenso glatt reagierten Alkylhydroperoxyde [27].

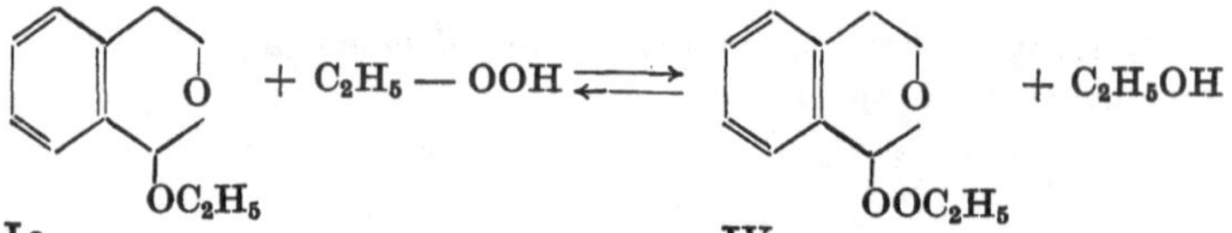

Ic IV

Die vorstehend formulierte Gleichung kann als Umacetalisierung aufgefaßt werden. Das Gleichgewicht liegt dabei weitgehend auf der rechten Seite, denn es wurden 83% d. Th. an Peroxyd IV isoliert. Hier zeigte sich uns erstmals die auch in anderen Verbindungsklassen immer wieder bestätigte Tatsache, daß Peroxydgruppen nucleophiler sind als Alkoxylgruppen. Alkylhydroperoxyde vermögen Alkohole aus ihren Verbindungen zu verdrängen, wenn man mit den Reaktionsbedingungen den Beständigkeitsbereich der Peroxyde nicht überschreitet. Der analoge Befund ergibt sich für den nucleophilen Charakter von Wasser und Wasserstoffperoxyd: 1-Hydroxyisochroman (Ib) bildet in verdünnten wäßrigen Säuren Di-isochromanyl-1-äther (V) bei Anwesenheit von nur 0,5% Wasserstoffperoxyd bildet sich unter sonst gleichen Reaktionsbedingungen in 90prozentiger Ausbeute Di-isochromanylperoxyd (III). Wasser kann also selbst in großem Überschuß mit dem Wasserstoffperoxyd nicht um die Alkylierungskomponente konkurrieren.

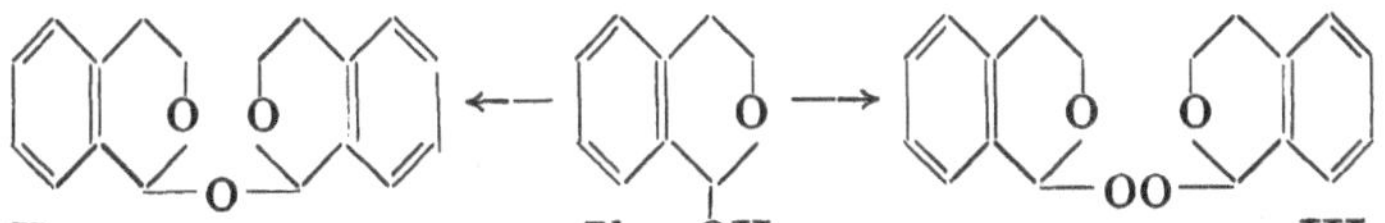

V Ib OH III

Der Austausch α-ständiger Substituenten in Äthern, erleichtert durch die große Bildungstendenz des Carbeniumions in Nachbarschaft zum Äthersauerstoff, ist verallgemeinerungsfähig.

Beispielsweise reagiert α-Chlor-benzylmethyläther (VI) leicht mit tert.-Butylhydroperoxyd.

$$C_6H_5{-}\underset{\displaystyle Cl}{CH}{-}OCH_3 \longrightarrow \left[\begin{matrix} C_6H_5{-}\overset{\oplus}{C}H{-}OCH_3 \\ \updownarrow \\ C_6H_5{-}CH{=}\overset{\oplus}{O}CH_3 \end{matrix}\right] \longrightarrow C_6H_5{-}CH\begin{matrix} \diagup OCH_3 \\ \diagdown OO\,C_4H_9 \end{matrix}$$

VI

Ausführlicher untersucht wurde die Umacetalisierung mit Alkylhydroperoxyden (VII $\rightarrow$ VIII). Die Umsetzung erforderte bei einfachen Acetalen relativ scharfe Bedingungen. Man mußte in der Regel 15 Stunden auf 80 °C erhitzen. Wegen der auch hier wieder bestätigten günstigen Gleichgewichtslage war es nicht nötig, den freiwerdenden Alkohol aus dem Gleichgewicht zu entfernen. Bei den als Ausgangsmaterialien verwendeten Acetalen war sowohl die Aldehydkomponente als auch die Alkoholkomponente beliebig variierbar. Acetaldehyd, Butyraldehyd, Oenanthaldehyd, Benzaldehyd, *p*-Nitrobenzaldehyd, mit Methylalkohol oder Äthylalkohol acetalisiert, gaben stets Ausbeuten von 70—90% d. Th. Als Hydroperoxyde wurden Cumolhydroperoxyd, tert.-Butylhydroperoxyd oder Tetralinhydroperoxyd eingesetzt [28].

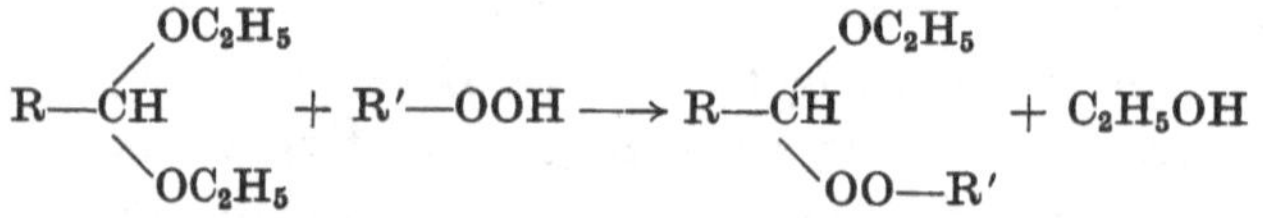

VII VIII

Die Peroxyacetale sind verhältnismäßig beständige, meist im Vakuum destillierbare Flüssigkeiten. Im chemischen Verhalten zeigen die Peroxyacetale weitgehende Ähnlichkeit mit den Acetalen. Sie sind gegen Alkali beständig, werden aber durch Säuren leicht hydrolysiert.

Ganz ähnlich verläuft die Umsetzung von Acetalen mit Wasserstoffperoxyd [29]. Auch hier mußte wasserfrei und bei erhöhter Temperatur gearbeitet werden. Um die Isolierung des wasserfreien Wasserstoffperoxyds zu umgehen, wurde das Acetal in ätherischem Wasserstoffperoxyd gelöst und der Äther abdestilliert. Es wurde vorzugsweise eine Alkoxylgruppe gegen die OOH-Gruppe ausgetauscht, die Reaktionsprodukte sind also Ätherhydroperoxyde (IX).

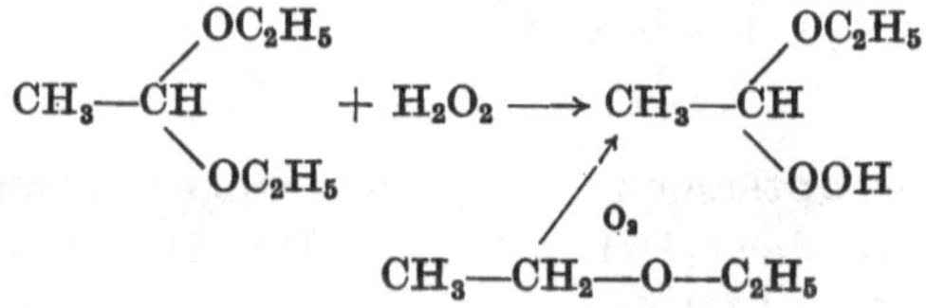

IX

Das aus Acetaldehyddiäthylacetal mit H_2O_2 erhaltene Diäthylätherhydroperoxyd (IX) war mit dem Produkt identisch, das bei der Autoxydation des Diäthyläthers entsteht. Die Identifizierung gelang papierchromatographisch. Ferner läßt sich sowohl das Autoxydationsprodukt als auch das synthetische Produkt durch Erhitzen in ein Gemisch hochexplosiver Ätherperoxyde überführen (Äthylidenperoxyd).

Umgesetzt wurden unter anderem Propionaldehyddipropylacetal, Acetaldehyddiäthylacetal, Propionaldehyddiäthylacetal, Butyraldehyddiäthylacetal und Formaldehyddiäthylacetal. Aus den Ätherhydroperoxyden entstehen bei Einwirkung von Eisen (II)-sulfat die entsprechenden Ester.

$$\underset{\text{IX}}{CH_3\text{—}\underset{\displaystyle OOH}{\underset{|}{CH}}\text{—}O\text{—}C_2H_5} \xrightarrow[\text{Fe}'']{} CH_3\text{—}\underset{\displaystyle O}{\underset{\|}{C}}\text{—}O\text{—}C_2H_5$$

Das Hydroperoxyd des Methyläthyläthers ließ sich mit Natronlauge quantitativ in Ameisensäure und Äthylalkohol spalten. Bei Verwendung sehr starker Natronlauge entsteht in einer Nebenreaktion Wasserstoff.

$$\underset{\displaystyle OOH}{\underset{|}{CH_2}}\text{—}O\text{—}C_2H_5 + NaOH \longrightarrow HCOONa + C_2H_5OH + H_2O$$

Die Einführung einer zweiten Peroxydgruppe in ein Acetal gelingt rein thermisch nicht. Dagegen wurde gefunden, daß man aus Aldehyden mit zwei Molekülen Alkylhydroperoxyd in Gegenwart saurer Katalysatoren in einer regelrechten Acetalisierungsreaktion Vertreter dieser bisher unbekannten Verbindungsklasse erhält (X) [30].

$$R\text{—}CHO + 2\,R'\text{—}OOH \xrightarrow[H^{\cdot}]{} R\text{—}CH\begin{matrix}\diagup OO\text{—}R' \\ \diagdown OO\text{—}R'\end{matrix}$$

X

Da die Verbindungen wider Erwarten recht stabil waren, wurde versucht, sie auch durch Umacetalisierung zu gewinnen.

Es gelang, in Gegenwart saurer Katalysatoren wie Perchlorsäure aus Acetaldehyddiäthylacetal und tert.-Butylhydroperoxyd in guter Ausbeute das Diperoxyacetal zu synthetisieren.

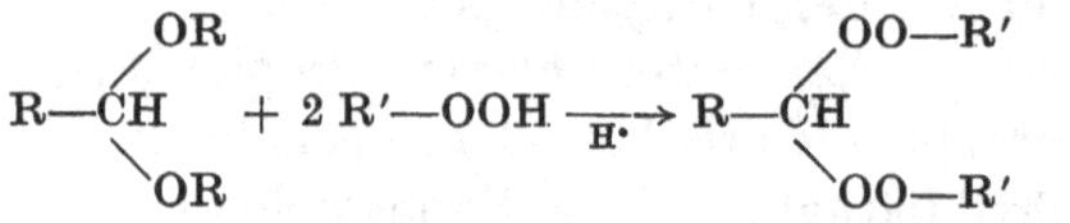

Auch Vinylacetat kann als Ausgangsmaterial dienen.

Geht man zu bifunktionellen Carbonylverbindungen über, dann ergibt sich eine kaum zu übersehende Vielfalt von Reaktionsmöglichkeiten mit dem ebenfalls bifunktionellen Wasserstoffperoxyd. Bei Umsetzungen von Acetylaceton mit Wasserstoffperoxyd bilden sich bei jeweils nur geringfügiger Variierung der Reaktionsbedingungen verschiedene Peroxyde. Sie sind ausnahmslos kristallin [31].

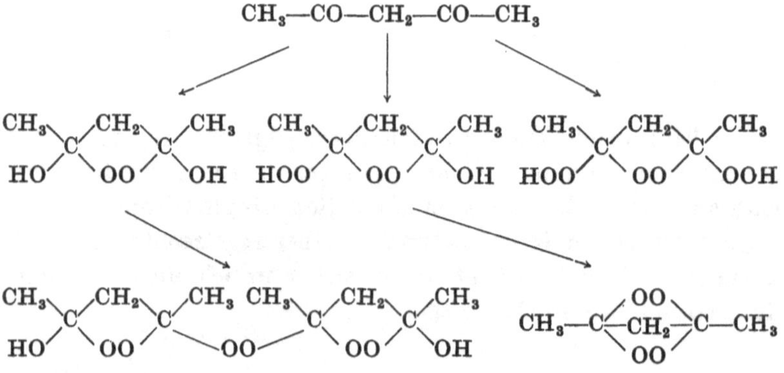

Auch 1,4-Diketone addieren Wasserstoffperoxyd [32].

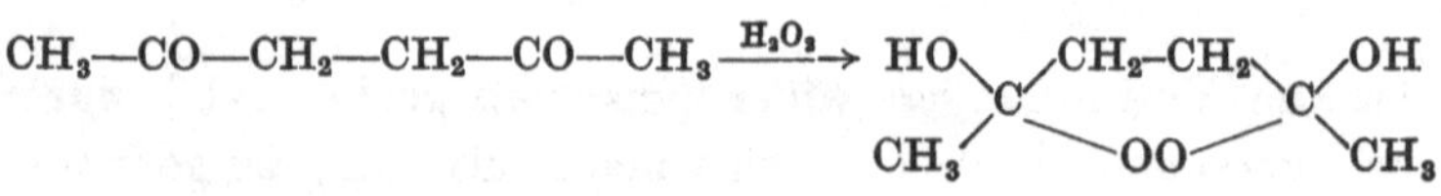

Die vorstehend aufgeführten Umsetzungen lassen erkennen, daß der Austausch einer Hydroxyl- gegen eine Hydroperoxygruppe offenbar auch dann sehr erleichtert wird, wenn eine zweite Peroxygruppe am gleichen Kohlenstoff steht.

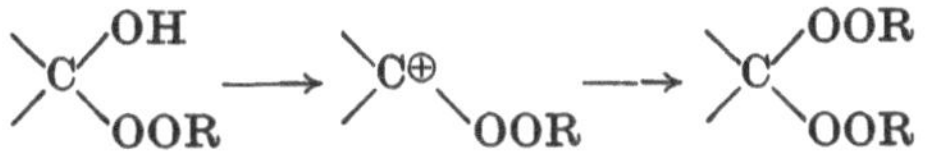

Offensichtlich wird das zu durchlaufende Carbeniumion auch durch die Peroxygruppe stabilisiert.

Wir fanden ähnliche Verhältnisse bei den Peroxyden des Mesityloxyds [33]. Ein aus Mesityloxyd und alkalischem Wasserstoffperoxyd entstehendes Peroxyd (XI) tauscht mit weiterem Wasserstoffperoxyd seine Hydroxylgruppe gegen die OOH-Gruppe aus (XII). Aus den Peroxyden XI und XII erhält man leicht unter Wasserabspaltung ein dimeres Peroxyd (XIII). XIII erwies sich als identisch mit dem „Mesityloxydperoxyd" von Wolffenstein, dessen Struktur damit aufgeklärt war.

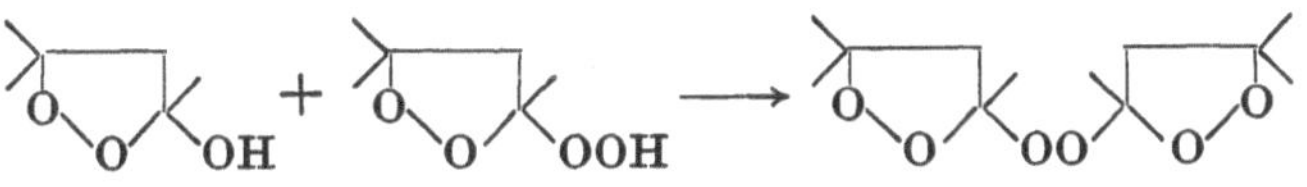

XI XII XIII

Mesityloxydperoxyd (XIII) zerfällt in der Hitze in Radikale, die sowohl Polymerisationen als auch Telomerisationen auslösen können. Beispielsweise ist es mit Hilfe zerfallender Mesityloxydperoxyds möglich, Säureamide an Olefine anzulagern [34].

$$R{-}CH{=}CH_2 + H{-}CO{-}NH_2 \longrightarrow R{-}CH_2{-}CH_2{-}CO{-}NH_2$$

Aus Phthalaldehydsäure und Wasserstoffperoxyd entsteht bei Anwesenheit von starken Mineralsäuren 3-Hydroperoxyphthalid (XIV).

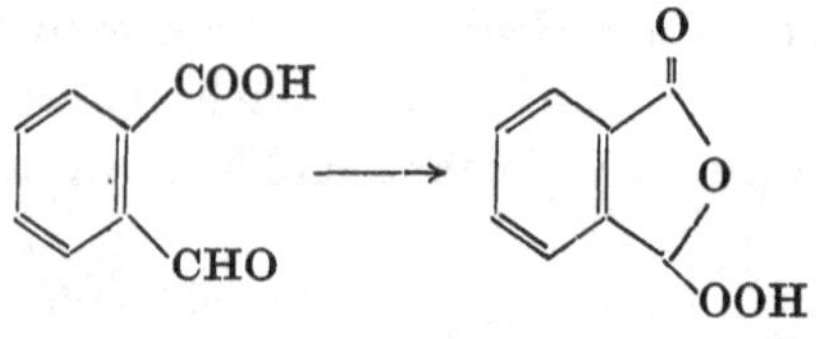

XIV

Die Verbindung ist das erste Lactonhydroperoxyd, seine Bildung ist ebenfalls über ein mesomeriestabilisiertes Carbeniumion zu formulieren.

o-Phthaldialdehyd reagiert mit Alkylhydroperoxyden zu 1,3-Diperoxyphthalanen (XV), während H_2O_2 unter Sechsringbildung angelagert wird [35].

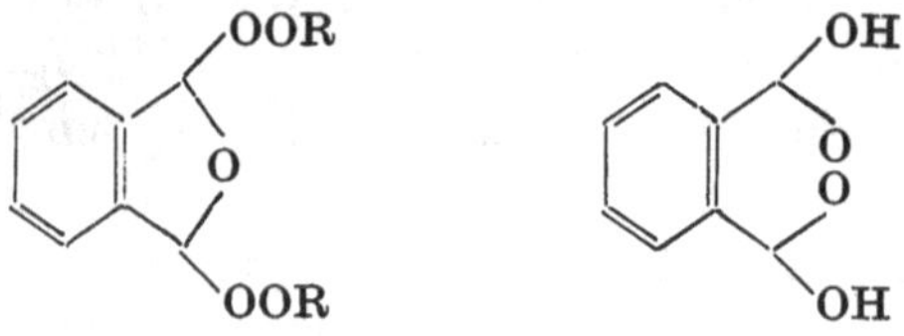

XV

b) Perorthoester

Bekanntlich wächst der durch Mesomeriestabilisierung erzielte Energiegewinn mit der Zahl der möglichen Grenzstrukturen. Während die durch Ablösen eines Substituenten aus acetalartigen Verbindungen entstandenen Kationen durch zwei Grenzstrukturen dargestellt werden und damit ausreichend reaktionsfähig für Peroxydsynthesen sind, ist eine weitere Steigerung der Reaktionsbereitschaft zu erwarten, wenn man zu Derivaten von Orthosäuren übergeht. Bei Austauschreaktionen an Orthoestern (I) ist das durch Alkoxylabspaltung entstehende Kation (II) durch Mesomerie zwischen einer Carbenium- und *zwei* Oxoniumgrenzstrukturen stabilisiert und damit besonders energiearm. Eine Folge davon ist beispielsweise die besonders leicht verlaufende Hydrolyse von Orthoestern, die wesentlich schneller abläuft als die Acetalspaltung.

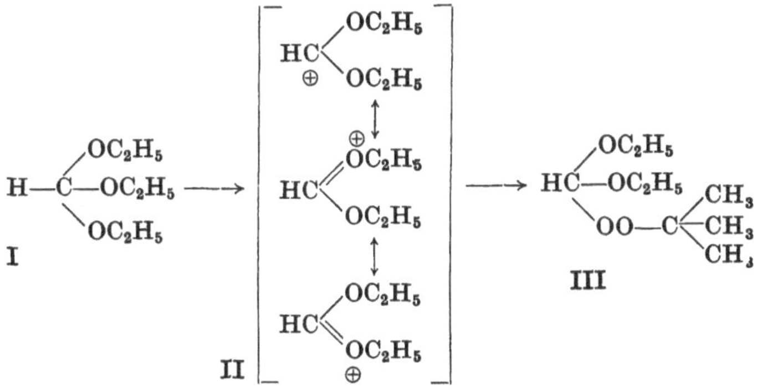

I II III

Die Umesterung von Orthoestern mit Alkylhydroperoxyden gelang daher besonders glatt [36]. Umgeestert wurde beispielsweise Orthoameisensäuretriäthylester mit tert.-Butylhydroperoxyd, wobei der Perorthoester (III) als erster Vertreter einer neuen Verbindungsklasse erhalten wurde. Während nun der Alkoxylaustausch an Acetalen bei 80 °C 15 Stunden erfordert hatte, genügte für die entsprechende Reaktion des Orthoesters zweistündiges Erwärmen auf 70 °C. Die zusätzliche Mesomeriestabilisierung wirkte sich also deutlich in einer Steigerung der Reaktionsgeschwindigkeit aus.

Umsetzung von 2-Phenyl-2-methoxy-1,3-dioxolan (IV) mit absolutem Wasserstoffperoxyd bei 70 °C ergab in 46 prozentiger Ausbeute ein Acetalhydroperoxyd. Dieses Hydroperoxyd (V) hatten wir früher durch Autoxydation von Benzaldehydäthylenacetal (VI) gewonnen.

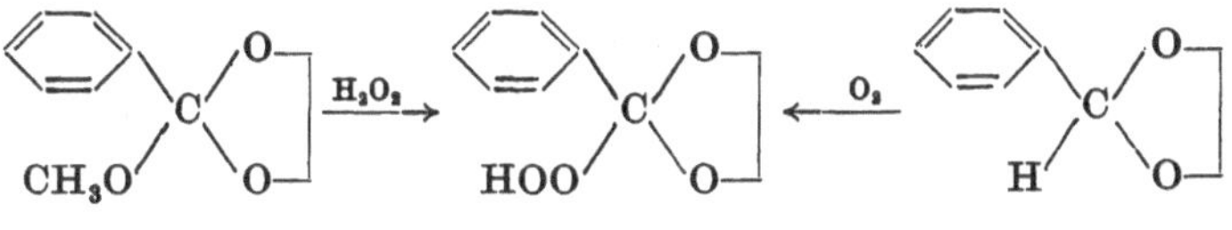

IV V VI

Das gleiche Kation, das durch Alkoxylabspaltung aus einem Orthoester entsteht, kann auch durch Protonanlagerung an ein Ketenacetal (VII) formuliert werden.

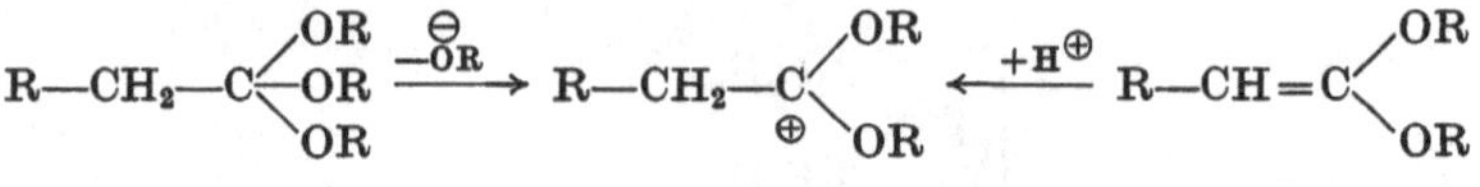

VII

Bei einfachen Ketenacetalen kann das Proton von einem Alkylhydroperoxyd oder von Wasserstoffperoxyd gestellt werden: Diese Verbindungen addieren sich schon bei 0 °C fast momentan an Ketenacetale [37]. Aus Ketenäthylenacetal (VIII) und tert.-Butylhydroperoxyd bildet sich sehr glatt ein Orthoester der Peressigsäure (IX). Da keine Nebenprodukte ähnlichen Siedepunkts entstehen, ist das Produkt besonders leicht rein darzustellen.

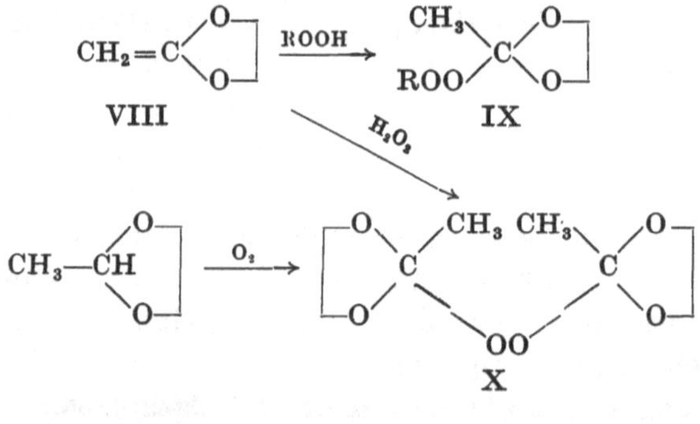

Wasserstoffperoxyd addiert sich an das gleiche Ketenacetal (VIII) im Molverhältnis 1:2. Man erhält dabei in etwa 50 prozentiger Ausbeute ein kristallines Peroxyd (X), das als Acetalisierungsprodukt des Diacetylperoxyds aufgefaßt werden kann. Das gleiche Produkt (X) hatten vor einigen Jahren CRIEGEE, LEDERER und TANNENBERGER bei der Autoxydation des Acetaldehydäthylenacetals in geringer Menge isolieren können [1].

In allen bisher behandelten Beispielen ist das Auftreten des Carbeniumoxoniumions hypothetisch. Die Annahme des Kations ist durch Analogien mit anderen Reaktionen gerechtfertigt, bei denen die Ionisierung nachgewiesen ist. Oder ihr Auftreten ist dadurch wahrscheinlich gemacht, daß sie auch als Zwischenstufe bei Umlagerungen durchlaufen werden. Bei der Synthese eines Perorthoesters gelang es nun, ein als komplexes Salz stabilisiertes Kation (XI) in die Reaktion einzusetzen und dabei den gleichen Perorthoester (XII) zu erhalten, der auch bei der Umesterung entsteht [36].

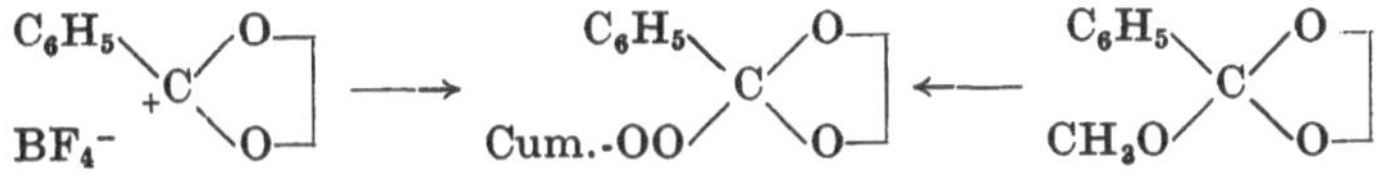

XI XII

c) α-Aminoperoxyde

Eine weitere Mesomeriestabilisierung eines Carbeniumkations müßte sich ergeben, wenn die stärker basische Aminogruppe in α-Stellung steht und die positive Ladung als Immoniumsalz übernimmt.

$$>N{-}CH_2OH \xrightarrow{H^+} \left[>N{-}\overset{+}{C}H_2 \longleftrightarrow >\overset{+}{N}{=}CH_2\right]$$

Der eingeklammerte Ausdruck ist aber nichts anderes als das Carbeniumimmoniumkation, das als aminoalkylierendes Agens der Mannichreaktion bekannt ist. Um die Mannichreaktion für Peroxydsynthesen nutzbar zu machen, war zu prüfen, ob N-Methylolamine oder Mischungen von sekundären Aminen mit Formaldehyd zur Alkylierung von Wasserstoffperoxyd oder Alkylhydroperoxyden geeignet sind [37a].

Die Ergebnisse bestätigten diese Annahme durchaus. Die Umsetzungen zwischen Amin, Formaldehyd und Alkylhydroperoxyden liefen bei Raumtemperatur oder darunter in kürzester Zeit ab. Beispielsweise wurde eine Mischung von N-Hydroxymethylpiperidin (I) und Cumolhydroperoxyd nach wenigen

Minuten durch Wasserabscheidung getrübt. Das gebildete Peroxyd wurde in 76prozentiger Ausbeute isoliert.

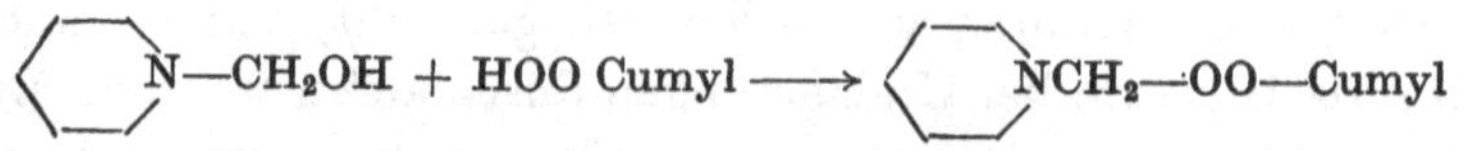

I

Auch in wäßriger Lösung konnte gearbeitet werden. So ließ sich beispielsweise Äthylhydroperoxyd, dessen Reindarstellung nicht ungefährlich ist, in verdünnter wäßriger Lösung mit Dimethylamin und Formaldehyd kondensieren. Eine Mischung von Dicyclohexylamin, Formaldehyd und Wasserstoffperoxyd erstarrt nach wenigen Minuten zu einem Peroxyd (II).

$$(C_6H_{11})_2NH + CH_2O + H_2O_2 \rightarrow (C_6H_{11})_2N—CH_2—OO—CH_2—N(C_6H_{11})_2$$

II

Die Analogie dieser Umsetzungen zur Mannichreaktion gestattete es, auch für die Umsetzung von Säureamiden mit Formaldehyd und Hydroperoxyden geeignete Bedingungen zu finden. Nach Erfahrungen mit der Amidoalkylierung anderer Verbindungsklassen müssen stark saure Bedingungen gewählt werden. Tatsächlich ist es möglich, Methylolbenzamid (III) in verdünnter Schwefelsäure mit Wasserstoffperoxyd zu kondensieren.

$$\underset{\text{III}}{C_6H_5—CO—NH—CH_2OH} \xrightarrow{H_2O_2} C_6H_5—CO—NH—CH_2—OO—CH_2—NH—CO—C_6H_5$$

Noch glatter verläuft die Reaktion beim Harnstoff. Eine Lösung von Harnstoff in verdünnter Schwefelsäure scheidet nach Zusatz von Formaldehyd und tert.-Butylhydroperoxyd innerhalb einer halben Stunde ein kristallines Peroxyd (IV) aus.

$H_2N\text{-}CO\text{-}NH_2$ ↘
But-OO-CH_2-NH-CO-NH-CH_2-OO-But
$HOCH_2\text{-}NH\text{-}CO\text{-}N\text{-}HCH_2OH$ ↗

V IV

Die Konstitution folgt aus der Synthese des gleichen Peroxyds aus Dimethylolharnstoff (V) und tert.-Butylhydroperoxyd.

Auch Hydrazinabkömmlinge können nach dem gleichen Schema umgesetzt werden. Dabei wurden erstmals Aminhydroperoxyde erhalten [38]. Benzhydrazid lieferte ein Bishydroperoxyd (VI), Tetraformaltrisazin (VII) konnte sogar in ein Tetrahydroperoxyd (VIII) übergeführt werden.

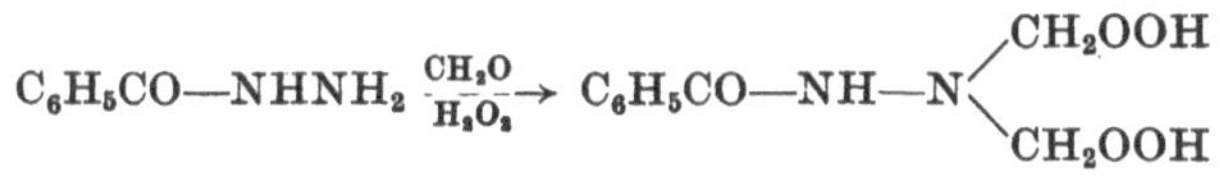

VI

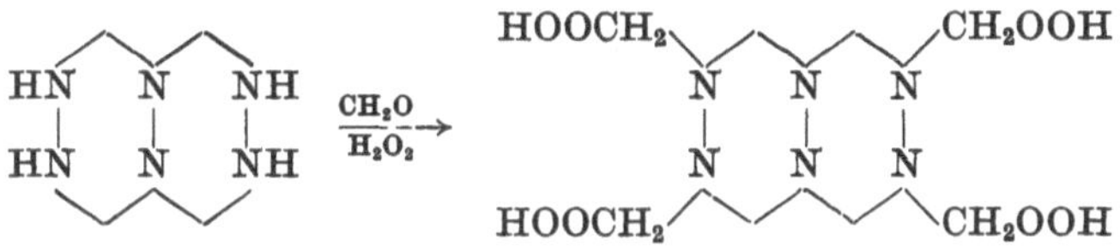

VII VIII

1,2-Dialkylhydrazine bilden mit Formaldehyd und Wasserstoffperoxyd unter sehr sorgfältig einzuhaltenden Bedingungen cyclische Peroxyde (IX), die in einem Sechsring die Peroxydgruppe und die Hydrazingruppierung enthalten [39].

Die Peroxyde sind nicht sehr stabil. Ihre Darstellung wurde als Modellreaktion unternommen, um die Struktur des bisher unaufgeklärten Peroxyds aus Hydrazin, Formaldehyd und Wasserstoffperoxyd zu klären. Da sich der Dioxdiazinring leicht bildet, wird diesem Peroxyd eine tricyclische Struktur mit einem mittelständigen Tetrazinring und zwei ankondensierten peroxydischen Sechsringen (X) zugeschrieben.

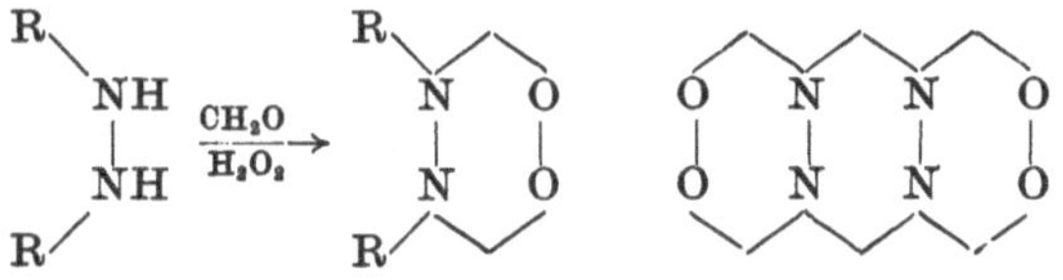

IX X

Der gleiche peroxydische Heterocyclus wurde schließlich auch erhalten, als das cyclische Hydrazoniumsalz (XI) mit Formaldehyd und Wasserstoffperoxyd umgesetzt wurde [39].

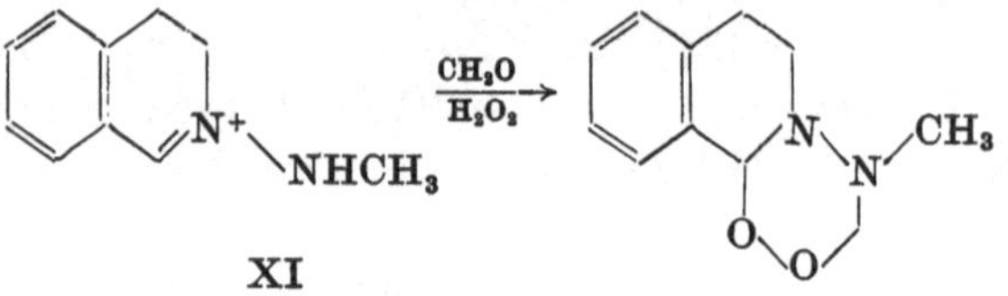

XI

Die stickstoffhaltigen Peroxyde verdanken also ihre leichte Bildung der Stabilität des Carbeniumimmoniumkations.

Entsprechende Kationen entstehen, wie bekannt war, auch bei der Salzbildung α, β-ungesättigter Amine, der sogenannten Enamine. Die Erwartung, daß solche Enamine (XII) ebenfalls mit Wasserstoffperoxyd reagieren würden, bestätigte sich [40].

XII 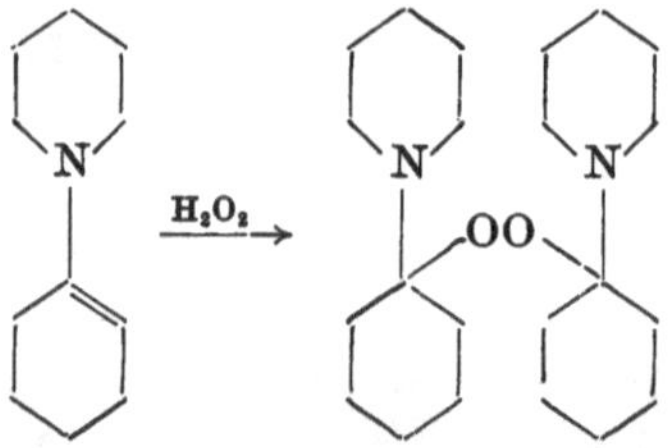 XIII

Enamine aus Cyclopentanon oder Cyclohexanon und Piperidin oder Morpholin reagierten in der skizzierten Weise mit Wasserstoffperoxyd. Nach Vereinigen ätherischer Lösungen der beiden Komponenten erfolgte stets innerhalb einer Minute Kristallisation des Peroxyds (XIII).

Das mesomeriestabilisierte Carbeniumimmoniumkation spielt schließlich noch eine Rolle in dem System Base/Pseudobase. Es war daher von Interesse, die Eignung von Pseudobasen für Peroxydsynthesen zu untersuchen. Es wurde gefunden, daß sich einige mehrfachnitrierte Pseudobasen und ihre Derivate schon unter mildesten Bedingungen zu Peroxyden umsetzen.

Base Pseudobase Peroxyd

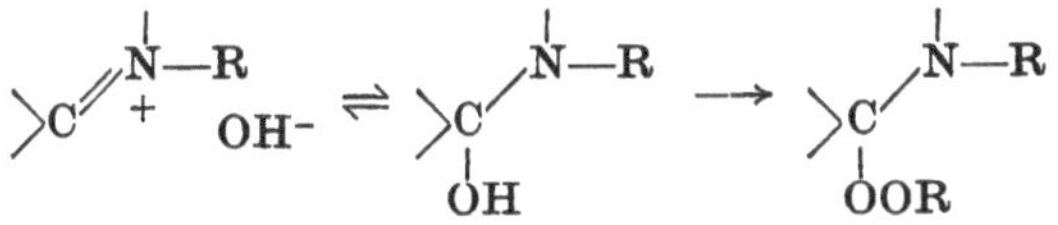

Die nachstehend aufgeführten Peroxyde sind vier Vertreter aus einem reichhaltigen Versuchsmaterial [41].

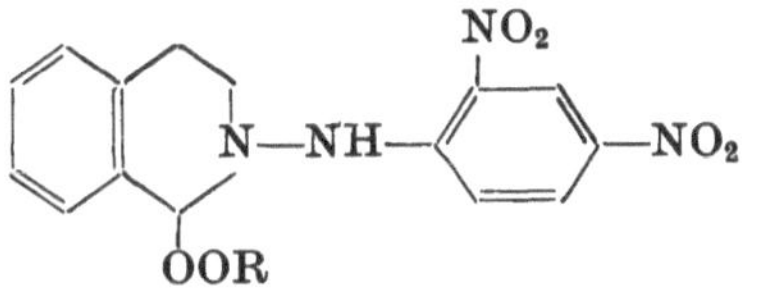

XIV

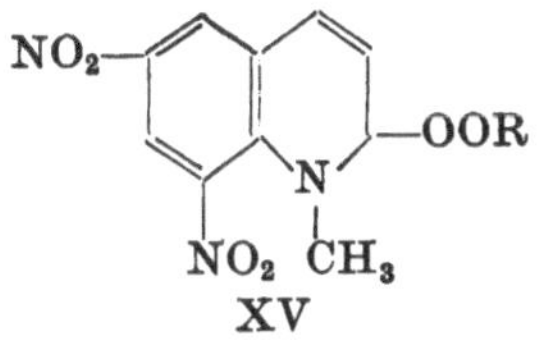

XV

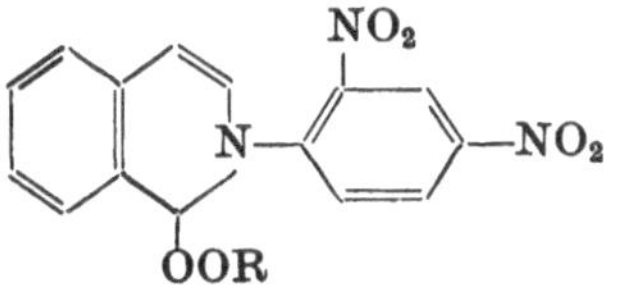

XVI

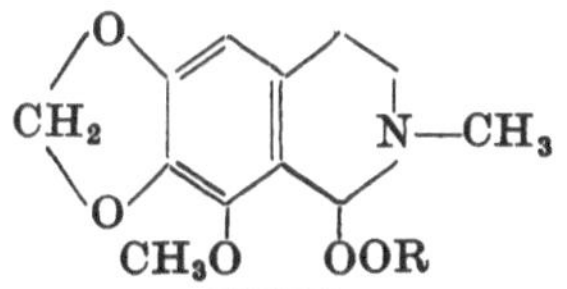

XVII

Vor allem die Pseudobase des N-Methyl-6,8-dinitrochinolins (Stammsubstanz des Peroxyds XV) reagierte mit Alkylhydroperoxyden so glatt, daß sich darauf ein Verfahren zur Abscheidung und Charakterisierung von Alkylhydroperoxyden gründen ließ.

Auch Pseudobasen natürlicher Herkunft wie Cotarnin geben Peroxyde (z. B. XVII).

3. Metallorganische Peroxyde

Alle bisher behandelten Peroxyde enthielten an Kohlenstoff gebundene Peroxygruppen. Es war nun von Interesse zu untersuchen, ob auch andere Elemente der 4. Hauptgruppe des Periodensystems mit der Peroxydgruppierung zu beständigen Verbindungen zusammentreten können.

Bekanntlich lassen sich unter geeigneten Bedingungen durch Autoxydation der sehr sauerstoffempfindlichen Metallalkyle der ersten Gruppen des Periodensystems (Grignardverbindungen, Zink- und Cadmiumalkyle) Salze von Hydroperoxyden herstellen, z. B.:

$$R{-}Mg{-}X + O_2 \longrightarrow R{-}OO{-}Mg{-}X$$

Uns interessierten nun echte metallorganische Peroxyde, das heißt Peroxydverbindungen, in denen die Metall-Sauerstoffbindung weitestgehend homöopolar ist. Ihre Darstellung gelang ausgehend von metallorganischen Verbindungen der vierten und fünften Hauptgruppe.

a) Organoperoxyverbindungen der Metalle der 4. Hauptgruppe

Da die Metallalkyle der vierten Hauptgruppe unter normalen Bedingungen nicht autoxydabel sind, kam für die Gewinnung von Organoperoxyverbindungen nur die Synthese aus Alkylhydroperoxyden und geeigneten metallorganischen Vorprodukten in Frage. Es wurden dann auch bald entsprechende Organoderivate dieser Metalle gefunden, in denen unter bestimmten Bedingungen reaktionsfähige elektronegative Reste, wie Halogen-, Amino- oder Alkoxygruppen, gegen Peroxygruppen ausgetauscht werden konnten.

So wurden verschiedenartige *germaniumorganische Peroxyde*, insbesondere Trialkyl- und Triarylalkylperoxygermane mittels folgender Umsetzungen dargestellt [42]:

1. Durch Einwirkung von Alkylhydroperoxyden auf entsprechende Aminoverbindungen:

$$R_3Ge{-}NH_2 + R'{-}OOH \longrightarrow R_3Ge{-}OO{-}R' + NH_3$$

Bei Verwendung von Wasserstoffperoxyd tritt der Germanylrest zweimal ein, und man erhält beispielsweise Bis-(triphenylgermanyl)-peroxyd gemäß der Gleichung:

$$2\,(C_6H_5)_3Ge{-}NH_2 + H_2O_2 \rightarrow (C_6H_5)_3Ge{-}OO{-}Ge(C_6H_5)_3 + 2\,NH_3$$

2. Die Halogenatome in Trialkyl- und Triaryl-germaniumhalogeniden lassen sich leicht durch Alkylperoygruppen ersetzen:

$$R_3Ge—X + R'—OOH \longrightarrow R_3Ge—OO—R'$$

3. Trialkylalkylperoxygermane können darüber hinaus auch aus den entsprechenden Alkoxyverbindungen durch Umsetzung mit Alkylhydroperoxyden dargestellt werden:

$$(C_2H_5)_3Ge—OCH_3 + (CH_3)_3COOH \rightarrow (C_2H_5)_3GeOOC(CH_3)_3 + CH_3OH$$

Der analoge Austausch von Alkoxygruppen in Triaryl-alkoxy-germanen gelang bisher nicht.

An *zinnorganischen Peroxyden* konnten, über die von A. RIECHE und T. BERTZ [43] dargestellten Trialkylalkylperoxystannane hinaus, auch Triarylalkylperoxystannane synthetisiert werden [44].

Zwei Methoden erwiesen sich für diesen Zweck als geeignet. In beiden Fällen wird vom Triarylzinnchlorid oder -bromid ausgegangen und dieses in einem indifferenten Lösungsmittel entweder mit dem wasser- und alkoholatfreien Alkalisalz eines Hydroperoxyds oder mit einem Alkylhydroperoxyd in Gegenwart von trockenem Ammoniakgas umgesetzt:

$$(C_6H_5)_3Sn—Cl + R—OO—Na \longrightarrow (C_6H_5)_3Sn—OO—R + NaCl$$

$$(C_6H_5)_3Sn—Cl + R—OOH \xrightarrow[-NH_4Cl]{+NH_3} (C_6H_5)_3Sn—OO—R$$

Für die Synthese von *bleiorganischen Peroxyden* [45] konnte nur die Umsetzung von Trialkyl- bzw. Triarylbleihalogenid mit Natriumsalzen von Alkylhydroperoxyden erfolgreich angewendet werden:

$$R'—OOH + NaNH_2 \longrightarrow R'—OO—Na + NH_3$$

$$R_3Pb—X + R'—OO—Na \longrightarrow R_3Pb—OO—R' + NaX$$

Die Trialkylalkylperoxyverbindungen der Metalle der 4. Hauptgruppe sind in ihrer Mehrzahl flüssig und können zum Teil unzersetzt destilliert werden. Die Triarylverbindungen sind erwartungsgemäß bei Zimmertemperatur kristallin. Praktisch alle Verbindungen sind in organischen Lösungsmitteln gut löslich.

Unter Feuchtigkeitsausschluß sind diese Peroxyde, mit Ausnahme der Trialkylalkylperoxyplumbane, wochenlang unzersetzt haltbar. Mit Wasser hydrolysieren sie, ganz besonders leicht die Triphenylalkylperoxystannane und bleiorganischen Peroxyde, in die entsprechenden Metallhydroxyde und Alkylhydroperoxyde:

$$R_3Me—OO—R' + H_2O \longrightarrow R_3Me—OH + R'—OOH$$

Bei ihrer Darstellung muß daher unter absolutem Feuchtigkeitsausschluß gearbeitet werden.

Mit gasförmiger Salzsäure tritt leicht Rückspaltung in Organometallchlorid und Alkylhydroperoxyd ein:

$$R_3Me—OO—R' + HCl \longrightarrow R_3Me—Cl + R'—OOH$$

Umlagerungen wurden hierbei nicht beobachtet.

b) Organoperoxyverbindungen der Metalle der 5. Hauptgruppe

Zur Synthese metallorganischer Peroxyde der fünften Hauptgruppe [46] konnten die gleichen Verfahren herangezogen werden, die an Verbindungen der vierten Hauptgruppe entwickelt worden waren. Ausgangsmaterialien waren hier aber Trialkylverbindungen mit zwei funktionellen Gruppen. Deren Austausch ergab Verbindungen mit zwei Peroxydgruppen je Metallatom.

Einerseits gelang der Austausch von Halogen gegen Alkylperoxygruppen. Als Säurefänger dienten entweder Basen, oder man ging von den Natriumsalzen der Alkylhydroperoxyde aus.

$$R_3SbCl_2 + 2\,R'—OOH \longrightarrow R_3Sb(OO—R')_2$$

$$R_3AsCl_2 + 2\,R'—OOH \longrightarrow R_3As(OO—R')_2$$

Andererseits gelang besonders glatt der Austausch von Alkoxyl gegen die Peroxydgruppe:

$$R_3Sb(OCH_3)_2 + 2\,R'\text{—}OOH \longrightarrow R_3Sb(OO\text{—}R')_2 + 2\,CH_3OH$$

$$R_3As(OCH_3)_2 + 2\,R'\text{—}OOH \longrightarrow R_3As(OO\text{—}R'')_2 + 2\,CH_3OH$$

Die Umsetzung nach dem angegebenen Schema war weitgehend verallgemeinerungsfähig. Alkyl- und Arylmetallhalogenide gaben mit Butyl-, Cumyl- oder Isochromanylhydroperoxyd in praktisch allen untersuchten Fällen die gewünschten Peroxyde, beispielsweise I und II.

$(C_6H_{11})_3Sb(OOtBut)_2$ I

$(C_6H_5)_3As(OO\text{—}Cumyl)_2$ II

Wasserstoffperoxyd führte erwartungsgemäß zu polymeren Peroxyden (III bzw. IV).

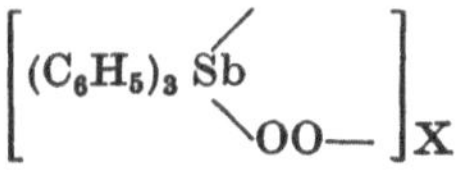

III

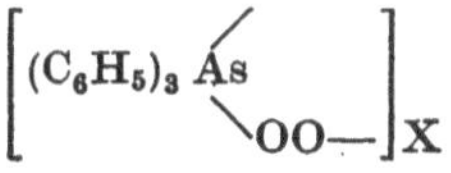

IV

Schließlich konnten auch die Iminiumhalogenide der metallorganischen Verbindungen in Peroxyde überführt werden; auch hier traten zwei Peroxydgruppen in das Molekül ein.

$$R_3Sb\overset{+}{N}H_2Cl \longrightarrow R_3Sb(OOR')_2$$

$$R_3As\overset{+}{N}H_2Cl \longrightarrow R_3As(OOR')_2$$

Auch die Knüpfung der peroxydischen Bindung an Phosphor gelang. Im Diäthylphosphorsäurechlorid ließ sich das Halogen gegen den tert.-Butylperoxyrest [47] austauschen.

Das Peroxyd wird schon beim Lösen in Wasser zerlegt, wobei quantitativ C—C-Spaltung eintritt. Man isoliert neben Diäthylphosphorsäure Aceton und Methanol.

$$(C_2H_5O)_2PO\text{—}OOC(CH_3)_3 \longrightarrow (C_2H_5O)_2POOH + CH_3COCH_3 + CH_3OH$$

4. Analytik von Peroxyden

a) Papierchromatographie

Bei unseren Untersuchungen über organische Peroxyde ergab sich verschiedentlich die Notwendigkeit, neue analytische Verfahren auszuarbeiten. Beispielsweise war zu Beginn der Untersuchungen die Papierchromatographie noch nicht für die Trennung von Peroxyden herangezogen worden. Da es gerade bei der Bearbeitung von Peroxyden oft vorteilhaft ist, mit kleinen Substanzmengen zu arbeiten, bot sich die Papierchromatographie als Methode der Wahl an.

An acetyliertem Papier ließen sich praktisch alle auftretenden Peroxydgemische trennen [48]. Beispielsweise ist bei der Autoxydation von Olefinen wegen Allylumlagerungen mit Gemischen von Peroxyden zu rechnen. In autoxydiertem Dimethylcyclohexen ließen sich zwei isomere Peroxyde nachweisen.

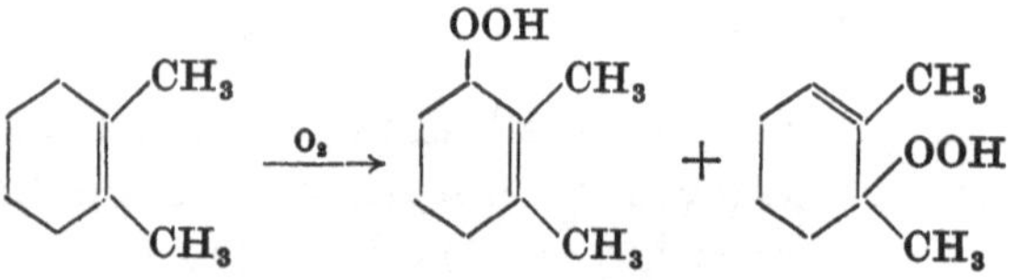

In peroxydhaltigem Diäthyläther konnte das Diäthylätherhydroperoxyd sichtbar gemacht und mit einem synthetisch erhaltenen Peroxyd identifiziert werden.

$$CH_3{-}CH_2{-}O{-}C_2H_5 \longrightarrow CH_3{-}\underset{\textstyle OOH}{\underset{|}{C}H}{-}OC_2H_5 \xrightarrow{H_2O_2} CH_3{-}CH\begin{matrix}\diagup OC_2H_5\\ \diagdown OC_2H_5\end{matrix}$$

Papierchromatographische Verfolgung der Autoxydation des Tetrahydrofurans führte zur Auffindung eines bisher unbekannten Autoxydationsproduktes, des dimeren Tetrahydrofuranperoxyds.

b) Charakterisierung von Alkylhydroperoxyden

Ein allgemein anwendbares Fällungsreagenz für Alkylhydroperoxyde wurde im 1-Methyl-2-äthoxy-6,8-dinitro-1,2-dihydrochinolin gefunden [41]. Es ergab mit allen untersuchten Alkylhydroperoxyden in 70—100prozentiger Ausbeute kristalline Umsetzungsprodukte.

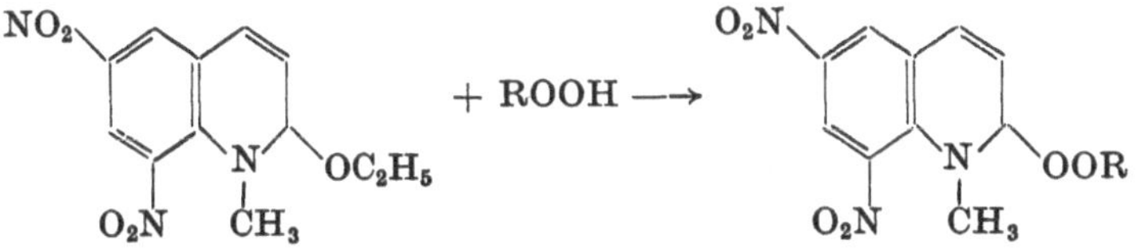

c) Aciditäten von Alkylhydroperoxyden

Über die Aciditäten der Hydroperoxyde lagen nur wenige Arbeiten vor, die sich in der Hauptsache mit der Säurestärke einfacher aliphatischer Vertreter befaßten. Zur Gewinnung eines breiteren Versuchsmaterials wurde eine einfache Methode der Aciditätsbestimmung ausgearbeitet [49]. Die Neutralisation der schwach sauren Hydroperoxyde wurde potentiometrisch verfolgt. In der Isochromanreihe ergab sich, daß Alkylsubstitution in Nachbarschaft zur Hydroperoxygruppe die Acidität abschwächt (Isochromanhydroperoxyd: pK 12,87; 1-Isopropylisochromanhydroperoxyd: pK 14,04). Ätherhydroperoxyde sind etwas stärker sauer als strukturell ähnliche Alkylhydroperoxyde (Tetralinhydroperoxyd: pK 13,34).

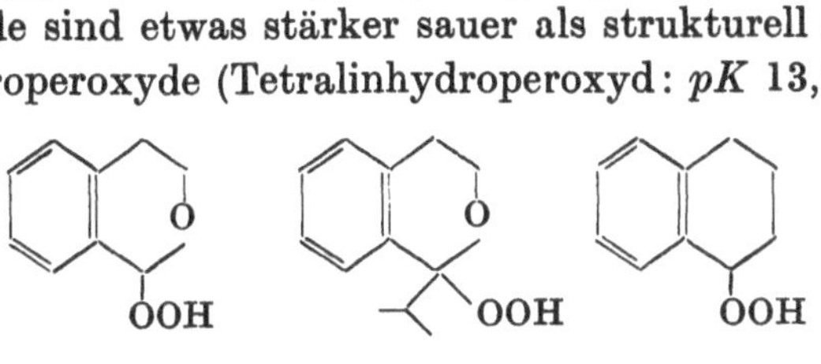

Die gleichen Gesetzmäßigkeiten ergaben sich in der aliphatischen Reihe.

ZUSAMMENFASSUNG

Bei Verätherungsreaktionen organischer Komponenten mit Wasserstoffperoxyd oder Alkylhydroperoxyden ist die Peroxydbildung thermodynamisch immer gegenüber der Bildung nichtperoxydischer Verätherungsprodukte begünstigt. Bei Austauschreaktionen in der Reihe der Ätherperoxyde, der Perorthoester und der α-Aminoperoxyde liegt das Gleichgewicht stets völlig auf der Seite des Peroxyds. Das Hauptproblem bei Peroxydsynthesen besteht daher darin, reaktionsfähige Verbindungen zu finden, die sich schon unter milden Bedingungen umsetzen.

Alle zur Alkylierung des Wasserstoffperoxyds geeigneten organischen Verbindungen tauschen ihren Substituenten nach einem S-N-1-Mechanismus aus. Man kann die Reaktionsfähigkeit erheblich steigern, wenn man die Kationbildung durch Einführung von Substituenten erleichtert, die das Carbeniumion durch Mesomerie stabilisieren. Durch geeignete Substitution erhält man schließlich Verbindungen, die unter fast neutralen Bedingungen bei Raumtemperatur innerhalb weniger Minuten reagieren.

In den Reaktionen des Wasserstoffperoxyds und der Alkylhydroperoxyde bestehen keine grundsätzlichen Unterschiede. In fast allen untersuchten Fällen ist die Alkylierung des Wasserstoffperoxyds unter den gleichen Versuchsbedingungen möglich wie die Alkylierung von Alkylhydroperoxyden.

LITERATUR

[1] Zusammenfassende Darstellungen: R. CRIEGEE in Houben/Weyl/Müller, Methoden der organischen Chemie, 4. Aufl., Band VIII; A. RIECHE, Wiss. Ann. **2**, 721 (1953)
[2] R. CRIEGEE und H. DIETRICH, Liebigs Ann. Chem. **560**, 135 (1948)
[3] A. RIECHE, Angew. Chem. **70**, 251 (1958)
[4] A. RIECHE, E. SCHMITZ und E. BEYER, Chem. Ber. **91**, 1935 (1958)
[5] A. RIECHE, Angew. Chem. **50**, 520 (1937)
[6] A. ROBERTSON, Nature [London] **162**, 153 (1948)
[7] A. RIECHE und R. MEISTER, Angew. Chem. **49**, 101 (1936)
[8] S. SIEGEL und S. COBURN, J. Amer. chem. Soc. **73**, 5494 (1951)
[9] J. ENTEL, C. H. RUOF und H. C. HOWARD, J. Amer. chem. Soc. **74**, 441 (1952)
[10] A. M. CLOVER, J. Amer. chem. Soc. **46**, 419 (1924)
[11] A. RIECHE und E. SCHMITZ, Chem. Ber. **90**, 1082 (1957)
[11a] A. RIECHE und E. SCHMITZ, Chem. Ber. **91**, 2693 (1958)
[12] M. SCHULZ, Dissertation Berlin 1959
A. RIECHE und M. SCHULZ, Angew. Chem. **70**, 602 (1958); **71**, 577 (1959)
[13] A. RIECHE und E. SCHMITZ, Angew. Chem. **69**, 545 (1957); l. c. [4]
[14] A. RIECHE, E. SCHMITZ, W. SCHADE und E. BEYER, Chem. Ber., im Druck
[15] N. A. MILAS und D. M. SURGENOR, J. Amer. chem. Soc. **68**, 205 (1946)
[16] A. RIECHE und R. MEISTER, Ber. dtsch. chem. Ges. **64**, 2335 (1931); **65**, 1274 (1932); **68**, 1465 (1935); **72**, 1933 (1939)
[17] R. WOLFFENSTEIN, Ber. dtsch. chem. Ges. **28**, 2265 (1895)
[18] A. v. BAEYER und V. VILLIGER, Ber. dtsch. chem. Ges. **32**, 3625 (1899)
[19] N. A. MILAS, S. A. HARRIS und P. C. PANOGIOTAKOS, J. Amer. chem. Soc. **61**, 2430 (1939)
[20] R. CRIEGEE, W. SCHNORRENBERG und J. BECKE, Liebigs Ann. Chem. **565**, 7 (1949)
[21] H. WIELAND und J. MAIER, Ber. dtsch. chem. Ges. **64**, 1205 (1931)

[22] H. R. Williams und H. S. Mosher, J. Amer. chem. Soc. **76**, 2984 (1954)
[23] R. Hüttel, H. Schmid und H. Ross, Chem. Ber. **92**, 699 (1959)
[24] N. A. Milas, R. L. Peeler jr. und O. L. Mageli, J. Amer. chem. Soc. **76**, 2322 (1954)
[24a] A. Rieche, Angew. Chem. **73**, 57 (1961)
[25a] A. Rieche und E. Schmitz, Chem. Ber. **89**, 1254 (1956)
[25b] E. Schmitz und A. Rieche, Chem. Ber. **89**, 2807 (1956)
[25c] A. Rieche und E. Schmitz, Chem. Ber. **90**, 531 (1957)
[26] A. Rieche und E. Schmitz, Chem. Ber. **90**, 1094 (1957)
[27] A. Rieche und E. Schmitz, Chem. Ber. **90**, 1225 (1957)
[28] A. Rieche und Ch. Bischoff, Chem. Ber., im Druck
[29] A. Rieche und Ch. Bischoff, Chem. Ber., im Druck
[30] A. Rieche, Ch. Bischoff und P. Dietrich, Chem. Ber. ,im Druck
[31] A. Rieche und Ch. Bischoff, Chem. Ber., im Druck
[32] M. Pulz, Diplomarbeit, Jena 1961
[33] A. Rieche, E. Schmitz und E. Gründemann, Chem. Ber. **93**, 2443 (1960)
[34] A. Rieche, E. Schmitz und E. Gründemann, unveröffentlicht
[35] A. Rieche und M. Schulz, unveröffentlicht
[36] A. Rieche, E. Schmitz und E. Beyer, Chem. Ber. **91**, 1942 (1958)
[37] E. Schmitz und A. Rieche, Chem. Ber., im Druck
[37a] A. Rieche, E. Schmitz und E. Beyer, Chem. Ber. **92**, 1206 (1959)
[38] E. Schmitz, Chem. Ber. **93**, 614 (1960)
[39] E. Schmitz, Liebigs Ann. Chem. **635**, 73 (1960)
[40] A. Rieche, E. Schmitz und E. Beyer, Chem. Ber. **92**, 1212 (1959)
[41] A. Rieche, E. Schmitz und P. Dietrich, Chem. Ber. **92** 2239 (1959)
[42] A. Rieche und J. Dahlmann, Angew. Chem. **71**, 194 (1959)
[43] A. Rieche und T. Bertz, Angew. Chem. **70**, 507 (1958)
[44] A. Rieche und J. Dahlmann, Mber. dtsch. Akad. Wiss. Berlin **1**, 491 (1959)
[45] J. Dahlmann, Dissertation, Berlin 1961
A. Rieche, Wiss. Z. Univ. Jena **9**, 35 (1959)
[46] A. Rieche, J. Dahlmann und D. List, Angew. Chem., **73**, 494 (1961)
[47] A. Rieche, G. Hilgetag und G. Schramm, Chem. Ber., im Druck
[48] A. Rieche und M. Schulz, Angew. Chem. **70**, 694 (1958)
[49] G. Gottschalk, Diplomarbeit, Berlin 1959

SITZUNGSBERICHTE DER DEUTSCHEN AKADEMIE
DER WISSENSCHAFTEN ZU BERLIN

Klasse für Chemie, Geologie und Biologie
Jahrgang 1962 Nr. 4

ALFRED RIECHE
GÜNTER HILGETAG · ANNELISE MARTINI
HELMUTH SEEBOTH · MARTIN LORENZ

REINIGUNG UND VERWERTUNG INDUSTRIELLER ABWÄSSER

Mit 21 Abbildungen und 2 Tabellen

Aus dem Institut für organische Chemie
der Deutschen Akademie der Wissenschaften zu Berlin
(Direktor: Prof. Dr. Alfred Rieche)

AKADEMIE-VERLAG BERLIN
1962

Vorgelegt von Hrn. RIECHE in der Plenarsitzung am 18. Mai 1961
Zum Druck genehmigt am gleichen Tage, ausgegeben am 31. Januar 1962

Erschienen im Akademie-Verlag GmbH, Berlin W 8, Leipziger Straße 3—4

Lizenznummer: 202 · 100/431/62
Gesamtherstellung: VEB Druckerei „Thomas Müntzer" Bad Langensalza
Printed in Germany
Bestellnummer: 2010/62/II/4 · ES 20 E 7 · Preis: DM 4,70

INHALT

I. Kultivierung von Mikroorganismen auf dünnen, z. T. unphysiologischen Substraten mit dem Ziel einer Reinigung und Verwertung von Industrie-Abwässern

1. Einleitung

Die Reinigung industrieller Abwässer ist heute eine Lebensfrage der Industrie. Wenn es in den nächsten Jahren nicht gelingt, eine Sanierung der verunreinigten Flüsse durchzuführen, werden in Zukunft nicht nur die Städte und Gemeinden, sondern auch die Industriewerke ihre Wasserversorgung nicht mehr sicherstellen können.

Abgesehen von der Zellstoffindustrie, wo bereits eine weitgehende mikrobielle Verwertung der zuckerhaltigen Sulfitablaugen für eine Alkoholgewinnung und für die Futterhefeerzeugung verwirklicht ist [1] (die Zellstoffindustrie der DDR nutzt bereits 83% der Zucker der anfallenden Sulfitablauge), werden heute für die Reinigung von dünnen Abwässern der Kohle- und Chemischen Industrie nur die üblichen mikrobiellen Reinigungsmethoden mit Tropfkörpern und Belebtschlammbecken angewendet, wobei die Abwässer stark verdünnt werden müssen.

Die Arbeiten unseres Instituts berühren zwei dringende Probleme unserer Volkswirtschaft:

Die Reinigung der Industrieabwässer durch möglichst rationelle Verfahren.

Die Versorgung der Landwirtschaft mit hochwertigem, vitaminreichem Eiweißfutter.

Zur Bedeutung dieser Probleme sollen nur einige ganz kurze Hinweise gegeben werden:

Der jährliche Wasserbedarf unserer Republik von z. Zt. 5,3 Milliarden m^3 pro Jahr wird bis 1965 auf 8 Milliarden m^3

steigen, wovon die Industrie etwa 80% verbraucht und als Abwasser in die Flüsse leitet. 75% der Wasserversorgung stammen aus Oberflächenwasser. In Jahren mit normalen Niederschlägen stehen an Grund- und Oberflächenwasser 15 Milliarden m^3 zur Verfügung, in trockenen Jahren 6 Milliarden m^3. Damit kann 1965 schon ein Defizit von 2 Milliarden m^3 Wasser auftreten. Die Industrieabwässer müssen daher soweit gereinigt werden, daß sie möglichst weitgehend wiederverwendet werden können.

Bei unserer Landwirtschaft besteht ein großes Defizit an Eiweißfuttermitteln, das durch Importe oder erhöhte Eigenerzeugung gedeckt werden muß. Die Futterhefe übertrifft wegen der vielen darin enthaltenen Wirkstoffe in ihrem Wert andere Eiweißkonzentrate wie Fischmehl und Ölkuchen, was jahrzehntelange Versuche in verschiedenen Ländern ergaben. Die Futterersparnis beträgt durch Hefezugabe bei Schlachttieren 10 bis 20%, Hühner legen 20% Eier mehr, Jungtiere entwickeln sich schneller, das Vieh bleibt gesunder.

Darum ist es nötig, jede Möglichkeit zur Erzeugung von Futterhefe auszunutzen. Als Rohstoffe kommen hierfür nur Abfallzucker und industrielle Abwässer mit für die Eiweißerzeugung verwertbaren organischen Stoffen in Frage. Während die Abfallzucker der Zellstoff- und Zuckerindustrie seit langem zum großen Teil für die mikrobielle Eiweißsynthese ausgenutzt werden, geschieht dies bei Abwässern anderer organischer Industrien noch nicht. Lediglich eine Verwertung des „Bio-Schlamms" von der biologischen Reinigung der Braunkohlen-Industrie-Abwässer für die Vitamin-B_{12}-Gewinnung und die Verfütterung des getrockneten Schlammes ist vom Institut für Organisch-chemische Verfahrenstechnik der Akademie in Leipzig in Angriff genommen worden [2].

Unsere Arbeiten befaßten sich mit Versuchen zur Züchtung von Wuchshefen, wie *Torula utilis*, und des mycelbildenden Pilzes *Oidium lactis*, des Milchschimmels, hauptsächlich auf nichtzuckerhaltigen Abwässern, also „unphysiologischen" Substraten.

Darüberhinaus haben wir uns noch mit solchen Substraten beschäftigt, in denen außerdem noch "Giftstoffe" enthalten sind.

"Unphysiologische" Substrate, die z.B. Pentosen oder Fettsäuren enthalten (Buchenholzsulfitablauge, Holzzuckerschlempe, Sulfitspritschlempe oder fettsäurehaltige Industrieabwässer), werden durch Wuchshefen nur dann zur mikrobiellen Zellsubstanzsynthese ausgenutzt, wenn sie in kleinen Konzentrationen angeboten werden.

Zur Bestimmung derjenigen Maximalkonzentration dieser Substrate, an die der Mikroorganismus "gewöhnt" werden kann, verimpft man ihn gewöhnlich auf Nährböden mit sich allmählich steigernder Menge der unphysiologischen Kohlenstoffquelle. Führt man solche Versuche sowohl mit unphysiologischen Substraten, als auch mit Stoffen aus, die als gut resorbierbare Nährstoffe anerkannt sind, so zeigt sich, daß auch letztere (z.B. Zucker) in hohen Konzentrationen hemmend auf das Wachstum der Mikroorganismen wirken; es besteht also kein <u>prinzipieller</u> Unterschied zwischen "physiologischen" und "unphysiologischen" Substraten, sondern nur ein <u>gradueller</u> Unterschied.

Ein ähnliches Verhalten der Mikroorganismen beobachtet man bei Substraten, die neben einer mehr oder weniger gut resorbierbaren Kohlenstoffquelle "Giftstoffe" wie z.B. Phenole, Ameisensäure oder SO_2 enthalten. Wie später noch ausgeführt wird, werden eine Reihe von organischen "Giftstoffen", wenn sie dem Mikroorganismus in angemessenen kleinen Konzentrationen angeboten werden, entweder zur Zellsubstanzsynthese ausgenutzt (z.B. Phenole), oder sie werden nur abgebaut (veratmet) und damit entgiftet (z.B. Ameisensäure). In einigen Fällen beobachtet man, daß der "Giftstoff" nicht nur resorbiert wird, sondern sogar den Stoffwechsel der Mikroorganismen rationeller gestaltet und den ökonomischen Koeffizienten der Kohlenstoffausnutzung steigert.

Die mikrobielle Eiweißsynthese auf "unphysiologischen" und Giftstoffe enthaltenden Substraten verlangt eine starke Verdünnung dieser Substrate, wenn man im sogenannten Füllversuch die Nährlösung vorlegt und den Mikroorganismus einsät; diese Arbeitsweise ist allenfalls für Laboratoriumsversuche geeignet, für die technische Durchführung der mikrobiellen Eiweißsynthese auf diesen Substraten ist das Verfahren unrationell. Bedient man sich aber der kontinuierlichen Arbeitsweise, die vor ca.25 Jahren zuerst von SCHOLLER und SEIDEL, später von RIECHE, HILGETAG, BUTSCHEK und KLAUS technisch durchgeführt wurde, so lassen sich auch unverdünnte bzw.nur wenig verdünnte unphysiologische und Giftstoffe enthaltende Substrate rationell zur mikrobiellen Eiweißsynthese verwenden. Die pentosenreiche Buchenholzsulfitablauge und Xylose lassen sich z.B. im Füllversuch nur bei einer Verdünnung auf 1,2 bzw.1,5 % RS verhefen, während im kontinuierlichen Verfahren Würzen mit einem RS-Gehalt bis zu 6 % verwendet werden können.

Bei dem kontinuierlichen Verfahren wird das Substrat ständig so dosiert zugegeben, wie der Mikroorganismus es gerade vollständig verbraucht, so daß niemals Substrat-Konzentrationen auftreten, die ihm schädlich sind; die dem Zulauf entsprechende Flüssigkeitsmenge wird kontinuierlich zusammen mit den zugewachsenen Organismen abgezogen. Die Mikroorganismen, die sich stets im höchsten Wachstum befinden, können dadurch unter völlig konstanten Bedingungen kultiviert werden, unter denen sich eine für das verwendete Substrat optimale Population oder eine Symbiose der Organismen einstellt. Besonders geeignet für das kontinuierliche Verfahren sind solche Mikroorganismen, die -wie die Wuchshefen- sich auf dem angebotenen Substrat am schnellsten dann vermehren, wenn die Nährstoffkonzentration möglichst niedrig ist.

Die Anwendung der kontinuierlichen Arbeitsweise bietet, abgesehen von ihren sonstigen,allgemein bekannten verfahrenstechnischen Vorteilen,ganz neue Möglichkeiten,die Beeinflussung des Stoffwechsels der Mikroorganismen und ihre Zusammensetzung durch bestimmte, dem Substrat zugesetzte Stoffe zu verfolgen. Man kann sich hier gleichsam mit Stoffen der verschiedensten Art "einschleichen",die sonst zu schweren Stoffwechselstörungen führen würden. Wie später gezeigt wird, ist mit dem kontinuierlichen Verfahren auch eine Verwertung und gleichzeitige Reinigung nichtzuckerhaltiger Industrieabwässer möglich.

2. Pentosen-Verhefung

Bis zum Jahre 1936 bestand allgemein die Vorstellung, daß Wuchshefen vom Typ *Torula* nur Hexosen für die Zellsubstanzsynthese ausnutzen können; Pentosen galten als unphysiologisches, nicht verwertbares Substrat. Einen ersten Hinweis für die „Verhefbarkeit" von Pentosen gab 1936 SEIDEL [3], ein Mitarbeiter SCHOLLERS, in einer Patentanmeldung über die Verhefung der nicht vergärbaren Restzucker in Glukoselösungen der Holzverzuckerung, also den sogenannten „Holzzuckerschlempen". Zur gleichen Zeit fanden zwei von uns (A. RIECHE und G. HILGETAG) in der Farbenfabrik Wolfen, VIERLING in Ludwigshafen und GRÜTZNER in der Filmfabrik Wolfen erstmalig, daß die Pentosen der bis dahin mikrobiell nicht ausnutzbaren Buchenholzsulfitablauge für die fortlaufende Züchtung von Wuchshefen und Mycelpilzen geeignet sind und legten diese Beobachtung 1937 in einem Patent nieder [4], das die Grundlage für die heute überall durchgeführte Verhefung von Buchenholzsulfitablaugen ist.

Die Ablauge vom Aufschluß des Fichtenholzes, die hauptsächlich Hexosen enthält, wurde und wird auch heute noch auf Sprit vergoren. Hierbei bleiben etwa $^1/_5$ der Zucker als nicht vergärbare Pentosen in der ausdestillierten Schlempe. Ferner sind noch ebensoviel Essigsäure und Zuckerumwandlungsprodukte, z. B. Uronsäuren, in der Schlempe, organische Stoffe, die beim Ablassen in die Vorfluter einen hohen biologischen Sauerstoffbedarf haben. Die Konzentration der verwertbaren organischen Substanz ist in diesen Schlempen aber nur insgesamt 1—1,5%. Es handelt sich also um sehr dünne Substrate.

In den Jahren 1939—1942 wurde von RIECHE, HILGETAG und BUTSCHEK [5] das Problem der Verhefung von Schlempen bearbeitet. Es ergaben sich hier bei der technischen Durchführung zunächst außerordentliche Schwierigkeiten. Das Ergebnis war aber schließlich die Errichtung der ersten großtechnischen

Schlempeverhefungsanlage in der Cellulose-Fabrik Attisholz in der Schweiz, die heute noch läuft.

Damit war das Problem der wirtschaftlichen Ausnutzung sehr verdünnter, speziell Pentosen enthaltender Substrate für die Eiweißsynthese technisch gelöst.

3. Raum-Zeit-Ausbeute bei der kontinuierlichen Hefegewinnung

Maßgeblich für die Wirtschaftlichkeit der großtechnischen Gewinnung von Mikroorganismen ist die Raum-Zeit-Ausbeute, d. h. die Größe des anzuwendenden „Gärraums". Für Mikroorganismen vom Typ der Torula utilis weiß man heute sicher, daß die in der Zeiteinheit verbrauchte Zuckermenge mit fortschreitender Vermehrung der Wuchshefe ansteigt. Wenn man nämlich in ein geeignetes Substrat eine kleine Menge Stellhefe einsät, dann vergrößert sich entsprechend dem Hefezuwachs die „arbeitende" Oberfläche und damit der Stoffumsatz [6]. Die Reaktion hat unter diesen Bedingungen den Charakter einer Autokatalyse, da sich der wirksame „Katalysator" Hefe mit fortschreitender Reaktion vermehrt. Daraus ergibt sich, daß die in der Zeiteinheit umgesetzte Menge Zucker und Stickstoff hier nicht von der Substratkonzentration abhängt; denn sonst müßte der Verbrauch mit sinkender Konzentration an Zucker und Stickstoff abfallen. Der Hefezuwachs ist also auch bei sehr kleinen Zucker- und Stickstoff-Konzentrationen in der Nährlösung optimal. Die Wuchshefen sind deshalb die idealen Mikroorganismen für die Durchführung einer kontinuierlichen Arbeitsweise bei der technisch-biologischen Eiweiß-Synthese, bei der in den Verhefungsbottich die Nährlösung laufend zufließt und die gleiche Flüssigkeitsmenge mit der zugewachsenen Hefe abgeerntet wird.

Eine solche kontinuierliche Arbeitsweise läßt sich im Laboratorium in der in Abb. 1 schematisch dargestellten Apparatur durchführen.

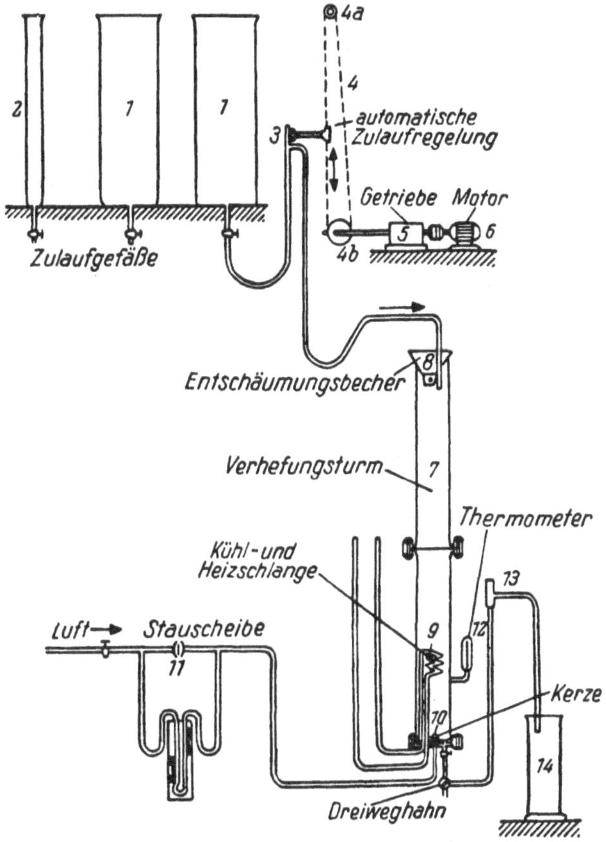

Abb. 1. Kontinuierlich arbeitende Laboratoriumsapparatur für die Kultivierung von Wuchshefen

Die Apparatur besteht im wesentlichen aus einem Glasturm (*7*) von etwa 2 m Höhe mit Belüftung (*10*), Heiz- bzw. Kühlschlange (*9*) und Überlauf (*13*), der am oberen Ende einen Becher mit etwas Entschäumungsmittel (*8*) trägt. Der Zulauf erfolgt über einen Heber (*3*) aus Zulaufgefäßen (*1*/*2*) verschiedener Dimensionen. Der Heber wird durch ein Getriebe (*5* und *6*) in 24 Stdn. einmal von oben nach unten gesenkt (dosierter Zulauf). Die konstante Befüllung des Turmes ist durch einen Überlauf garantiert.

Die Raum-Zeit-Ausbeute ist bei einem kontinuierlichen Verfahren naturgemäß am günstigsten. Sie läßt sich am besten durch die Verweilzeit charakterisieren, womit das reziproke Verhältnis des stündlichen Durchsatzes zur Apparatebefüllung gemeint ist.

Die kürzeste Verweilzeit betrug bei unseren Versuchen 2,5 Stdn.; diese Verweilzeit ist eine weitgehende Annäherung an die mit 2 Stdn. angenommene sogenannte Generationszeit der Hefe, in der sich eine Hefezelle unter optimalen Bedingungen verdoppeln kann.

Durch die festgelegte untere Grenze der Verweilzeit einerseits und durch die Substratkonzentration bzw. die aus dem Substrat zuwachsende Hefemenge andererseits ist die pro Zeiteinheit mögliche Ernte an Zellsubstanz festgelegt. Die Raum-Zeit-Ausbeute einer Verhefungsapparatur ist demnach bei Verwendung einer 3-proz. Zuckerlösung dreimal so groß als bei einer 1-proz. Zuckerlösung. Es muß also der Zuckerdurchsatz lediglich eine Funktion der Hefe-Konzentration sein.

Wir konnten zeigen [7], daß eine weitgehende Proportionalität zwischen Zuckerdurchsatz und Hefekonzentration besteht, indem wir zunächst im kontinuierlichen Züchtungsversuch die Mindestverweilzeit der Hefe bei voller Ausnutzung der Nährstoffe bestimmten. Das folgende Schema (Abb. 2) zeigt das Ergebnis dieser Versuche bei Verwendung von Rübenzucker-Melasse (Hexosen) als Nährlösung. Der Würzezulauf wurde soweit gesteigert, bis die Leistungsfähigkeit der Hefe erschöpft war, also Zucker und Stickstoff im Ablauf auftraten. Die einzelnen Säulen geben die stündliche Zellsubstanz-Ernte und gleichzeitig die Verweilzeit bei ständig gesteigertem Zulauf an. Bei 3% *RS* (= reduzierende Substanz) wurde die kleinste Verweilzeit mit 2,4 Stdn. ermittelt und dabei stündlich 75 g Preßhefe geerntet. Bei Würzen mit 1% *RS* ist die Hefeernte und damit auch die Raum-Zeit-Ausbeute auf $^1/_3$ vermindert. Erhöht man bei Würzen mit 1% *RS* durch Rückführung von abgeernteter Hefe die Hefekonzentration auf das Dreifache, so

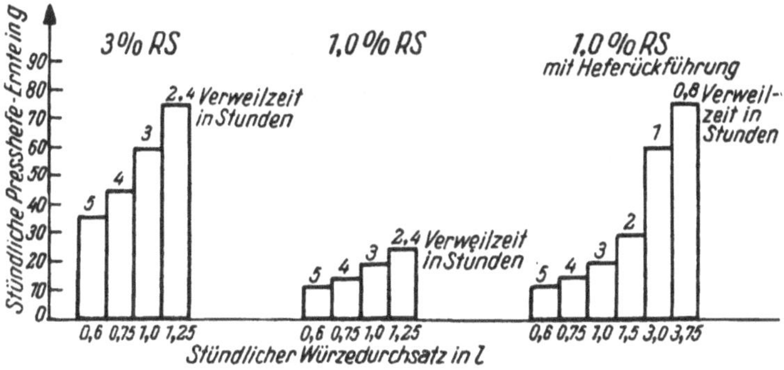

Abb. 2. Kontinuierliche Hefezüchtung mit Heferückführung (Befüllung der Apparatur: 3 l)

ist die Verweilzeit nur $^1/_3$, d. h. 0,8 Stdn., und man kann wieder 75 g Preßhefe stündlich ernten.

Damit ist also das Gesetz von der Proportionalität des Zuckerdurchsatzes von der Hefekonzentration bewiesen, und man könnte sehr verdünnte Nährlösungen bei Heferückführung mit der gleichen Raum-Zeit-Ausbeute verhefen wie konzentrierte. Es muß aber durch die Heferückführung eine zusätzliche Separatoren-Arbeit und damit zusätzliche Energie aufgewendet werden.

Dieselben Ergebnisse erzielten wir auch bei der Verhefung von Buchenholzsulfitablaugen (Pentosen), wo wir bei Heferückführung die mittlere Verweilzeit auf 0,9 Stdn. herabsetzen konnten. Auch hier besteht also das „Gesetz von der Proportionalität".

4. Versuche zur Zellsubstanzsynthese mit dem Mycelpilz *Oidium lactis*

Auch *Oidium lactis* kann im Prinzip für die Verarbeitung von dünnen Substraten herangezogen werden. Die Verwendung von mycelbildenden Pilzen für die biologische Eiweißsynthese hätte deshalb einen besonderen Reiz, weil diese im Gegensatz zur Hefe, die auf Separatoren isoliert werden muß, einfach auf

Drehfiltern oder Siebentwässerungsmaschinen abgetrennt und sehr leicht gewaschen werden können. PEUKERT hatte im Kriege ein diskontinuierliches Verfahren zur Züchtung eines Mycelpilzes entwickelt. Die Frage, ob *Oidium lactis* fortlaufend, ohne zwischendurch über Oberflächenkulturen oder über Vorkulturen zu gehen, submers unter ständigem Wiedereinsatz eines Teiles der jeweiligen Ernte — also im fortlaufenden Chargenbetrieb — gezüchtet werden kann, wurde von uns dahin entschieden, daß die fortlaufende submerse Züchtung möglich ist, wenn man eine stärkere Infektion vermeiden kann [8][1]. Noch nie gelang es aber, Mycelpilze auf zuckerhaltigen Substraten vollkontinuierlich zu züchten. Unter den Ursachen hierfür ist nach unseren Versuchen zunächst die folgende Eigenart von *Oidium lactis* bemerkenswert, die allein es schon zweifel-

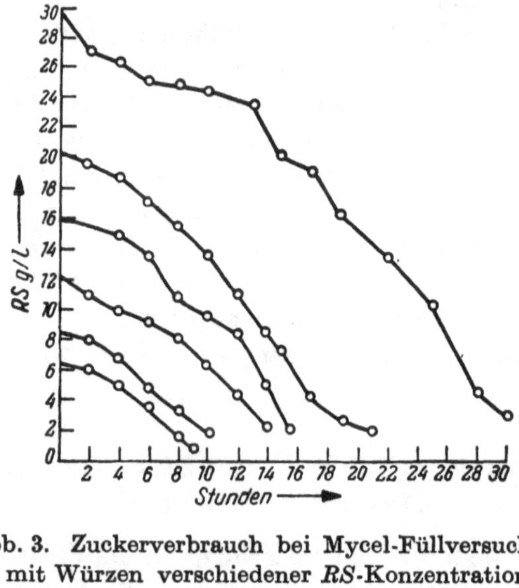

Abb. 3. Zuckerverbrauch bei Mycel-Füllversuchen mit Würzen verschiedener *RS*-Konzentration

---

[1]) Das Ergebnis wurde von Frau Dr. BRADLER, Institut für Mikrobiologie und experimentelle Therapie der DAdW in Jena, bestätigt.

haft erscheinen läßt, ob eine kontinuierliche Züchtung des Pilzes gegenüber einer diskontinuierlichen Arbeitsweise überhaupt Vorteile bringen kann. Wenn wir nämlich in eine bestimmte Menge Substrat eine kleine Menge des Pilzes einsäten (Füllversuch), dann beobachteten wir, daß nach Erreichung einer gewissen, sehr niedrigen Mycelkonzentration der stündliche Zuckerverbrauch mit wachsender Mycelkonzentration nicht mehr anstieg, sondern immer konstant blieb. Der Verlauf solcher Versuche mit Substraten von verschiedenem Zuckergehalt ist in Abb. 3 wiedergegeben.

Die Züchtung wurde in einer belüfteten Flasche mit Rührer durchgeführt. Die gesamte Nährlösung mit verschiedenen Zuckerkonzentrationen wurde vorgelegt und jeweils 10—15% der zu erwartenden Mycelmenge eingesät.

Die sich bei dieser Versuchsanstellung ergebenden „Zuckerabfallkurven" verlaufen überraschenderweise alle nahezu gradlinig mit annähernd gleicher Neigung. Man sieht, daß unabhängig von der Zuckerkonzentration der Zuckerverbrauch in der Zeiteinheit der gleiche ist, etwa stündlich 1 g Zucker pro Liter. Man hätte erwarten müssen, daß der Zuckerverbrauch erst langsam erfolgt und dann mit steigender Mycelvermehrung immer schneller wird [s. 6].

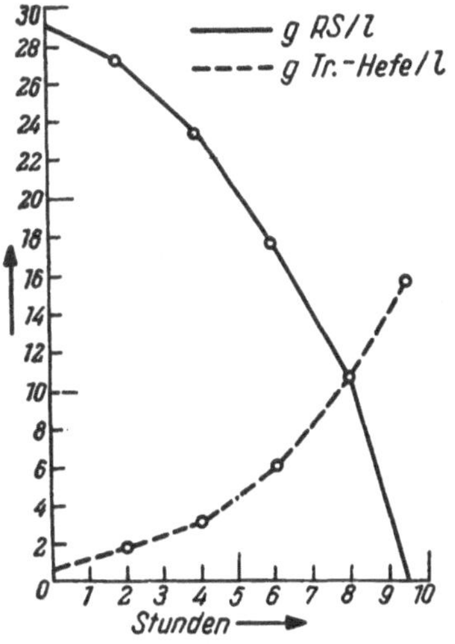

Abb. 4. Zuckerverbrauch und Hefezuwachs in einem „Füllversuch"

Das ist, wie Abb. 4 zeigt, bei Wuchshefen der Fall. Hier sehen wir bei einem gleichen Füllversuch, wie mit steigender Hefekonzentration und fallender Zukkerkonzentration der Umsatz pro Zeiteinheit immer rascher wird, also den Charakter einer Autokatalyse hat.

In einer weiteren Versuchsreihe, deren Ergebnis in Abb. 5 dargestellt ist, wurde bei Zuckerkonzentrationen von 2,0, 1,6 und 1,2% einmal 16 Stdn. gezüchtet (ausgezogene Kurven) und in einer zweiten Versuchsreihe (gestrichelte Kurven) nach 8 Stdn. der gesamte Zuwachs (bis auf die Einsaat) entfernt: Zuwachs und Zuckerverbrauch gingen trotzdem in gleichem Tempo weiter.

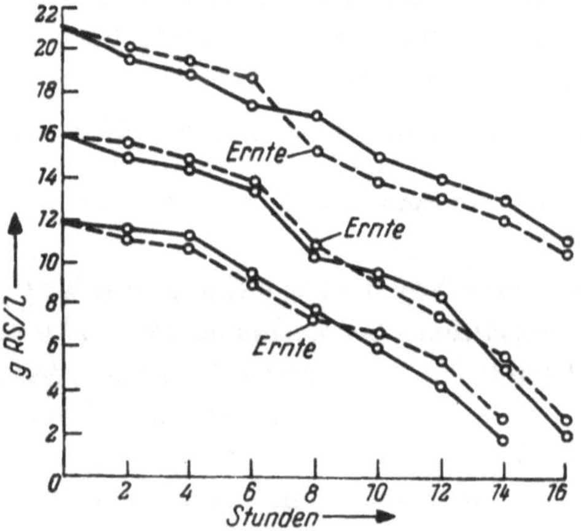

Abb. 5. Zuckerverbrauch bei Mycelzüchtung auf verschieden konzentrierten Würzen

Dieses im Vergleich zu *Torula* so andersartige Verhalten des Mycels konnte verschiedene Ursachen haben: Beim Mycel ist es sicherlich so, daß nur die jungen, wachsenden Teile, also die Hyphenspitzen, einen „produktiven" plasmabildenden Baustoffwechsel durchführen. Die bereits ausdifferenzierten, älteren, rückwärtigen Teile des Mycels werden dann nur einen Erhaltungsstoffwechsel betreiben. Dieser wäre „unproduktiv", da durch ihn zwar Nährstoffe verbraucht werden, die betreffenden Mycelpartien sich aber nicht mehr an der Vermehrung beteiligen. Je mehr also das Mycel heranwächst, um so ungünstiger wird das Verhältnis von „produktiv" zu „unproduktiv" arbeitenden Mycelabschnitten; denn beim Wachstum des Mycels wird die Zahl der Hyphenspitzen nur unwesentlich größer. Bei einer einzelligen Hefezelle gibt es solche Unterschiede zwischen Basis und Spitze nicht. Die Zelle betreibt unter günstigen Bedingungen überwiegend einen plasmabildenden Baustoffwechsel.

Das Verhalten des Mycels könnte also einmal auf dessen im Vergleich zur Hefe andersartige Morphologie zurückzuführen sein. Man weiß andererseits aber auch, daß Mycelpilze meist noch aerobere Bedingungen als Hefen für ein optimales Wachstum verlangen. Es war deshalb durchaus möglich, daß die Versorgung mit Sauerstoff bei der Luftbegasung nicht ausgereicht hatte.

Eine Erhöhung der Luftmenge brachte aber keine Beschleunigung des Zuckerverbrauches. Eine grundsätzliche Änderung trat erst ein, als an Stelle von Luft Sauerstoff zur Belüftung des Substrates genommen wurde. Wenn ein mit Luft gezüchtetes Mycel (Abb. 6, links), das sehr wenig Verzweigungen hat und sich hauptsächlich an der Sproßspitze verlängert, mit Sauerstoff behandelt wird, treten plötzlich viele Seitenäste auf (Abb. 6, rechts) und der Zuwachs erfolgt erheblich schneller.

Kultiviert man Hefe z. B. in einer 3% *RS* enthaltenden Nährlösung, dann erhält man eine dünnflüssige Suspension von Einzelzellen. Anders ist es bei der Kultur von Mycelpilzen. Diese Organismen bilden ein dichtes Netz aus faserförmigen Hyphenverbänden. Mit fortlaufendem Wachstum dieser Hyphen wird die Kulturflüssigkeit immer breiiger. In so einem „Mycelbrei" ist keine feine Verteilung der Luft mehr möglich und das Mycel leidet dann unter Sauerstoffmangel. Die Populationsdichte spielt also beim Mycel eine viel größere Rolle als bei den Wuchshefen.

Nach diesen Ergebnissen sind also Mycelpilze für technische, kontinuierliche Züchtungen auf kohlenhydrathaltigen Substraten nicht geeignet. Es gibt aber noch andere, viel schwerer wiegende Gründe hierfür:

Die Ausbeute an Pilzmasse ist bei dünnen Lösungen am besten. Jedoch darf ein gewisser Mindestwert an Zucker für längere Zeit nicht unterschritten werden, da sonst ein Zerfall in Oidien erfolgt. Der Pilz richtet sich dadurch auf einen Mangelzustand ein. Er vermehrt sich nur dann normal, wenn eine

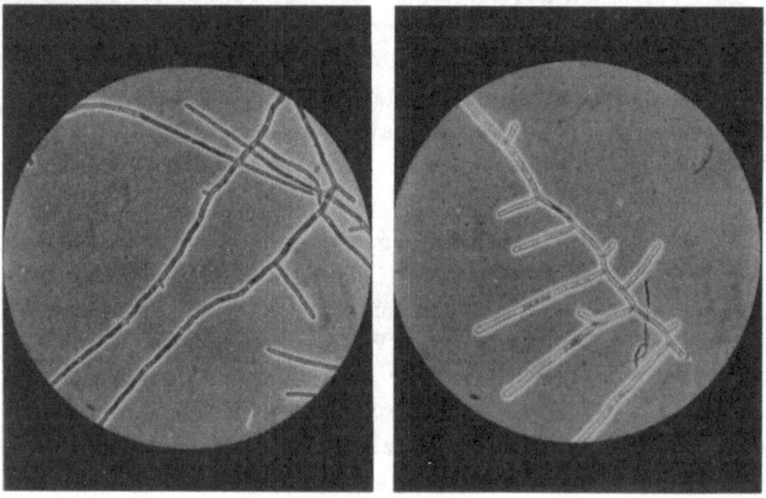

Abb. 6. *Oidium lactis*
links: mit Luft kultiviert rechts: mit Sauerstoff kultiviert

gewisse Menge Nährstoffvorrat vorhanden ist. Ist er erst in Oidien zerfallen, so dauert es geraume Zeit, bis nach Einführung günstigerer Bedingungen, z. B. höhere Zuckerkonzentration, wieder Wachstum eintritt. Deshalb ist es verständlich, daß eine kontinuierliche Arbeitsweise bei der Züchtung von Oidium technisch nicht möglich ist. Dagegen läßt sich das Mycel — wenigstens eine Zeit lang — in einem „Verschnittverfahren" züchten, bei dem immer nach 4 Stdn. die Hälfte des Bottichvolumens abgeerntet und entsprechend neue Nährlösung zugeführt wird. Infolge Infektion ist dies aber nur eine begrenzte Zeit durchführbar.

Ähnliche Verhältnisse können auch bei der Züchtung von Pilzen der *Penicillium*- und *Streptomyces*-Gruppe vorliegen, die man — wenigstens bisher — ebenfalls noch nicht kontinuierlich züchten kann.

Bei der Kultivierung von *Oidium lactis* auf fettsäurehaltigen Substraten treten die eben geschilderten Schwierigkeiten nicht auf. Hier ist ein kontinuierliches Verfahren bei praktisch vollständigem Abbau der Fettsäuren möglich (s. dazu S. 26 ff).

5. Die technische Belüftungsapparatur

Ehe nun auf die mikrobielle Verwertung von nichtzuckerhaltigen Abwässern eingegangen wird, soll eine kurze Beschreibung des technischen Belüftungsbottichs gegeben werden, der seinerzeit von Rieche, Butschek und Hilgetag unter Mitverwendung von Erfahrungen von Scholler und Mitarbeitern für die Verhefung von Buchenholzsulfitablauge, vor allem aber von Substraten mit sehr geringem Gehalt an assimilierbaren Kohlenstoffverbindungen, entwickelt worden ist. Diese Verhefungsbütte hat sich für die Verhefung von Sulfitspritschlempe besonders bewährt (Abb. 7).

Die Verhefungsapparatur besteht aus einem zylindrischen Behälter von 200 bis 250 m^3 Inhalt, um den herum radial Umwälzrohre angeordnet sind, die in ihrem unteren Teil Belüftungskörper (gelochte birnenförmige Körper) haben. Diese Umwälzrohre arbeiten nach dem Mammutpumpenprinzip. Auf diese Weise ist die notwendige heftige Vertikalbewegung der zerschäumten Flüssigkeit bei ständiger Anwesenheit von genügend Luft am besten gegeben. Kräftige, auf die Oberfläche aufprallende Flüssigkeitsstrahlen dämpfen den Schaum. Bei weniger schäumenden Substraten als Sulfitlauge (Melasse, Dünnwässer der Paraffinoxydation) empfiehlt es sich, auf dem Boden der Bütte noch Belüftungskörper, z. B. in Form von gelochten Pilzen, anzubringen. Kühlaggregate erübrigen sich im Gegensatz zu anderen Belüftungssystemen, außerdem hat der Apparat selbst keine bewegten Teile. Es genügt Gebläseluft von 0,6 atü (5000 bis 6000 m^3/h für 1000 bis 1100 m^3 Sulfitsprit-Schlempe am Tag). Das verhefte Substrat tritt durch einen zentralen Überlauf automatisch aus.

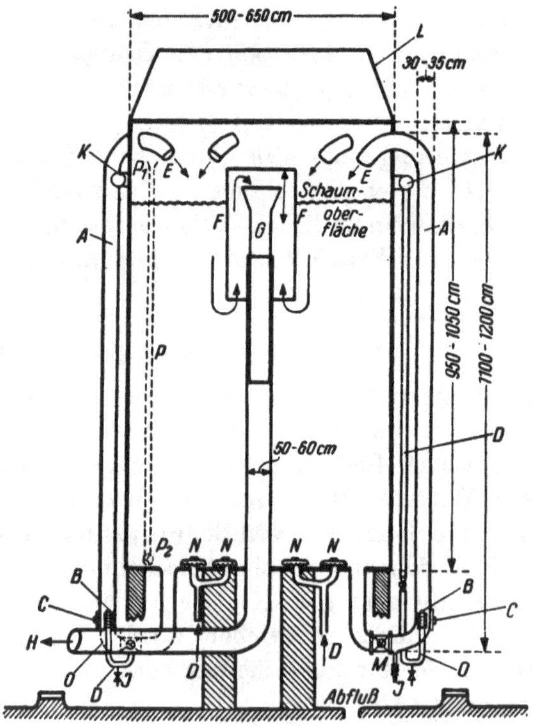

Abb. 7. Schema einer Verhefungsbütte mit Umwälzrohrbelüftung
A 7—10 Umwälzrohre, 30—35 cm ⌀ (evtl. mit Berieselung zur Kühlung); *B* Belüftungskörper, herausnehmbar (gelochte Zylinder); *C* Klappe zum Reinigen und Auswechseln der Belüftungskörper; *D* Luftzuleitung (3000—6000 m³/h insges., 0,6—0,7 atü Gebläseluft) mit Regeleinrichtung für jede Zuführung; *E* Austrittsöffnung der Luft-Flüssigkeits-Emulsion (aufprallende, schaumdämpfende Strahlen); *F* Schutzzylinder; *G* Trichterförmiges Überlaufrohr, 50—60 cm ⌀ (Teleskoprohr, heb- und senkbar); *H* Abführung der verheften Nährlösung zur Entschäumung und zur Separation der Hefe; *I* Entleerungshähne; *K* Ringleitung für die Luftzuführung; *L* Spritzschutz; *M* Abschlußventil für Umwälzrohre, *N* Bodenbelüftung, zusätzlich anzuwenden bei wenig schäumenden Substraten; *O* Zuführung der Nährlösung in die Umwälzrohre durch Ringleitung; *P* Außen angebrachtes, mit Wasser gefülltes Glasrohr zur Bestimmung der Apparatebefüllung; P_1 Wasserzuführung, P_2 Dreiwegehahn

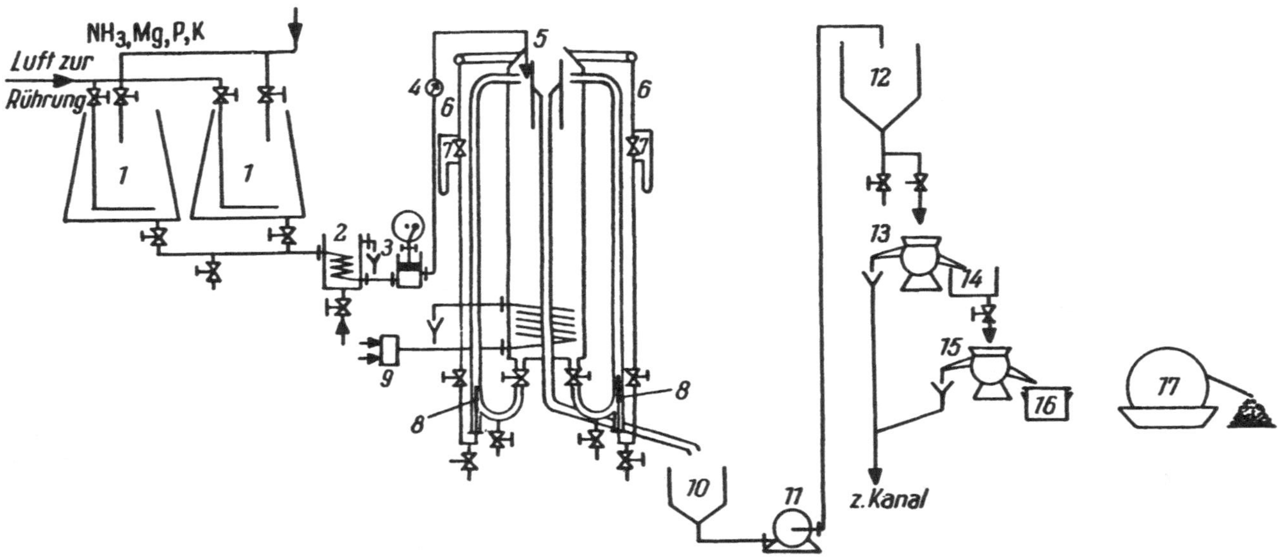

Abb. 8. Hefeversuchsanlage
1 Anstellbottich
2 Würzekühler
3 Dosierpumpe
4 Zulaufmengenmessung
5 Verhefungsapparat
6 Umwälzröhre
7 Luftmengenmessung
8 Belüftungskörper
9 Heißwassermischbatterie
10 Ablaufsammelgefäß
11 Pumpe
12 Ablaufvorratsgefäß
13 Separator
14 Zwischengefäß
15 Zweiter Separator
16 Töpfe für Hefesahne
17 Walzentrockner

Abb. 9. Verhefungsbottich für Sulfitspritschlempe

Diese Apparatur scheint sich auch für die Durchführung der biologischen Reinigung von Abwässern mittels Bakterien zu eignen und könnte viel leistungsfähiger als Turmtropfkörper und Belebtschlammbecken sein. Wir haben eine ähnlich arbeitende Laboratoriumsapparatur bereits für die Durchführung einer sogenannten bakteriellen „Schnellbiologie“ für Abwasserreinigungen mit gutem Erfolg verwendet [9].

Die Übersicht auf S. 19 (Abb. 8) zeigt die Anordnung der Apparate einer Hefeanlage im Schema. Es ist das Apparateschema der Hefeversuchsanlage für die Reinigung der Abwässer der Paraffinoxydation.

Abb. 10

In Abb. 9 ist ein Schlempeverhefungsapparat dargestellt. Durch diesen etwa 250 m³ fassenden Apparat, der ganz aus Edelstahl hergestellt ist, werden am Tag 1000—1100 m³ Sulfitspritschlempe durchgesetzt, das sind 45 bis 50 m³/h. Die Verweilzeit des Substrates beträgt in diesem Falle nur etwa 2 Stdn.

Abb. 10 zeigt die unteren Teile der Umwälzrohre einer Verhefungsbütte. In den Erweiterungen sind die Belüftungskörper angebracht.

6. Futterhefegewinnung aus Kokereidünnwasser

Die phenolhaltigen Abwässer der braunkohleveredelnden Industrie, also der Schwelereien, Kokereien und Hydrierwerke, werden meist durch Extraktion mit einem Lösungsmittelgemisch („Phenosolvan“) von der Hauptmenge der Phenole befreit. Die dabei anfallenden sogenannten „Phenosolvandünnwässer“ enthalten hauptsächlich mehrwertige (bis zu 1 g/*l*) Phenole und kleine Mengen einwertige Phenole. Es sind noch 10—15 g/*l* Fettsäuren als Ammoniumsalze, hauptsächlich Essigsäure, darin enthalten. Man muß in einiger Zeit in der DDR mit einem Anfall von 5—6 Mill. m^3 derartiger Wässer im Jahr rechnen, die 30—35000 t Fettsäuren enthalten. Um diese Dünnwässer abwasserreif zu machen, wird bisher eine biologische Reinigung mit Turmtropfkörpern und Belebtschlammbecken durchgeführt, wozu eine starke Verdünnung des Abwassers notwendig ist.

Wir haben Versuche gemacht, die Fettsäuren und den Stickstoff dieser Dünnwässer für die mikrobielle Eiweißsynthese heranzuziehen. Daß *Torula utilis* auf Essigsäure als einziger Kohlenstoffquelle wachsen kann, wurde von H. FINK [10] vor vielen Jahren festgestellt. Aus 100 g Essigsäure wurden dabei maximal 36—38 g Trockenhefe erhalten. Bei einem Gehalt von 10 g/*l* Essigsäure im Dünnwasser könnten also nur ca. 3,5 g/*l* Trockenhefe zuwachsen. Die niedrige Konzentration erfordert große Volumina für die Verhefung und ziemlich viel Separatorenarbeit für die Abtrennung der Hefe.

Für unsere Verhefungsversuche verwendeten wir vorsichtshalber zunächst ein Dünnwasser, aus dem auch die Restphenole vollständig entfernt waren (s. folgender Abschnitt II). Es gelang [6], [11], [12], eine auf Melasse gewachsene Stellhefe im „Zulauf-Versuch“, also durch Zutropfen kleiner Mengen Dünnwasser zu einer mit Wasser angemaischten Stellhefemenge, in relativ kurzer Zeit an das Dünnwasser zu gewöhnen. In einem kontinuierlich laufenden Versuch, bei dem mit unverdünntem nachentphenoliertem Abwasser gearbeitet wurde, konnten bei einer Verweilzeit von 5—6 Stdn. 3,6 g Trockenhefe aus 1 *l* Dünnwasser gewonnen werden. Die Fettsäuren wurden durch die Verhefung praktisch vollständig abgebaut und ein BSB_5-Abbau von ca. 80% erreicht.

Im Hinblick auf eine evtl. Verhefung von Phenolsolvanwasser, das bis zu 1 g/*l* mehrwertige Phenole (hauptsächlich Brenzkatechin) enthalten kann, interessierte die Frage des Abbaues der Phenole durch *Torula utilis* in einem Fettsäuren und Phenole enthaltenden Substrat.

Durch Versuche von LEIBNITZ und Mitarbeiter [13] war bekannt, daß durch Wuchshefen Phenole und Polyphenole als einzige Kohlenstoffquelle in langen Versuchszeiten abgebaut werden können, daß aber Alkylphenole nicht resorbiert werden.

Wir machten zunächst einen Modellversuch, bei dem ein Essigsäure und Propionsäure (1:1) enthaltendes Substrat im kontinuierlichen Verfahren unter Zusatz steigender Mengen

Tabelle 1. Kontinuierlicher Versuch im Belüftungsturm
Befüllung 2,4 *l* — stdl. Zulauf 0,4 *l* — Verweilzeit 6 Stdn.

Substrat		Ablauf			Ernte
Fett-säuren*)	Phenole	pH	Fettsäuren	Stickstoff	Hefe (*HTS*) aus 100 g Fettsäure
g/*l*	g/*l*		g/*l*	g/*l*	g
10	0,1	4,8	0	0	45,4
10	0,4	4,7	0,07	0,07	49,2
10	0,8	4,8	0,04	0	60,6
10	1,1	4,7	0,03	0	62,5
10	1,5	4,7	0	0,01	64,0
10	2,0	4,7	0,03	0	69,2
10	2,5	4,6	0,02	0,01	78,0
10	3,0	4,9	0,03	0	82,5

*) Essigsäure/Propionsäure 1:1.

eines Phenolgemisches verheft wurde. Dieses Gemisch bestand aus 70% Brenzkatechin, 12% Resorcin, 12% Hydrochinon und 6% Kresolgemisch, was etwa der Zusammensetzung der Restphenole eines Phenolsolvanwassers entspricht.

Aus der vorstehenden Tabelle ist zu ersehen, daß bei einem kontinuierlich durchgeführten Versuch bei Zusätzen bis zu 3 g/*l* Phenolgemisch zu einem Substrat mit 10 g/*l* Fettsäuren die Hefeausbeuten ständig anstiegen.

Da im Hefefiltrat nur noch spurenweise Phenole nachzuweisen waren (nach der 4-Aminoantipyrin-Methode) [25], ergab sich also, daß die Phenole durch *Torula utilis* abgebaut und, wie die hohen Ausbeuten zeigen, zur Zellsubstanzsynthese mit ausgenutzt worden waren. Offensichtlich ist durch den Phenolzusatz darüber hinaus noch eine gesteigerte Ausnutzung der Fettsäuren bewirkt worden, denn ohne Phenolzusatz werden aus 100 g Essigsäure/Propionsäure-Gemisch (1:1) nur 44 g Hefe erhalten.

Im mikroskopischen Bild beobachteten wir, daß schon bei einem Zusatz relativ kleiner Mengen Phenolgemisch die Hefe sehr großzellig wurde und ketten- bzw. bäumchenförmige Zellverbände bildete. Wurde die Hefe anschließend wieder auf einer Melasselösung weiter vermehrt, bildeten sich normalgroße Einzelzellen zurück (Abb. 11 und 12).

Nun machten wir den Versuch, das Phenosolvanwasser (Kokereidünnwasser) ohne vorherige Entfernung der Restphenole zu verhefen [14]. Der Erfolg war ein praktisch restloser Abbau der Fettsäuren, ein 80-proz. Abbau der Phenole und ein ca. 80-proz. BSB_5-Abbau. Das uns zur Verfügung stehende Phenolsolvanwasser enthielt 400 mg/*l* Phenole; setzten wir dem Abwasser noch weitere 600 mg/*l* Phenole zu, so verlief die Verhefung ebenfalls störungsfrei[1)].

[1)] Kürzlich hat BEHRENS im Institut für organisch-chemische Verfahrenstechnik, Leipzig, über rote Hefen berichtet, die auf Dünnwässern in Gegenwart gewisser Phenolmengen wachsen.

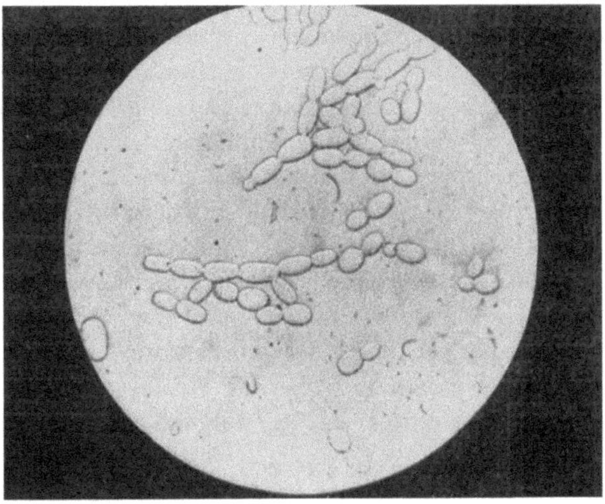

Abb. 11. Auf Fettsäuren und Phenole gewachsene Hefe (*Torula utilis*) Vergrößerung 400 ×

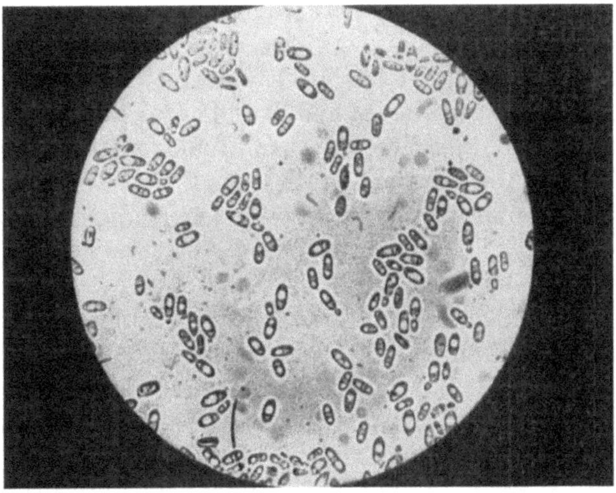

Abb. 12. Auf Melasse gewachsene Hefe (*Torula utilis*) Vergrößerung 400 ×

Das Verfahren der Verhefung von unverdünntem phenosolvanbehandeltem Kokereiabwasser gestattet zwar eine weitgehende Reinigung des Abwassers, entfernt aber nur etwa $^1/_5$ des in ihm enthaltenen Ammoniaks; ca. 1,7 g/l Stickstoff bleiben im Hefefiltrat übrig, die als Ammonsulfat vorliegen, denn während der Verhefung muß das nicht von der Hefe genutzte Ammoniak durch Schwefelsäure neutralisiert werden, um das für das Hefewachstum günstige pH von 4,8 einzuhalten. Ein technisches Interesse dürfte deshalb das Verfahren der Reinigung von unverdünntem Phenosolvanwasser (Kokereidünnwasser) durch eine Verhefung besonders dann haben, wenn es auch noch gelingt, vor der Verhefung $^4/_5$ des Ammoniaks aus dem Abwasser zu entfernen (s. folgender Abschnitt II).

7. Gewinnung von Wuchshefen aus Abwässern einer Paraffinoxydationsanlage

Es war nun naheliegend, die Verhefung der in den Abwässern der Paraffin-Oxydationsanlage des VEB Deutsches Hydrierwerk Rodleben vorliegenden Fettsäuren zu versuchen. Diese Versuche wurden gemeinsam mit THONKE [15], [16], Institut für Wasserwirtschaft, durchgeführt. In Rodleben fallen am Tag etwa 2000 m³ Abwasser an, das 8—15 g/l Fettsäuren enthält. Hierfür war ursprünglich eine sehr aufwendige biologische Reinigungsanlage vorgesehen. Die Fettsäuren sind ein Gemisch von 20—30% Ameisensäure, etwa ebensoviel Essigsäure und in immer kleiner werdenden Anteilen Fettsäuren bis zur Säure C_9. Daneben enthält das Wasser erhebliche Mengen anderer organischer Substanzen.

Es war überraschend, daß sich dieses Fettsäuregemisch überhaupt verhefen ließ, denn Ameisensäure gilt im allgemeinen als Zellgift. In Modellversuchen, bei denen einer 1-proz. Essigsäure bis zu 5 g pro Liter Ameisensäure zugesetzt worden war, wurde die Verhefung der Essigsäure nicht gestört. Wir konnten zeigen, daß die Ameisensäure in diesem Substrat zwar abgebaut bzw. veratmet wurde, jedoch keinen Hefezuwachs bewirkte.

Zunächst wurde das Hefewachstum in Modellösungen mit einzelnen Fettsäuren verschiedener Kettenlänge studiert.

Die folgende Übersicht (Abb. 13) zeigt die Ergebnisse. Mit wachsender Kettenlänge steigt die erforderliche Verweilzeit, aber auch der „ökonomische Koeffizient", d. h. die Ausbeute,

Fettsäuren	Verweil-zeit (Stdn.)	öko-nomischer Koeffizient
Ameisensäure (1%)		0
Essigsäure (1%)	3,4	38
Propionsäure (1%)	6	45
Buttersäure (1%)	8,5	45
Fettsäuregemisch $C_1 \ldots C_6$ (1%)	8	30
Abwasser Rodleben	10	30
Essigsäure (1%) + Ameisensäure (0,5%)	7	24 (37)*)
Essigsäure (0,5%) + Ameisensäure (0,5%) + Propionsäure (0,5%)	5	30,6 (46)
Essigsäure (0,5%) + Ameisensäure (0,5%) + Buttersäure (0,5%)	5	30,6 (46)
Essigsäure (0,5%) + Ameisensäure (0,5%) + Capronsäure (0,5%)	7,5	30,5 (46)

*) die in Klammern gesetzten Zahlen bedeuten die Ausbeute ohne Berücksichtigung des Ameisensäureanteils.

Abb. 13

entsprechend dem wachsenden Kohlenstoffgehalt des Substrats. Besonders bei der Verhefung der höheren Fettsäuren zeigte sich häufig eine Infektion durch Mycel (*Oidium lactis*), das die Hefe oft weitgehend verdrängte. Setzt man Ameisensäure zu einem Fettsäuregemisch, so sinkt der ökonomische Koeffizient, da die Ameisensäure als Kohlenstoffquelle nicht ausgenutzt wird. Auch erhöht sie, da die Hefe sie zunächst „entgiften" muß, die Verweilzeit. Besonders typisch ist die Verdoppelung der Verweilzeit bei der Verhefung von Essigsäure durch

Ameisensäurezusatz. Die Modellmischungen von Fettsäuren mit Ameisensäure zeigen alle verlängerte Verweilzeit und geringere Ausbeuten, da die Ameisensäure nicht ausgenutzt wird.

Es wurde versucht, durch Heferückführung die Verweilzeit zu verkürzen. Aber während bei Zuckerlösungen der Durchsatz durch künstliche Erhöhung der Hefekonzentration durch Heferückführung gesteigert werden konnte [7], ist das bei Fettsäuren nicht der Fall. Die Verlängerung der Verweilzeit mit wachsender Kettenlänge bei den Fettsäuren steht zweifellos im Zusammenhang mit dem mit der Kettenlänge wachsenden Sauerstoffbedarf.

Abb. 14 zeigt Ergebnisse von Warburg-Versuchen, in denen die Veratmung von Fettsäuren durch adaptierte Hefe beobachtet wurde.

Abgesehen von der Zunahme des Sauerstoffverbrauchs mit wachsender C-Zahl der Säuren war auch die Frage der Verträglichkeit der einzelnen Fettsäuren von Interesse. Es konnte festgestellt werden, daß, gemessen an der durch bestimmte Fettsäurekonzentrationen bedingten Atmungshemmung, die Giftigkeit der Fettsäuren von der Capronsäure an sprunghaft anstieg. Von den getesteten Säuren wirkte die Caprinsäure am giftigsten. Die Ameisensäure war trotz geringer Oxydationsrate relativ gut verträglich. Die bemerkenswerte Giftigkeit der Fettsäuren mittlerer Kettenlänge ist auch Gegenstand der bakteriologischen Literatur.

Im Abwasser der Paraffinoxydation liegen die fraglichen Säuren in so kleinen Anteilen vor, daß sie zumindest die Veratmung der niederen Monocarbonsäuren nicht beeinträchtigten. Auch durch die Summe der nicht wasserdampfflüchtigen Abwasserinhaltsstoffe wurde die Atmung der Hefe nicht behindert, sondern noch etwas gefördert. Allerdings ist zu bemerken daß die Atmung der Hefe gegenüber Fettsäurekonzentrations- und pH-Veränderungen weniger empfindlich war als das Wachstum.

Das Rodlebener Abwasser ließ sich ohne allzugroße Schwierigkeiten verhefen. Die Hefe wird zunächst in Wasser suspendiert

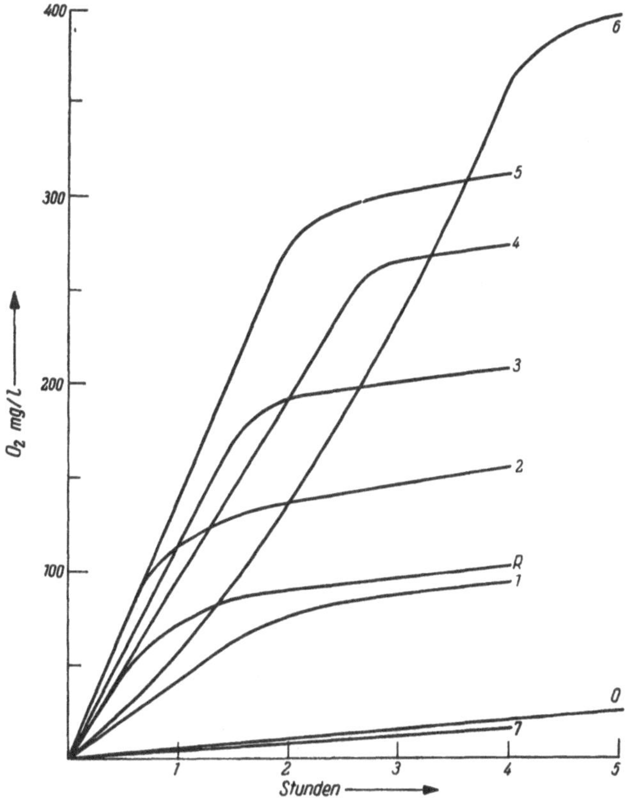

Abb. 14

0	Endogene Atmung	*4*	Buttersäure
1	Ameisensäure	*5*	Valeriansäure
2	Essigsäure	*6*	Capronsäure
3	Propionsäure	*7*	Önanthsäure
		R	Rohrzucker

Konzentration der C-Quellen je 250 mg/*l*

vorgelegt. Die Substratzugabe muß dann langsam so erfolgen, daß nie mehr als 1 g/*l* Restfettsäuren vorhanden sind, sonst hört das Hefewachstum spontan auf. So „gewöhnt" sich die Hefe in etwa zwei Tagen an das Substrat, und man kann im kontinuierlichen Verfahren unter ständigem Zulauf von Abwasser bei einer Verweilzeit von 8—10 Stdn. und entsprechender Luftmenge 30% Ausbeute, bezogen auf Gesamtfettsäure-Gehalt des Wassers, erhalten. Bei längere Zeit laufenden Versuchen ist die Hefe meist reichlich mit mehr oder weniger langen Mycelfäden verunreinigt. Mit dieser „Hefe" müssen noch Fütterungsversuche in etwas größerem Umfang gemacht wer-

Abb. 15. Verhefungsapparat in Rodleben

den, um zu zeigen, daß sie keine schädlichen oder den Widerwillen der Tiere erregende Stoffe enthält.

Hierfür und zur Durcharbeitung des Verfahrens in größerem Maßstab wurde im VEB Deutsches Hydrierwerk Rodleben eine Versuchsanlage errichtet, deren wichtigster Teil, der Verhefungsapparat, im Abb. 15 dargestellt ist.

Der Apparat ist sehr schlank und hoch ausgebildet mit langen Umwälzrohren und Bodenbelüftung, um einen „Ausschnitt" aus dem zu erstellenden großtechnischen Apparat zu haben. Die Anlage hat schon zufriedenstellend gearbeitet. Bei einem längeren Versuch in dieser Anlage bestand die Hauptmenge des anfallenden Mikroorganismus aus Mycel (*Oidium lactis*), so daß eine Isolierung über ein Saugzellenfilter möglich erscheint. Der Apparat von 3 m³ Inhalt enthält 1,5—2 m³ zerschäumte Flüssigkeit und ermöglichte einen Durchsatz von 300 *l*/h. Er soll einmal 20—25 kg „Hefe" am Tag für Versuchszwecke erzeugen.

8. Verhefung von Abwasser der Acetylcellulosefabrikation

In derselben Apparatur wird es auch möglich sein, ein weiteres Industrieabwasser zu verhefen, nämlich das essigsäurehaltige Abwasser von der Acetylcelluloseherstellung im VEB Chemische Fabrik Finowtal. Dort fällt auch noch ein anderes für die Verhefung interessantes Substrat an. Bei der Acetylierung der Cellulose mit Essigsäureanhydrid unter Zusatz von Schwefelsäure wird ein Teil der Cellulose abgebaut und befindet sich als acetyliertes Polysaccharid im Eindampfrückstand von der Essigsäurewiedergewinnung.

Es gelang uns, durch kurzes saures Erhitzen unter Druck die Essigsäure abzuspalten, den Celluloseanteil zu Zucker abzubauen und diese Mischung zu verhefen.

9. Verhefung von Melasse unter Filtratrückführung

Zur Zeit wird in der DDR ein Hefeprojekt bearbeitet, das wohl einmal das größte seiner Art sein wird. Es ist vorgesehen, auf Basis Zuckerrübenmelasse eine Anlage zu errichten, die täglich 150 t Melasse mit 75 t Zucker verarbeitet, also im Jahr 12000 t Futterhefe erzeugen soll.

Die kontinuierliche technische Melasse-Verhefung mittels Wuchshefen war von uns unmittelbar nach Kriegsende schon einmal in der Farbenfabrik Wolfen in kleinerem Umfang ein

Jahr lang betrieben worden. Wollte man dieses Verfahren für die geplante Großanlage unverändert übernehmen, würden unüberwindliche Abwasserschwierigkeiten entstehen.

In Abb. 16 ist ein Abwasserschema der Melasseverhefung dargestellt, wie es sich bei der normalen Durchführung ergibt:

150 t Melasse am Tag müßten mit 2500 m³ Frischwasser verdünnt werden, um die geeignete Verhefungskonzentration von 3% Zucker zu erreichen. Nach Abseparierung der Hefe werden

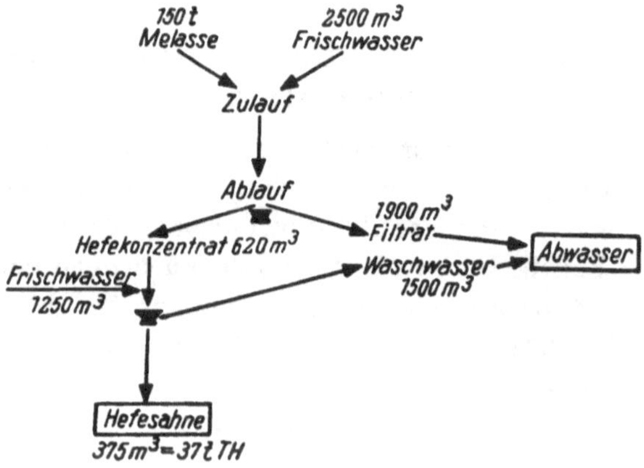

Abb. 16

etwa 1900 m³ Filtrat täglich erhalten. Die Hefe wird gewaschen, wieder separiert, und es kommen dann noch 1500 m³ Waschwasser hinzu. Es ergibt sich ein Abwasseranfall von 3400 m³ am Tag, der noch sehr viel nicht ausgenutzte organische Substanz, viel organisch gebundenen Stickstoff und etwa 7 t K_2O als Sulfat enthält. Kein Vorfluter in der DDR ist in der Lage, derartige Mengen schadlos aufzunehmen und abzuführen.

Wir kamen daher auf den Gedanken[1] [17], ein Verhefungs-Verfahren auszuarbeiten, bei dem fast kein Abwasser anfällt und womöglich das Kalium und der nicht verbrauchte, meist

---

[1]) Später erfuhren wir, daß in der CSSR ein ähnliches Verfahren ausgearbeitet wurde [18].

als Betain gebundene Stickstoff, technisch noch auszunutzen ist. Schlempen aus der Melassespritfabrikation, deren Feststoffgehalt allerdings 6—7mal so groß ist wie der eines normalen Hefefiltrats ohne Waschwasser, können eingedampft und nach Verschwelung für die Cyankalium- und Pottaschefabrikation verwendet werden. Eine Eindampfung von 1900 m³ dünnem Hefefiltrat am Tag ist wirtschaftlich aber nicht durchführbar.

Wir erreichten unser Ziel, Hefe auf Melasse ohne Anfall dünner Abwässer zu erzeugen, dadurch, daß wir die Melasse statt mit Frischwasser immer wieder mit dem nach Abtrennung der Hefe anfallenden Filtrat verdünnten. Dies gab eine sich ständig steigernde Anreicherung der Restbestandteile der Melasse, insbesondere von Betain und Kaliumsalzen. Wie die Versuche ergaben, beeinträchtigt dies das Hefewachstum nicht. Im Gegenteil, wir erlebten eine große Überraschung: Durch die ständige Rückführung von Filtrat und der damit verlängerten Verweilzeit des Substrates (nicht der Hefe) werden Stoffe von der Hefe assimiliert, die sonst im Ablauf verlorengehen. Die Ausbeute an Hefe, berechnet auf eingesetzten Zucker, stieg von 50% bei jeder Rückführung von Filtrat um einen bestimmten Betrag bis zu einem Grenzwert von 70% nach etwa 8maligem Wiedereinsatz des Filtrates. Das entspricht einer 6fachen Aufkonzentrierung der nicht verwertbaren Inhaltsstoffe.

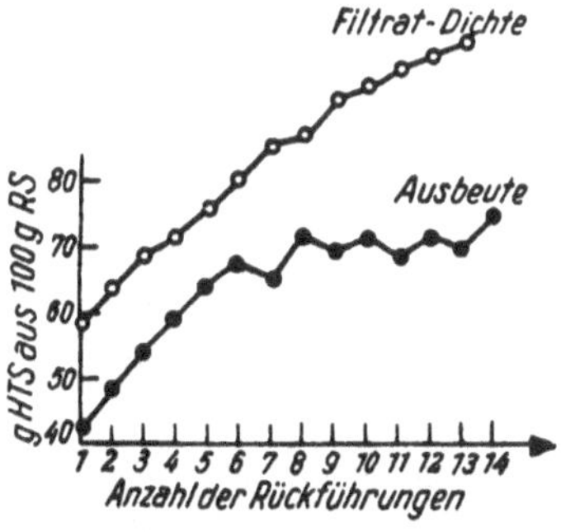

Abb. 17. Kontinuierliche Melasse-Verhefung mit Filtratrückführung

Die Kurven in Abb. 17 zeigen die Ergebnisse der kontinuierlichen Melasse-Verhefung unter 14maliger Filtratrückführung, den Anstieg der Ausbeute auf 70% und das Zunehmen der Dichte des Filtrats.

Wenn sich die Ausbeuteerhöhung bei Filtratrückführung auch

bei der großtechnischen Durchführung bewahrheitet, bedeutet dies eine Steigerung der Hefeproduktion um 40% gegenüber der geplanten ohne wesentlich größeren Rohstoffaufwand. Es muß noch untersucht werden, welche Stoffe in der Melasse die Mehrausbeute bedingen. Wahrscheinlich werden in den langen Verweilzeiten Aminosäuren und andere schwer assimilierbare Stoffe von der Hefe verarbeitet. In Abb. 18 ist die Steigerung

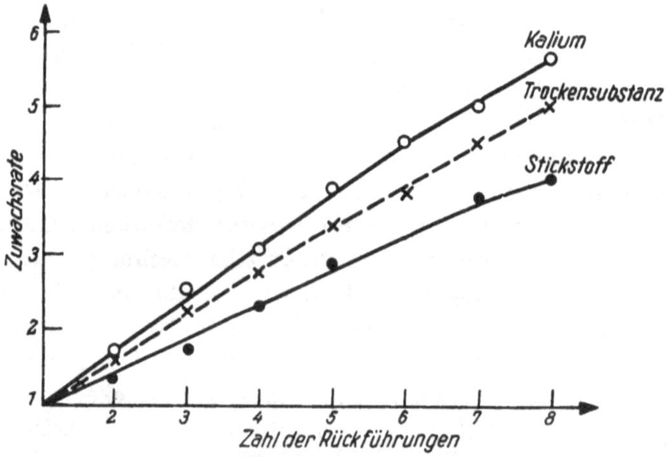

Abb. 18. Anreicherung nicht resorbierbarer Inhaltsstoffe der Melasse bei Verhefung mit Filtratrückführung

des Kaliumgehaltes im Filtrat, der Trockensubstanz und des Stickstoffgehaltes bei acht Rückführungen aufgetragen.

Aus den Kurven und der Tatsache, daß die Mehrausbeute an Hefe keine zusätzliche Gabe von Ammoniakstickstoff erfordert, kann auf die Assimilation von Aminosäuren geschlossen werden. Das Betain wird offenbar nicht ausgenutzt und verbleibt im Filtrat.

Das Filtratrückführungsverfahren bringt nun auch eine Lösung der Abwasserfrage für die geplante Melassehefefabrik. Das Filtrat hat nach 8maliger Rückführung einen so hohen Trockengehalt und fällt nun in so geringen Mengen an, daß es eingedampft und in bekannter Weise verbrannt und wahrscheinlich zur Kaliumsalzgewinnung oder für die Cyankaliherstellung herangezogen werden kann. Allerdings muß die abseparierte Hefe mit Frischwasser gewaschen werden, da sonst ihr Salzgehalt zu hoch wird. Nach dieser Verfahrensweise würden immerhin täglich noch 750 m³ Waschwasser mit 2,2 t Kalium anfallen, die ursprünglich zur Düngung eines großen Wiesen-

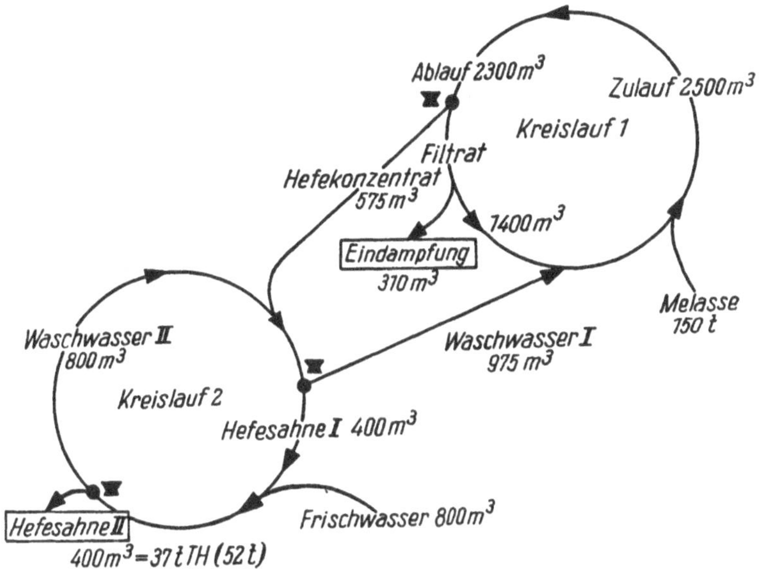

Abb. 19. Schema der Abwasserkreisläufe bei der Melasseverhefung mit Filtratrückführung

geländes verregnet werden sollten. Die Berechnung ergab aber, daß auch diese Mengen noch zu groß für eine rationelle landwirtschaftliche Nutzung sind. Schließlich haben wir das in Abb. 19 wiedergegebene Aufarbeitsschema ausgearbeitet, bei dem kein Abwasser mehr verregnet, sondern nur noch ein Dickfiltrat eingedampft wird. Hierbei wird die zunächst vom Dickfiltrat abseparierte Hefe zweimal gewaschen, und die Waschwässer gehen in den Kreislauf zurück. Es bestehen dann zwei

Filtratkreisläufe. Die anfallenden Flüssigkeitsmengen sind in das Schema eingetragen.

Erster Kreislauf: Die Melasse wird mit Dickfiltrat der ersten Separation und dem verhältnismäßig konzentrierten Waschwasser einer ersten Wäsche und Separation verdünnt („Zulauf"). Sie wird verheft und die Hefe absepariert. Aus diesem Kreislauf (1) wird ein Teil für die Eindampfung abgezweigt.

Zweiter Kreislauf: Das erste Hefekonzentrat wird mit dem Waschwasser der zweiten Wäsche verdünnt und separiert. Das ablaufende Waschwasser *I* geht in den ersten Kreislauf zur Melasseverdünnung. Die Hefesahne *I* der ersten Wäsche wird mit Frischwasser versetzt und geht über die zweite Waschseparation. Hefesahne *II* geht zum Walzentrockner zur Trocknung. Das Waschwasser davon (Filtrat *II*) wird für die erste Wäsche verwendet.

Die Beobachtungen bei der Melasseverhefung unter Filtratrückführung machen es notwendig festzustellen, welche Inhaltsstoffe der Melasse — außer Zucker — von der Hefe ausgenutzt werden können. Es sind hierfür noch Versuche über die Frage der Assimilation von Aminosäuren und anderer organischer Stickstoffverbindungen zu machen, z. B. auch am Stickstoff alkylierter wie Betain.

10. Schlußbemerkungen

Bei unseren z. T. unter praktischen Gesichtspunkten durchgeführten Arbeiten haben sich viele interessante wissenschaftliche Fragen ergeben, deren Bearbeitung leider noch nicht möglich war. Die kontinuierliche Arbeitsweise ermöglicht es, besser als die sonst von den Mikrobiologen meist geübte diskontinuierliche, Probleme des Stoffwechsels und des biologischen Verhaltens von Wuchshefen zu untersuchen. So ist es überraschend, daß bei den geringen Verweilzeiten und hohen Durchsätzen die Nährstoffe, insbesondere Zucker, Stickstoff und Phosphat, so rasch aufgenommen werden, daß ihre Konzentration im Ablauf gleich Null ist. Eigentlich müßte entsprechend der Verdünnung ein Teil unumgesetzt mit der Hefe austreten. Die Hefe nimmt offenbar die Nährstoffe sehr rasch auf, lagert sie als primitive

Vorstufen ein und wandelt sie allmählich in die für die Zellsubstanz wichtigen Aminosäuren und das eigentliche Zelleiweiß um. Bei Stickstoffüberdosierung wird der Eiweißgehalt höher. Man unterscheidet zwischen „physiologischem Eiweiß“ und „Masteiweiß“. Dasselbe gilt für Phosphat. Wir wollen später einmal in Versuchen feststellen, welches die Anfangsstufen der Nährstoffaufnahme sind und wie die verschiedenen Eiweiß- und Phosphatarten zusammengesetzt sind. Schließlich wird auch die Zusammensetzung des Masteiweiß, wenn nicht auch des physiologischen, vom Substrat abhängig sein. Auch die Fermentsysteme der Hefe müssen wenigstens in ihrer quantitativen Verteilung vom Substrat abhängig sein. Der verschiedene Sauerstoffbedarf der einzelnen Substrate, z. B. der Fettsäuren verschiedener Kettenlänge mit und ohne Ammoniumstickstoff ist noch zu ermitteln. Sehr viel interessante Grundlagenforschung steht also noch vor uns.

II. Reinigung von Dünnwässern der braunkohleveredelnden Industrie

1. Überblick

Die Abwässer der braunkohleveredelnden Industrie enthalten neben Kohlenwasserstoffen, Ketonen, Alkoholen, Stickstoffbasen, organischen und anorganischen Schwefelverbindungen vor allem Fettsäuren sowie Mono- und Polyphenole. Durch Extraktion mit Butylacetat (Phenosolvan) oder in älteren Anlagen nach dem Koppers-Ausdampfverfahren werden die Phenole zum großen Teil gewonnen und der Verwertung zugeführt.

Die Phenosolvandünnwässer enthalten im allgemeinen noch

0,05— 0,1 g	einwertige Phenole
0,6 — 1,2 g	bromverbrauchende Substanz, nur z. T. mehrwertige Phenole
8,0 —12,0 g	wasserdampfflüchtige Fettsäuren
2,0 — 4,0 g	Ammoniak (N-Basen)
0,1 — 0,4 g	Ketone

Das Dünnwasser der Koppers-Anlagen enthält beinahe alle mehrwertigen Phenole bis 8 g/l und etwa 1 g einwertige Phenole.

Diese vorgereinigten Dünnwässer sind aber keineswegs vorfluterreif und müssen weiteren Reinigungsmethoden unterworfen werden. Dazu werden für die Kokereidünnwässer mit Erfolg biologische Verfahren herangezogen. Bei Schwelereiabwässern ist ein biologischer Abbau im Turmtropfkörper und Belebungsbecken schwierig und unbefriedigend; auch ein Abbau der Fettsäuren dieses Abwassers durch eine Verhefung ist, wie im biologischen Laboratorium unseres Instituts gefunden wurde, bei unverdünntem Schwelerei-Abwasser nicht möglich. Es ist deshalb notwendig, dieses Abwasser wenigstens von seinen giftigsten Inhaltsstoffen, den Phenolen, weitgehendst zu befreien, ehe es z. B. auf Halden versickert werden kann. Das phenolfreie Wasser ist auch zur Kultivierung der „Kippen“ von Braunkohlengruben bzw. zur Düngung geeignet, da fettsaure Salze von Bodenbakterien abgebaut werden. Nachentphenolierungsverfahren sind auch dort angebracht, wo die Abwässer in so kleinen Mengen anfallen, daß eine biologische Nachreinigung unrationell ist.

Zur Nachentphenolierung von Phenosolvandünnwässern gibt es mehrere Möglichkeiten. Allgemein anwendbar ist die Adsorption der Restphenole an aktive Kohlenstäube [19]. In der Praxis läßt sich das Verfahren, weil es an geeigneten Kohlenstäuben mangelt, nur vereinzelt durchführen. Wir haben uns gemeinsam mit dem Institut für technische Chemie der Friedrich-Schiller-Universität, Jena, mit der Vernichtung der Restphenole durch Behandlung mit Asche und Luft (Asche-Luft-Verfahren) beschäftigt [20]. Es kommt vor allem dort in Frage, wo keine aktiven Stäube zur Verfügung stehen. Bei diesem Verfahren werden die Abwässer zweckmäßig in der Wärme mit Asche und Luft behandelt. Die darin enthaltenen oxydablen mehrwertigen Phenole werden dabei als schwerlösliche huminsäureähnliche Verbindungen auf der Asche niedergeschlagen. Schwer oder für sich unter diesen Bedingungen nicht oxydable Phenole, wie die einwertigen Phenole und Resorcin, können, wenn ihr Gehalt nicht hoch ist, mit in die Oxydation hineingerissen werden und verschwinden ebenfalls aus der Lösung. Die von der Asche gebundenen Oxydationsprodukte der Phenole können mit Wasser nicht desorbiert werden. Das Verfahren soll im VEB Braunkohlenwerk Hirschfelde technisch erprobt werden.

Nach einem von G. Schulz aufgezeigten Verfahren [21] können Phenole adsorptiv an einem Austauscherharz gebunden und anschließend mit einem geeigneten Lösungsmittel eluiert werden. Dabei werden sie nicht vernichtet, sondern gewonnen. Die Entphenolung von Schwelwässern (Starkwässern) mit Austauscherharzen hat sich in Böhlen und Deutzen im halbtechnischen Maßstab nicht bewährt. Besonders die Regenerierung der Filter gestaltete sich problematisch. Das einzige geeignete Elutionsmittel scheint Methanol zu sein. Bei den durchgeführten Versuchen trat bei der Regenerierung ein untragbarer Methanolverlust ein.

Phenosolvandünnwässer sind bisher unseres Wissens mit Austauscherharzen nicht nachentphenoliert worden. Durch die Butylacetatextraktion enthalten solche Wässer vermutlich keine Stoffe, die die aktiven Zentren des Austauschers verkleben und ein Nachlassen seiner Aktivität bewirken. Der geringe Phenolgehalt des Phenosolvanwassers würde im Vergleich zu Starkwässern einen etwa 10fachen Durchsatz ermöglichen, so daß die auftretenden Methanolverluste bei der Regenerierung sich auf die 10fache Abwassermenge verteilen. Wir haben die Nachentphenolung von Phenosolvandünnwasser mittels Austauscherharzen untersucht [22].

Bei der mikrobiellen Reinigung der Dünnwässer werden die Fettsäuren und Phenole weitgehend entfernt, aber dabei nur ein Teil des im Abwasser vorhandenen Ammoniaks, das in Form von Ammoniumsalzen der Fettsäuren, hauptsächlich als Ammoniumacetat, vorliegt. Für die mikrobiellen Reinigungsverfahren benötigen die Mikroorganismen nur etwa $^1/_5$ der vorhandenen Stickstoffmenge. Beim Verbrauch der Fettsäuren wird der Überschuß an Ammoniak frei, und das Substrat wird alkalisch. Die Hauptmenge des Stickstoffs gelangt so in den Ablauf und belastet den Vorfluter. Bei der Verhefung, die zweckmäßig bei pH 5 verläuft, muß ständig Schwefelsäure zugesetzt werden. Das entstandene Ammoniumsulfat geht ebenfalls verloren. Bei der mikrobiellen Reinigung durch Bakterien, die bei einem höheren pH möglich ist, scheint man für die Neutralisation überschüssigen Ammoniaks mit Kohlensäure auszukommen.

Eine Beseitigung des größten Teiles des Ammoniaks ist also vor jeder mikrobiellen Verarbeitung sehr erwünscht. Wir haben durch Verwendung von Kationenaustauschern Bedingungen ausgearbeitet, die eine partielle Ammoniakentfernung unter Gewinnung von Ammoniumsulfat ermöglichen [22].

2. Untersuchungen an Modellösungen

Grundlegende Erkenntnisse zur Entphenolung von Phenolwässern mittels Asche und Luft bzw. mittels Austauscherharzen sowie zur partiellen Entammonisierung mit Austauscherharzen wurden bei der Durchführung von Modellversuchen gewonnen.

2.1 Entphenolung mittels Asche und Luft

Die Versuche wurden in gläsernen Belüftungstürmen mit Fritte (Kluyver-Turm von Schott, Jena) durchgeführt. Die Asche war feinkörnig und enthielt Eisen- und Manganverbindungen. Die wäßrige Aufschlämmung zeigte pH 8—9. Die Bestimmung des Brenzkatechins erfolgte mittels Jod und Resorcin kolorimetrisch [23]. Als einwertiges Phenol wurde ein technisches Kresolgemisch verwendet. Die Kresolbestimmung erfolgte nach B. MEISSNER [24].

Die Abb. 20 zeigt den Abfall des Phenolgehaltes während der Versuche (ursprünglicher Phenolgehalt = 100%). Bei einem Mengenverhältnis von 1 Teil Brenzkatechin und 10 Teilen

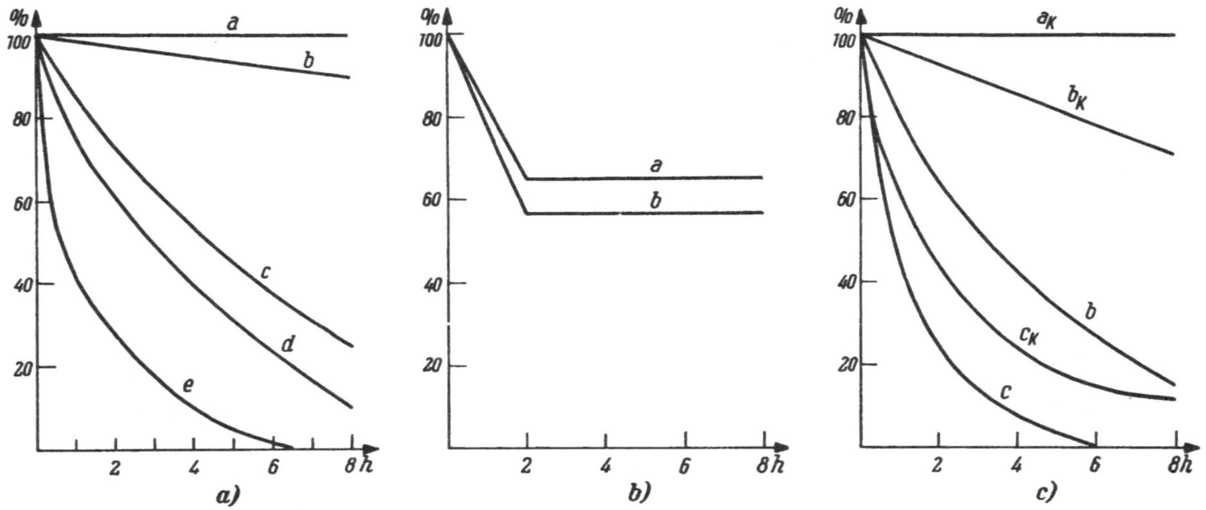

Abb. 20. Beseitigung von Brenzkatechin und Kresol aus Modellösungen (pH 8—9; 200—300 *l* Luft/h)

a Brenzkatechinmenge 10 g/*l*

a Brenzkatechin ohne Asche; *b* Brenzkatechin / Asche ohne Luft unter Rühren 1:5; *c* Brenzkatechin/Asche 1:5; *d* Brenzkatechin/Asche 1:10; *e* Brenzkatechin/Asche 1:30

b Brenzkatechinmenge 7 g/*l*

a 100 g Al_2O_3; *b* 100 g SiO_2

c Gesamtsubstanzmenge 10 g/*l*

a_K Kresol/Asche 1:10; *b* Brenzkatechin/Kresol 1:1; Subst./Asche 1:10; b_K Kresol/Brenzkatechin 1:1; Subst./Asche 1:10; *c* Brenzkatechin/Kresol 9:1; Subst./Asche 1:30; c_K Kresol/Brenzkatechin 1:9; Subst./Asche 1:30

Asche wird während 8 Stdn. eine 90proz. Brenzkatechinabscheidung erreicht (Abb. 20a, Kurve *d*). Versuche, unter Zusatz von Oxydationskatalysatoren die Wirkung der Asche zu verstärken, zeigten nur bei Verwendung von Manganschlamm aus einer technisch durchgeführten $KMnO_4$-Oxydation einen positiven Effekt. Wahrscheinlich wirken die Fe- und Mn-Verbindungen der verwendeten Braunkohlenasche oxydationskatalytisch, so daß der Zusatz weiterer Katalysatoren (außer Manganschlamm) keinen Nutzen mehr bringt. Diese Annahme wird gestützt durch die Beobachtung, daß bei Verwendung von oberflächenaktiven Stoffen, bei denen Oxydationskatalysatoren fehlen, wie feinpulverisiertem Aluminiumoxyd oder Kieselgur an Stelle von Asche bei pH 8—9 nur ein Teil des Brenzkatechins während der Belüftung adsorbiert wird, der konstant bleibt (Abb. 20b).

Abb. 20c zeigt Oxydationsversuche mit Kresol, Brenzkatechin und verschiedenen Brenzkatechin-Kresol-Gemischen. Kresol allein wird nicht niedergeschlagen (Kurve a_k). Bei einem Verhältnis von Brenzkatechin: Kresol wie 9:1 und 30% Asche (auf Lösung bezogen) ist nach 8 Stdn. auch das Kresol zu 90% entfernt (Kurve c_k und *c*). Auch das Kresol ist dann, wie wir feststellen konnten, selbst durch Wasserdampfdestillation nicht mehr desorbierbar. Es ist chemisch an das Oxydationsprodukt des Brenzkatechins gebunden, also mit in die Oxydation „hineingerissen“ worden.

Ähnlich liegen die Verhältnisse bei Phenol und Resorcin. Diese werden unter den Bedingungen des Asche-Luft-Verfahrens allein ebenfalls nicht oder schwer oxydativ niedergeschlagen, dagegen Hydrochinon sehr schnell. In Gegenwart von Brenzkatechin oder Hydrochinon verschwinden jedoch auch kleine Mengen Resorcin und Phenol. Die Luftmenge betrug bei den Versuchen 200—300 *l*/h je Liter Flüssigkeit. Ging man auf 50 *l*/h herunter, so war die Oxydation geringer. Eine Erhöhung der Alkalität z. B. auf pH 10 brachte eine deutliche Verschlechterung der Phenolentfernung. Die Oxydation der Phenole mit Asche und Luft läßt sich durch Temperaturerhöhung wesentlich beschleunigen. Bei Verwendung von 100 g Asche auf 1 *l* 1proz. Brenzkatechinlösung war das Brenzkatechin bei 20° nach 8 Stdn. ziemlich vollständig beseitigt. Der gleiche Effekt läßt sich bei 40° in 4 Stdn., bei 60° in 2 Stdn. und bei 80° in 1 Std. erreichen. Die bei den Modellversuchen benutzte Asche reagierte in wäßriger Aufschlämmung alkalisch. Es konnte im Modellversuch mit Brenzkatechinlösung (Abb. 21a) gezeigt werden, daß Brenzkatechin in Gegenwart von CaO auch ohne Asche durch Sauerstoff ziemlich schnell zerstört wird. Diese Beobachtung könnte den Eindruck erwekken, daß die Nachentphenolierung von Dünnwässern mittels Asche und Luft nur wegen des Alkaligehaltes von Aschen möglich ist und prinzipiell mit Kalk durchgeführt werden kann. Wir fanden aber, daß auch Aschen, die praktisch neutral reagieren, zur oxydativen Beseitigung der Phenole geeignet sind. Hier wirken auf jeden Fall Oxydationskatalysatoren der Asche mit.

2.2 Bestimmung der Adsorptions- und Oxydationswirkung von Aschen und Kohlenstäuben bei der Reinigung phenolhaltiger Wässer

Die Beseitigung von Phenolen aus phenolhaltigen Wässern mittels Asche und Luft beruht auf der oxydativen Zerstörung der Phenole. Bei Verwendung von aktiven Kohlenstäuben beruht sie größtenteils auf Adsorption.

Hydrochinon, Brenzkatechin und Resorcin verbrauchen bei der Oxydation mit Sauerstoff im alkalischen Medium je Mol 2 Mole Sauerstoff. Auf Grund dieser Beobachtung wurde im Institut für technische Chemie der Universität Jena mit H. Seyfarth eine analytische Methode ausgearbeitet, die es gestattet, Oxydation und Adsorption getrennt sichtbar zu machen. Auf diesem Wege kann man Aschen und Kohlenstäube in ihrer Adsorptions- und Oxydationswirkung gut charakterisieren [20].

Abb. 21b zeigt im Modellversuch mit einer Brenzkatechinlösung bei Verwendung einer alkalischen Braunkohlenasche (15 g Asche, 1,5 g Brenzkatechin, 150 ccm Lösung) nahezu den

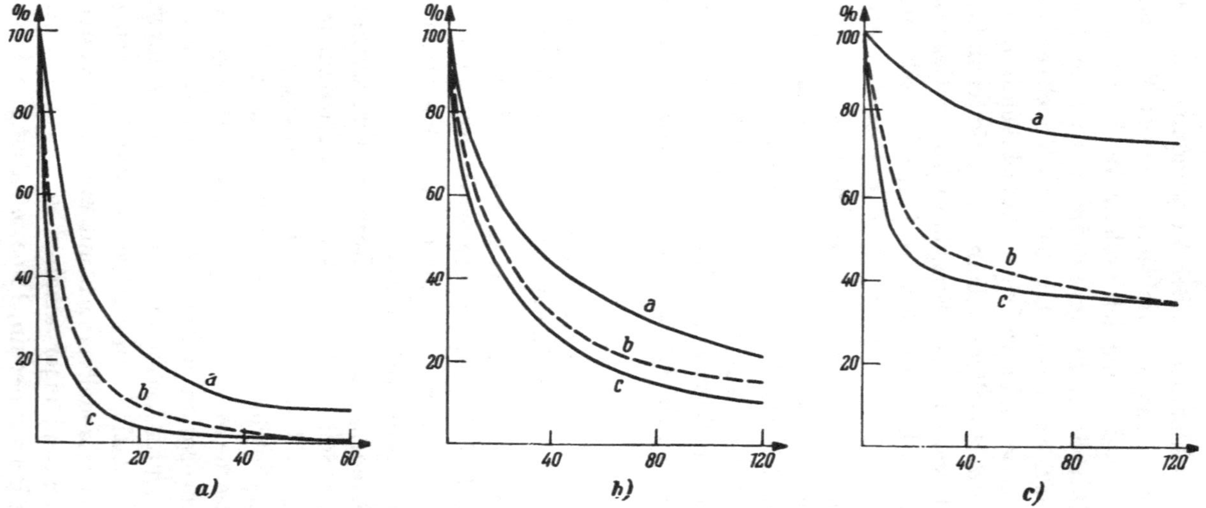

Abb. 21. Beseitigung von Brenzkatechin aus Modellösungen

Brenzkatechinbest.: *a*– durch O_2-Adsorption; *b*– mit Aminoantipyrin; *c*– mit J_2-Resorcin

a 1,5 g Brenzkatechin; 1,5 g CaO ohne Asche; 150 m*l* Lösung
b 1,5 g Brenzkatechin; 15 g Braunkohlenasche; 150 m*l* Lösung
c 1,5 g Brenzkatechin; 15 g Zyklonstaub; 150 m*l* Lösung

Idealfall, bei dem oxydatives Niederschlagen und Sauerstoffadsorption nahezu konform gehen. Man bestimmt während des Versuches in einer Schüttelapparatur den Sauerstoffverbrauch in der Zeiteinheit und gleichzeitig das Verschwinden des Brenzkatechins z. B. mittels Jod/Resorcin oder 4-Aminoantipyrin [25]. Die Brenzkatechinwerte, aus dem Sauerstoffverbrauch (Kurve *a*) errechnet und durch analytische Bestimmung (Kurve *b* und *c*) erhalten, sind innerhalb der Fehlergrenzen gleich, so daß die Entfernung des Phenols praktisch ausschließlich auf der oxydativen Zerstörung beruht.

Ganz anders verhält sich ein Zyklonstaub aus Lauchhammer (Abb. 21c). Es wird während des Versuches weit weniger Sauerstoff verbraucht, als man nach den erwähnten analytischen Brenzkatechinbestimmungsmethoden erwarten könnte. Die Phenolbeseitigung erfolgt also hier im wesentlichen infolge Adsorption. Eine geringe Sauerstoffaufnahme zeigt jedoch, daß teilweise auch oxydative Vernichtung des Phenols auftritt. Das adsorbierte Brenzkatechin war teilweise auswaschbar. Ein extremer Fall von rascher Adsorption ohne Oxydation konnte bei Verwendung einer A-Kohle beobachtet werden. Hier war der Brenzkatechingehalt der Probelösung schon nach 15 Min. auf 6% des ursprünglichen Gehaltes abgesunken. Ein Sauerstoffverbrauch konnte dagegen nicht festgestellt werden.

2.3 Entphenolung mit Austauscherharzen

Die Untersuchungen wurden mit Wofatit *P*, einem Kationenaustauscher in der NH_4^+-Form, durchgeführt. Die Bindung der Phenole ist eine unspezifische Adsorption. Die Bestimmung des Brenzkatechins und des Kresols erfolgt wiederum nach WILLARD und WOOTEN [23] bzw. nach MEISSNER [24].

Die Austauschersäule bestand aus einem Glasrohr von 4 cm Durchmesser mit einem *G*1-Frittenboden. Bei einer Füllhöhe von 24 cm ergab sich damit ein Harzvolumen von 300 ccm.

Einstufenversuche: Gute Ergebnisse konnten mit einer 2fachen (z. B. 2 *l*/Std. Phenollösung auf 1 *l* Harz) und niedrigeren spezifischen Belastung erzielt werden. Für eine 0,1proz. Brenzkatechinlösung wurde bei 2facher Belastung ein brauchbarer Durchlauf entsprechend einer Raumbelastung von 7:1 erhalten, d. h. 7 *l* 0,1proz. Brenzkatechinlösung werden durch 1 *l* Harz befriedigend gereinigt. Für einen brauchbaren Durchlauf wurde willkürlich eine 96proz. Phenolbeseitigung, entsprechend 0,04 g/*l* Restphenol festgelegt. Der Austauscher nahm bis zur Erschöpfung, maximal bis zu 2,2% seines Trockengewichtes, Brenzkatechin (aus einer 0,1proz. Lösung) und 2,4% seines Trockengewichtes Kresol (aus einer 0,05proz. Lösung) auf. Im Vergleich zum Brenzkatechin wird Kresol bevorzugt adsorbiert.

Mehrstufenversuche: Die Adsorption von Phenolen an Austauscherharze kann in der Praxis nur über mehrere Stufen zum Erfolg führen. Wir konnten mit einer Kombination von drei Säulen A_1, A_2 und A_3 eine 0,1proz. Brenzkatechinlösung erfolgreich entphenolieren. Das Harz wurde wiederum in 2facher spezifischer Belastung beladen. Dabei wurde die Säule solange mit der Modellösung beschickt, bis die Brenzkatechinkonzentration des Ablaufes gleich der des Einlaufes war.

Wenn der Durchlauf von A_1 eine Brenzkatechinkonzentration von 0,04 g/*l* erreicht hat (willkürlich festgelegter Wert für brauchbaren Durchlauf), wird der Rest des Durchsatzes, von dem schon ein Teil des Phenols vom Harz A_1 gebunden ist, über A_2 gegeben. Anschließend wird A_2 mit frischer Brenzkatechinlösung beschickt, bis wieder die Auslaufkonzentration gleich der Einlaufkonzentration ist. Wenn der brauchbare Ablauf von A_2 beendet ist, wird der Rest des Durchsatzes über A_3 gegeben. Inzwischen ist A_1 regeneriert worden, und der Vorgang setzt sich gleichartig über A_3, A_1, A_2 usw. fort. Auf diese Weise sind zwei Austauscher in Betrieb, während der dritte regeneriert wird. Bei dieser Arbeitsweise läßt sich zur Erzielung eines brauchbaren Ablaufes mit einer bemerkenswert hohen Raumbelastung von 12,3:1 arbeiten. Die Adsorptionskapazität des Harzes beträgt 13,2 kg Brenzkatechin/m³ Harz.

Regenerierung: Die Regenerierung erfolgte günstig in fünffacher Belastung. Sie wurde durch aufeinanderfolgende Behandlung mit 50proz., reinem und wieder 50proz. Methanol durchgeführt. Zuletzt wurde das verdünnte Methanol durch Wasser verdrängt. Die zweite Menge des 50proz. Methanols wurde erneut als erste Stufe für einen frisch beladenen Austauscher eingesetzt. Bei dieser Arbeitsweise wurde bei über 20 Beladungen und Regenerierungen kein Nachlassen der Aktivität des Austauschers beobachtet. Zur Regenerierung einer erschöpften Säule mit 300 ccm Harz benötigten wir im ganzen 200 ccm Methanol, 400 ccm 50proz. Methanol und ca. 400 ccm Wasser.

2.4 Entammonisierung mit Austauschern

Die Untersuchungen wurden mit 300 ccm Wofatit *KPS* 200 in der gleichen Säule wie bei den Entphenolungsversuchen mit einer 1,36proz. Ammoniumacetatlösung durchgeführt. Wir arbeiteten im Gegensatz zu der sonst üblichen 10fachen Belastung vorteilhaft mit dem 20fachen Durchsatz des Harzvolumens/Std. und fanden eine max. Kapazität von 33,3 kg NH_3/m^3 Harz.

Die Regenerierung der Austauscher erfolgte mit 5proz. Schwefelsäure in 5facher spezifischer Belastung. Die Entammonisierung ließ sich besonders günstig mit zwei Austauschersäulen durchführen. Diese wurden abwechselnd beladen und regeneriert. Die Regenerierung erfolgte im Gegenstromprinzip mit 185% der theoretisch notwendigen Menge 5proz. Schwefelsäure, bezogen auf die nutzbare Volumenkapazität (*NVK*) des Harzes. Die erhaltene Ammoniumsulfatlösung enthielt 1,25% freie Schwefelsäure und NH_3 zu 11,2% als $(NH_4)_2SO_4$ und 88,8% als NH_4HSO_4 gebunden. Sie muß zur Gewinnung von verwertbarem $(NH_4)_2SO_4$ mit technisch anfallenden Ammoniakwässern oder mit Ammoniak neutralisiert und eingedampft werden. Die *NVK* der Filter betrug bei diesen Versuchen 27 kg NH_3/m^3 Harz, was den Angaben der Literatur entspricht [26]. Die *NVK* ist geringer als die max. Kapazität des Harzes, weil eine völlige Regenerierung des Austauschers bezüglich der aufzuwendenden Schwefelsäure unwirtschaftlich ist. Für die Raumbelastung ergab sich ein Verhältnis von 9:1.

3. Untersuchungen mit Originaldünnwässern der braunkohleveredelnden Industrie

3.1 Versuche mit Asche und Luft

Das Asche-Luft-Verfahren wurde am Lauchhammer Phenosolvandünnwasser und am Hirschfelder Phenosolvandünnwasser (im Laboratorium mit Butylacetat extrahiert) mit den in den entsprechenden Werken anfallenden Aschen im Laboratorium analog den Modellversuchen erprobt.

Die Aschen des VEB Braunkohlenkombinat Lauchhammer waren bis auf eine ausgeglühte Rostasche des Werkes 5, wie im Modellversuch mit Brenzkatechinlösung festgestellt wurde, we-

Tabelle 2. Laborversuche mit Lauchhammer Phenosolvanwasser

	nach 2 Stdn. 80—40 °C	nach 4 Stdn. 40—30 °C	nach 6 Stdn. neue Asche 40—30 °C	nach 5 Stdn. neue Asche 30—27 °C
20% Asche	25%*)	22%	8—10%	0,5—1%
10% Asche	12%	10%	0,25%	0,1%
5% Asche	27%	27%	10%	4%
5% Asche: Zyklonstaub = 19 — 1	16%	16%		
5% Koksstaub	5—10%	0,5%		
	nach 30 Min. 80—70 °C	nach 60 Min. 70—60 °C	nach 90 Min. 60—53 °C	nach 120 Min. 53—48 °C
10% Asche	12%	11%	11%	10%
5% Zyklonstaub	5—10%	5—10%	5—10%	5—10%

*) Die Prozentangaben bedeuten die noch vorhandene Menge Restphenole.

nig wirksam. Diese Asche benutzten wir bei unseren Versuchen, die wir bei einer Anfangstemperatur von 80° begannen und dann unter Belüftung, ohne weiter zu erwärmen, abkühlen ließen. Nach 4 und 6 Stdn. Belüftungszeit wurde die Asche erneuert. Zum Vergleich stellten wir Entphenolierungsversuche mit Koks- und Zyklonstaub an. Vorstehende Tabelle bringt die Ergebnisse.

Die besten Resultate wurden mit 10% Asche erzielt. Es konnte auch in anderen Fällen festgestellt werden, daß eine Erhöhung der Aschemenge sich nur bis zu einer Grenze als günstig erweist. Wahrscheinlich wird bei Verwendung von relativ viel Asche eine Teil der Phenole schwach adsorptiv gebunden und dadurch der Oxydation entzogen. Die Oxydation muß also zweckmäßig in Lösung erfolgen. Das mit Asche behandelte Wasser hatte eine schwach gelbe Farbe. Durch 8stdg. Extraktion der eingesetzten Asche mit heißem Wasser konnten nur 2—4% der niedergeschlagenen Phenole wieder desorbiert werden. Aus dem zur Entphenolung benutzten Koks- und Zyklonstaub konnten unter gleichen Bedingungen 10—12% der aufgenommenen Phenole herausgewaschen werden. Im ersten Fall ist die Phenolbeseitigung also auf Oxydation, im zweiten auch auf Adsorption zurückzuführen. Das mit Koks- oder Zyklonstaub behandelte Wasser war violett gefärbt.

Die Phenolanalysen wurden folgendermaßen durchgeführt: Der Gesamtphenolgehalt des Abwassers wurde — gegebenenfalls nach einer Extraktion der Phenole mit Äther aus bicarbonat-alkalischer Lösung — zunächst nach der Bromid-Bromat-Methode bestimmt, wobei für 1 ccm 0,1 n Bromid-Bromat-Lösung 2,1 mg Gesamtphenol berechnet wurden. Der gefundene Wert wurde gleich 100% gesetzt. Die Analyse der entnommenen Proben wurde mit 4-Amino-antipyrin vorgenommen, indem der Extinktionswert des unbehandelten Wassers gleich 100% Gesamtphenol gesetzt wurde. Eine Kurve, mittels einer Verdünnungsreihe aufgestellt, gestattete, die Phenolwerte der entnommenen Proben direkt in Prozenten abzulesen.

Ein im Laboratorium mit Butylacetat extrahiertes Starkwasser des VEB Braunkohlenwerk Hirschfelde konnte bei erhöhter Temperatur mit dort anfallender, fast neutraler Elektrofilterasche entphenoliert werden.

Man arbeitete wie üblich im Kluyverturm mit 1 *l* Abwasser. Die eingeblasene Luftmenge betrug 200 *l*/h. Der Einsatz von 10% Asche brachte wiederum die besten Ergebnisse. Ein Zusatz von CaO brachte keine nennenswert verbesserte Entphenolung. Die Phenole wurden oxydativ abgebaut und waren irreversibel auf der Asche gebunden. 85 bis 90% der enthaltenen Phenole wurden entfernt, als das Wasser mit 10% Elektrofilterasche 2 Stdn. bei 80° belüftet wurde oder indem man bei 50° zunächst eine Stunde mit 10% Asche behandelte, dann während 40 Minuten weitere 10% Asche unter weiterer Belüftung zurieseln ließ und nach weiteren 20 Minuten Belüftung den Versuch beendete.

Die Phenole wurden nach Ausäthern aus hydrogencarbonathaltiger Lösung mittels Bromid-Bromat-Lösung bestimmt. Das Ausäthern der Phenole war nötig, da das Hirschfelder Wasser bromverbrauchende, ungesättigte Fettsäuren enthält [27].

3.2 Versuche mit Austauscherharzen

Die Versuche wurden mit Lauchhammer Phenosolvanwasser ausgeführt. Im Einstufenversuch konnte eine 2,92proz. Phenolbeladung, bezogen auf trockenen Austauscher, erreicht werden.

Die erfolgreiche Entphenolung gelang mit einer Kombination von 3 Austauschern: Die Säule A_1 wurde bis zur maximalen Konzentration von 0,04 g/*l* im Durchlauf in zweifacher Belastung beschickt. Wenn der brauchbare Durchlauf beendet war, wurde der Säule A_1 eine regenerierte Säule A_2 nachgeschaltet. Bei Erreichung des brauchbaren Durchlaufs der beiden Säulen von maximal 0,04 g/*l* wurde Säule A_1 regeneriert, obwohl die maximale Kapazität nicht völlig ausgenutzt war. Der Säule A_1 schaltete man nun die frisch regenerierte Säule A_3 nach. Die Beladung der beiden Austauscher erfolgte wiederum bis zur

Erreichung des brauchbaren Durchsatzes, worauf man A_2 ebenfalls ohne völlige Ausnutzung der Kapazität regenerierte und die regenerierte Säule A_1 dem Austauscher A_3 nachsetzte.

Auf diese Weise erreichte man eine Raumbelastung von 10,6:1 und eine Adsorptionskapazität von 10,2 kg Gesamtphenol/m³ Harz. Die Analyse der Phenole erfolgte mittels 4-Aminoantipyrin nach dem Ausäthern aus salzsaurer Lösung. Die Regenerierung der Filter konnte, wie bei den Modellversuchen beschrieben wurde, durchgeführt werden.

3.3 Partielle Entammonisierung

Das verwendete Lauchhammer Phenosolvanwasser enthielt 2, 97 g NH_3/l. Die Entammonisierung ließ sich analog den Modellversuchen verwirklichen. Ein Nachlassen der Aktivität war nicht festzustellen. Die nutzbare Volumenkapazität (*NVK*) der beiden Austauscher betrug 26,2 kg NH_3/m^3 Harz; die Raumbelastung 8,8:1.

Die Regenerierung erfolgte mit 190% 5proz. Schwefelsäure, bezogen auf die *NVK*. Das Eluat war 1,33proz. an Schwefelsäure.

4. Zusammenfassung

Bei der Behandlung wäßriger Phenollösungen mittels Asche und Luft werden die Phenole oxydativ zerstört. Schwer oxydierbare Phenole wie Kresol, Phenol und Resorcin verschwinden in Gegenwart von relativ viel leichtoxydablen Phenolen wie Brenzkatechin oder Hydrochinon ebenfalls. Die Oxydationsprodukte sind irreversibel auf der Asche gebunden. Zur Entphenolung eignen sich am besten Aschen, die alkalisch reagieren, doch spielen auch Oxydationskatalysatoren bei der Phenoloxydation eine Rolle. Sie läßt sich durch Temperaturerhöhung beschleunigen.

Im Vergleich zu Aschen beruht die entphenolierende Wirkung von aktiven Kohlenstäuben im wesentlichen auf Adsorption. Aus letzteren können die adsorbierten Phenole teilweise regeneriert werden. Es wurde eine Methode ausgearbeitet, die eine Aussage gestattet, inwieweit die entphenolierende Wirkung einer Asche bzw. einer *A*-Kohle auf adsorptiver Bindung oder auf das Unlöslichwerden der Phenole infolge Oxydation zurückzuführen ist.

Lauchhammer und Hirschfelder Phenosolvandünnwasser konnten nach dem Asche-Luft-Verfahren in befriedigendem Maße entphenoliert werden. Es wurde festgestellt, daß Aschen und Dünnwässer sich in ihrer gegenseitigen Wirkung unterscheiden. Zur befriedigenden Entphenolung ist zweckmäßig bei erhöhter Temperatur zu arbeiten und die Asche in zwei Stufen zuzusetzen.

Abwässer mit geringer Phenolkonzentration können über Austauscherharze gereinigt werden. Die vom Harz adsorbierten Phenole können mit 50proz. und 100proz. Methanol eluiert werden. Im Falle des Wofatit *P* konnte bei 20 Beladungen und Regenerierungen keine Abnahme der Aktivität des Austauscherharzes festgestellt werden.

Am Beispiel des Lauchhammer Phenosolvandünnwassers konnte eine erfolgreiche Entphenolierung mittels Harzaustauschern demonstriert werden.

Die zum Zwecke der mikrobiellen Eiweißsynthese wünschenswerte partielle Entfernung des Ammoniaks aus Dünnwässern ließ sich sowohl mit einer Ammoniumacetatlösung als auch mit Lauchhammer-Phenosolvandünnwasser ohne Schwierigkeit verwirklichen.

LITERATUR

[1] RIECHE, A.: Über die mikrobiologisch-technische Eiweiß- und Fettsynthese auf der Basis von Zellstoffablaugen, Wiss. Ann. d. DAdW 3, 705 (1954).

[2] LEIBNITZ, E. und Mitarbeiter, Gewinnung des Vitamin B_{12} aus Belebtschlämmen der Abwasserreinigung — Über die Stoffbildung bei der biologischen Reinigung, Monatsber. d. Dtsch. Akad. Wiss. 1, 253 (1959); Wasserwirtschaft-Wassertechnik 10, 63, 356 (1960).

[3] D.R.P. 696 578 (Erfinder: SEIDEL), 1936.

[4] D.R.P. 705 763 (Erfinder: VIERLING, RIECHE, HILGETAG, GRÜTZNER), 1937.

[5] D.R.P. 743 366 (1941); 745 267 (1941); 752 911 (1942), (Erfinder: RIECHE, BUTSCHEK, HILGETAG); RIECHE, A., Chem. Ing. Techn. 29, 818 (1957).

[6] RIECHE, A., Untersuchungen über Wuchshefen und Mycelpilze im Hinblick auf die Ausnutzung industrieller Abwässer, Monatsber. d. Dtsch. Akad. Wiss. 1, 296 (1959); Wasserwirtschaft-Wassertechnik 10, 52 (1960); LORENZ, M., Dissertation, Halle, 1960.

[7] HILGETAG, G., RIECHE, A. und MARTINI, A., Beiträge zur mikrobiologisch-technischen Zellsubstanz-Synthese. I. Über den Einfluß der „Hefe"-Konzentration auf die maximal mögliche Durchsatzgeschwindigkeit von Melasselösungen bei vollkontinuierlicher Arbeitsweise, Acta biol. et med. germ. 1, 565 (1958);
RIECHE, A., HILGETAG, G., MARTINI, A. und LORENZ, M., Über den Einfluß der „Hefe"-Konzentration auf die maximal mögliche Durchsatzgeschwindigkeit von Buchenholzsulfitablauge bei vollkontuniierlicher Arbeitsweise, Acta biol. et med. germ. 3, 20 (1959);
LORENZ, M., Dissertation, Halle, 1960.

[8] HILGETAG, G., RIECHE, A., MARTINI, A. und LORENZ, M., Beiträge zur mikrobiologisch-technischen Zellsubstanzsynthese. III. Untersuchungen über die Züchtung von *Oidium lactis*, Acta biol. et med. germ. 4, 98 (1960);
LORENZ, M., Dissertation, Halle, 1960.

[9] RIECHE, A., HILGETAG, G., MARTINI, A. und LORENZ, M., Der biologische Abbau von Abwässern der kohleverarbeitenden Industrie nach einem bakteriellen Schnellverfahren, (Gas u. Wasserfach im Druck).

[10] FINK, H. und KREBS, J., Biochem. Z. **300**, 59, 175 (1938).

[11] HILGETAG, G., Biologische Verarbeitung nachentphenolierter Phenosolvanabwässer (Vortrag), Freiberger Forschungshefte **A 170**, 81 (1960).

[12] RIECHE, A., Über Versuche zur Reinigung und Verwertung von Phenoldünnwässern (Vortrag JUPAC München), Wiss. Zeitschr. d. Friedrich-Schiller-Universität Jena **9**, Heft 1/2 (1959/60).

[13] LEIBNITZ, E., BEHRENS, U und SEIFERT, H., Abbau von Phenolen durch Hefe, Zeitschr. f. allgem. Mikrobiologie **1**, 13 (1960).

[14] RIECHE, A., HILGETAG, G., MARTINI, A. und LORENZ, M., Kultivierung von Wuchshefen (*Torula utilis*) auf Fettsäuren und Phenole enthaltenden Substraten, Wasserwirtschaft-Wassertechnik (im Druck).

[15] THONKE, M., Versuche zur Verhefung von Abwässern der Paraffinoxydation, Freiberger Forschungshefte **A 170**, 90 (1960).

[16] RIECHE, A., HILGETAG, G., MARTINI, A., LORENZ, M. und THONKE, M., (noch unveröffentlichte Versuche).

[17] RIECHE, A., HILGETAG, G., MARTINI, A., LORENZ, M. und STÖCKER, J., Vorschlag für den Betrieb einer Melasse-Futterhefefabrik ohne Anfall von Abwasser, Wasserwirtschaft-Wassertechnik **11**, 485 (1961); Chem. Techn. **14** (1962) (im Druck).

[18] PU/68447/58 CSSR.

[19] LORENZ, K., Phenolwassernachreinigungsverfahren mittels Winkler-Gasstaub und Winkler-Asche, Chem. Techn. **6**, 114 (1954); Freiberger Forschungshefte **A 23**, 42 (1954);
LORENZ, K., Abwasserprobleme der Braunkohlenchemie, Abhandlungen der DAdW Nr. 1 (1957).

[20] DWP. 10990 (1953) VEB Farbenfabrik Wolfen (Erfinder: RIECHE, A. und LE BLANC, H.);
RIECHE, A. und STRANKMÜLLER, J., Über die Reinigung phenolhaltiger Abwässer nach dem Asche-Luft-Verfahren, Wasserwirtschaft-Wassertechnik **8**, **64**, 129 (1958);
RIECHE, A., SEEBOTH, H. und SEYFARTH, H., Über die Reinigung phenolhaltiger Abwässer nach dem Asche-Luft-Verfahren, Brennstoffchemie **40**, 194 (1959).

[21] SCHULZ, G., Die Aufarbeitung von Schwelwasser nach dem *WEV*-Verfahren, Wasserwirtschaft-Wassertechnik **2**, 410 (1952).

[22] Rieche, A. und Seeboth, H., Über die Entfernung von Phenolen und Ammoniak aus Phenosolvandünnwässern mittels Austauscherharzen, Wasserwirtschaft-Wassertechnik **11**, 342 (1961).

[23] Willard, H. H. und Wooten, A. L., Colorimetrische Bestimmung von *o*- und *m*-Dihydroxyphenolen, Anal. Chem. **22**, 670 (1950).

[24] Meissner, B., Eine neue analytische Schnellmethode zur Differenzierung eines Phenolgemisches in Wässern, Teeren und Ölen, Zeitschrift Bergbau und Hüttenwesen **5**, Heft 7 (1953).

[25] Rieche, A. und Redinger, L., Bestimmung mehrwertiger Phenole mit 1-Phenyl-2,3-dimethyl-4-aminopyrazolon-(5), Chem. Techn. **10**, 41 (1958).

[26] Becker-Boost, E. H., Die Verarbeitung von Ammoniakwasser, Monatsberichte Schweiz. Ver. Gas- und Wasserfachmänner **37**, 1, 27 (1957).

[27] Seeboth, H. und Rieche, A., Über eine neue Fehlerquelle bei der bromometrischen Titration von Phenolen in Schwelereiabwässern, Monatsber. d. Dtsch. Akad. d. Wiss. **1**, 493 (1959); Freiberger Forschungsh. **A 170**, 18 (1960).

SITZUNGSBERICHTE DER DEUTSCHEN AKADEMIE
DER WISSENSCHAFTEN ZU BERLIN

Klasse für Chemie, Geologie und Biologie
Jahrgang 1962 Nr. 7

DIETER MARTIN

SYNTHETISCHE SENFÖLBILDNER MIT BAKTERIZIDER, FUNGIZIDER, NUTRITIVER UND DAS WACHSTUM VON VIREN HEMMENDER WIRKUNG

Mit 10 Abbildungen und 15 Tabellen

Aus dem Institut für organische Chemie
der Deutschen Akademie der Wissenschaften zu Berlin
(Direktor: Prof. Dr. Alfred Rieche)

AKADEMIE-VERLAG · BERLIN

1962

Erweiterte Fassung zweier Vorträge: 11. 9. 1958
Klasse für Chemie, Geologie und Biologie
der Deutschen Akademie der Wissenschaften zu Berlin
(A. Rieche) und 15. 10. 1959 Symposium für Arzneimittelsynthesen,
Weimar [A. Rieche; vgl. Angew. Chem. 72, 83 (1960)].

Vorgelegt von Hrn. RIECHE in der Plenarsitzung am 18. Mai 1961
Zum Druck genehmigt am gleichen Tage, ausgegeben am 2. 4. 1962

Erschienen im Akademie-Verlag GmbH, Berlin W 8, Leipziger Straße 3—4

Lizenznummer: 202 · 100/429/62
Gesamtherstellung: Druckhaus „Maxim Gorki", Altenburg
Bestellnummer: 2010/62/II/7 · ES 18 C 5/18 G 1/22 F/17 U 2
Preis: DM 5,—

Inhalt

I. Einleitung

Der Genuß von Senf, Meerrettich, Knoblauch, Zwiebel und Kresse gilt seit uralten Zeiten als heilsam und gesundheitsfördernd. In der Medizin fanden Senf, Meerrettich und Kapuzinerkresse äußerlich bei Wundinfektionen und innerlich bei Infektionen der Harnwege und Atmungsorgane Verwendung. Es ist daher überraschend, daß erst innerhalb der letzten zehn Jahre die Inhaltsstoffe dieser Pflanzen, besonders der einzelnen Kressenarten, systematisch auf ihre therapeutischen Eigenschaften und Verwendungsmöglichkeiten untersucht worden sind.

Mit der chemischen Natur der Inhaltsstoffe dieser pharmakologisch wirksamen Pflanzen haben sich als erste WILL und KÖRNER [1] sowie A. W. HOFMANN [2, 3] auseinandergesetzt. Einige Jahre danach gelang es GADAMER [4], aus Kapuzinerkresse Benzylsenföl und aus Brunnen- und Winterkresse β-Phenyläthylsenföl zu isolieren. Er nahm an, daß die Senföle in den Pflanzen als Glucoside vorliegen, und konnte zeigen, daß die Pflanzen auch ein Ferment (Myrosinase) enthalten, das die Glucoside zu spalten vermag. O. E. SCHULTZ und Mitarbeiter [5—7] konnten 1952 die Senfölglucoside der Kapuziner- und Gartenkresse unter Verwendung chromatographischer Methoden isolieren und das Glucotropaeolin als Tetraacetat kristallin erhalten. ETTLINGER und LUNDEEN [8] stellten schließlich die für die Senfölglucoside heute allgemein anerkannte Strukturformel auf, die auch durch Totalsynthese [9] bewiesen werden konnte und im Gegensatz zur alten GADAMERschen Formel alle Spaltprodukte der Glucoside in befriedigendem Maße erklärt.

Danach können die Senfölglucoside als substituierte Thioiminosäureester aufgefaßt werden. Die Bildung der Senföle aus den Glucosiden wird als eine durch Myrosinase enzymatisch ausgelöste, intramolekulare, nucleophile Umlagerung in Analogie zur LOSSEN-Umlagerung der Hydroxamsäuren aufgefaßt [8, 10]. Die enzymatische Spaltung in Senföl, Glucose und Hydrogensulfat tritt ein, wenn Glucosid und Ferment, die in getrennten Zellen der Pflanze enthalten sind [11, 12], durch Zerreißen des Zellgewebes miteinander in Berührung gebracht werden.

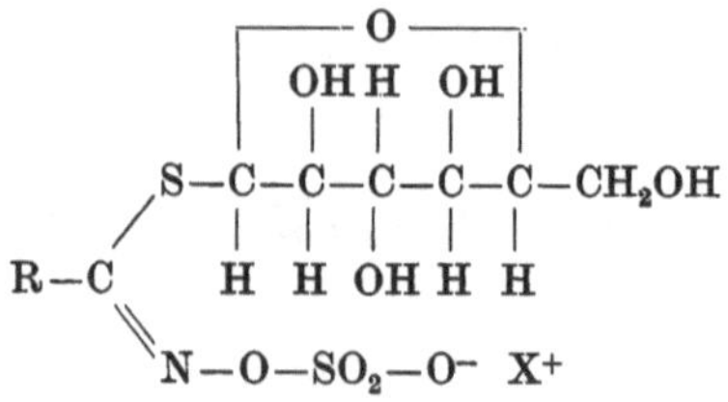

(I)

Pflanze	Glucosid	R=	X=
(Ia) Kapuzinerkresse	Glucotropaeolin	$C_6H_5CH_2$	$(CH_3)_4N^+$
(Ib) Brunnenkresse	Gluconasturtiin	$C_6H_5CH_2CH_2$	K^+

In den letzten Jahren ist nun das Kressensamenöl und besonders ein auf dieser Basis im Handel befindliches, benzylsenfölhaltiges Präparat der Fa. Madaus, Köln, („Tromalyt") durch WINTER und Mitarbeiter [13] und andere Autoren [14—16] auf seine bakteriostatischen und fungiciden Eigenschaften untersucht worden. Es erwies sich dabei sehr wirksam gegen Mikroorganismen aller Art und erfaßt beinahe alle grampositiven und gramnegativen Erreger. Auch das Viruswachstum wird gehemmt, wie SPRÖSSIG und SCHABINSKI-STEPAN [17] im in vitro-Test zeigen konnten. Das Präparat ist vielfach klinisch geprüft [18—20] und erfolgreich bei Entzündungen der Ausscheidungsorgane und zur Bekämpfung grippaler Infekte [21] angewendet worden. Neuerdings haben WINTER und RINGS-WILLEKE [22] im Eihauttest gezeigt, daß auch Senföle selbst das Viruswachstum hemmen, ohne die Zellatmung erheblich zu hindern. Darüber hinaus haben senfölglucosidhaltige Pflanzen einen günstigen Effekt auf die Mastleistung und Futterausnutzung in der Tierernährung, wie er von den Antibiotica mikrobieller Entstehung bekannt ist. Gleichzeitig tragen sie erheblich zur Gesunderhaltung der Tiere bei (z. B. bei Pullorum-Infektion des Kükens [23]). Es unterliegt jedenfalls keinem Zweifel, daß die senfölbildenden Pflanzenstoffe in der Prophylaxe und Therapie der Human- und Veterinärmedizin von großer Bedeutung sind.

Eine therapeutische Anwendung wäre sicher auf viel breiterer Basis erfolgt, wenn man nicht nur auf Pflanzenextrakte und -konzentrate angewiesen wäre. Die direkte pharmazeutische Verwendung synthetisch hergestellter Senföle scheidet wegen ihrer ätzenden Wirkungen aus.

II. Herstellung und Eigenschaften synthetischer, Senföle abspaltender Verbindungen

Wir haben uns nun die Aufgabe gestellt, synthetische, untoxische Stoffe aufzufinden, die den Senfölen nahestehen und von denen zu erwarten ist, daß sie bei ihrem Zerfall — auch im Organismus — Senföle bilden. Man könnte so Verbindungen erhalten, die ähnliche Wirkungen wie die genannten Naturstoffe haben, aber eine wesentlich universellere Anwendung erlauben würden.

Bei der Suche nach geeigneten Verbindungen erschienen uns drei Verbindungsklassen als besonders interessant.

1. Dithiocarbamidsaure Salze (II)
2. 2-Thion-tetrahydro-1,3,5-thiadiazine („Carbothialdine“) (III)
3. Thiourethane (Thiocarbamidsäure-O-ester) (IV)

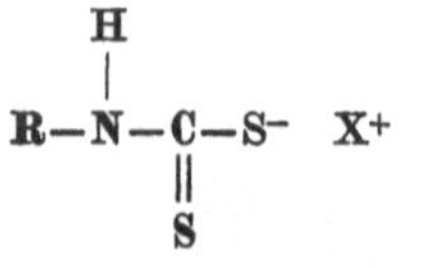

(II) „d-Körper“

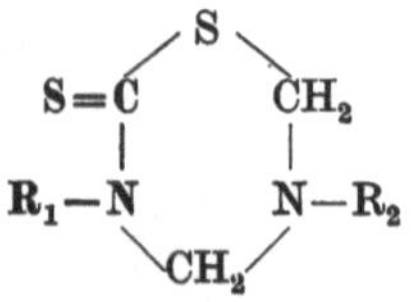

(III) „D-Körper“

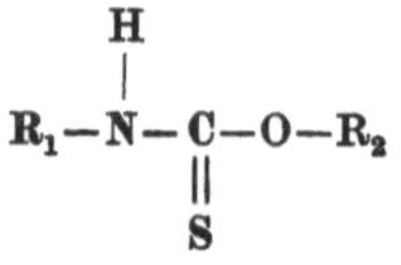

(IV) „P-Körper“

Untersuchungen über Dithiourethane sind z. Z. noch im Gange.

1. Dithiocarbamidsaure Salze

Dithiocarbamidsaure Salze (II) werden seit langem als Fungicide und Nematicide im Pflanzenschutz verwendet [24]. Bisher nicht bekannt und untersucht waren die besonders interessanten

Benzylamin- und β-Phenyläthylamin-Derivate. A. RIECHE und Mitarbeiter [25] haben diese Verbindungen durch Umsetzung der entsprechenden Amine mit der halbmolaren Menge Schwefelkohlenstoff in ätherischer Lösung erhalten (II: R = $C_6H_5CH_2$, X = $C_6H_5CH_2NH_3^+$; R = $C_6H_5CH_2CH_2$, X = $C_6H_5CH_2CH_2$-NH_3^+). Die Alkalisalze (II: R = $C_6H_5CH_2$, $C_6H_5CH_2CH_2$; X = Na^+, K^+) lassen sich aus den Aralkylammoniumsalzen mit Alkalilaugen oder direkt aus molekularen Mengen Amin, Schwefelkohlenstoff und Alkalilauge in konzentriert wäßriger Lösung erhalten [26].

Durch Umsetzung von Kalium-benzyl- und -β-phenyläthyldithiocarbamat mit Marfanilhydrochlorid wurden die Marfanilsalze der entsprechenden Dithiocarbamate (II: R = $C_6H_5CH_2$, $C_6H_5CH_2CH_2$; X = $NH_2SO_2C_6H_4CH_2NH_3^+$) als Kombinationen mit einem Sulfonamid dargestellt.

Alle Salze der Benzyl- und β-Phenyläthyldithiocarbamidsäure wurden als hochwirksame Fungicide erkannt.

2. *2-Thion-tetrahydro-1,3,5-thiadiazine*

Die „Carbothialdine" (III) sind erst in den letzten Jahren Gegenstand genauerer Untersuchungen geworden, obwohl einige Verbindungen schon seit über 100 Jahren bekannt sind.

Der Name „Carbothialdine" stammt von REDTENBACHER und LIEBIG [27] aus dem Jahre 1848, die fälschlicherweise annahmen, aus Acetaldehyd, Ammoniak und Schwefelkohlenstoff ein Thialdin, also ein 1,3,5-Dithiazin erhalten zu haben. Erst 1944 konnte durch spektroskopische Untersuchungen geklärt werden, daß bei dieser Reaktion 1,3,5-Thiadiazine [28] entstehen. Die einfachsten und zuerst aufgefundenen Vertreter dieser Verbindungsklasse sind thermisch instabil und zersetzen sich bereits in heißem Wasser oder Alkohol. Das hat wohl mit dazu beigetragen, daß so lange Unsicherheit über die Konstitution der „Carbothialdine" bestand.

Von RIECHE und Mitarbeitern [25] ist eine große Zahl bekannter und neuer 3,5-disubstituierter 2-Thion-tetrahydro-1,3,5-thiadiazine (III) hergestellt und auf ihre Wirkung gegen verschiedene Mikroorganismen geprüft worden. Zur Darstellung von Verbindungen mit gleichem Substituenten R an den Ringstickstoffatomen läßt man ein primäres Amin, Schwefelkohlenstoff und Formaldehyd in Gegenwart eines geeigneten Lösungsmittels aufeinander einwirken. Es gelingt auch, andere Aldehyde in die Reaktion einzusetzen. Die Umsetzungen verlaufen über das Aminsalz der Dithiocarbamidsäure.

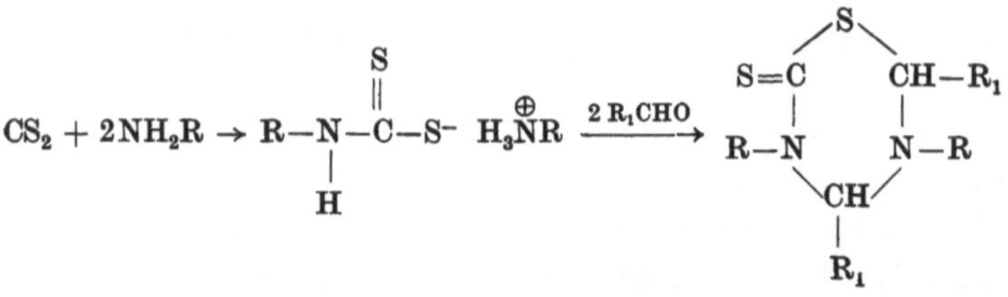
(V)

Es wurden weiterhin 2-Thion-tetrahydro-1,3,5-thiadiazine mit zwei verschiedenen Resten R an den beiden Stickstoffatomen des Heterocyclus hergestellt. Diese Verbindungen lassen sich gewinnen, wenn man das zunächst hergestellte dithiocarbamidsaure Alkalisalz mit zwei Molen Aldehyd und einem weiteren Mol Aminhydrochlorid cyclisiert [28].

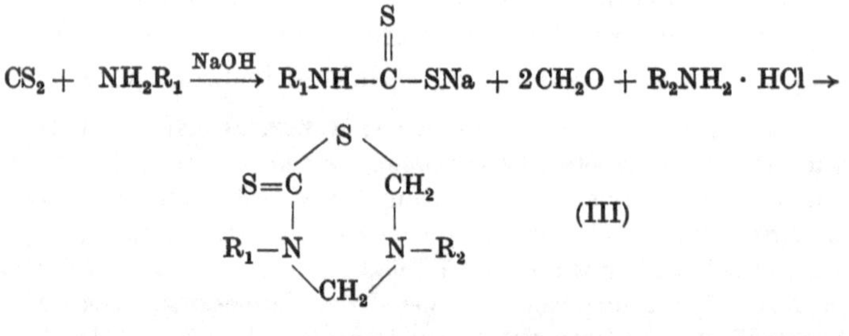
(III)

Für diese Umsetzungen sind aliphatische, cycloaliphatische, aromatische und araliphatische Amine geeignet. Die Verwendung von Aminoalkoholen, Aminosulfonsäuren [29] und Aminocarbonsäuren [30] führt zu 2-Thion-tetrahydro-1,3,5-thiadiazinen mit verbesserter Wasserlöslichkeit. Bei der Umsetzung von Dinatriumäthylen-bis-dithiocarbamat [31] mit zwei Molen Amin und vier Molen Formaldehyd werden Bis-[2-thion-tetrahydro-1,3,5-thiadiazinyl-3]-äthane (VI) erhalten. Die analogen Verbindungen, bei denen die Verknüpfung der beiden Heterocyclen über die Stickstoffatome 5 erfolgt (VII), entstehen aus zwei Molen Alkalidithiocarbamat, einem Mol Äthylendiamin-dihydrochlorid und vier Molen Formaldehyd [30].

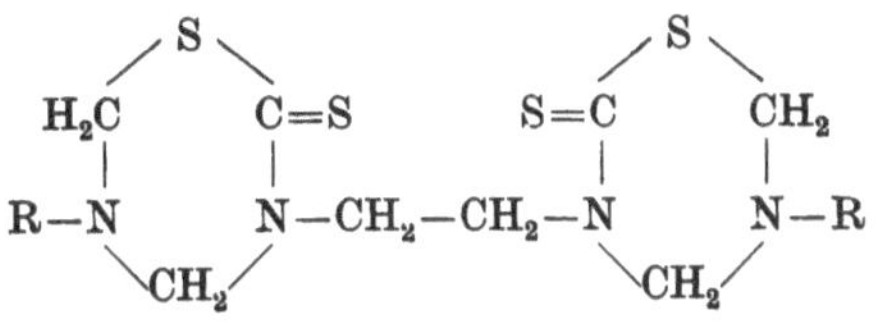
(VI)

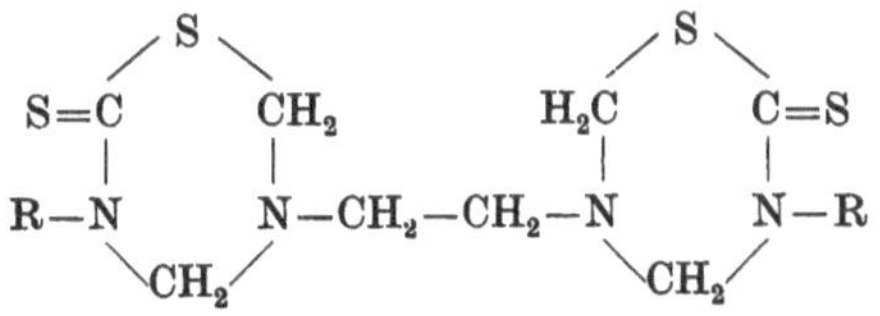
(VII)

Der Tetrahydrothiadiazin-heterocyclus wird auch gebildet, wenn das aus Kohlenoxysulfid und einem Amin in ätherischer Lösung gebildete thiolcarbamidsaure Salz in ätherischer Suspension mit Formaldehyd begast wird. Dabei entstehen 2-Oxo-tetrahydro-1,3,5-thiadiazine (VIII), die ebenfalls gegen Mikroorganismen ausgetestet wurden [26].

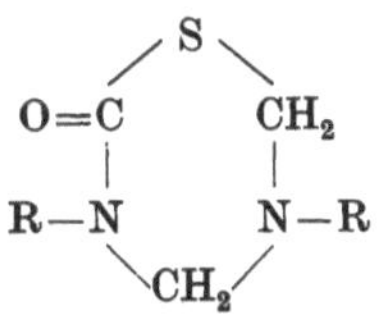
(VIII)

Der papierchromatographische Nachweis [32] (Papier Schleicher & Schüll 2043b M) der 2-Thion-tetrahydro-1,3,5-thiadiazine mit einer Empfindlichkeitsgrenze von 5 γ gelingt mit einer ammoniakalischen Silbernitratlösung als Sprühmittel. Dabei werden die Verbindungen unter Bildung von Silbersulfid zersetzt und als schwarze Flecken sichtbar. Die R_f-Werte weisen einen für die Identifizierung hinreichenden Unterschied auf, wenn die Verbindungen eine einigermaßen unterschiedliche Wasserlöslichkeit zeigen. Als Laufmittel dient eine Mischung aus 3 Tl. n-Propanol und 1 Tl. 2n-Schwefelsäure.

3. *Thiourethane (Thiocarbamidsäure-O-ester)*

Von den Thiourethanen (IV) ist bekannt, daß sie durch Zerfall Senföle bilden können [33]. A. RIECHE und Mitarbeiter [32, 34] haben eine große Zahl dieser Verbindungen hergestellt und auf ihre Wirkung gegen Mikroorganismen geprüft. Dabei stellte sich schnell heraus, daß praktisch nur die Verbindungen wirksam waren, in denen R_1 vorzugsweise Aralkylgruppen und R_2 Phenyl oder substituierte Phenylreste waren.

Für die Herstellung dieser Thiourethane erwies sich jedoch nur einer der möglichen Synthesewege als universell anwendbar.

Die Umsetzung von Xanthogensäureestern mit Ammoniak oder Aminen schied aus, weil sie mit Vorteil nur dann angewendet wird, wenn R_1 = Alkyl ist.

$$R_1O-CS-SR_2 + NH_2R \rightarrow R_1O-CS-NHR + R_2SH$$

Auch die Methode der Anlagerung von Phenolen an Senföle war nicht geeignet, da sie im Gegensatz zur Anlagerung von Alkoholen an Senföle mit sehr geringen Ausbeuten verläuft [35].

$$R-N{=}C{=}S + HOR_1 \rightarrow R-NH-CS-OR_1$$

Die Möglichkeit, Phenolate mit Thiocarbamidsäurechloriden umzusetzen, hatte für uns nur bedingten Wert, weil die Synthese nur mit sekundären Aminen in guten Ausbeuten verläuft.

$$(R)_2NH + CSCl_2 \rightarrow (R)_2N-CS-Cl$$

$$(R)_2N-CS-Cl + NaOR_1 \rightarrow (R)_2N-CS-OR_1 + NaCl$$

In sehr guten Ausbeuten konnten wir die Thiourethane durch Umsetzung der aus Phenolen und Thiophosgen [36] erhaltenen Thiokohlensäure-O-arylesterchloride mit Aminen nach der Methode von RIVIER [33] und MULL [37] erhalten.

$$R_2OH + CSCl_2 \xrightarrow{NaOH} R_2O{-}CS{-}Cl$$

$$R_2O{-}CS{-}Cl + H_2NR_1 \longrightarrow R_2O{-}CS{-}NHR_1 + HCl \qquad (IV)$$

Durch geeignete Wahl des Lösungsmittels und der salzsäurebindenden Agentien konnten nach dieser Methode sowohl primäre als auch sekundäre Amine zur Umsetzung gebracht werden.

Als ein Nachteil für die Applikation und Wirkung pharmazeutischer Mittel erweist sich oft die zu geringe Wasserlöslichkeit der Präparate. Da die Zellen der Mikroben sowohl wäßrige als auch lipoide Phasen enthalten, ist die Anwesenheit beider Löslichkeitskomponenten in einem bactericid wirkenden Mittel von Nutzen. Man kann annehmen, daß der keimwidrige Stoff im wäßrigen Medium bis zur Grenzfläche gelangt, sich dort gemäß deren chemischem Aufbau konzentriert und von da aus seinen weiteren Weg in das Innere der Zelle nimmt [38].

Es war daher — wie später noch erörtert werden wird — notwendig, besonders im Hinblick auf die Beeinflussung der Virussynthese, Thiourethane (IV) zu synthetisieren, in denen für R_1 die wirksamsten Substituenten beibehalten werden, aber R_2 einen Phenylrest mit einem die Wasserlöslichkeit erhöhenden Substituenten darstellt. Auf Grund des in diesem Falle einzig möglichen Syntheseweges und der Empfindlichkeit der Thiourethane gegen Säuren (Verseifung), Alkalien (Senfölabspaltung), Oxydationen und Kondensationen (Reaktionen von (IV) in der Thiolimino-Form) schieden einfache klassische Reaktionen von vornherein aus [32].

Es gelang jedoch kürzlich [32], das von WAGNER und KÜHMSTEDT [39] dargestellte 4-Thiol-1-hydroxybenzol-S-tetraacetylβ-D-glucosid (IX) durch Umsetzung mit Thiophosgen und einem Amin in das entsprechende tetraacetylierte Thiourethan (X) zu überführen. Dieses ergab bei der Entacetylierung mit methanolischer Salzsäure das in Wasser und organischen Lösungsmitteln lösliche Thiourethan (XI).

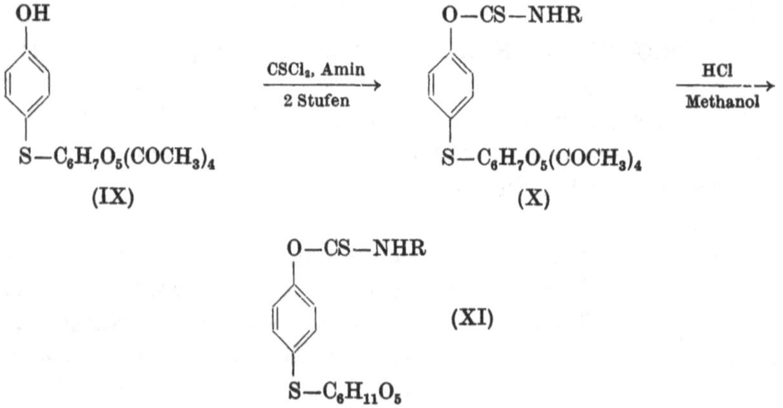

Bei der Umsetzung von p-Aminophenol mit drei Molen Thiophosgen wurde in einem Schritt das Thiokohlensäure-O-[4-isothiocyano]-phenylesterchlorid (XII) erhalten, das sich mit

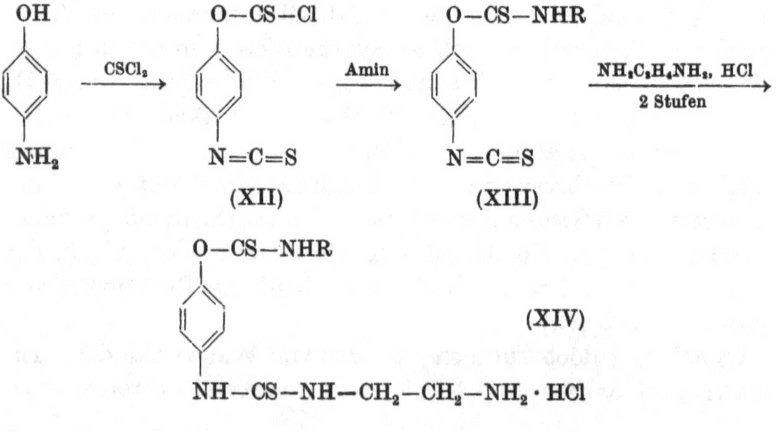

einem geringen Unterschuß an Amin, ohne eine Addition an die Isothiocyanogruppe, zum Thiourethan (XIII) umsetzen läßt [32]. Durch Addition von Äthylendiamin an (XIII) und anschließende Salzbildung gelangten wir ebenfalls zu einer wasserlöslichen Verbindung (XIV).

Diese Verbindungen werden z. Z. auf ihre mikrobiologischen und das Wachstum von Viren beeinflussenden Wirkungen geprüft.

III. Wirkung gegen Mikroorganismen (in vitro Testungen)[1]

Die Dithiocarbamidsäure-Derivate (II) sind bereits sehr eingehend untersucht [31, 40]. Viele sind als Bactericide und Fungicide im Handel. Auch über 2-Thion-tetrahydro-1,3,5-thiadiazine (III) liegen Untersuchungen vor [41], jedoch sind praktische Verwendungen nur in untergeordnetem Maße bekannt. Einzelne Thiourethane wurden in verschiedenen Richtungen geprüft [37, 41—45], doch wurden keine auffälligen Ergebnisse erzielt.

Die von uns nach den angegebenen Verfahren synthetisierten Vertreter der Verbindungsklassen (II, III, IV, VI, VII und VIII) wurden im Plattenverdünnungstest gegenüber 7 verschiedenen Bakterien, 4 Hefen und 2 pathogenen Hautpilzen (Tab. 1) geprüft.

Aus einer 10%igen Glykollösung der Substanzen wurde mit steriler Kochsalzlösung eine Verdünnungsreihe hergestellt und diese mit Nähragar in der Petrischale vermischt. Dann wurde mit einer 24 Std. bebrüteten Bakterienaufschwemmung beimpft und nach 24 Std. Stehen im Brutschrank festgestellt, welche Verdünnung der Substanz ein Wachstum gerade noch zuließ. Hefen wurden 48 Std., Pilze 3—4 Wochen inkubiert.

Die in den folgenden Tabellen angeführten Hemmwerte geben diejenige Verdünnung an, bei der erstmalig Wachstum auftritt. Während die Hemmwerte für die 4 Hefen und die 2 Hautpilze untereinander jeweils fast immer gleichgroß waren, schwankten die Hemmwerte für die 7 Bakterien im Bereich einer Zehnerpotenz oder mehr. Die in den Tabellen 2—11 verzeichneten kleineren Hemmwerte in der Spalte „Bakterien" beziehen sich auf die Wirkung gegenüber Bact. coli, die höhere Zahl bezieht sich auf SG 511 und Bacillus subtilis. Die anderen

---

[1]) Die mikrobiologischen Untersuchungen wurden im Hygiene-Institut der Friedrich-Schiller-Universität, Jena, (Direktor Professor Dr. H. Urbach) von Frau Voß durchgeführt. Wir möchten auch an dieser Stelle Herrn Professor Urbach für seine Unterstützungen und sein Interesse und Frau Voß für ihre Mitarbeit an dieser Arbeit danken.

4 Bakterien zeigen Mittelwerte, die zwischen beiden Konzentrationsangaben liegen.

Tabelle 1

Für die Testungen verwendete Mikroorganismen

Bakterien	Staphylococcus aureus SG 511
	Bacillus mesentericus
	Bacillus subtilis
	Escherichia coli
	Bacterium pyocyaneum
	Bacterium pneumoniae (*Friedländer*)
	Bacterium lactis aërogenes
Hefen	Endomyces lactis
	Rhodutorula
	Candida pseudotropicalis
	Candida albicans
Pilze	Epidermophyton interdigitale (*Kaufmann, Wolf*)
	Mikrosporum gypseum

Aus der Zusammenstellung der von uns synthetisierten Tetrahydrothiadiazine und dithiocarbamidsauren Salze ist zu ersehen, daß die Wirkung gegen Mikroorganismen sehr stark von der Konstitution abhängig ist. Es fällt zunächst auf, daß die drei in Tabelle 2 aufgeführten 2-Oxo-tetrahydro-1,3,5-thiadiazine kaum wirksam sind, was darauf hinweist, daß die starke antimikrobielle Wirkung an die Gruppierung S=C—N— gebunden ist, die auch im Senföl vorliegt.

Tabelle 2

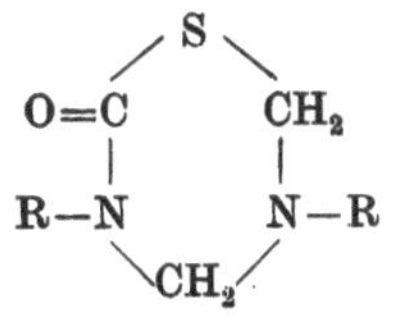

Substanz-Nr.	R	Bakterien	Hefen	Pilze
O 47	$C_6H_5CH_2$	1:500—5000	1:5000	1:1000
O 46	⟨H⟩	1:5000	1:5000	1:5000
O 41	C_3H_7(i)	1:500	1:500	1:500

Einen wesentlichen Einfluß auf die Wirksamkeit der 2-Thion-tetrahydro-1,3,5-thiadiazine haben die Substituenten an den Ringstickstoffatomen (Tab. 3).

Tabelle 3

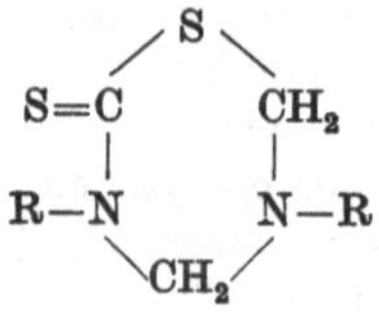

Substanz-Nr.	R	Bakterien	Hefen	Pilze
D 35[46]	CH_3	1:50000	1:50000	1:50000
D 36	C_2H_5	1:50000–100000	1:50000	1:50000
D 41	C_3H_7(i)	1:1000–5000	1:5000	1:10000
D 37	C_4H_9	1:1000–5000	1:5000	1:10000
D 11	$C_{11}H_{23}$	1:500	1:500	1:5000
D 63	$CH_2{=}CH{-}CH_2$	1:50000	1:100000	1:500000
D 20	CH_2COOH	1:5000	1:1000	1:500
D 20a	$CH_2COOC_2H_5$	1:10000–50000	1:500000	1:100000
D 46	⟨H⟩	1:500–5000	1:5000	1:10000
D 39	C_6H_5	1:500–5000	1:10000	1:10000
D 40	(p)ClC_6H_4	1:5000–50000	1:10000	1:10000
D 56	(p)$CH_3OC_6H_4$	1:5000	1:5000	1:5000
D 55	(p)$C_2H_5OC_6H_4$	1:5000	1:5000	1:5000
D 47	$C_6H_5CH_2$	1:1000–10000	1:50000	1:100000
D 147	$C_6H_5CH_2CH_2$	1:5000	1:50000	1:50000

Während D 35 mit zwei Methylgruppen am Stickstoff eine recht gute Wirkung hat, tritt ein Abfall der Wirksamkeit bei Substituenten mit längeren Alkylresten auf. Eine Sonderstellung nimmt der Allylrest ein: D 63 ist sehr gut wirksam. Das phenylsubstituierte D 39 ist weniger wirksam als das Benzylderivat (D 47) und das Phenyläthylderivat (D 147). Am günstigsten bezüglich der Beständigkeit ist D 47.

Die Ergebnisse mit Tetrahydro-1,3,5-thiadiazinen, die zwei verschiedene Substituenten an den Ringstickstoffatomen haben, sind in Tabelle 4 aufgeführt.

Tabelle 4

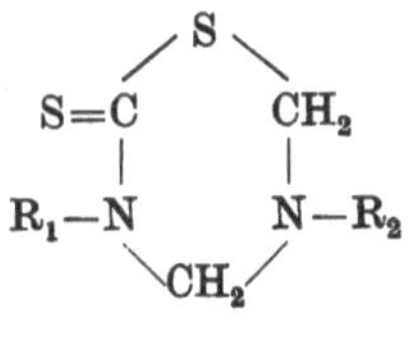

Substanz-Nr.	R_1	R_2	Bakterien	Hefen	Pilze
D 4735	$C_6H_5CH_2$	CH_3	1: 5000– 50000	1:500000	1:500000
D 4736	$C_6H_5CH_2$	C_2H_5	1: 5000– 50000	1: 50000	1:500000
D 4741	$C_6H_5CH_2$	C_3H_7(i)	1: 5000– 50000	1: 50000	1:100000
D 4741$_I$	$C_6H_5CH_2$	C_3H_7	1: 5000– 50000	1:100000	1:500000
D 4737	$C_6H_5CH_2$	C_4H_9	1: 5000– 50000	1: 50000	1:100000
D 4738	$C_6H_5CH_2$	C_5H_{11}	1: 1000– 50000	1: 50000	1: 50000
D 4763	$C_6H_5CH_2$	$CH_2{=}CH-CH_2$	1: 5000– 50000	1:500000	1:500000
D 4733	$C_6H_5CH_2$	CH_2CH_2OH	1: 5000– 50000	1:500000	1:500000
D 4720	$C_6H_5CH_2$	CH_2COOH	1:10000–500000	1:1 Mill.	1:5 Mill.
D 4721	$C_6H_5CH_2$	CH_2CH_2COOH	1:10000–100000	1:1 Mill.	1:5 Mill.
D 14735	$C_6H_5CH_2CH_2$	CH_3	1:50000–500000	1:500000	1:500000
D 14733	$C_6H_5CH_2CH_2$	CH_2CH_2OH	1:50000–500000	1:500000	1:500000
D 14720	$C_6H_5CH_2CH_2$	CH_2COOH	1: 5000–100000	1:500000	1:1 Mill.
D 3547	CH_3	$C_6H_5CH_2$	1:10000– 50000	1: 50000	1:500000
D 3947	C_2H_5	$C_6H_5CH_2$	1: 5000– 10000	1: 50000	1: 10000
D 4147	C_3H_7(i)	$C_6H_5CH_2$	1: 500– 5000	1: 5000	1: 5000
D 2047	CH_2COOH	$C_6H_5CH_2$	1: 5000	1: 1000	1: 5000
D 20147	CH_2COOH	$C_6H_5CH_2CH_2$	1: 5000– 10000	1: 1000	1: 10000
D 2063	CH_2COOH	$CH_2{=}CH-CH_2$	1: 5000– 10000	1: 1000	1: 10000
D 2035	CH_2COOH	CH_3	1: 5000– 50000	1: 5000	1: 10000
D 3520	CH_3	CH_2COOH	1:50000	1: 50000	1:500000
D 6320	$CH_2{=}CH-CH_2$	CH_2COOH	1:10000– 50000	1: 50000	1:100000
D 6335	$CH_2{=}CH-CH_2$	CH_3	1:50000	1:100000	1:500000

Bei den 2-Thion-tetrahydro-1,3,5-thiadiazinen mit zwei verschiedenen Substituenten an den Ringstickstoffatomen (Tab. 4) zeigt sich deutlich, daß derjenige Substituent für die Wirkung der Substanz maßgeblich ist, der sich an dem der S=C-Gruppe benachbarten Stickstoffatom befindet (R_1). Der Substituent R_2 beeinflußt die Wirksamkeit der Substanz nur wenig. So haben alle von uns dargestellten 2-Thion-tetrahydro-1,3,5-thiadiazine mit zwei verschiedenen Substituenten am Stickstoff eine sehr gute Wirksamkeit, wenn R_1 Methyl, Benzyl, β-Phenyläthyl oder Allyl ist. Substanzen mit diesen Substituenten hatten bei den in Tabelle 3 aufgeführten Verbindungen mit zwei gleichen Resten an den Stickstoffatomen die höchste Wirksamkeit gezeigt. Eine auffallende Wirkungssteigerung wird erzielt, wenn unter Beibehaltung der wirksamsten Reste R_1 die Substituenten R_2 funktionelle Gruppen tragen, die die Wasserlöslichkeit stark erhöhen (z. B. D 4720).

Werden die „wirksamen Substituenten" aber als R_2 in das Molekül eingeführt und ist gleichzeitig R_1 ein „unwirksamer Substituent", wie z. B. Phenyl oder Propyl, dann ergeben sich gemischt substituierte 2-Thion-tetrahydro-1,3,5-thiadiazine von geringerer Wirksamkeit.

Die Bis-[2-thion-tetrahydro-1,3,5-thiadiazinyl-3 und -5]-äthane (VI und VII) zeigen in ihrer Wirkung prinzipiell die gleichen Ergebnisse (Tab. 5). Durch die „quasi-Molekülverdoppelung" werden die Verbindungen unlöslicher als die „einfachen" Vertreter und zeigen entsprechend niedrigere Hemmwerte (z. B. D 35 I im Vergleich zu D 35). Lediglich durch Einführung hydrophiler Gruppen läßt sich auch hier die Wirkung erhöhen (D 20 I).

Tabelle 5

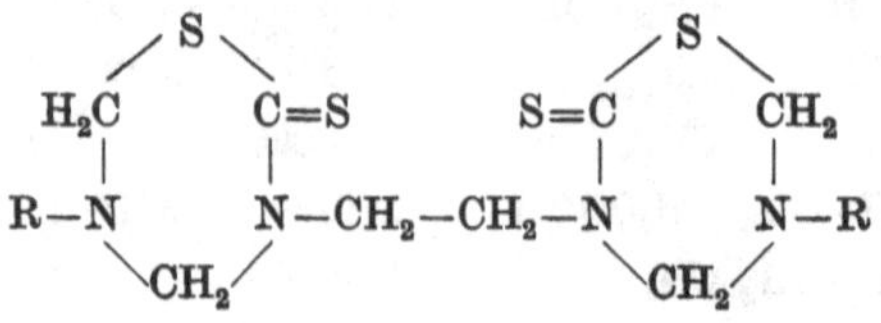

Substanz-Nr.	R	Bakterien	Hefen	Pilze
D HI	H	1: 500– 5000	1: 5000	1: 5000
D OHI	OH	1: 5000– 50000	1: 10000	1: 50000
D 35 I	CH_3	1: 100– 1000	1: 1000	1: 500
D 36 I	C_2H_5	1: 100– 500	1: 500	1: 500
D 63 I	$CH_2{=}CH{-}CH_2$	1: 100	1: 100	1: 100
D 33 I	CH_2CH_2OH	1:50000–100000	1:500000	1:100000
D 20 I	CH_2COOH	1:50000–500000	1:500000	1:100000
D 20 INa	CH_2COONa	1:10000–100000	1:100000	1:500000
D 21 I	CH_2CH_2COOH	1:50000	1:500000	1:100000
D 21 INa	CH_2CH_2COONa	1:10000– 50000	1:100000	1:500000
D 47 I	$C_6H_5CH_2$	1: 100	1: 100	1: 500
D 40 I	$(p)ClC_6H_4$	1: 100	1: 100	1: 100

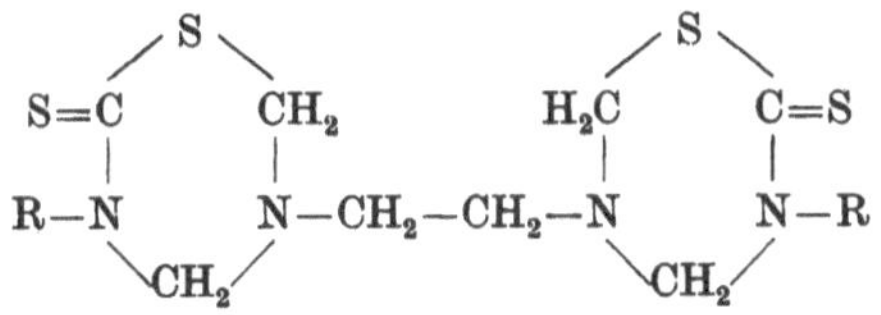

D 35 II	CH_3	1: 100– 500	1: 500	1: 5000
D 36 II	C_2H_5	1: 100	1: 100	1: 100
D 33 II	CH_2CH_2OH	1: 100– 5000	1: 500	1: 5000
D 63 II	$CH_2{=}CH{-}CH_2$	1: 100	1: 500	1: 1000
D 47 II	$C_6H_5CH_2$	1: 100	1: 100	1: 500

Von den dithiocarbamidsauren Salzen sind die Benzyl- und β-Phenyläthylamin-Derivate ebenfalls die wirksamsten Verbindungen (Tab. 6).

Tabelle 6

$$R{-}NH{-}CS{-}S^{-}\ H_3\overset{\oplus}{N}R$$

Substanz-Nr.	R	Bakterien	Hefen	Pilze
d 35	CH_3	1:5000–50000	1: 50000	1: 50000
d 36	C_2H_5	1:1000– 5000	1: 50000	1: 50000
d 39	C_6H_5	1: 500– 5000	1: 10000	1: 10000
d 47	$C_6H_5CH_2$	1:5000–50000	1:500000	1:500000
d 147	$C_6H_5CH_2CH_2$	1:5000–50000	1:500000	1:500000

$R-NH-CS-S^- Me^+$

Substanz-Nr.	R	Me^+	Bakterien	Hefen	Pilze
d 47 Na	$C_6H_5CH_2$	Na	1: 5000–500000	1:500000	1:1 Mill.
d 47 K	$C_6H_5CH_2$	K	1:10000–500000	1:1 Mill.	1:1 Mill.
d 47 Zn	$C_6H_5CH_2$	$Zn_{1/2}$	1:10000–500000	1:100000	1:100000
d 47 M	$C_6H_5CH_2$	$NH_2SO_2C_6H_4CH_2NH_3$	1: 5000–100000	1:500000	1:500000
d 147 Na	$C_6H_5CH_2CH_2$	Na	1: 500– 50000	1:500000	1:500000
d 147 K	$C_6H_5CH_2CH_2$	K	1: 1000– 50000	1:500000	1:1 Mill.
d 147 M	$C_6H_5CH_2CH_2$	$NH_2SO_2C_6H_4CH_2NH_3$	1: 5000–100000	1:500000	1:1 Mill.

Es wurde weiterhin eine große Zahl verschieden substituierter Thiourethane hergestellt und auf ihre Wirkung gegen Mikroorganismen geprüft. Um einen Einblick in die Zusammenhänge zwischen Konstitution und antimikrobieller Wirksamkeit bei den verschieden substituierten Thiourethanen zu erhalten, wurde zunächst eine Reihe solcher Vertreter untersucht, die am Stickstoff und Sauerstoff Arylreste tragen. Hier mußte entsprechend unserer Arbeitshypothese als „Wirkstoff" Arylsenföl auftreten, das keine sehr hohe Wirksamkeit erwarten läßt. Man sieht in Tabelle 7, daß die Wirkung beim O,N-Diphenylderivat nicht sehr groß ist, aber durch Einführung von Chlor in den O-Phenylrest und noch mehr durch Einführung von Chlor, der Hydroxy- oder Carboxygruppe in den N-Phenylrest gesteigert werden kann.

Tabelle 7

$R_1NH-CS-OR_2$

R_1	R_2	Bakterien	Hefen	Pilze
C_6H_5	C_6H_5	1: 500	1: 5000	1: 5000
C_6H_5	$(p)ClC_6H_4$	1:5000	1:10000	1: 50000
$(o)ClC_6H_4$	C_6H_5	1:5000	1:10000	1:100000
$(p)ClC_6H_4$	C_6H_5	1:5000	1:50000	1:100000
$(p)HOC_6H_4$	C_6H_5	1: 500–1000	1:10000	1:100000
$(p)HOOCC_6H_4$	C_6H_5	1: 500–1000	1:10000	1:100000

Eine weitere Wirkungssteigerung war durch Einführung eines Aralkylrestes oder chlorsubstituierten Aralkylrestes zu erwarten. Diese Thiourethane müßten die besonders wirksamen Aralkylsenföle bilden. Tabelle 8 zeigt, daß die Einführung der Chlorbenzyl- oder β-Phenyläthylgruppe am Stickstoff eine erhebliche Steigerung der Wirkung besonders gegen pathogene Hautpilze bringt.

Tabelle 8

$R_1NH-CS-OR_2$ ($R_2 = C_6H_5$)

R_1	Bakterien	Hefen	Pilze
C_6H_5	1: 500	1: 5000	1: 5000
$C_6H_5CH_2$	1:50000	1: 50000	1:500000
(o)$ClC_6H_4CH_2$	1: 5000—500000	1:500000	1:1 Mill.
(p)$ClC_6H_4CH_2$	1: 5000—500000	1:500000	1:1 Mill.
$C_6H_5CH_2CH_2$	1: 5000—500000	1:500000	1:1 Mill.
(p)$ClC_6H_4CH_2CH_2$	1: 1000— 50000	1: 50000	1:100000

Die Chlorbenzyl- und β-Phenyläthylverbindungen zeigen gegenüber Pilzen die stärksten in dieser ganzen Gruppe beobachteten Wirksamkeiten. Mit diesen Verbindungen ist vermutlich ein Wirkungsoptimum erreicht[1]), das sich durch Einführung von Substituenten in den O-Arylrest nicht mehr steigern läßt, sondern bei einigen Vertretern dieser in Tabelle 9 aufgeführten Reihe sogar wieder einen Wirkungsabfall verursacht. Auch bei Ersatz des O-Arylrestes durch eine O-Alkylgruppe tritt eine Wirkungsminderung ein.

Es wurde auch eine Reihe von Thiourethanen mit cycloaliphatischen, heterocyclischen und aliphatischen Aminen synthetisiert und geprüft, von denen je ein Vertreter in Tabelle 10 aufgeführt ist. Die Verbindungen haben eine wesentlich geringere Wirkung als die Aralkylderivate.

[1]) Für die wasserlöslichen Thiourethane (XI und XIV) und eine Reihe anderer Verbindungen stehen die Testergebnisse noch aus.

Tabelle 9

$R_1NH-CS-OR_2$ ($R_1 = C_6H_5CH_2CH_2$)

R_2	Bakterien	Hefen	Pilze
C_6H_5	1:5000–500000	1:500000	1:1 Mill.
$(p)ClC_6H_4$	1:5000– 50000	1: 50000	1:1 Mill.
$(p)H_3CC_6H_4$	1:1000– 5000	1:100000	1:500000
$(p)Cl(o)H_3CC_6H_3$	1:1000	1: 10000	1: 50000
$(o)CH_3OC_6H_4$	1: 500– 5000	1: 50000	1: 50000
$(p)CH_3OC_6H_4$	1:1000– 5000	1:100000	1:1 Mill.
C_2H_5 ($R_1 = C_6H_5CH_2$)	1:5000	1: 5000	1: 50000

Tabelle 10

$R_1NH-CS-OR_2$ ($R_2 = C_6H_5$)

R_1	Bakterien	Hefen	Pilze
	1: 500	1:5000	1:5000
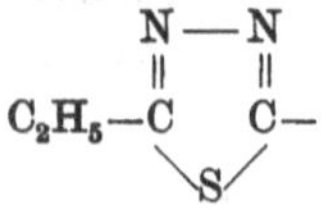	1:1000–5000	1:5000	1:5000
$CH_2{=}CH-CH_2$	1:5000	1:5000	1:5000

Praktisch keine antimikrobielle Wirksamkeit haben Thiourethane, die durch Umsetzung mit sekundären Aminen hergestellt wurden, die also am Stickstoffatom kein Wasserstoffatom mehr besitzen und bei denen somit die Möglichkeit zur Senfölbildung fehlt. Wir sehen darin einen Hinweis dafür, daß die Wirksamkeit der Thiourethane im Zusammenhang mit der Möglichkeit zur Senfölbildung steht.

Tabelle 11

$R_1R_2N-CS-OR_3$ ($R_3 = C_6H_5$)

R^1	R_2	Bakterien	Hefen	Pilze
$C_6H_5CH_2$	C_2H_5	1:100	1:100	1:500
$C_6H_5CH_2$	$C_6H_5CH_2$	1:100–500	1:100	1:500
$C_6H_5CH_2$	C_6H_5	1:100	1:100	1:500

Es war noch notwendig, besonders im Hinblick auf eine klinische Anwendung der 2-Thion-tetrahydro-1,3,5-thiadiazine zu prüfen, ob diese Substanzen in Gegenwart von Eiweiß ihre Wirksamkeit behalten. Im Plattentest in Gegenwart von 10% Serum oder 10% Blut im Nährboden zeigten sie keinen Eiweißfaktor. Ferner war zu prüfen, ob die antimykotische Wirkung in Gegenwart von oberflächenaktiven Stoffen, also Seifen und Netzmitteln, erhalten bleibt. Es zeigte sich, daß die Wirkung nicht verringert, sondern manchmal sogar noch erhöht wird. Mit einer Seife, die 3% D 47 enthielt, wurden im Pilzwaschtest gegenüber Mikrosporum gypseum ganz ausgezeichnete Wirkungen erzielt. Die in Tabelle 12 aufgeführten Versuche zeigen, daß die D 47-Seife eine starke antimykotische Wirkung bereits in 1- und 2%iger Lösung hat. Dies schließt einen großen Sicherheitsfaktor ein, da bei normalem Händewaschen Seifenkonzentrationen von 5—7% erreicht werden.

Tabelle 12

Konzentration der Seifenlösung →	D-47-Seife				Leerseife	
	1%		2%		1%	
Einwirkungszeit ↓	1. Wo.	2. Wo.	1. Wo.	2. Wo.	1. Wo.	2. Wo.
2 Min.	2	5	0	0	25	50
5 Min.	0	2	0	0	25	50
10 Min.	0	0	0	0	25	50

Bei dem Pilzwaschtest wurde zunächst der auf den Nährboden geimpfte Pilz (Mikrosporum gypseum) 3 Tage bebrütet. Dann wurde er mit Seifenlösung übergossen und diese nach 2, 5 oder 10 Minuten langer Einwirkungszeit wieder gut abgespült. Anschließend wurden die Platten weiter bebrütet und nach einer Woche bzw. zwei Wochen die Größe der gewachsenen Pilzkolonien (Durchmesser in mm) gemessen.

Die in den Tabellen 2—11 angeführten Testergebnisse erlauben eine weitgehende Aussage über den Zusammenhang zwischen

Konstitution und antimikrobieller Wirksamkeit der untersuchten Dithiocarbamidsäurederivate, 2-Thion-tetrahydro-1,3,5-thiadiazine und Thiourethane. Gemeinsam ist in allen Verbindungsklassen die überragende Wirkung der benzyl- und β-phenyläthyl-substituierten Verbindungen. In den Naturstoffen zeigte es sich ja auch, daß gerade diese Senfölglucoside (I: R = β-Phenyläthyl, Benzyl) die beste Wirksamkeit haben. Eine weitere Erhöhung der Wirkung tritt auf, wenn unter Beibehaltung dieser Substituenten die Wasserlöslichkeit der Verbindungen durch hydrophile Reste gesteigert wird. Voraussetzung für eine Wirkung ist bei den Tetrahydro-1,3,5-thiadiazinen die Konfiguration $>N-\underset{\underset{S}{\|}}{C}-S-$, bei den Thiourethanen die Gruppierung $-NH-\underset{\underset{S}{\|}}{C}-O-$. Der Ersatz der Thion-Gruppierung in den Tetrahydro-1,3,5-thiadiazinen durch die Ketogruppe und der Ersatz des sekundären Wasserstoffatoms der N-substituierten Thiourethane führt praktisch zum Verlust der Wirkung; ein Beweis, daß die Wirkung abhängig ist von der Möglichkeit zur intermediären Senfölbildung. Der Übergang von $-NH-\underset{\underset{S}{\|}}{C}-S-$ zu $-NH-\underset{\underset{S}{\|}}{C}-O-$ (von II zu IV) hat praktisch keinen Einfluß auf die Wirkung.

Bemerkenswert ist, daß die Thiourethane das Pilzwachstum stärker beeinflussen als das der Bakterien und Hefen. Bei den Tetrahydro-1,3,5-thiadiazinen und dithiocarbamidsauren Salzen ist der Unterschied weniger auffällig.

Allgemein kann gesagt werden, daß die von uns dargestellten Verbindungen in ihrer bactericiden und fungiciden Wirkung den im Handel befindlichen Spitzenpräparaten zumindest gleichwertig und in vielen Fällen eindeutig überlegen sind, zumal ihre Wirkung (außer der der Thiourethane) in Gegenwart grenzflächenaktiver Stoffe und Serum (kein Eiweißfaktor) nicht beeinträchtigt wird.

IV. Klinische Untersuchungen

Die Pilzinfektionen haben in den letzten Jahren erheblich zugenommen, vor allem seit man bakterielle Infektionen mit Breitspektrumantibiotica behandelt. Die Unterdrückung der physiologischen Bakterienflora des Darmes läßt für Hefepilze Entwicklungsmöglichkeiten frei werden. So kann es bei Patienten mit schlechter Immunitätslage nach Behandlung mit Antibiotica zu klinisch manifesten Pilzinfektionen von Haut und Schleimhaut und in besonders schweren Fällen auch der inneren Organe, wie z. B. der Lunge, kommen. Nach statistischen Erhebungen ist etwa jeder zweite Mensch von Hautpilzen befallen.

Als Erreger der Hautpilzerkrankungen kommen vor allen Dingen Vertreter der Gattung Trichophyton und Epidermophyton in Frage. Neuerdings gewinnt auch der Soorpilz [Candida (Monila) albicans] an Bedeutung.

Die Therapie der Dermatomykosen geht zwar von günstigen Voraussetzungen aus, da die Krankheitsherde meist lokal zugänglich sind. Trotzdem bieten auch die Hautpilzerkrankungen erhebliche Schwierigkeiten. Erinnert sei nur an die bekannten Nachteile der früher und auch heute noch in großem Umfange verwendeten organischen Farbstoffe und Teerpräparate und an die Tatsache, daß fast alle bisher aufgefundenen in vitro wirksamen Verbindungen in Gegenwart von grenzflächenaktiven Stoffen und Eiweiß mehr oder minder inaktiviert werden.

Von einem modernen Antimykotikum wird eine fungicide Wirkung auch bei starker Verdünnung, eine günstige Tiefenwirkung im Gewebe ohne Inaktivierung (kein Eiweißfaktor), geringe Toxicität (keine Resorptionsschäden), saubere, farblose und möglichst auch innertherapeutische Anwendung gefordert. Die Vielzahl der Präparate [47] zeigt, daß ein souveränes Mittel noch nicht gefunden ist.

Die von uns dargestellten 2-Thion-1,3,5-tetrahydro-thiadiazine (III) entsprechen in ihren Eigenschaften weitestgehend den obengenannten Forderungen, die an ein modernes Antimykotikum gestellt werden. Sie wurden daher einer eingehenden klinischen Prüfung in den Hautkliniken der Medizinischen Akademie Erfurt (Professor Dr. Piper, Oberarzt Dr. Wiedemann und Dipl.-Chem. Nejedly) und der Charité Berlin (Professor Dr. Linser und Frau Oberarzt Dr. Langer) unterzogen. Das war besonders wichtig im Hinblick auf die günstigen Erfahrungen mit „Tromalyt" [48].

In die engere Wahl für eine klinische Untersuchung kamen solche Substanzen, die hautverträglich, geruchsfrei, gut haltbar und relativ leicht und billig herzustellen sind. Es wurde deshalb aus der Reihe der Tetrahydro-1,3,5-thiadiazine eine Substanz mit zwei gleichen Substituenten an den Stickstoffatomen, nämlich das 2-Thion-3,5-dibenzyl-tetrahydro-1,3,5-thiadiazin (D 47), ausgewählt, das nicht wasserlöslich ist und sich zur Bereitung von öligen Tinkturen und Pudern gut verwenden läßt. Als zweite Substanz wurde das 2-Thion-3-benzyl-5-β-hydroxyäthyl-tetrahydro-1,3,5-thiadiazin (D 4733) in die klinische Prüfung mit einbezogen, weil es eine gewisse Wasserlöslichkeit besitzt.

Der klinischen Prüfung [49] der D-Körper gingen epicutane Testungen und Toxicitätsbestimmungen voraus. Dabei zeigten sich bei 50 hautgesunden Personen keinerlei Unverträglichkeitserscheinungen. Die Toxicitätsbestimmungen[1]) ergaben für D 47 und D 4733 eine LD_{50} von 7—10 mg pro 15—20 g Maus.

Die D-Körper wurden bei den Therapieversuchen in Form der Verbindungen D 35, D 47, D 4733 und D 4735 angewandt. Ein wesentlicher Unterschied in bezug auf die antimykotische

[1]) Für die Durchführung der Versuche sei Herrn Oberarzt Dr. Schabinski, Hygiene-Institut der Friedrich-Schiller-Universität Jena, gedankt

Wirkung konnte nicht festgestellt werden; jedoch zeigte D 47 die wenigsten Reizungen und wurde daher vorzugsweise verwendet.

In den meisten Fällen kamen als Applikationsformen Tinkturen (D 47 3,0; Aceton 15—20; Ol. ped. tauri ad 100,0), D-körperhaltige Vasenol-Puder und 3% D-körperhaltige Hartseifen zur Anwendung. Über 200 Patienten mit Mykosen der Haut, der Nägel und der Haare wurden behandelt; bei 50 Patienten konnte eine Auswertung erfolgen. Bei Tinea pedum, manuum et corporis wurden $^3/_4$ der Fälle geheilt; $^1/_4$ sprachen nicht an. Drei tiefe Trichophytien und 6 Mikrosporien heilten ohne Versager und ohne Rö.-Epilation ab. Bei 9 Nagelmykosen mit 57 befallenen Nägeln wuchsen 32 Nägel erscheinungsfrei nach. Bei den Mikrosporien wurde zusätzlich manuell epiliert, bei den Nagelmykosen mußte die Behandlung mit einer totalen Extraktion kombiniert werden. Unverträglichkeiten zeigten sich nur bei den Oberhautmykosen (von 32 Fällen 4 Patienten).

Da Dermatomykosen oft mit einer Hyperhydrosis an Füßen und Händen verbunden sind, haben sich tägliche Waschungen mit der D-47-Seife und nachfolgende Puderungen mit dem D-47-Puder vorzüglich bewährt.

Eine weitere Überprüfung (Betriebssanitätsstelle des VEB Kaliwerk „Karl Marx", Sollstedt) an 30 Patienten mit Interdigitalmykosen ergab bei 21 Patienten nach 8 Tagen eine völlige Erscheinungsfreiheit. 3 Patienten sprachen nicht an.

Aus diesem noch nicht abgeschlossenen Erfahrungsmaterial ergibt sich aber schon jetzt, daß die 2-Thion-tetrahydro-1,3,5-thiadiazine und ihre Zubereitungen, die sich gegenüber der Haut physiologisch völlig einwandfrei verhalten, in der Dermatologie zur Bekämpfung von Hautpilzerkrankungen, in der medizinischen, insbesondere chirurgischen Desinfektion und in der Kosmetik zur Desodorierung bestens geeignet sind [50].[1])

[1]) In nächster Zeit werden D-körperhaltige Puder und Tinkturen (VEB Vasenol-Werk, Leipzig) und Seifen (VEB Episan, Zeulenrodaer Seifenfabrik) im Handel erscheinen

Es wäre z. B. ohne kostspieligen Aufwand möglich, diese Verbindungen in großem Rahmen in Bergwerken zur Prophylaxe und Therapie der sehr häufig auftretenden Zwischenzehenmykosen von Bergleuten, etwa in Form eines Sprays oder als Lösungen in den Waschräumen, einzusetzen. Matten und Holzroste in den Duschkabinen als häufige Pilzträger könnten imprägniert werden. Eine große Zahl von Arbeitsausfällen durch Pilzerkrankungen ließe sich bei einer umfangreichen Anwendung dieser Verbindungen sicher vermeiden.

Es wäre auch an eine Bekämpfung der in jüngster Zeit immer häufiger auftretenden Pilzerkrankungen von Nutztieren zu denken. Sehr gute Erfolge wurden bisher bei Waschungen pilzverseuchter Schweine und Rinder mit der Verbindung d 47 erzielt.

Ein weiteres noch nicht erschlossenes Anwendungsgebiet ist die Konservierung leicht verderblicher, von Bakterien und Pilzen befallener Lebensmittel. Dadurch würde ein billiger Ersatz der zu diesem Zweck viel zu teuren Antibiotica möglich sein.

Auch im Pflanzenschutz könnte eine Anwendung erfolgen, wenn selektive und spezielle Wirkungen verlangt werden.

Nicht zuletzt ist die bei vielen Menschen unangenehme Geruchsbildung bei der Schweißsekretion ein bisher noch nicht immer befriedigend gelöstes kosmetisches Problem. Eine gebremste bactericide und fungicide Wirkung der in solchen Fällen zu üppigen und ungesunden Bakterien- und Pilzflora auf das Maß einer normalen Hautflora wäre mit diesen Substanzen als Zusätze zu Pudern und Seifen möglich.

Aus diesen kurzen Hinweisen ergibt sich, daß noch keineswegs alle Anwendungsmöglichkeiten der von uns hergestellten Verbindungen erschöpft sind.

V. Hemmung der Virussynthese

Die Chemotherapie der Virusinfektionen muß heute noch als absolut problematisch angesehen werden. Ein Behandlungserfolg, der allgemeine Anerkennung gefunden hat, liegt bisher noch nicht vor. Das wird verständlich, wenn man sich die Eigenarten der Viren vor Augen hält.

Während alle übrigen Mikrobien mit Hilfe eines eigenen Stoffwechsels körpereigene Substanzen aufbauen, sind Viren als echte Zellparasiten darauf angewiesen, das Fermentsystem einer lebenden Zelle für Wachstum und Vermehrung auszunutzen. Diese Vermehrung vollzieht sich in einzelnen Schritten.

Das eingedrungene Virus bindet sich zunächst mit Hilfe seiner Mucinase an die Zelle und vollzieht damit die Infektion. Bis zum Austritt einer neuen Virusgeneration erfolgt jetzt eine Latenzphase, während der das Virus nicht mehr nachweisbar ist. Man nimmt an, daß während dieser Periode ein Zerfall der Viren in Untereinheiten eintritt. Es erfolgt eine Umschlüsselung des Zellstoffwechsels auf die Virusproduktion. Mit Hilfe der entstandenen Vorstufen setzt unter Ausnutzung zelleigener Bausteine die identische Reduplikation ein. Wie für eine biologische Eiweißsynthese ist auch für die Virussynthese Energie nötig, die durch Verbrauch von Sauerstoff, also Zellatmung, gewonnen wird. Schließlich erfolgt die Elutionsphase, in der die Viren aus den Wirtszellen wieder austreten und neue Infektionen in anderen Zellen verursachen können.

Unter Berücksichtigung dieses Cyclus können Stoffe im Organismus das Wachstum von Viren hemmen, die in 3 Richtungen angreifen; die

1. eine Inaktivierung des Virus selbst herbeiführen, ohne daß die lebende Zelle geschädigt wird;
2. die Fähigkeit des Virus stören, sich mit Hilfe seiner Mucinase an die Zelle zu binden;

3. den Stoffwechsel der Wirtszelle so beeinflussen oder schützen, daß er vom eingedrungenen Virus nicht mehr auf die Virusvermehrung umgeschlüsselt werden kann.

Während es schwierig sein wird, Stoffe mit den Angriffsrichtungen 1 und 2 zu finden, die also virucid wirken, ohne die Zelle zu schädigen, besteht eine größere Aussicht, wirksame Verbindungen einzusetzen, die den Sauerstoffverbrauch der Zelle auf das normale Maß reduzieren, so daß für den wesentlich höheren Energiebedarf der Zelle bei Virusvermehrung kein Betrag mehr übrigbleibt.

In den letzten Jahren sind Arbeiten über die Behandlung infektiöser, wahrscheinlich virusbedingter Erkrankungen, z. B. Grippe [21], mit Kressensamenöl erschienen. Wie WINTER und RINGS-WILLEKE [22] zeigen konnten, ist der wirksame Stoff Benzyl- und Allylsenföl. Nach Untersuchungen von SPRÖSSIG und SCHABINSKI-STEPAN [17] greift der Wirkstoff der Kapuzinerkresse genau wie das Chinin als Atmungsgift ein und blockiert wahrscheinlich die in den Mitochondrien lokalisierten Atmungsfermente [51]. Er vermag dadurch die Virussynthese zwar zu hemmen, ist aber nicht in der Lage, das Virus selbst zu inaktivieren.

Wir sahen in diesen Ergebnissen wichtige Hinweise, auch unsere Verbindungen auf ihre Wirkungen gegen Viren prüfen zu lassen. Diese Untersuchungen wurden von Dozent Dr. Sprössig (Institut für Medizinische Mikrobiologie der Medizinischen Akademie Erfurt) und von Professor Dr. Dr. Röhrer und Frau Dr. Schmidt (Forschungsanstalt für Tierseuchen, Insel Riems, Friedrich-Loeffler-Institut) durchgeführt.

Die schnellste und sicherste Prüfung von Substanzen auf virusaktive Wirkung erfolgt nach der Methode von BERNKOPF [52]. Aus 15—16 Tage bebrüteten Hühnereiern wurde der Embryo entfernt und die Chorio-Allantois-Membran, die die Kalkschale auskleidet, zur Viruszüchtung verwendet [53] (vgl. Abb. 1). Das Virus wurde in die Nährflüssigkeit überimpft. Eine gleichmäßige Belüftung und Bespülung der Chorio-Allantois erfolgte durch langsame Rotation einer um 45° geneigten Scheibe, auf der die Eier befestigt waren. Der Versuch lief im Brutschrank bei einer Temperatur von 37° ab. 48 Std. lang wurden alle 2 Std.

Proben der Nährflüssigkeit entnommen und auf Virusgehalt untersucht. Hierzu diente der hämagglutinierende Faktor des Virus. Die für die Wachstumsprüfung in Frage kommenden Viren (z. B. Influenza- und Newcastle-Virus) vermögen sich an Hühnerblutkörperchen spezifisch zu adsorbieren. Dabei bringen sie die Erythrocyten in einer Art Brückenbildung zur Agglutination, die sich in einer Filmbildung in der Reagenzglaskuppe äußert. Durch Herstellung einer geometrischen Verdünnungsreihe der unbekannten Virusaufschwemmung läßt sich leicht der Grenzwert bestimmen, bei dem gerade noch eine Filmbildung eintritt und so eine relative Mengenbestimmung der ultravisiblen Viruselementarkörperchen durchführen.

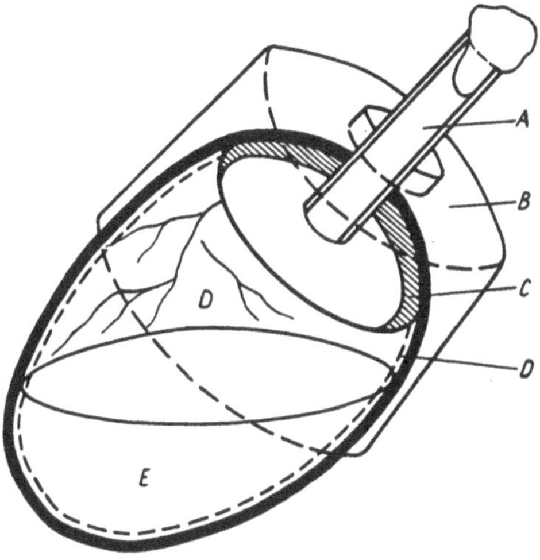

Abb. 1. Längsschnitt durch ein exembryoniertes Brutei
A Glasröhrchen mit Wattestopfen
B Gummikappe
C Paraffinring
D Chorio-Allantois-Membran
E Nährflüssigkeit

In einem Siebtest mit dem Influenzavirus Stamm FM 1 wurde die Wirksamkeit von 35 2-Thion-tetrahydro-1,3,5-thiadiazinen und Thiourethanen in einer Konzentration von 10 γ/ml Nährflüssigkeit geprüft [54]. Dabei ergab sich eine eindeutige Überlegenheit der Thiourethane gegenüber den Tetrahydrothiadiazinen. In Abbildung 2a sind die Vermehrungskurven der Viren bei *gleichzeitiger* Zugabe von 10 γ Thiourethan/ml Nährlösung angegeben.

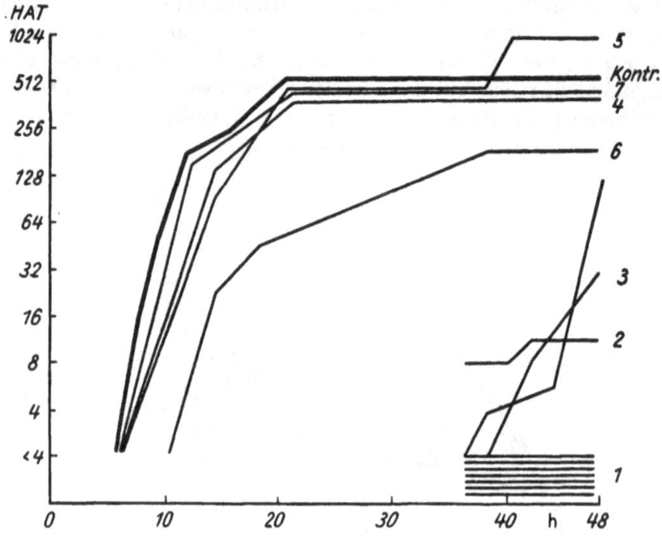

Abb. 2a. Siebtest mit Influenzavirus Stamm FM 1

1 Thiourethane, Phenyläthylsenföl abspaltend
2 Thiourethane, Benzylsenföl abspaltend
3 Thiourethan, Allylsenföl abspaltend
4 Thiourethan, Phenylsenföl abspaltend
5 Thiourethan, 4-Chlorphenylsenföl abspaltend
6 Thiourethan, Cyclohexylsenföl abspaltend
7 von sek. Aminen abgeleitete Thiourethane, kein Senföl abspaltend

Das Impfmaterial, das einen Hämagglutinationstiter (HAT) von 1 : 4 aufwies, ist bei der Entnahme nach 2 Std. nicht mehr nachweisbar; erst nach einer Latenzzeit von etwa 8 Std. steigt der HAT deutlich an, um wie in diesem Beispiel dann eine Titerhöhe von 1 : 512 zu erreichen. Aus Abbildung 2a ist klar zu ersehen, daß die Thiourethane in 3 Gruppen aufgegliedert werden können. Die unter 4, 5, 6 und 7 aufgeführten Verbindungen streuen mehr oder weniger stark um die Kontrollkurve, so daß mit ziemlicher Sicherheit gesagt werden kann, daß alle diese Verbindungen auf das Viruswachstum so gut wie keinen Einfluß haben. Die unter 1 zusammengefaßten Verbindungen hemmen bei einer Konzentration von 10 γ pro ml Nährflüssigkeit die Virussynthese völlig. Bei diesen Verbindungen handelt es sich

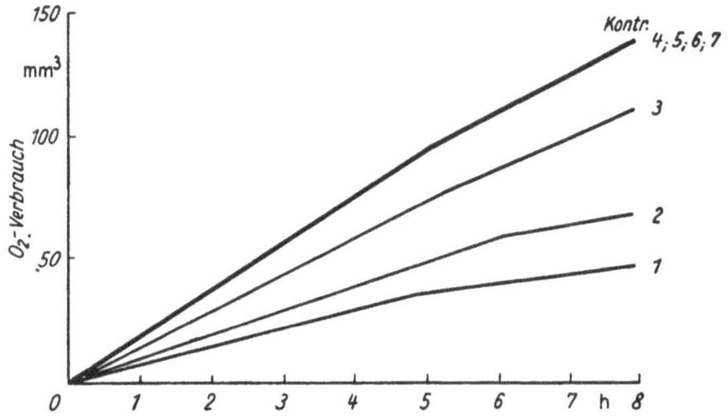

Abb. 2b. Zellatmungsversuche im Warburg-Apparat

um die auch schon gegen Bakterien, Hefen und Pilze gut wirksamen N-β-Phenyläthyl-thiocarbamidsäure-O-arylester, also Verbindungen, die in der Lage sind, β-Phenyläthylsenföl zu bilden. Die Kurven 2 und 3 werden von Verbindungen gegeben, die keine vollständige Hemmwirkung zeigen.

Nach dem Siebtest wurden mit den als besonders wirksam erkannten Substanzen (Gruppe 1) Grenzwertbestimmungen unter Anwendung von 10, 5, 2,5 und 1 γ/ml Nährlösung durchgeführt. Die Versuchsergebnisse sind in Abbildung 3 enthalten.

Daraus ist ersichtlich, daß bei allen Verbindungen zur völligen Einstellung der Virussynthese auffallend einheitlich 10 γ/ml erforderlich sind. Die Kurven bei Mengen von 1 γ/ml decken sich in den meisten Fällen so stark mit den Kontrollkurven, daß auf deren Einzeichnung in Abbildung 3 mit Ausnahme des N-β-Phenyläthylthiocarbamidsäure-O-[4-methoxy]-phenylesters verzichtet wurde.

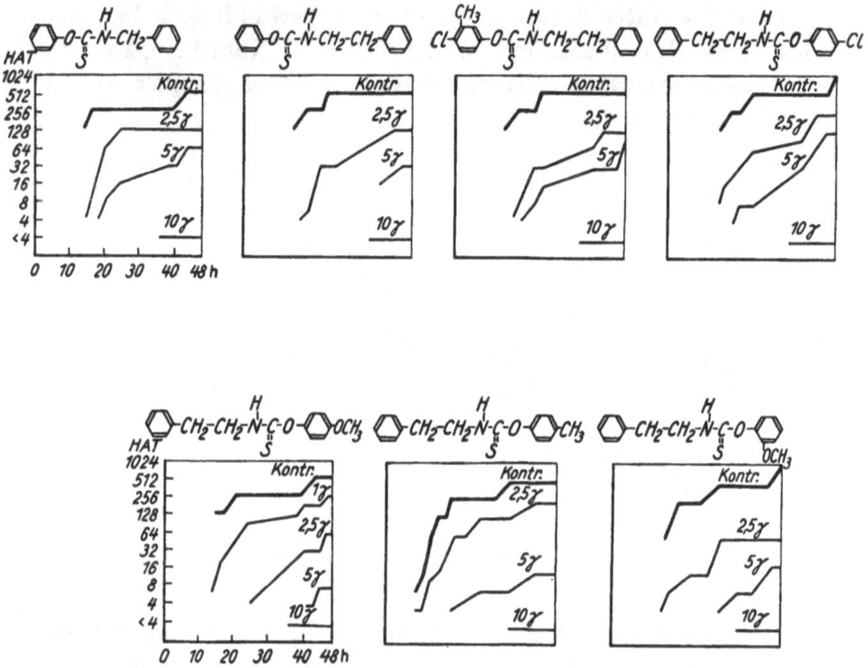

Abb. 3. Grenzwertbestimmungen mit Influenzavirus Stamm FM 1

1. *Versuche zur Klärung des Wirkungsmechanismus*

Es war nun die Frage zu entscheiden, ob der Angriffspunkt der Substanzen auf das Virus selbst oder über den Stoffwechsel der Wirtszelle erfolgt. Zu diesem Zwecke wurden die Substanzen der Gruppe 1 zwei Stunden in einer Konzentration von 10 γ/ml mit den Influenzaviren bei Zimmertemperatur zusammengebracht. Danach erfolgte die Verimpfung auf die exembryonierten Eier in einer so starken Verdünnung, daß die Substanzen mit Sicherheit keinen nachteiligen Einfluß auf den Zellstoffwechsel haben konnten. Die Kurvenschar in Abbildung 4 zeigt deutlich, daß eine Inaktivierung der Viren nicht stattgefunden hat. Eine *virucide* Wirkung liegt also *nicht* vor.

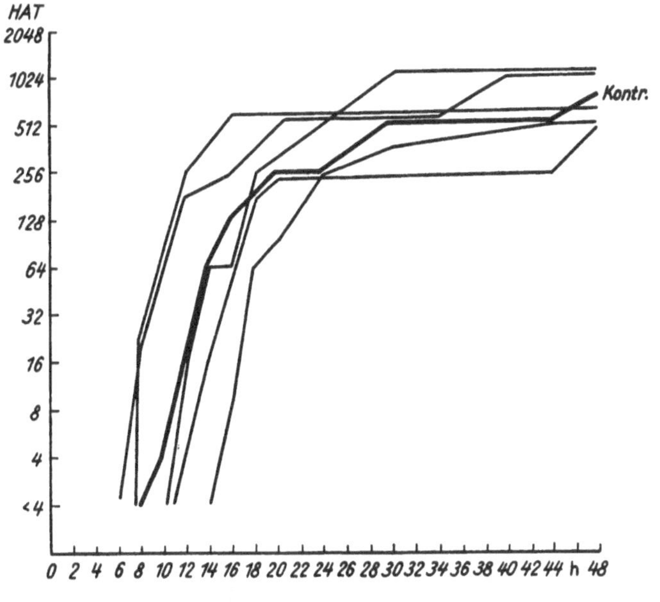

Abb. 4. 2 Std. Einwirkung auf Virus vor der Verimpfung

Um zu prüfen, ob die *vorherige* Einwirkung der Substanzen auf die Eihaut noch nachträglich die Virusvermehrung beeinflußt, wurden 10 γ/ml in Nährflüssigkeit 6 Std. im exembryonierten Ei rotiert. Dann wurde dreimal mit Nährlösung gut ausgespült. Wie Abbildung 5 zeigt, ist jetzt eine Umstimmung des Stoffwechsels der Zelle erfolgt, so daß das Viruswachstum gehemmt ist.

Die Kurven zeigen, daß die nachträgliche Einwirkung der Substanzen auf die Virussynthese in der Wirtszelle unterschiedlich ist. Die bei der Grenzkonzentrationsbestimmung besonders wirksamen Substanzen (Gruppe 1) wirken auch hier besonders nachhaltig.

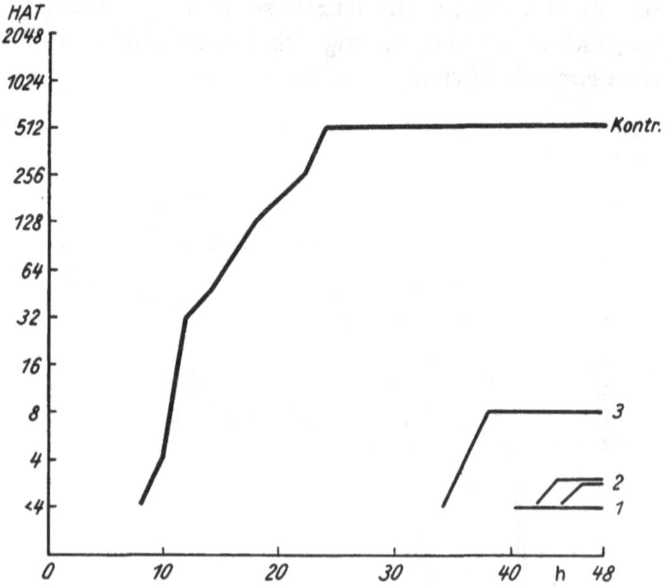

Abb. 5. 6 Std. Einwirkung der Substanzen (10 γ/ml) auf die Eihaut vor Infektion

Zur Klärung des Wirkungsmechanismus für unsere Verbindungen war es wichtig, zu wissen, ob sie in der Lage sind, eine einmal in Gang gekommene intrazelluläre Virussynthese zu hemmen. Zu diesem Zwecke wurden die wirksamsten Substanzen im Abstand von 2, 4, 8 und 16 Std. nach der Virusverimpfung in einer Konzentration von 10 γ/ml zugesetzt. Man sieht in Abbildung 6, daß von fast allen Substanzen die Virussynthese voll gehemmt wird, wenn der Wirkstoff nach 2, 4 oder 8 Std. zugegeben wird. Erst eine Zugabe nach 16 Std. bewirkt bei der angewandten Konzentration so gut wie keine Hemmung der einmal in Gang gekommenen Synthese mehr.

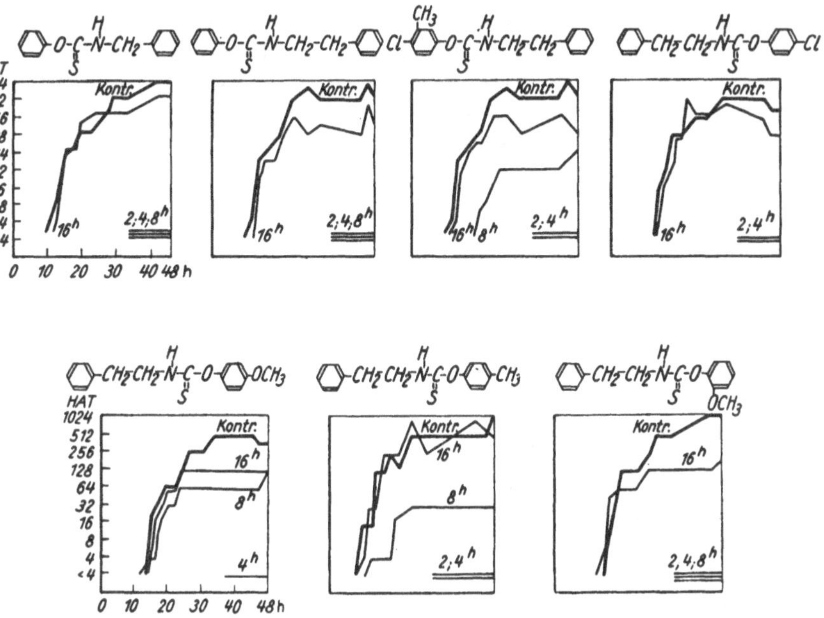

Abb. 6. Hemmung in Gang gekommener Virussynthese

2. *Versuche über die Beeinflussung der Zellatmung*

Von größter Bedeutung für eine praktische Anwendbarkeit der das Viruswachstum hemmenden Stoffe ist die Frage der Zellschädigung und der negativen Beeinflussung der Zellatmung. Der Sauerstoffbedarf einer Zelle, in der eine Virussynthese stattfindet, ist etwa 100mal so groß wie der einer normalen Zelle.

Das gesamte Verhalten der Thiourethane auf die Beeinflussung der Virussynthese erfährt sofort eine Klärung, wenn man die dazu parallel angestellten Atmungsversuche im Warburg-Apparat betrachtet (vgl. Abb. 2b). Dabei zeigt sich, daß die hochwirksamen β-Phenyläthylsenföl abspaltenden Verbindungen die Atmung ganz beträchtlich beeinflussen, ohne sie jedoch ganz aufzuheben, wie das z. B. beim Chinin der Fall wäre. Sie sind also keine ausgesprochenen Zellnarcotica. Ihnen folgen nach der quantitativen Abstufung die Benzylsenföl abspaltenden und das Allylsenföl abspaltende Thiourethan. Alle anderen Kurven der im exembryonierten Ei nicht wirksamen Thiourethane decken sich annähernd mit der Kontrollkurve. Der Grad der Atmungshemmung und damit eine verminderte Bereitstellung der Energie für die Biosynthese ist also letztlich in diesen Versuchen als das wirksame Prinzip bei der Hemmung der Virussynthese anzusehen.

3. *Versuche zur Prophylaxe und Heilung von Tierseuchen*

Für eine pharmakologische Verwendbarkeit der untersuchten Verbindungen ist die Toxicität von entscheidender Bedeutung. Die Bestimmung der LD_{50} für d 47, D 47 und D 4733 ergab 7—10 mg pro 20 g Maus; von den Tiourethanen wurden durchschnittlich 10—30 mg/20 g Maus noch vertragen.[1]) Das sind bei so wirksamen Verbindungen keine hohen Toxicitäten. In Tierversuchen zeigte sich, daß wiederholte Gaben von kleinen Mengen ohne jede Störung vertragen wurden. Eine Sensibilisierung von Meerschweinchen und weißen Ratten, die 3 Wochen lang D 47 teils epicutan, teils subcutan oder peroral verabreicht bekamen, trat nicht auf. Auch nach vorheriger Sensibilisierung der Versuchstiere mit Dinitrochlorbenzol und nachfolgender Testung mit D 47 war keine allergische Reaktion feststellbar. Das Verhalten, das Befinden und die Trächtigkeit der Tiere wurden bei täglichen oralen Gaben von 50—100 mg D 47 über längere Zeiträume in keiner Weise beeinträchtigt.[2]) — Die D-Körper verursachten

---

[1]) Wir danken Herrn Wiangke, Institut für Mikrobiologie und experimentelle Therapie, Jena, für die Durchführung der Versuche.

[2]) Für die Untersuchungen sind wir Herrn Dr. Koch, Hautklinik der Medizinischen Akademie Erfurt, zu Dank verpflichtet.

keinerlei Schädigungen der blutbildenden Organe.[1]) Weder der Hämoglobingehalt des Blutes (Abb. 7) noch die Erythrocytenzahl (Abb. 8) von weißen Ratten erleidet bei 16tägiger Behand-

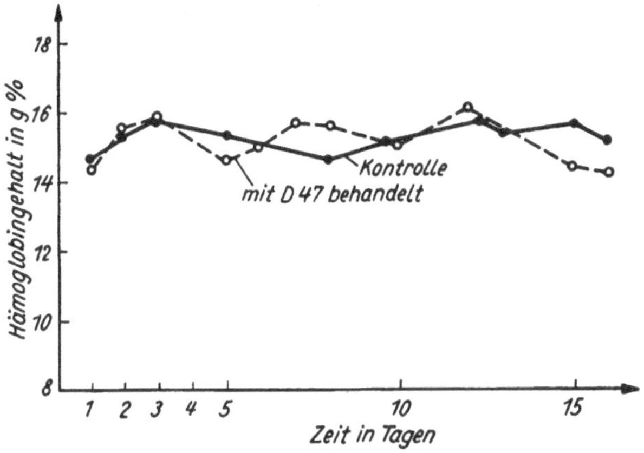

Abb. 7. Veränderung des Hämoglobingehaltes von weißen Ratten unter Behandlung mit D 47

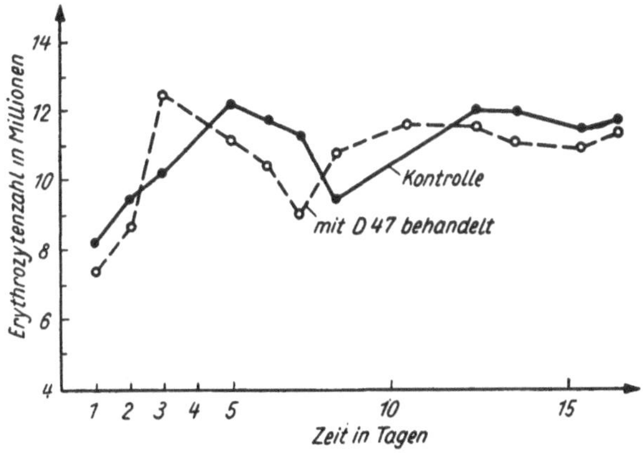

Abb. 8. Veränderung der Erythrocytenzahl von weißen Ratten unter Behandlung mit D 47

[1]) Herrn Professor Dr. Lührs und Herrn Dipl.-Chem. Heise, Geschwulstklinik, Berlin-Buch, sei für die Durchführung der Untersuchungen gedankt.

lung mit D 47 eine Veränderung. Dagegen wurde eine bemerkenswerte Steigerung der Leukocytenzahl, wie sie bei Entzündungen und bei einem Organismus mit gesteigerter Abwehrbereitschaft auftritt, beginnend am zweiten bis dritten Tag, beobachtet (Abb. 9).

Die entsprechenden Untersuchungen mit den Thiourethanen sind noch nicht abgeschlossen.

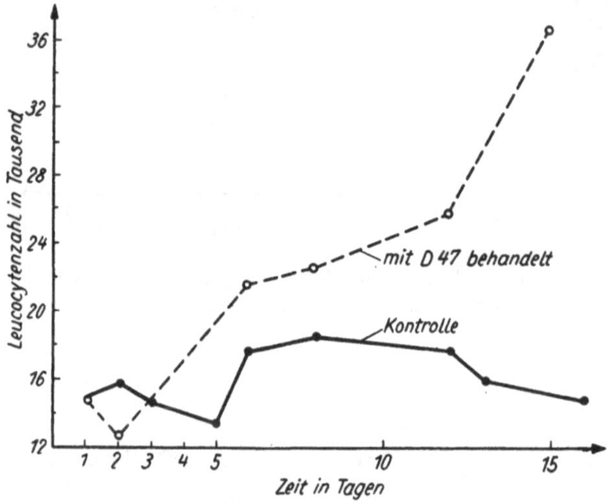

Abb. 9. Veränderung der Leukocytenzahl von weißen Ratten unter Behandlung mit D 47

Ebenfalls über eine Steigerung der Leukocytenzahl bei Injektionen von „Tromalyt" berichtete HALBEISEN [15]; STICKL [14] konnte durch „Tromalyt" klinisch und experimentell eine unspezifische Reizkörperwirkung sowie eine günstige Beeinflussung der körpereigenen Abwehr feststellen.

Die Untersuchungen von SPRÖSSIG und MÜCKE [53] über die Hemmung der Virussynthese des Influenzavirus (Stamm FM 1) durch die Thiourethane im exembryonierten Ei konnten in der

Forschungsanstalt für Tierseuchen, Insel Riems, Friedrich-Loeffler-Institut, bestätigt werden.[1])

Es schien daher lohnend, die Thiourethane und auch die Tetrahydro-1,3,5-thiadiazine — da zwischen der Chorio-Allantois-Membran und dem tierischen Organismus häufig Unterschiede bestehen — im Tierversuch zu prüfen.[1]) In Vorversuchen war bereits festgestellt worden, daß keines der Präparate in angemessenen Dosen toxische Eigenschaften für das Huhn besitzt. Sowohl oral als auch subcutan wurden bis zu 5000 γ pro Tier ohne klinische Reaktion vertragen. Selbst nach intravenöser Injektion der gelösten oder suspendierten Substanzen traten in gleicher Konzentration keine Todesfälle auf.

Während die Untersuchungen mit dem pathogenen Geflügelpest-Virusstamm Nerlich an Küken erfolglos verliefen, führten die Tierversuche mit dem Geflügelpockenvirus zu Heilerfolgen, obwohl im exembryonierten Ei keine der Verbindungen das normale Wachstum des Geflügelpockenvirus beeinflußte.

Zur Untersuchung kamen Gruppen von 8—10 Junghähnchen, deren Kamm gerade so weit entwickelt war, daß die erforderliche Skarifikation bequem durchgeführt werden konnte. Jede Versuchsgruppe erhielt das entsprechende Präparat entweder oral oder subcutan in Mengen von 500, 1000 oder 5000 γ verabreicht. Gleichzeitig wurden die Tiere am Kamm mit Pockenvirus infiziert. Acht der 11 geprüften Verbindungen vermochten den Ausbruch und den Verlauf der Pockenerkrankung in keiner Weise zu beeinflussen. Alle Tiere erkrankten ohne Verzögerung. Die mit den restlichen 3 Verbindungen (D 4735, D 4733 und D 147) erzielten Resultate zeigten jedoch eine therapeutische Beeinflussung der Erkrankung (vgl. Tab. 13). Da trotz unterschiedlicher Dosierung die Einzelergebnisse sämtlicher 3 Gruppen übereinstimmten, ist nur die Zahl der insgesamt verwendeten Tiere aufgeführt (Versuch I). Der gleiche Versuch wurde mit

[1]) Wir danken Herrn Professor Dr. Dr. Röhrer und Frau Dr. Schmidt für die Durchführung der Untersuchungen.

allen 3 Substanzen in den höchsten Dosierungen wiederholt (Versuch II). Die Ergebnisse sind in Tabelle 13 aufgeführt.

Tabelle 13

Präparat	Applikationsart	Verwendete Tierzahl		krank		gesund	
		I	II	I	II	I	II
D 4735	oral	30	10	0	0	30	10
	subcutan	24	10	15	7	9	3
D 4733	oral	24	10	6	3	18	7
	subcutan	24	10	15	5	9	5
D 147	oral	24	10	24	10	0	0
	subcutan	24	10	15	6	9	4

Über gewisse therapeutische Erfolge gegen Influenzavirusinfektionen im Mäuseversuch konnten SPRÖSSIG und MÜCKE [53] mit einem der von uns hergestellten Thiourethane (N-β-Phenyläthyl-thiocarbamidsäure-O-[4-chlor]-phenylester) berichten. Allerdings bedarf die bisher beobachtete Überlebensquote bis zu 20% noch einer experimentellen Sicherung.

Die Untersuchungen mit dem Virus der Dermovaccine (Vaccinavirus) an Kaninchen, die noch nicht abgeschlossen sind, ergaben aber schon Hinweise auf Heilerfolge.

Es ist wahrscheinlich, daß die nicht allgemein beobachteten Heilerfolge im Tierversuch auf die ungenügende Wasserlöslichkeit (die Verbindungen wurden in Suspension injiziert) der geprüften Substanzen zurückzuführen sind. Entsprechende Untersuchungen mit wasserlöslichen Verbindungen der Thiourethanreihe (XI und XIV) und der Tetrahydro-1,3,5-thiadiazine (D 4720) werden z. Z. durchgeführt.

4. Prüfung auf cytostatische Wirkung

Die Beziehungen zwischen Virus und Krebs sind seit Jahrzehnten Gegenstand vieler Untersuchungen und Erörterungen. Es wird aber immer deutlicher, daß bestimmte Krebserkrankungen auf Viren zurückzuführen sind. Aus diesen Gründen war es naheliegend, die von uns dargestellten Substanzen auf ihre cytostatischen Wirkungen zu untersuchen.[1]) Bezüglich der Beeinflussung von Carcinomen und Sarkomen ergaben sich bei sofortiger Gabe von D 35 mit der Implantation des Tumors bei den angewendeten Dosen eine Wachstumssteigerung des Jensen-Sarkoms der Ratte, des Ascites-Carcinoms der weißen Maus und lediglich eine geringe Wachstumsminderung auf das Sarkom 37 der weißen Maus. Die Verbindungen D 47 und D 63 zeigten ähnliche Ergebnisse, verminderten jedoch das Wachstum des Sarkoms 37 deutlicher.

Unter den geprüften Thiourethanen befindet sich ebenfalls keine besonders gut wirkende Substanz. Dagegen konnte bei einer Anzahl von Dithiocarbonaten eine deutliche Hemmung der Ascitesbildung und eine verlängerte Lebensdauer der Tiere festgestellt werden. Diese Substanzen werden Ausgangspunkt einer neuen Untersuchungsreihe sein.

---

[1]) Für die Durchführung der Untersuchungen danken wir Herrn Professor Dr. Lührs und Herrn Dipl.-Chem. Heise, Geschwulstklinik Berlin-Buch, sowie Herrn Professor Dr. Knöll und Herrn Wiangke, Institut für Mikrobiologie und experimentelle Therapie, Jena.

VI. Nutritive Wirkung

Bestimmte Schutzvorrichtungen befähigen den lebenden Organismus, einen enzymatischen Abbau seiner Körpersubstanz durch ubiquitär vorhandene Mikroorganismen zu verhindern. Von Dold [55] wird diese Fähigkeit als Vitalinhibition bezeichnet. Sie ist außer bei Mensch und Tier auch bei Pflanzen und Mikroorganismen vorhanden. So wurden in einer großen Zahl von Pflanzenarten antimikrobielle Wirkstoffe nachgewiesen; in anderen Fällen dürften solche Wirkstoffe vorhanden, aber methodisch nicht ohne weiteres nachweisbar sein. Übersichtliche Darstellungen sind u. a. von Korzybski und Kurylowicz [56], Tokin [57], Virtanen [58] und Winter [13, 20, 59—62] gegeben worden.

Zu den in diesem Sinne wirksamen pflanzlichen Inhaltsstoffen zählt die Gruppe der Senfölglucoside, die sich in Analogie zu der nutritiven Anwendung klassischer Antibiotica in der Tierernährung ebenfalls günstig auf Wachstum, Futterverwertung und Vitalität junger Nutztiere ausgewirkt haben, wie Boeger und Mitarbeiter [63], Brosell [64], Gerriets und Brosell [23] sowie Scharpenseel und Mitarbeiter [65, 66] berichteten.

Da eine Anwendung senfölglucosidhaltiger Pflanzen in großem Maßstabe mit den Unsicherheiten einer landwirtschaftlichen Erzeugung (Witterungseinflüsse, Bodenbeschaffenheit usw.) behaftet und ein direkter Einsatz der Senföle aus den schon vorher erörterten Gründen nicht möglich ist, lag es nahe, die von uns dargestellten synthetischen, senfölabspaltenden Verbindungen auch in dieser Hinsicht zu prüfen.[1])

---

[1]) Wir danken Herrn Professor Dr. Dr. Lohmann, Deutsche Akademie der Wissenschaften zu Berlin, Institut für Ernährung, Potsdam-Rehbrücke, für die Anregung zu diesen Untersuchungen sowie für seine Förderung und sein Interesse an dieser Arbeit.

In den von HAENEL und Mitarbeitern [67] durchgeführten Versuchen sollte die Frage geklärt werden, ob diese Substanzen, in nutritiver Dosierung einem Kükenalleinfutter zugesetzt, ähnliche Wirkungen auf die Futterverwertung, Morbidität und Mortalität ausüben wie ein in der Tierernährung bewährtes Antibioticum. Zum Vergleich wurden Kressesamen und Knoblauchzwiebeln in die Untersuchungen einbezogen. Es wurde der Vitamin-A- und -B_1-Stoffwechsel der Tiere, das Verhalten der Caecalflora und der auxanographische Nachweis der Futterzusätze im Organismus beobachtet. Außerdem wurde für allgemeine Vergleiche einer Gruppe der Tiere eine höhere Dosis Vitamin C (1000 ppm L-Ascorbinsäure) zugegeben.

Die Versuche wurden an 800 Leghornküken in der Forschungsabteilung für Geflügelkrankheiten der Humboldt-Universität zu Berlin, Damsdorf, durchgeführt. Acht Versuchsgruppen mit je 100 Küken wurden in 2 zentralen Aufzuchthäusern mit je 4 Abteilungen untergebracht. Gruppe I erhielt ein Grundfutter (Alleinfutter), bestehend aus 74% Weizenschrot, 15% Erdnußschrot, 5% Magermilchpulver, 3% Trockenhefe, 2,5% Mineralstoffgemisch für Geflügel, 0,5% Kochsalz und 8000 IE Vitamin A bzw. 500 IE Vitamin D_3 pro kg Futter. In den Versuchsgruppen wurden folgende Futterzusätze verwendet:

Gruppe II: 100 ppm Aureomycin

Gruppe III: 3% Knoblauchzwiebeln (Allium sativum)

Gruppe IV: 0,5% Kapuzinerkressesamen (Tropaeolum majus)

Gruppe V: 100 ppm N-ß-Phenyläthyl-thiocarbamidsäure-O-phenylester (P 69)

Gruppe VI: 100 ppm 2-Thion-3,5-dibenzyl-tetrahydro-1,3,5-thiadiazin (D 47)

Gruppe VII: 100 ppm 2-Thion-3-benzyl-5-ß-hydroxyäthyl-tetrahydro-1,3,5-thiadiazin (D 4733)

Gruppe VIII: 1000 ppm L-Ascorbinsäure

Die Küken wurden zu Versuchsbeginn und -ende einzeln gewogen, in den dazwischenliegenden Wochen wurde das Gruppengewicht ermittelt. Die Gewichtszunahmen der Tiere in Abhängigkeit von der Versuchsdauer und den Futterzusätzen zeigt Abbildung 10.

Die durchschnittlichen Endgewichte mit Standardabweichungen, mittlerem Fehler des Mittelwerts und Signifikanz der

Unterschiede, die durchschnittlichen Gesamtzunahmen in Gramm und die echten Verluste (ohne die für Versuchszwecke getöteten Tiere) sind in Tabelle 14 angeführt. Die Verluste waren sehr

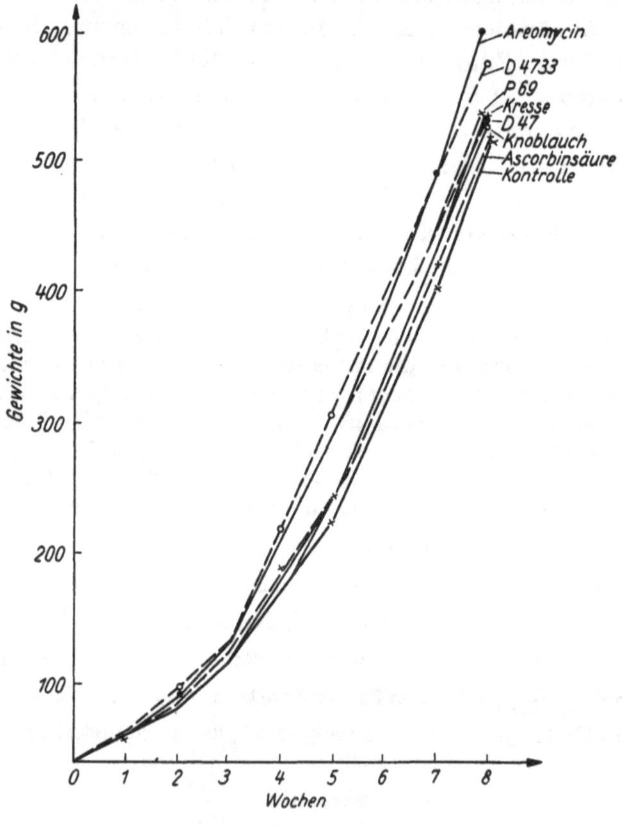

Abb. 10. Gewichtszunahmen der Küken in Abhängigkeit von Versuchsdauer und Futterzusätzen

gering und nahezu ausgeglichen. Tabelle 15 zeigt die durchschnittlichen Endgewichte und die relativen Zunahmen auf die Kontrollgruppe = 100 bezogen, die absoluten Verwertungszahlen für verdauliches Eiweiß und Gesamtnährstoffe je 100 g

Tabelle 14

Gruppe	Zusatz	Durchschnittliches Endgewicht in g	Standardabweichung	Mittlere Fehler des Mittelwertes	Durchschnittliche Gesamtzunahmen in g	Signifikanz der Unterschiede	Echte Verluste
I	—	509	±76,3	± 8,1	468		5
II	100 ppm Aureomycin	605	±95,9	±10,2	564	I/II t = 7,30 p = 0,001	3
III	3% Knoblauchzwiebeln	529	±78,5	± 8,4	488	I/III t = 1,69 p = 0,1	4
IV	0,5% Kapuzinerkressesamen	539	±92,9	± 9,7	497	I/IV t = 2,34 p = 0,02	1
V	100 ppm P 69	544	±58,2	± 6,1	503	I/V t = 3,05 p = 0,001	2
VI	100 ppm D 47	533	±74,1	± 7,7	491	I/VI t = 2,15 p = 0,02	1
VII	100 ppm D 4733	575	±87,6	± 9,3	533	I/VII t = 5,32 p = 0,001	4
VIII	1000 ppm L-Ascorbinsäure	518	±82,2	± 8,7	476	I/VIII t = 0,72 p = 0,5	2

Tabelle 15

Gruppe	Zusatz	Durchschnittliches Endgewicht in g	Relative Zunahme	Verwertungszahlen: Verdauliches Eiweiß je 100 g Gewichtszunahme	Verdauliches Eiweiß relativ	Gesamtnährstoff je 100 g Gewichtszunahme	Gesamtnährstoff relativ	Gewichtszunahme in % der Kontrolle auf gleichen Gesamtnährstoffverbrauch bezogen
I	—	509	100	45,4	100	205	100	100
II	100 ppm Aureomycin	605	119	42,9	94,5	198	97	123
III	3% Knoblauchzwiebeln	529	104	44,1	97,1	199	97	107
IV	0,5% Kapuzinerkressesamen	539	106	45,1	99,3	203	99	107
V	100 ppm P 69	544	107	47,2	104,0	213	104	103
VI	100 ppm D 47	533	105	48,6	106,1	219	107	98
VII	100 ppm D 4733	575	113	47,2	104,0	213	104	109
VIII	1000 ppm L-Ascorbinsäure	518	102	51,6	113,7	232	114	91

Gewichtszunahme sowie die relativen Verwertungszahlen auf die Kontrollgruppe = 100 bezogen. Die letzte Spalte zeigt die relativen Gewichtszunahmen in Prozenten der Kontrollgruppe, jedoch auf den Gesamtnährstoffverbrauch bezogen.

Daraus ergibt sich, daß die von uns synthetisierten Verbindungen als Futterzusätze das Wachstum von Küken ähnlich wie die natürlichen, senfölglucosidhaltigen Pflanzen verbessern. Die Wirkung der Verbindung D 4733, die gegenüber D 47 und P 69 eine verbesserte Wasserlöslichkeit hat, liegt in der Größenordnung der Wirkung von Aureomycin. In den ersten Versuchswochen wirkten die Verbindungen D 4733 und P 69 ebenso gut oder besser auf die Wachstumsrate ein; erst in den letzten Wochen waren die Ergebnisse mit Aureomycin günstiger.

Wie neueste Versuche [67] ergaben, bewirkt D 4733 gegenüber Aureomycin eine signifikante Verbesserung des Wachstums, wenn es doppelt so hoch wie dieses dosiert wird.

Ascorbinsäure war ohne Einfluß auf das Wachstum, verschlechterte überdies die Futterverwertung. D 47 begünstigte das Wachstum ähnlich wie Knoblauch oder Kresse nur insignifikant und war ohne Einfluß auf die Futterverwertung.

Nach einer von Haenel [68] beschriebenen auxanographischen Methode wurde der Nachweis der verfütterten Hemmstoffe in Organen und Darminhalt zu führen versucht, eine Keimzahlbestimmung des Caecuminhaltes und eine Bestimmung des Vitamin A- und Thiamingehaltes in Abhängigkeit von der Versuchsdauer durchgeführt, um gegebenenfalls Einflüsse der Futterzusätze auf die Darmbesiedelung bzw. den Vitaminstoffwechsel zu erkennen.

Daraus ergab sich, daß praktisch nur bei der Aureomycinfütterung von allen Teilen des Darmkanals und anderen Organteilen stark hemmende Wirkungen auf das Keimwachstum ausgingen. Die verwendeten Futterzusätze beeinflußten weder die Bakterienflora des Darmes noch den Vitamingehalt der Lebern.

Der Wirkungsmechanismus der Antibiotica in der Tierernährung kann nur vermutet werden [69]; über den Wirkungsmechanismus der geprüften Substanzen ist ebenfalls noch nichts Endgültiges zu sagen. Da in diesen Versuchen Clostridien allgemein nur ausnahmsweise auftraten, ist es unwahrscheinlich, daß der günstige Effekt des Aureomycins oder der geprüften Verbindungen in der Unterdrückung dieser Keimgruppe zu suchen ist. Jedoch ist anzunehmen, daß die untersuchten Substanzen ebenso wie die Antibiotica durch ihre mikrobiciden Eigenschaften die Mikroflora des Darmes günstig beeinflussen können.

Aus diesen ersten Erfahrungen ergibt sich, daß weitere Untersuchungen über die Verwendung senfölabspaltender Verbindungen in der Tierernährung aussichtsreich erscheinen. Die hier verwendeten Dosierungen wurden willkürlich gewählt; die 3 synthetischen Verbindungen sind ebenfalls eine willkürliche Auswahl. Weitere Untersuchungen müssen die Frage der optimalen, nicht toxischen Dosierung, der wirkungsvollsten Verbindungen und zweckmäßigsten Kombinationen klären. Ferner sind die Wege und Wirkungen der senfölabspaltenden Verbindungen im Stoffwechsel und der zum besseren Gedeihen der Tiere führende Wirkungsmechanismus aufzuklären[1]). Auch Untersuchungen über antiinfektiöse, also therapeutische Möglichkeiten der Thiourethane und 2-Thion-tetrahydro-1,3,5-thiadiazine müssen folgen.

---

[1]) Für diese Untersuchungen wurde 2-Thion-3-benzyl-5-β-hydroxyäthyl-tetrahydro-1,3,5-thiadiazin (S^{35}) dargestellt [70].

VII. Zusammenfassung

Es ist bekannt, daß die antimikrobielle Wirkung der pflanzlichen Inhaltsstoffe von Meerrettich, Kresse, Zwiebel und Knoblauch auf die Bildung von Senfölen zurückzuführen ist. In der vorliegenden Arbeit wird über synthetische, Senföle abspaltende Dithiocarbamate, Thiourethane und 2-Thion-tetrahydro-1,3,5-thiadiazine berichtet, die eine universelle Wirkung gegen pathogene Mikroorganismen haben und gleichermaßen gut grampositive und gramnegative Bakterien und Pilze erfassen. Es sind beständige, relativ untoxische und hautverträgliche Substanzen, deren Wirkung gegen Mikroorganismen weder durch Eiweiß noch durch grenzflächenaktive Stoffe beeinträchtigt wird, und die zur Desodorierung, Desinfektion und zur Bekämpfung von Dermatomykosen hervorragend geeignet sind. Sie sind weiterhin in der Lage, die Virusvermehrung im exembryonierten Brutei zu hemmen und haben bemerkenswerte erste Erfolge bei virusbedingten Tiererkrankungen gezeigt. Als Futterzusatz vermögen sie, ähnlich wie die Antibiotica, Wachstum und Futterverwertung junger Nutztiere zu verbessern.

Literatur

[1] H. Will u. W. Körner, Liebigs Ann. Chem. **125**, 257 (1863)
[2] A. W. Hofmann, Ber. dtsch. chem. Ges. **7**, 518 (1874)
[3] A. W. Hofmann, Ber. dtsch. chem. Ges. **7**, 1293 (1874)
[4] J. Gadamer, Ber. dtsch. chem. Ges. **32**, 2335 (1899)
[5] O. E. Schultz u. R. Gmelin, Arzneimittel-Forsch. **2**, 568 (1952)
[6] O. E. Schultz u. R. Gmelin, Arch. Pharmaz. Ber. dtsch. pharmaz. Ges. **287/59**, 342 (1954)
[7] O. E. Schultz u. W. Wagner, Arch. Pharmaz. Ber. dtsch. pharmaz. Ges. **288/60**, 525 (1955)
[8] M. G. Ettlinger u. A. J. Lundeen, J. Amer. chem. Soc. **78**, 4172 (1956)
[9] M. G. Ettlinger u. A. J. Lundeen, J. Amer. chem. Soc. **79**, 1764 (1957)
[10] A. Kjaer, Fortschr. Chem. org. Naturstoffe [Wien] **18**, 123 (1960)
[11] L. Guignard, J. botanique **4**, 385 (1890)
[12] L. Guignard, J. botanique **7**, 345 (1893)
[13] A. G. Winter, Zusammenfassungen Madaus Jber. 1953 **VII**, 7 (1954) Hippokrates **28**, 695 (1957), Naturwiss. Rdsch. **12**, 131 (1959)
[14] H. Stickl, Dtsch. med. Wschr. **79**, 1722 (1954)
[15] Th. Halbeisen, Die Medizinische **1954**, 1212; Therapiewoche **5**, 130 (1954)
[16] K. D. Rudat u. J. M. Loepelmann, Pharmazie **10**, 729 (1955)
[17] M. Sprössig u. M. Schabinski-Stepan, Z. Hyg. Infektionskrankh. **143**, 215 (1956)
[18] W. Möhwald u. H. Gallenkemper, Med. Klin. **56**, 394 (1961)
[19] H. Stickl, Therap. Woche, Karlsruhe **5**, 128 (1954)
[20] A. G. Winter, Therap. Woche, Karlsruhe **5**, 126 (1954)
[21] W. D. Germer, Dtsch. med. Wschr. **79**, 1445 (1954)
[22] A. G. Winter u. L. Rings-Willeke, Arch. Mikrobiol., Berlin **31**, 311 (1958)
[23] E. Gerriets u. H. J. Brosell, Dtsch. tierärztl. Wschr. **70**, 152 (1957)
[24] H. Fürst, Chemie und Pflanzenschutz, VEB Verlag Technik, Berlin, 1959; A. Zentmyer, Phytopathology **45**, 398 (1955)
[25] A. Rieche, G. Hilgetag, A. Martini, O. Nejedly u. J. Schlegel, Arch. Pharmaz. Ber. dtsch. pharmaz. Ges. **293/65**, 957 (1960);

A. Rieche, G. Hilgetag, A. Martini u. O. Nejedly, WP 20634 vom 17. 8. 1958;
O. Nejedly u. J. Schlegel, Diplomarbeiten, Jena 1957 und 1959
[26] A. Rieche, D. Martin u. I. Kreyzi, erscheint demnächst
[27] J. Redtenbacher u. J. v. Liebig, Liebigs Ann. Chem. **65**, 43 (1848)
[28] A. D. Ainley, W. H. Davies, H. Gudgeon, J. C. Harland u. W. A. Sexton, J. chem. Soc. [London] **1944**, 147
[29] A. Rieche u. O. Nejedly, unveröffenlicht
[30] A. Rieche u. W. Schade, erscheint demnächst
[31] H. L. Klöpping u. G. J. M. van der Kerk, Recueil Trav. chim. Pays-Bas **70**, 949 (1951)
[32] A. Rieche u. D. Martin, erscheint demnächst
[33] M. H. Rivier, Bull. Soc. chim. France [3] **35**, 837 (1906)
[34] A. Rieche, G. Hilgetag, A. Martini u. R. Philippson, Arch. Pharmaz. Ber. dtsch. pharmaz. Ges. **294/66**, 201 (1961); dieselben WP 20331 vom 10. 6. 1958;
R. Philippson, Dissertation, Berlin 1959
[35] W. Schneider u. F. Wrede, Ber. dtsch. chem. Ges. **47**, 2038 (1914)
[36] D. B. P. 853162 (1950), C. **1953**, 9314
[37] R. P. Mull, J. Amer. chem. Soc. **77**, 581 (1955)
[38] H. Vogt, Pharmac. Weekbl. **93**, 195 (1958)
[39] G. Wagner u. H. Kühmstedt, Arch. Pharmaz. Ber. dtsch. pharmaz. Ges. **294/66**, 117 (1961)
[40] H. L. Klöpping u. G. J. M. van der Kerk, Recueil Trav. chim. Pays-Bas **70**, 917 (1951)
[41] W. H. Davies u. W. A. Sexton, Biochem. J. **43**, 461 (1948)
[42] R. W. Bost u. E. R. Andrews, J. Amer. chem. Soc. **65**, 900 (1943)
[43] T. F. Wood u. G. H. Gardner, J. Amer. chem. Soc. **63**, 2741 (1941)
[44] L. T. Huang, L. W. Yieh u. J. Chang, Brit. J. Pharmacol Chemotherapy **3**, 297 (1948)
[45] W. H. Davies u. W. A. Sexton, Biochem. J. **40**, 331 (1946)
[46] D. A. S. 100 3739 vom 7. 3. 1957, Feldmühle AG.
[47] J. Kimmig u. H. Rieth, Arzneimittel-Forsch. **3**, 267 (1953)
[48] G. Schabinski u. G. Essigke, Arzneimittel-Forsch. **7**, 507 (1957)
[49] O. Nejedly u. G. Wiedemann, Hautarzt, **12**, 431 (1961)
[50] A. Rieche, G. Hilgetag, A. Martini, E. Bayer u. O. Nejedly, WP 19609 vom 6. 2. 1957
[51] H. Lettré, Behringwerk-Mitt., Marburg, Heft **28**, 63 (1954)
[52] H. Bernkopf, Proc. Soc. exp. Biol. Med. **72**, 680 (1949)
[53] M. Sprössig, Zbl. ges. Hyg. **3**, Heft 4 (1957)
[54] M. Sprössig u. H. Mücke, Kongreßbericht des II. Internationalen Symposiums über Chemotherapie in Neapel, Verlag S. Karger, Basel

[55] H. DOLD, Z. Hyg. Infektionskrankh. **146**, 276 (1960)
[56] T. KORZYBSKI u. W. KURYLOWICZ, Antibiotica, VEB Fischer Verlag, Jena, 1961, S. 955–1047
[57] B. P. TOKIN, Phytonzide, VEB Verlag Volk und Gesundheit, Berlin, 1956
[58] A. I. VIRTANEN, Angew. Chem. **70**, 377, 544 (1958)
[59] A. G. WINTER, Angew. Chem. **70**, 377 (1958)
[60] A. G. WINTER et. al., Naturwissenschaften **38**, 262, 354, 457 (1951); **39**, 45, 190, 236 (1952); **40**, 167, 168, 247, 489, 513 (1953); **41**, 145, 337, 379 (1954)
[61] A. G. WINTER, Die Medizinische **1955**, 73
[62] A. G. WINTER, Ernährungsumschau **6**, 135 (1959)
[63] O. BOEGER, W. WESTERHOFF u. A. G. WINTER, Naturwissenschaften **42**, 464 (1955)
[64] H. J. BROSELL, Arch. f. Geflügelzucht **7**, 23 (1958)
[65] H. W. SCHARPENSEEL, Arch. Geflügelkunde **19**, 380 (1955); **21**, 389 (1957)
[66] H. W. SCHARPENSEEL, R. ACEVEDO, A. B. ROCHA u. B. R. BABANG, Arch. f. Geflügelzucht **7**, 3 (1958)
[67] H. HAENEL, E. GERRIETS u. A. RIECHE, Arch. Geflügelkunde, 1961 (im Druck); dieselben, Naturwissenschaften, 1962 (im Druck)
[68] H. HAENEL, loc. cit. 67
[69] H. HAENEL, Ernährungsforsch. **4**, 500 (1959)
[70] D. MARTIN u. P. VENKER, Naturwissenschaften, 1962 (im Druck)

SITZUNGSBERICHTE DER DEUTSCHEN AKADEMIE
DER WISSENSCHAFTEN ZU BERLIN

Klasse für Chemie, Geologie und Biologie
Jahrgang 1962 Nr. 5

HERBERT TEICHMANN und GERHARD LEHMANN

UNTERSUCHUNGEN AN THIOPHOSPHORSÄUREESTERN

**Aus dem Institut für organische Chemie
der Deutschen Akademie der Wissenschaften zu Berlin
(Direktor: Prof. Dr. Alfred Rieche)**

Mit 8 Abbildungen und 9 Tabellen

AKADEMIE-VERLAG BERLIN
1962

Vorgelegt von Hrn. RIECHE in der Plenarsitzung vom 18. Mai 1961
Zum Druck genehmigt am gleichen Tage, ausgegeben am 5. 3. 1962

Erschienen im Akademie-Verlag GmbH, Berlin W 8, Leipziger Straße 3—4

Lizenznummer: 202 · 100/510/62
Gesamtherstellung: VEB Druckerei „Thomas Müntzer" Bad Langensalza
Bestellnummer: 2010/62/II/5 · E S 18 C 5/20 M 7/22 F · DM 7,—

INHALT

I. Einleitung

Die tertiären Ester der Monothiophosphorsäure, vor hundert Jahren von CARIUS [1, 2] entdeckt und 50 Jahre später von PISTSCHIMUKA [3, 4] eingehender untersucht, gewannen erst in den letzten 2 Jahrzehnten durch die Arbeiten von SCHRADER [5] größeres Interesse. Eine Anzahl von SCHRADER erstmalig synthetisierter Thiophosphorsäureester hat wegen ihrer ausgezeichneten insektiziden Eigenschaften inzwischen überragende Bedeutung auf dem Gebiete des Pflanzenschutzes und der Schädlingsbekämpfung erlangt. Das Bemühen, die mit der insektiziden Wirkung häufig verbundene starke Toxizität abzumindern, sowie das Bedürfnis nach stärker selektiv wirkenden Insektiziden waren Anlaß zu einer vor allem in den Industrielaboratorien stürmisch einsetzenden präparativen Bearbeitung dieser Verbindungsklasse.

Die vorliegenden Untersuchungen nahmen ihren Ausgang von Problemen, die bei der technischen Produktion eines der bedeutendsten Kontaktinsektizide, des Dimethyl-p-nitrophenylthionophosphats (*Methyl-E 605*, *Methyl-Parathion*, *Wofatox*), auftraten. Gelegentliche spontane thermische Zersetzungen der Wirkstoffansätze [6—10] offenbarten ein Verhalten, das von der Klasse der Thiophosphorsäureester bisher nicht bekannt war. Die daraufhin zuerst von G. HILGETAG und A. MARTINI [9, 10] durchgeführten Untersuchungen über die Vorgänge beim Erhitzen des Wirkstoffs wurden bald durch weitere Arbeiten an Modellsubstanzen ergänzt. Dabei ergab sich eine Fülle von neuen Reaktionen, aber auch neuen Problemen, deren systematische Bearbeitung durch den Arbeitskreis um HILGETAG zu einer Vertiefung unserer Kenntnisse über die Chemie der Thiophosphorsäureester führte und neue präparative Anwendungsmöglichkeiten erschloß. Eine Zusammenfassung dieser unter der Leitung von G. Hilgetag durchgeführten Arbeiten wird im folgenden gegeben.

II. Thermisches Verhalten

1. Allgemeines

Über das Verhalten von Thiophosphorsäureestern bei höheren Temperaturen war bis zum Beginn dieser Arbeiten lediglich bekannt, daß tertiäre Thionophosphorsäureester durch Erhitzen isomerisiert werden können (Gl. 1).

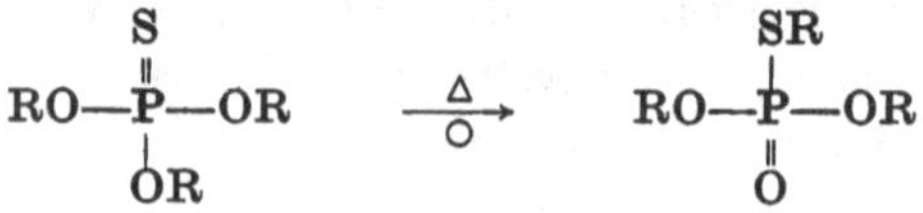
(1)

Am Beispiel des Trimethylesters wurde diese Reaktionsweise vor 50 Jahren erstmalig aufgezeigt [11]; es wird noch darauf einzugehen sein, daß gerade beim Trimethylester die Verhältnisse komplizierter liegen und hier von einer präparativ brauchbaren Isomerisierbarkeit nicht die Rede sein kann. Von diesem unzulänglichen Beispiel wurde die die Literatur beherrschende Meinung abgeleitet, daß die Fähigkeit, bei geeigneten Temperaturen entsprechend Gl. (1) zu isomerisieren, ein der Verbindungsklasse der tertiären Thionophosphate zukommendes Charakteristikum sei [12—19].

Träfe diese summarische Aussage zu, so müßten die tertiären Thiolphosphorsäureester am einfachsten durch Erhitzen ihrer meist leichter zugänglichen Thiono-Isomeren zu erhalten sein. Das ist in der Tat bei einer Reihe von Estern der Fall [6, 10, 15, 16, 20—31]. Bei zahlreichen anderen Thionoestern gelingt es dagegen nicht, aus ihnen durch Erhitzen die isomeren Thiolester darzustellen, auch wenn sich die Abnahme des Thionoschwefels bis zum vollständigen Verschwinden verfolgen läßt; stattdessen werden Reaktionsprodukte von oft recht komplexer Zusammensetzung erhalten [7, 10, 26, 32—37], die aber wegen ihrer gegenüber den eingesetzten Thionoestern erhöhten Wasserlöslichkeit [11] oder veränderten Cholinesterase-Aktivität häufig das Vorhandensein der Thiol-Isomeren vorgetäuscht haben [12, 14, 38].

In Tab. 1 sind einige Ester aufgeführt, aus denen wir durch einfache thermische Isomerisierung in guten bis quantitativen Ausbeuten die isomeren Thiolester erhalten haben.

Beispiele für den anderen Extremfall, daß sich nämlich beim Aufarbeiten der bis zum vollständigen Thionoschwefelverlust erhitzten Thionoester praktisch kein Thiolester isolieren läßt, sind das Trimethyl- [26, 32, 33], Dimethylphenyl- [26, 34], Dimethyl-p-nitrophenyl- [9, 10, 34—37] und Dimethyl-chlor-thionophosphat [30, 36]. Aus diesen kurzen Aufzählungen sind bereits die strukturellen Merkmale ersichtlich, die das thermische Verhalten der Thionoester bestimmen. Wir können heute hinsichtlich ihres Verhaltens in einem untersuchten Temperaturbereich von ca. 100—150° (bei besonders stabilen Verbindungen bis etwa 180°) 3 Typen von Thionophosphaten unterscheiden:

(A) *Triarylester* erleiden praktisch keine Veränderung.

(B) *Alkyl-diarylester*, *Alkylester-dichloride* sowie *Dialkyl-(β-alkylmercaptoäthyl)-* (Ia, Systox-Typ) und *Dialkyl-(β-dialkylaminoäthyl)-ester* (Ib, Amiton-Typ) geben mehr oder minder leicht in guten Ausbeuten die isomeren Thiolester (vgl. Tab. 1).

(C) *Trialkyl-* und *Dialkyl-arylester* sowie *Dialkylesterchloride* verlieren zwar ihren Thionoschwefel, liefern aber statt der Thiolester kompliziertere Reaktionsprodukte von meist gleicher Bruttozusammensetzung.

Tabelle 1
Isomerisierung von Thionophosphaten

eingesetzter Thionoester	Temp. °C	Zeit Stdn.	isolierter Thiolester	% Ausbeute
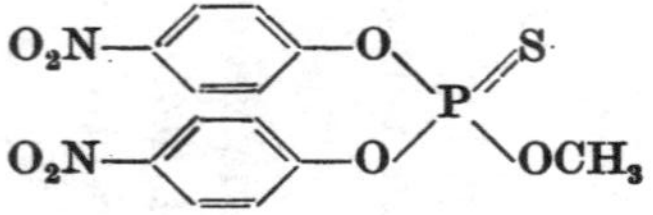	140°	2,0	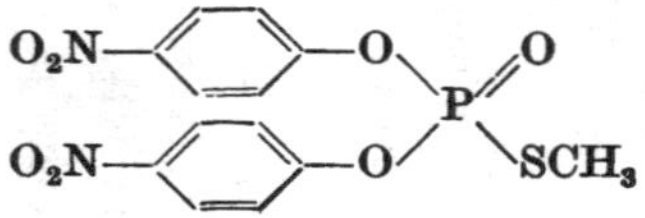	90 [6]
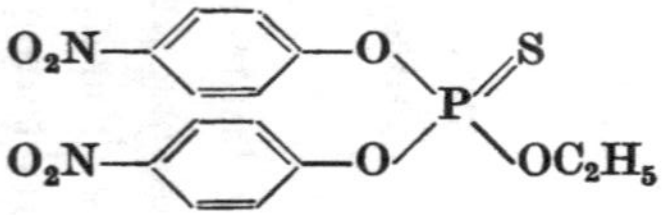	154°	5,5	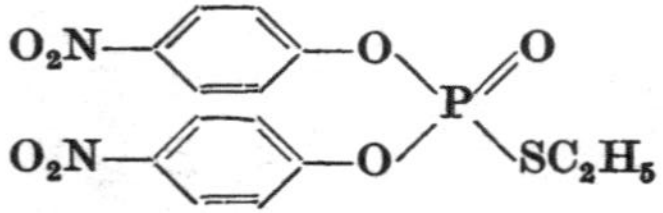	100 [34]
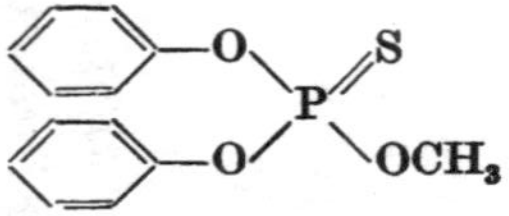	175°	12,0	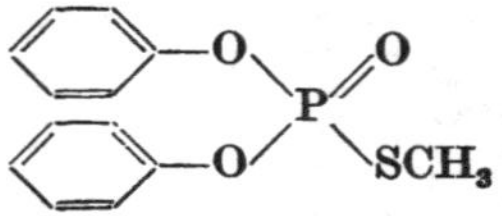	62 [34]
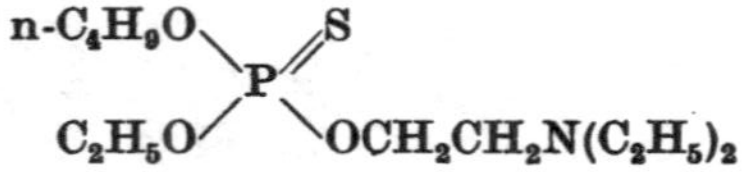	100°	4,0	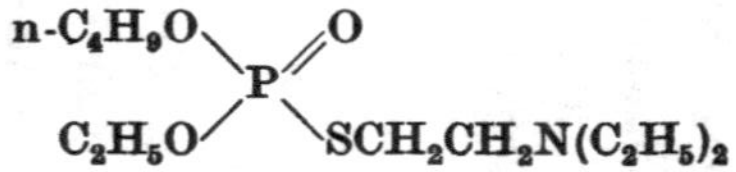	95 [29]
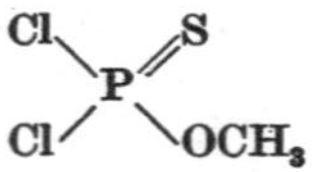	100°	5,0	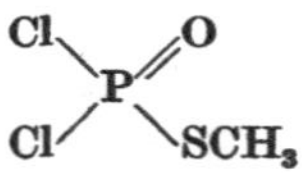	79 [30]

Den Typen (B) und (C) ist also die Abnahme des Thionoschwefelgehaltes beim Erhitzen gemeinsam, der sich z. B. durch Aufschluß mit Salpetersäure und Bestimmung als Sulfat [39] oder IR-spektroskopisch [16] verfolgen läßt. Diese Abnahme erfolgt um so leichter, je kleiner der Alkylrest ist (daher haben wir hauptsächlich mit den Methyl-Verbindungen gearbeitet) und je mehr und stärker negative Substituenten (Aroxyl, Halogen) an das Phosphoratom gebunden sind. Während im allgemeinen der kleinste Alkylrest vom Sauerstoff an den Schwefel wandert, ergibt sich für die Ester vom Amiton- oder Systox-Typ (I) die Besonderheit, daß die basisch sub-

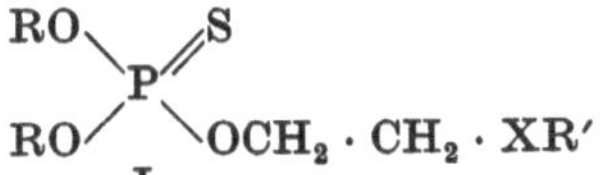

I

a: $X = S$; $R' = CH_3$ oder C_2H_5
b: $X = NR'$; $R' = CH_3$ oder C_2H_5

stituierte Seitenkette wegen der leichten Bildung eines cyclischen Übergangszustandes (Cyclosulfonium- [15] oder Cycloimmonium-Kation [27—29, 31]) an den Schwefel tritt.

2. *Experimentelle Befunde*

Verfolgt man den zeitlichen Verlauf der Abnahme des Thionoschwefels beim Erhitzen auf eine konstante Temperatur (Abb. 1 und 2), so erhält man für die Vertreter des Typs (B) einerseits und des Typs (C) andererseits charakteristische Kurvenbilder. Die Ester vom Typ (B), die sich also glatt zu den Thiol-Verbindungen isomerisieren, folgen weitgehend einem Zeitgesetz 1. Ordnung; dagegen ist aus den Thionokurven der Ester des Typs (C) (Abb. 2) klar ersichtlich, daß sich hier wenigstens in der Schlußphase verschiedene Reaktionen überlagern müssen.

Zu dem gleichen Schluß gelangt man, wenn man in den bei konstanter Badtemperatur bis zum vollständigen Verschwinden des Thionoschwefels erhitzten Estern die Reaktionstemperatur

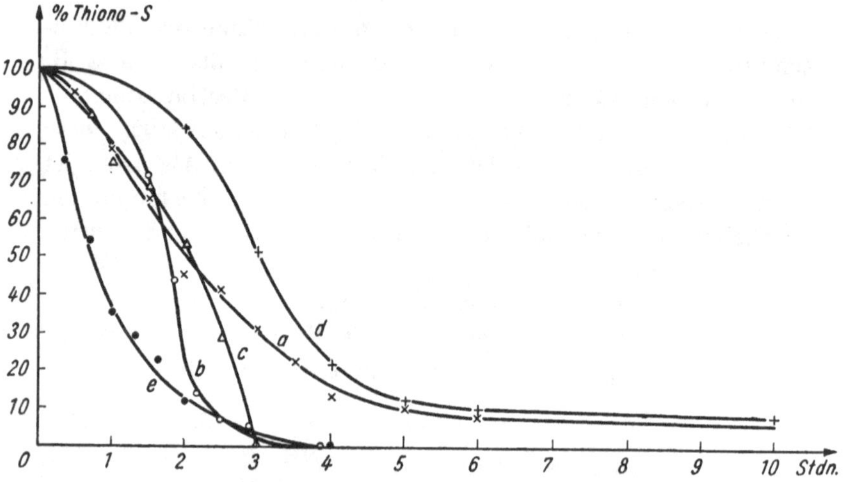

Abb. 1. Zeitliche Abnahme des Thionoschwefels

a) $(C_6H_5O)_2PS(OCH_3)$ bei 175° [34]
b) $(p\text{-}O_2N\text{-}C_6H_4O)_2PS(OCH_3)$ bei 130° [34]
c) $(p\text{-}O_2N\text{-}C_6H_4O)_2PS(OC_2H_5)$ bei 154° [34]
d) $Cl_2PS(OCH_3)$ bei 100° [30]
e) $(C_2H_5O)(n\text{-}C_4H_9O)PS(OCH_2CH_2N(C_2H_5)_2)$ bei 100° [29]

kontrolliert. Während die Ester des Typs (B) keine erhebliche Differenz zwischen Bad- und Innentemperatur zeigen, steigt bei den Thionophosphaten vom Typ (C) gegen Schluß die Innentemperatur beträchtlich über die des Bades hinweg an; bei Auslassung geeigneter Vorsichtsmaßnahmen kann diese von einer Gasentwicklung [9, 10, 32—37] begleitete exotherme Reaktion beim Trimethylester [32, 33] zu einer spontanen Verpuffung, beim Dimethyl-p-nitrophenylester [7, 9, 10, 35—37] zur Expiosion führen.

In teilweise recht mühevollen Untersuchungen konnten die zunächst sehr unübersichtlichen Verhältnisse, die bei der thermischen Behandlung der Trialkyl- und Dialkyl-arylthionophosphate vorliegen, weitgehend geklärt werden. Dabei zeigte sich, daß in allen untersuchten Fällen primär eine echte Isomeri-

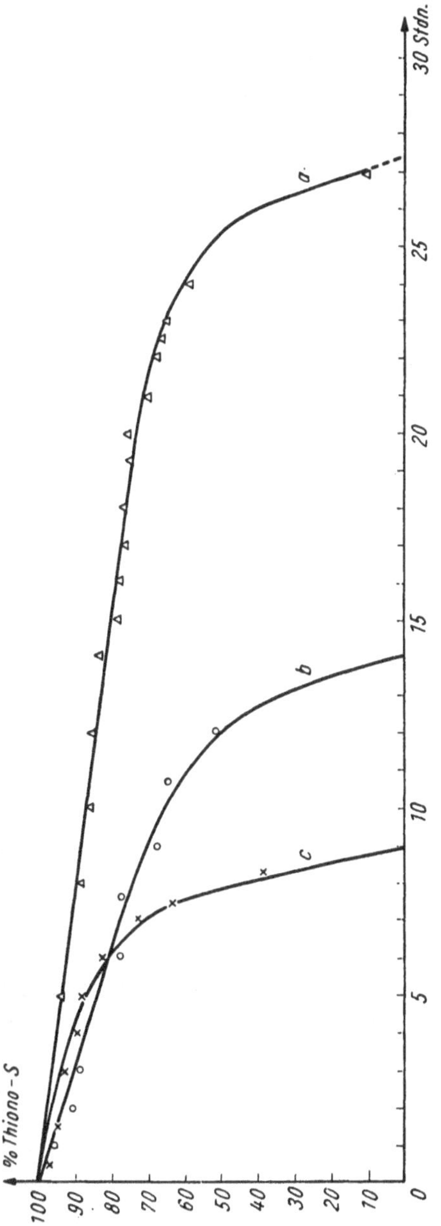

Abb. 2. Zeitliche Abnahme des Thionoschwefels

a) $(CH_3O)_3PS$ bei 130° [32, 33]
b) $(CH_3O)_2PS(OC_6H_5)$ bei 135° [34]
c) $(CH_3O)_2PS(OC_6H_4NO_2\text{-}p)$ bei 120° [35, 36]

sierung zum jeweiligen Thiolester erfolgt. Diese ausschließliche Isomerisierungsreaktion hält etwa solange an, wie die Kurven in Abb. 2 einen linearen Verlauf zeigen. Ungefähr von dem Zeitpunkt an, da die Abnahme des Thionoschwefels beschleunigt erfolgt, läßt sich nicht mehr die gesamte dem Verlust an Thionoester entsprechende Menge Thiolester isolieren. So konnten aus Trimethylthionophosphat nach etwa 24std. Erhitzen auf 130° bei einem Thiono-Gehalt von 57% ca. 35% Thiolester, nach über 27std. Erhitzen auf 130° bei 10% Thiono-Gehalt aber nur etwa 40% Trimethylthiolphosphat herausgearbeitet werden [32, 33]. Dieses Defizit vergrößert sich ständig, und wenn sämtlicher Thionoester wegreagiert ist, erhält man einen zähen hygroskopischen Sirup, der im Falle des Trimethyl- [32, 33] und Dimethyl-p-nitrophenylesters [35, 36] praktisch keinen, im Falle des Dimethyl-phenylesters [34] maximal 50% Thiolester — die sich aber auch rasch weiter verändern — enthält.

Die hier auftretenden Unterschiede zwischen den einzelnen Estern sind nur gradueller Natur, und trotz des im günstigsten Falle zu 50% im Umlagerungsprodukt des Dimethyl-phenylesters nachgewiesenen Thiolesters kann man hier nicht von einer Methode zur Gewinnung des O,S-Dimethyl-O-phenylthiophosphats sprechen; wegen der erwähnten exothermen Schlußphase und der sich dabei überstürzenden Reaktionen ist es außerordentlich schwierig, die thermische Behandlung unter reproduzierbaren Bedingungen exakt an einem Punkt maximaler Thiolesterkonzentration oder am Nullpunkt der Thionokurve abzubrechen.

Der Unterschied im Verhalten der Ester vom Typ (B) und (C) läßt sich also folgendermaßen präzisieren: Die Vertreter beider Reihen isomerisieren sich beim Erhitzen; aus den Thionophosphaten vom Typ (B), insbesondere den Alkyl-diarylestern, entstehen thermostabile Thiolester, wogegen die aus den Thionoestern des Typs (C) gebildeten Thiol-Isomeren sich so rasch verändern, daß sie nach beendeter „Isomerisierungs"-Reaktion praktisch nicht mehr zu fassen sind. Die Richtigkeit dieser Aussage ist leicht kontrollierbar, indem man die entsprechenden

Thiolester der gleichen thermischen Behandlung unterwirft; man erhält dann nach wesentlich kürzeren Reaktionszeiten Produkte, die mit den aus Thionoestern nach vollständigem Thionoverlust gewonnenen völlig identisch sind (Tab. 2).

Tabelle 2

Erforderliche Reaktionszeiten zur Überführung isomerer Thiophosphate in identische Endprodukte

Thiono-Ester	Temp.	Zeit Stdn.	Thiol-Ester	Temp.	Zeit Stdn.
$(CH_3O)(CH_3O)P(=S)OCH_3$	130°	28	$(CH_3O)(CH_3O)P(=O)SCH_3$ [32, 33]	130°	4,2
$(CH_3O)(C_6H_5O)P(=S)OCH_3$	135°	13,5	$(CH_3O)(C_6H_5O)P(=O)SCH_3$ [34]	135°	5,5
$(CH_3O)(p\text{-}O_2N\text{—}C_6H_4O)P(=S)OCH_3$	120°	9	$(CH_3O)(p\text{-}O_2N\text{—}C_2H_4O)P(=O)SCH_3$ [35, 36]	120°	2,5

Ebenso sind auch alle im folgenden für die Thionoester detailliert beschriebenen Phönomene, soweit sie sich an die Phase der einfachen Isomerisierung anschließen, an den isomeren Thiolestern studiert worden; wegen der völlig gleichen Ergebnisse wird darauf nicht gesondert eingegangen. Man kann zusammenfassend sagen, daß bei den Estern vom C-Typ die Thermochemie der Thionoester mit der ihrer Thiol-Isomeren identisch ist, abgesehen von der zeitlich vorgelagerten Isomerisierungsreaktion.

Die Überlagerung der reinen Isomerisierungsreaktion durch andere Reaktionen, die in einer beschleunigten Thionoschwefel-Abnahme zum Ausdruck kommt, macht sich nicht nur durch das wachsende Thiolester-Defizit bemerkbar. Ihr parallel geht eine zunehmende Hydrolyseempfindlichkeit, die sich titrimetrisch verfolgen läßt. Bald nach dem Auftreten der ersten nachweisbaren Aciditäten in den hydrolysierten Proben findet man im Reaktionsgemisch Trimethylsulfonium-Ionen, deren Konzentration in der Schlußphase stark ansteigt. Bricht man die thermische Behandlung des Trimethylthionophosphats unmittelbar nach dem vollständigen Verschwinden des Thionoschwefels ab, so liegen in dem Reaktionsprodukt 65%, also ziemlich genau 2/3 des gesamten Schwefels als Trimethylsulfonium-Ionen vor [32, 33]. Beim Dimethyl-phenylester [34] erreicht die Trimethylsulfoniumionen-Konzentration ihr Maximum erst 1—2 Stdn., nachdem kein Thionoschwefel mehr nachweisbar ist, mit etwa 50%; ähnlich liegen die Verhältnisse beim Dimethyl-p-nitrophenylester [35, 36]. Im Zusammenhang mit dem Auftreten von Trimethylsulfonium-Ionen steht auch die erwähnte, vor allem bei ungenügendem Abfangen der exothermen Schlußreaktion merklich werdende Gasentwicklung, bei der es sich um die Bildung von Dimethylsulfid handelt. So kann man z. B. beim Aufheizen kleiner Ansätze Dimethylphenylthionophosphat (ca. 0,1 Mol, größere Mengen einzusetzen ist nicht ratsam wegen der heftigen, sich auf ca. 300° steigernden exothermen Reaktion) auf 180—200° 60—80% des Schwefels als Dimethylsulfid in einer vorgelegten Kühlfalle auffangen [34].

Die Versuche zur präparativen Isolierung der Sulfoniumsalze aus den hochviskosen hygroskopischen Reaktionsprodukten hatten nur teilweisen Erfolg. Aus dem Dimethyl-p-nitrophenylester [35, 36] konnten maximal 8 Gew.-% (6,45% des Gesamt-Phosphors) II, aus dem Dimethyl-phenylester [34] neben geringen Mengen III 21,8 Gew.-% (22,6% des Gesamt-Phosphors) des Bis-trimethylsulfonium–triphenyltriphosphats IV isoliert werden.

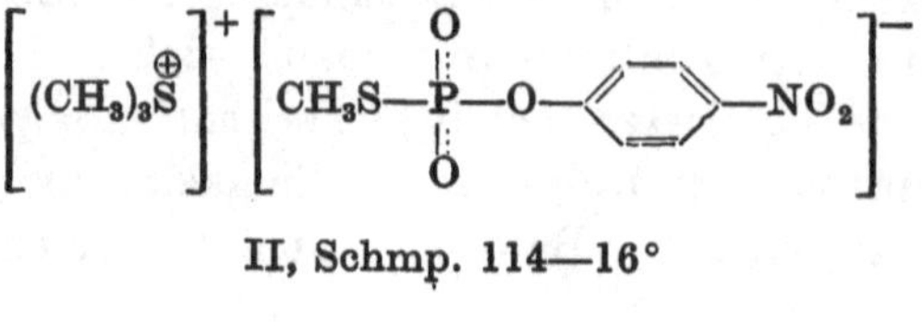

II, Schmp. 114—16°

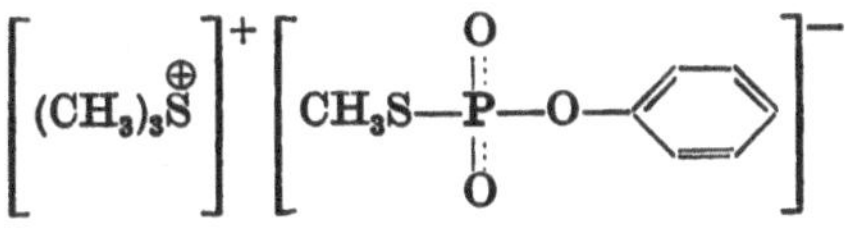

III, Schmp. 99°

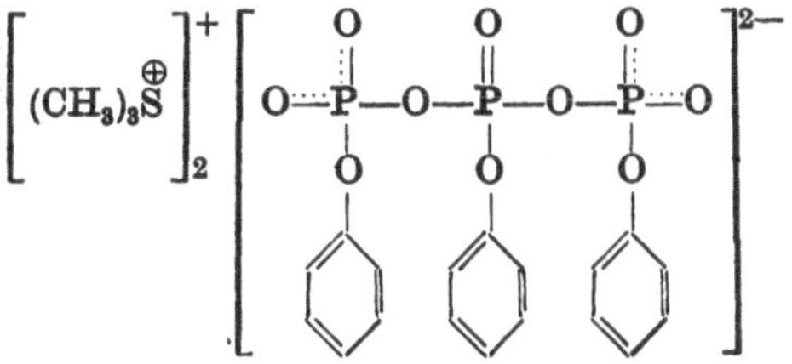

IV, Schmp. 150°

3. *Interpretation*

Faßt man alle Details zusammen, so ergibt sich für die bei der Hitzebehandlung der Ester vom Typ (C) ablaufenden Reaktionen folgendes Bild:

Zunächst erfolgt als langsamster und geschwindigkeitsbestimmender Schritt eine Isomerisierung zu den entsprechenden S-Alkylthiophosphaten; eine Entscheidung darüber, ob dieser Schritt als intra- oder intermolekulare Transalkylierung verläuft, kann vorerst nicht mit Sicherheit getroffen werden.

Hat der Thiolester eine genügende Konzentration erreicht, geht er unter Dimethylsulfid-Freisetzung Kondensationsreaktionen ein. Dadurch werden Polyphosphat-Bindungen geknüpft, die leicht hydrolysieren und dabei stark saure Produkte liefern. Auf diese Kondensationen wird im Abschnitt IV näher eingegangen.

Das durch Kondensation des Thiolesters freigesetzte Dimethylsulfid löst eine Reihe von Reaktionen aus. Am bedeutendsten für das Schicksal des noch vorhandenen Thionoesters ist die Beschleunigung des Thionoschwefel-Umsatzes (vgl. Abb. 2). Daß für diese Beschleunigung das Dimethylsulfid verantwortlich ist, kann auf verschiedene Weise demonstriert werden. Sorgt man für eine schnelle Entfernung des freiwerdenden Dimethylsulfids, z. B. durch einen ständigen Strom trockenen Stickstoffs, so läßt sich die Beschleunigung fast völlig unterdrücken, und man benötigt bei nahezu linearem Verlauf der Thionokurve das Mehrfache der sonst erforderlichen Zeit (Abb. 3). Umgekehrt kommt man mit einem Bruchteil dieser Zeit aus, wenn man von vornherein Dimethylsulfid zusetzt (Abb. 3, Tab. 3).

Tabelle 3

Reaktionszeiten für die vollständige Umwandlung von Thionoestern ohne und mit Dimethylsulfid-Zusatz

Ester	ohne Dimethylsulfid-Zusatz		mit Dimethylsulfid-Zusatz		
	Temp.	Zeit (Stdn.)	zuges. Menge (Mol-%)	Temp.	Zeit (Stdn.)
$(CH_3O)_3PS$ [32, 33]	130°	28	16,8	130°	5,8
$(CH_3O)_2PS(OC_6H_5)$ [34]	135°	13	7	135°	2,1
$(CH_3O)_2PS(OC_6H_4NO_2)$ [35, 36]	120°	8,5	8	120°	0,25

Die Dimethylsulfid-Katalyse des Thionoschwefel-Umsatzes erfolgt nach zwei Mechanismen, die wir als Rückalkylierungs- bzw. als Ionenketten-Mechanismus bezeichnen und die im nächsten Abschnitt erläutert werden.

Dimethylsulfid beschleunigt aber nicht nur die Umwandlung des Thiono-, sondern ebenso die des Thiolesters, und reagiert auch mit den kondensierten Produkten. Die zahlreichen, sich z. T. gegenseitig beschleunigenden Reaktionen der Schlußphase bewirken letzten Endes eine lawinenartige Überstürzung des Reaktionsgeschehens, die bei ungenügender Kontrolle, vor allem in größeren Ansätzen, zu den erwähnten exothermen Verpuffungen führen kann.

Es sei hier erwähnt, daß auch die zur B-Reihe gehörenden Methyl-diarylester durch Dimethylsulfid eine beträchtliche Beschleunigung der Isomerisierung erfahren (Tab. 4); der

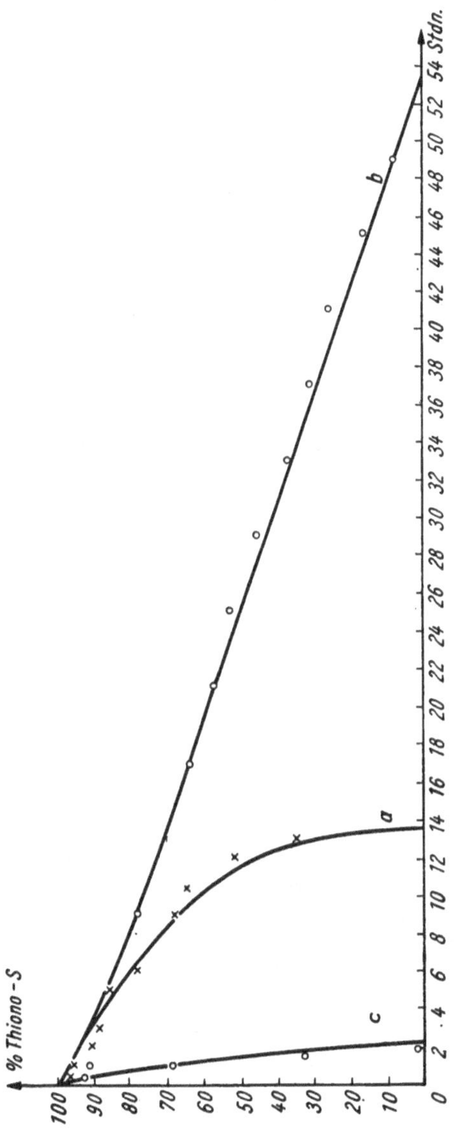

Abb. 3. Thionoschwefel-Umsatz beim Dimethyl-phenyl-thionophosphat bei 135° [34]

a) bei normaler Arbeitsweise
b) im Stickstoffstrom
c) in Gegenwart von zugesetztem Dimethylsulfid

Tabelle 4

Reaktionszeiten für die Isomerisierung von Alkyl-diarylthionophosphaten ohne und mit Dimethylsulfid-Zusatz [34]

Ester	ohne Dimethylsulfid-Zusatz		mit Dimethylsulfid-Zusatz			
	Temp.	Zeit (Stdn.)	Temp.	zuges. Menge Mol-%	Zeit (Stdn.)	isolierter Thiolester %
$(C_6H_5O)_2PS(OCH_3)$	175°	12	180°	13	1	82
$(O_2N{\cdot}C_6H_4O)_2PS(OCH_3)$	140°	2	130°	32	0,12	ca. 100
$(O_2N{\cdot}C_6H_4O)_2PS(OC_2H_5)$	154°	5,5	160°	5,4	0,75	ca. 100

Einfluß des Dimethylsulfides beschränkt sich hier aber auf die Isomerisierung, und man erhält die Thiolester in hohen Ausbeuten. Wie für alle anderen Reaktionen des Dimethylsulfids wird die Erklärung dafür im Abschnitt III gegeben werden.

4. *Spezielle Beispiele*

Von dem als ersten Thiophosphorsäureester thermisch untersuchten *Trimethylthionophosphat* war berichtet worden, daß er bei 3—4std. Erhitzen auf 100° 50% Thiolester liefert [11]. Dies trifft nicht zu; als Vertreter des C-Typs läßt er sich in präparativ brauchbarem Maßstabe auf diesem Wege nicht isomerisieren. Von allen untersuchten Estern benötigt er die längste Zeit für einen vollständigen Thionoschwefel-Umsatz: ca. 28 Stdn. bei 130° (vgl. Abb. 2) [32, 33]. Werden allerdings die von der Herstellung anhaftenden und destillativ nicht abtrennbaren Halogenspuren nicht sorgfältig hydrolytisch entfernt, kann diese Zeit beträchtlich reduziert werden. Die lange Reaktionszeit ist bedingt durch die hohe Aktivierungsenergie für die Isomerisierung des hochsymmetrischen, keine aktivierenden Gruppen enthaltenden Thionophosphat-Moleküls. Dagegen verläuft die exotherme Schlußphase bei diesem

Ester wegen der Anhäufung der Methylgruppen (vgl. Abschnitt III) besonders heftig.

Der *Dimethyl-p-nitrophenylthionoester* zeigt mehrere Besonderheiten. Nach beendeter thermischer Behandlung (9 Stdn., 120°) enthält das Reaktionsprodukt bis zu 20 Mol-% (bezogen auf Phosphor) S-Methyl-O,O-di-(p-nitrophenyl)-thiophosphat (V) [6, 9, 35, 36], das auch synthetisch aus S-Methylthiophosphorsäure-dichlorid und Natrium-p-nitrophenolat [6, 30] sowie durch Isomerisierung seines Thiono-Isomeren erhalten wurde [6, 30, 34]. Die Bildung des Esters V, die auch von

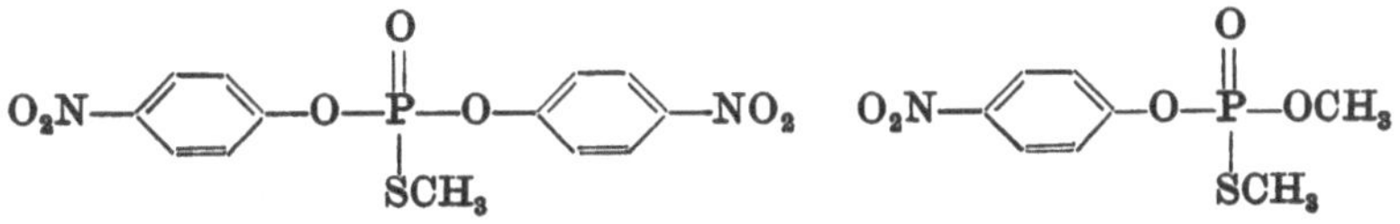

V, Schmp. 109° VI, Schmp. ca. —10°

Tichý [23] beobachtet wurde, ist noch ungeklärt; fest steht aber, daß V erst nach teilweiser Isomerisierung des Ausgangsmaterials entsteht, denn man erhält ihn in gleich hohen Ausbeuten beim Erhitzen des O,S-Dimethyl-O-(p-nitrophenyl)-thiophosphats VI. Der Ester VI, das Isomere des Methyl-E 605, wurde erstmals als definierte Verbindung aus Silber-O-methyl-O-(p-nitrophenyl)-thiophosphat mit Methyljodid dargestellt [34—36, 48]; die in der Literatur häufig wiederkehrenden Angaben über eine angebliche Darstellung von VI durch thermische Isomerisierung sind unzutreffend. Die bei allen untersuchten Typ C-Estern in einem geeigneten Temperaturbereich auftretende und von einer stürmischen Dimethylsulfid-Entwicklung begleitete Phase starker Wärmetönung wird beim *Methyl-E 605* von einer zweiten exothermen Reaktion gefolgt, die in eine Explosion mündet (Abb. 4) [9, 10, 35—37]. Arbeitet man in größeren Ansätzen bei ungünstigerer Wärmeabführung, können beide Phasen zusammenfallen. Analog verhält sich der isomere Thiolester; bei nitrogruppenfreien Estern wurden in keinem Falle Explosionen beobachtet.

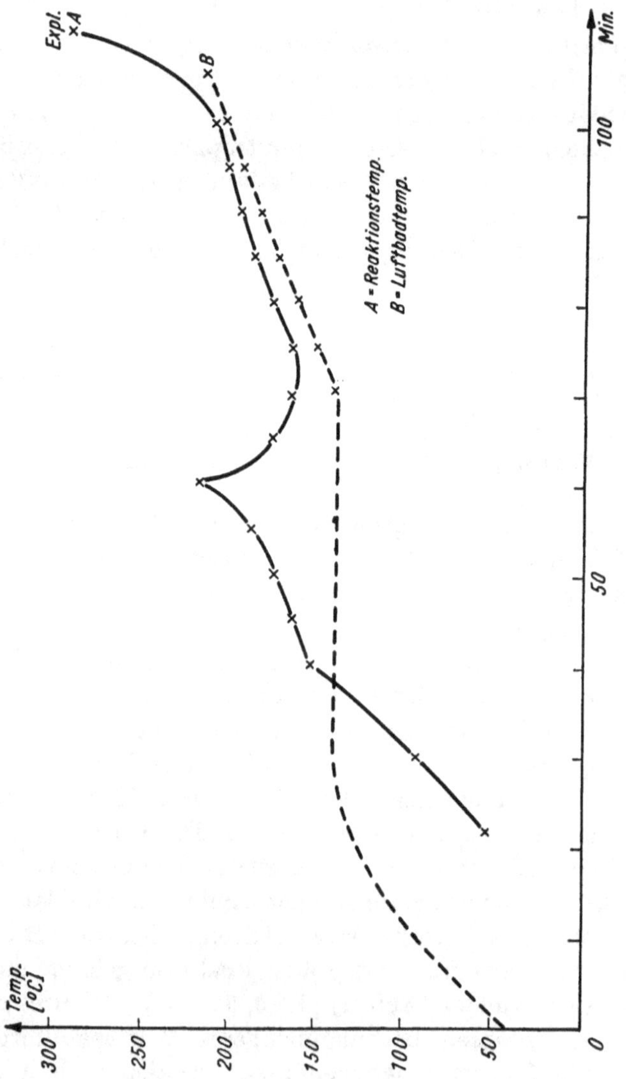

Abb. 4. Dimethyl-p-nitrophenylthionophosphat beim Aufheizen auf 140° und darüber [10, 36]

In der nach Abschluß dieser Arbeiten bekannt gewordenen Publikation von McPherson jr. und Johnson [7] wird ebenfalls die in zwei Phasen ablaufende thermische Zersetzung des Dimethyl-p-nitrophenyl-thionophosphats beschrieben. Die Autoren haben auch die Bildung von Dimethylsulfid sowie von kondensierten Phosphaten, nicht aber von V beobachtet. Weiter zeigen sie an drei anderen insektiziden Dialkyl-arylthionophosphaten, daß diese Ester bei analoger Hitzebehandlung nicht einfach isomerisiert werden, sondern tiefergreifenden Veränderungen unterliegen.

Das gleichfalls zur C-Reihe zu zählende *Dimethylthionophosphorsäure-chlorid* erfährt beim Erhitzen auf 100° und darüber eine nahezu linear verlaufende Abnahme des Thionoschwefels (Abb. 5) [30, 36]. Dennoch erhält man keinen Thiolester, sondern das harzige Endprodukt besitzt die angenäherte Zusammensetzung eines S-Methyl-thiometaphosphats CH_3SPO_2. Die Erklärung dafür sowie für das Ausbleiben einer Beschleunigung ist einfach: wie die laufende Kontrolle des Chlorgehaltes zeigt, zerfällt das Thiolesterchlorid (VII) unmittelbar nach

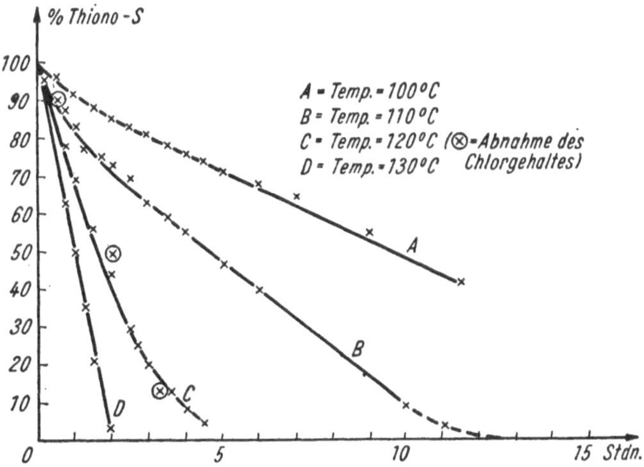

Abb. 5. Thionoschwefel- und Chlorumsatz beim Dimethyl-thionophosphorsäure-chlorid [30, 36]

seiner Bildung unter Abspaltung des indifferenten Methylchlorids (Gl. 2).

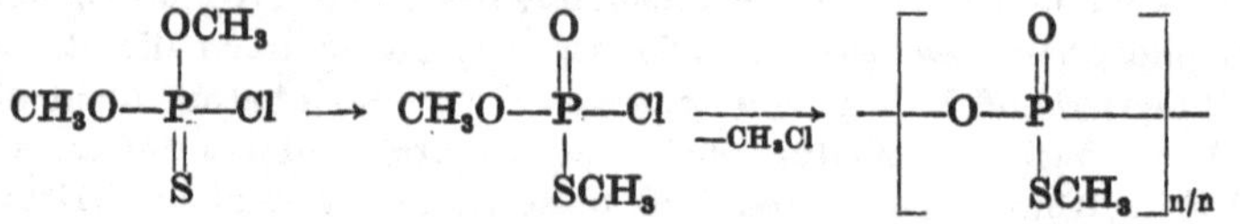

VII (2)

Die leichte Isomerisierbarkeit des *Äthyl-n-butyl-β-diäthylaminoäthyl-thionophosphats* (VIII) aus der Gruppe (B) geht bereits aus Tab. 1 hervor. Mit einer Halbwertszeit von 0,75 Stdn. bei 100° gehört dieser Ester zu den umlagerungsfreudigsten [29]; seine Reindarstellung durch Destillation ist wegen der auch unter mildesten Bedingungen stets eintretenden teilweisen Isomerisierung nicht möglich, läßt sich aber bequem über das Citrat erreichen [29]. Anstelle des kleinsten Alkylrestes wandert bei der Isomerisierung von VIII der β-Diäthylaminoäthyl-Rest, weil dessen Ablösung unter Ausbildung eines Cyclo-immonium-Kations (IX) durch das nucleophile Stickstoffatom begünstigt wird (Gl. 3).

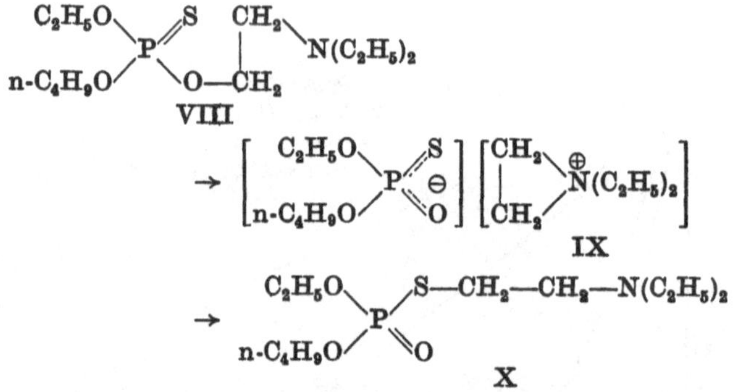

VIII IX X (3)

Das intermediäre Auftreten des cyclischen Kations IX wurde durch Umsetzung der alkoholischen Lösung von VIII mit 70proz. Perchlorsäure wahrscheinlich gemacht: durch 5min. gelindes Erwärmen, quantitativ nach 30 Min., läßt sich als Dimerisierungsprodukt von IX das alkoholunlösliche

N,N,N',N'-Tetraäthylpiperazinium-bis-perchlorat XI abfangen [29]:

$$2\,\mathrm{IX} \xrightarrow{HClO_4} \left[(C_2H_5)_2\overset{\oplus}{N}\langle\;\rangle\overset{\oplus}{N}(C_2H_5)_2\right]\left[ClO_4^{\ominus}\right]_2 \qquad (4)$$

XI, Zers.-P. 315°

Die Bildung des Tetraäthylpiperazinium-Ions wurde auch von anderen Autoren bei ähnlichen Thiophosphaten nachgewiesen [27, 31, 40].

Die Bestimmungsmethode für Thionoschwefel nach DELÉPINE [39] durch Aufschluß mit 55proz. Salpetersäure versagt beim Ester VIII. Es zeigte sich, daß nach dieser Methode auch der Schwefel des Thiolesters X teilweise zu Sulfat oxydiert wird, was offenbar allgemein für cysteamin-artige Substanzen zutrifft. Durch kurzzeitigen Aufschluß (30 Min.) mit einer stärkeren, 67proz. Salpetersäure wurden diese Schwierigkeiten überwunden [29].

III. Alkylierende Eigenschaften

1. Allgemeines

Die Isomerisierungen der Thionoester, die Primärstufen der Thiolester-Kondensationen sowie die Überführung des Dimethylsulfids in Sulfoniumsalze sind Alkylierungen. Sowohl den Thiono- als auch den Thiolestern und den aus ihnen entstehenden kondensierten Produkten müssen also alkylierende Eigenschaften zukommen. Wie die in den Endprodukten der thermischen Behandlung bis zu 65% vorliegenden Sulfoniumsalze zeigen, können diese Eigenschaften sehr ausgeprägt sein. Da definierte neutrale Ester von kondensierten Phosphaten aus den Umlagerungsprodukten nicht isoliert werden konnten, haben wir in der Hauptsache nur das Alkylierungsvermögen der Thiono- und Thiolmonophosphate untersucht.

Während tertiäre Phosphorsäureester schon häufig als Alkylierungsmittel verwendet worden sind (Zusammenfassung s. [41]), waren von Thiophosphorsäureestern, abgesehen von zwei Ausnahmen [3, 4, 42], keine alkylierenden Eigenschaften bekannt. Im Verlaufe unserer Untersuchungen zeigte sich, daß die Thiophosphate in dieser Hinsicht den Phosphaten nicht nachstehen. Sieht man von Einzelheiten ab, so lassen sich für das Verhalten von Thiophosphaten als Alkylierungsmittel folgende allgemeine Aussagen machen:

(1) Alkylierungsmittel liegen nur in alkoxylgruppenhaltigen Estern vor; die Alkylmercaptogruppen der Thiolester vermögen nicht als Alkyldonatoren zu fungieren.

(2) Thiolester sind, sofern sie Alkoxylgruppen tragen, stärkere Alkylierungsmittel als die isomeren Thionoester.

(3) Unabhängig von der Zahl der im Molekül vorhandenen Alkoxylgruppen wird (bei Vermeidung pyrolytischer Reaktionen) stets nur eine Alkylgruppe abgegeben.

(4) Methylgruppen werden am leichtesten übertragen, höhere Alkylreste nur bei genügender Aktivierung. Benzylester wurden nicht untersucht; es ist anzunehmen, daß die Benzylgruppe ebenso leicht wie aus Benzylphosphaten [43—46] abgespalten werden kann.

(5) Die Ablösung von Alkylgruppen wird in gleicher Weise wie die Isomerisierung durch elektronenanziehende Substituenten (Aroxyl, Halogen) erleichtert.

Die in Punkt (5) erwähnte Aktivierung der alkylierenden Eigenschaften durch negative Substituenten ist auf deren Induktionswirkung zurückzuführen, die eine stärkere Polarisierung der Alkyl–Sauerstoff-Bindung und damit eine leichtere Ablösbarkeit des Alkylkations zur Folge hat. Entsprechend sind z. B. in der Reihe

$$(CH_3O)_3PS < (CH_3O)_2PS(OC_6H_5) < (CH_3O)PS(OC_6H_5)_2 < (CH_3O)PS(OC_6H_4NO_2\text{-}p)_2$$

die methylierenden Fähigkeiten zunehmend stärker ausgeprägt.

Wegen der verschiedenartigen Verhaltensweisen der nach Ablösung eines Alkyl-Kations aus den Estern des Typs (B) bzw. (C) zurückbleibenden Thiophosphat-Anionen seien diese verschiedenen Typen gesondert abgehandelt.

2. *Alkyl-diarylthiophosphate*

Mit tertiären Aminen, Thioäthern und Thioharnstoff reagieren diese Ester in hohen bis quantitativen Ausbeuten entsprechend Gl. (5) [34, 47, 48].

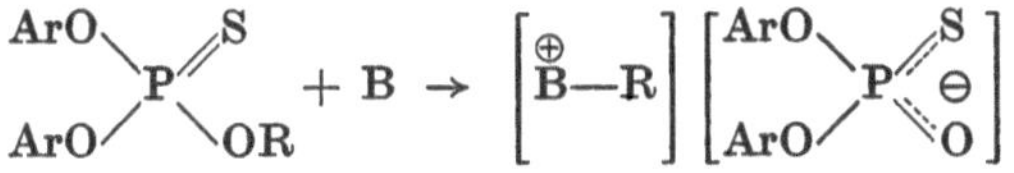

(5)

B = $N(CH_3)_3$, $S(CH_3)_2$, $SC(NH_2)_2$, $C_6H_5N(CH_3)_2$

Die S-Methylisothiuronium- und Tetramethylammoniumsalze schmelzen unzersetzt [48]. Dagegen spalten die Trimethylsulfoniumsalze beim Erhitzen Dimethylsulfid ab, wobei aber nicht die eingesetzten Thionoester, sondern ausschließlich deren Thiol-Isomere entstehen [34, 48, 49]. Dieses Verhalten erklärt die Dimethylsulfid-Katalyse der Isomerisierung von Alkyldiarylthionophosphaten [26, 34], die sich damit entsprechend Gl. (6) formulieren läßt [49]:

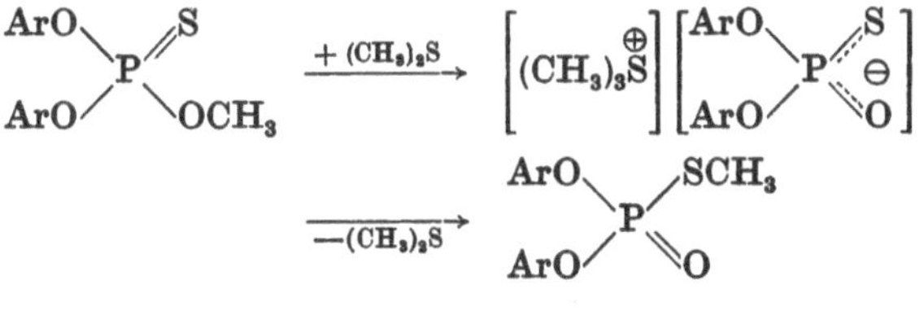

(6)

Die S-Alkyl-diarylthiophosphate enthalten keine Alkoxylgruppe mehr und können daher nicht mehr mit dem Dimethylsulfid reagieren. Das Fehlen alkylierender Eigenschaften ist auch die Ursache der thermischen Stabilität dieser Thiolester.

Tabelle 5

Reaktionen von Methyl-diphenyl- (A), Methyl-di-p-nitrophenyl- (B) und Äthyl-di-p-nitrophenyl-thionophosphat (C) entsprechend Gl. (5) [48]

Reaktionsprodukt	Schmp.	Ausb. %	einges. Ester	Bedingungen
$[\overset{\oplus}{N}(CH_3)_4]\,[(C_6H_5O)_2P(S)O^{\ominus}]$	118°	88	A	in Benzol, 20 Stdn. bei Raumtemperatur
$[(H_2N)_2\overset{\oplus}{C}\text{—}SCH_3]\,[(C_6H_5O)_2P(S)O^{\ominus}]$	83—84°	82	A	8 Stdn. in sied. Äthanol
$[\overset{\oplus}{S}(CH_3)_3]\,[(C_6H_5O)_2P(S)O^{\ominus}]$	57—59 (Zers.)		A	mehrwöchiges Stehenlassen der Kompon. bei Raumtemperatur
$[\overset{\oplus}{N}(CH_3)_4]\,[(p\text{-}O_2NC_6H_4O)_2P(S)O^{\ominus}]$	180—81°	99,7	B	5min. Einleiten von $N(CH_3)_3$ in gekühlte benzol. Ester-Lsg.
$[(H_2N)_2\overset{\oplus}{C}\text{—}SCH_3]\,[(p\text{-}O_2NC_6H_4O)_2P(S)O^{\ominus}]$	136—37°	81	B	3 Stdn. in sied. Äthanol
$[\overset{\oplus}{S}(CH_3)_3]\,[(p\text{-}O_2NC_6H_4O)_2P(S)O^{\ominus}]$	146° (Zers.)	87,1	B	11täg. Stehenlassen der Komp. bei Raumtemperatur
$[C_6H_5\overset{\oplus}{N}(CH_3)_3]\,[(p\text{-}O_2NC_6H_4O)_2P(S)O^{\ominus}]$	141°	45	B	in Benzol, 7 Tage bei Raumtemperatur
$[C_2H_5\overset{\oplus}{N}(CH_3)_3]\,[(p\text{-}O_2NC_6H_4O)_2P(S)O^{\ominus}]$	138°	99	C	in Benzol, 7 Tage bei Raumtemperatur

Daß die „Rückalkylierung" des Thionophosphat-Anions durch das Sulfonium-Kation ausschließlich Thiolester liefert, steht in Einklang mit den Erfahrungen bei der Alkylierung von Salzen O,O-disubstituierter Thiophosphorsäuren [48, 50—54]; das Alkyl-Kation tritt stets an den im Vergleich zum Sauerstoff stärker nucleophilen Schwefel des mesomeren Thionophosphat-Anions. Der unterschiedliche nucleophile Charakter von Sauerstoff und Schwefel ist letzten Endes auch die Ursache für die Isomerisierungstendenz der Thionophosphate.

Auch Thiophosphat-Anionen werden durch Alkyl-diaryl-thionophosphorsäureester alkyliert [34, 49] (Gl. 7).

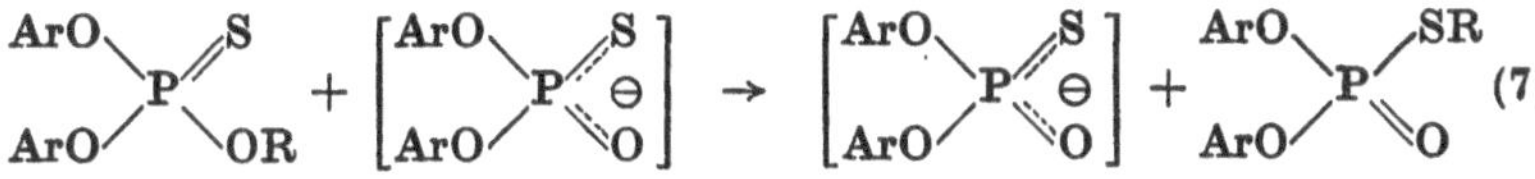
(7)

Da das Anion dabei reproduziert wird, können auf diese Weise Thionoester bei Gegenwart nur weniger Thionophosphat-Anionen in die Thiol-Isomeren überführt werden [26, 34, 49]. Eine derartige über Ionenketten verlaufende Katalyse wurde z. B. bei der Isomerisierung von Methyl-diphenyl- [34, 49] und Äthyl-di-(p-nitrophenyl)-thionophosphat [34] durch Zugabe kleiner Mengen Natrium-diarylthiophosphate ausgelöst.

3. *Dialkyl-aryl- und Trialkyl-thiophosphate*

Setzt man Thionoester des Typs (C) analog mit tertiären Aminen, Thioäthern oder Thioharnstoff um, so erhält man in den meisten Fällen nicht die entsprechend Gl. (5) zu erwarten-

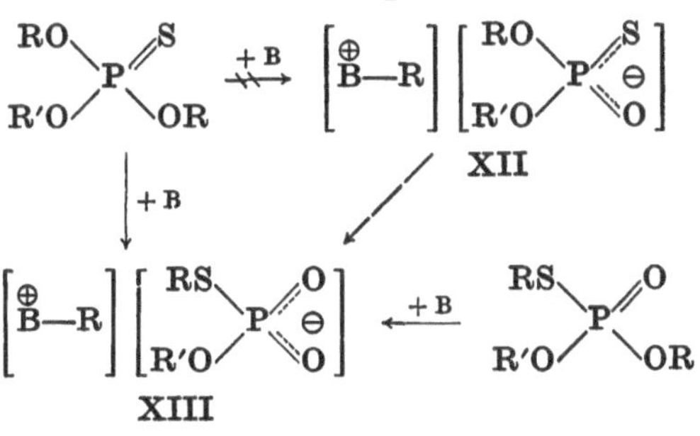
(8)

den Salze der O,O-disubstituierten Säuren (XII), sondern die jeweiligen Thiol-Isomeren (XIII) [32—36, 47, 48, 55]. Identische Produkte entstehen bei Verwendung der Thiolester (Gl. 8, vgl. Tab. 6).

Nur bei der Umsetzung der Thionoester mit stark basischen Aminen wie Trimethylamin [33, 36, 48, 56, 57] oder N-Methylmorpholin [36, 48] in der Kälte lassen sich die Salze XII mit einer Thionostruktur im Anion fassen; die gleichen Komponenten, in der Hitze umgesetzt, liefern aber sofort die Thiolsalze (XIII). Die nicht direkt zugänglichen Thionosalze XII wurden auf anderen Wegen hergestellt [33, 34, 48, 57] (doppelte Umsetzung, Neutralisationsreaktionen). Es zeigte sich, daß diese Salze entweder durch einfaches Erhitzen für sich allein oder in Gegenwart der betreffenden Thiono- oder Thiolester in die isomeren Thiolsalze XIII überführt werden.

Salze vom Typ XII mit einem „Thiono-Anion“ sind als Reinsubstanzen thermostabil, wenn das zugehörige Kation keine alkylierenden Fähigkeiten besitzt [48, 57, 58]. Andernfalls lassen sie sich durch trockenes Erhitzen oder bereits durch mehrtägiges Aufbewahren ihrer Lösungen bei Raumtemperatur zu den entsprechenden Thiolsalzen XIII isomerisieren [57]. Dies trifft vor allem auf die Trimethylsulfoniumsalze zu (Gl. 9).

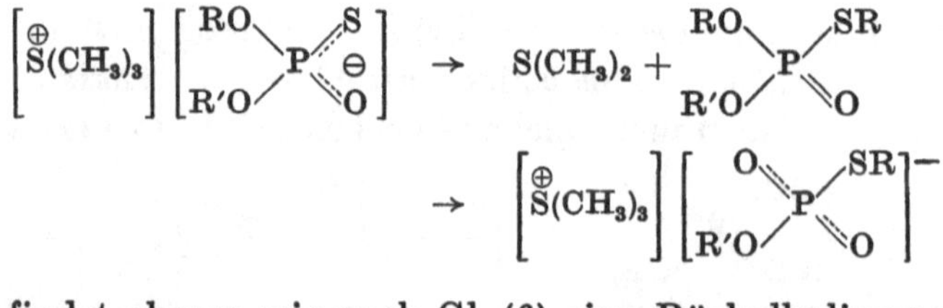

(9)

Hier findet ebenso wie nach Gl. (6) eine Rückalkylierung des Thionophosphat-Anions durch das Sulfonium-Kation statt. Der dabei entstehende Thiolester enthält aber noch wenigstens eine Alkoxylgruppe und alkyliert daher sofort wieder das Dimethylsulfid zu dem schließlich resultierenden Trimethylsulfonium-thiolphosphat [47, 48, 55, 57]. Dieser Rückalky-

Tabelle 6

Reaktionen von Trimethyl-, Dimethylphenyl- und Dimethyl-p-nitrophenylthionophosphat sowie ihren S-Methyl-Isomeren mit Trimethylamin, Dimethylanilin, N-Methylmorpholin, Dimethylsulfid und Thioharnstoff

Reaktionsprodukt	Schmp.	aus Thionoester	aus Thiolester
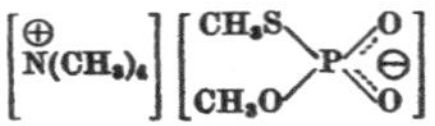 [55]	195—200°	in äther. Lsg. 20 Stdn. 80° im Rohr: 93%	in äther. Lsg. 12 Stdn. Raumtemp.: 58%
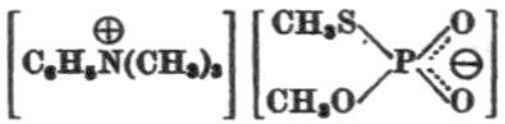 [55]	123—24°	25 Stdn. 65° ohne Lsgs.-M.: 26,7%	5 1/2 Stdn. 100° ohne Lsgs.-Mitt.: 38,5%
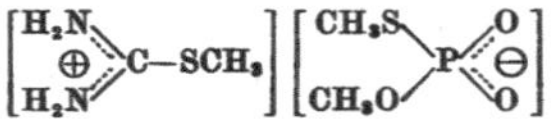 [55]	145—46°	5 Stdn. in sied. Äthanol: 96,5%	50 Min. in sied. Äthanol: 86,4%
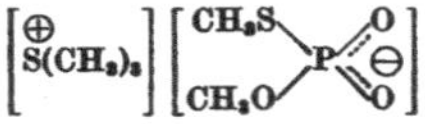 [32]	116—17°	12 Stdn. ohne Lsgs.-M. im Rohr, 90°: 17,8%	12 Stdn. ohne Lsgs.-Mitt. im Rohr, 90°: 20,6%
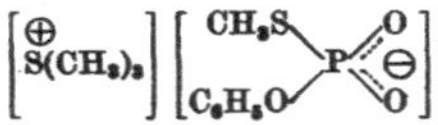 [48]	99°	10 Monate bei Raumtemp. ohne Lsgs.-Mitt.: 50,7%	in n-Propanol, 15 Stdn., 85° im Rohr: 85%
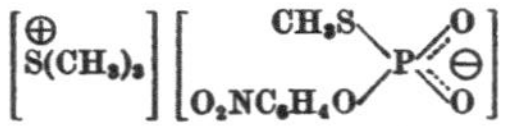 [48]	114—16°	8 Stdn. im Rohr bei 80° ohne Lsgs.-Mitt.: 98,5%	8 Stdn. im Rohr bei 80° ohne Lsgs.-Mitt.: 99,8%
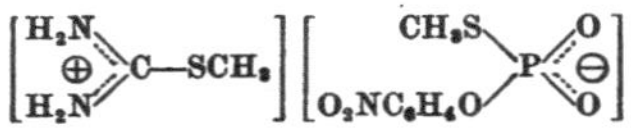 [48]	189°	10 Stdn. in sied. Methanol: 50%	2 Stdn. in sied. Methanol: 85%
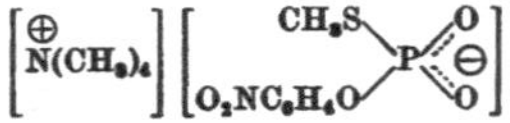 [48]	208—10°	in Benzol 12 Stdn. im Rohr bei 100°: 81,6%	In Benzol, 1 Stde. bei Raumtemp.: 99,4%
 [48]	117—19°	5 Stdn. in sied. Benzol: 96%	In Benzol, 12 Stdn. bei Raumtemp.: 98%

lierungs-Mechanismus erklärt nicht nur, warum aus Thionoestern und Dimethylsulfid stets nur die Thiolsalze XIII erhalten werden, sondern er gibt auch eine Erklärung für die Dimethylsulfid-Katalyse bei den thermischen Umwandlungen der Typ C-Thionoester [10, 32—37].

Der Rückalkylierungsmechanismus ist inzwischen auch von anderen Autoren beim Tetraäthylpiperazinium-bis-(diäthylthionophosphat) beobachtet worden [40].

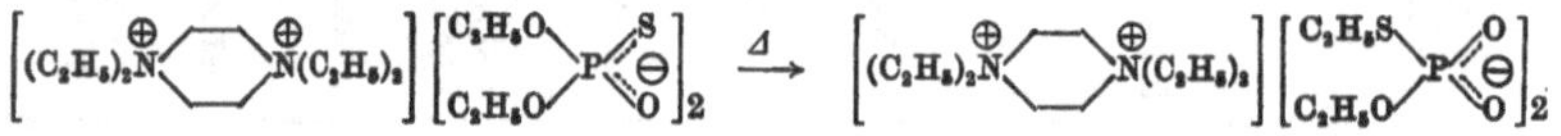

(10)

Thionosalze (XII), die stabile Kationen besitzen und sich daher beim Erhitzen nicht verändern, werden ebenfalls leicht isorisiert, wenn der entsprechende Thiono- und Thiolester zugegen ist [36, 58]. Es genügen dazu bereits katalytische Mengen Ester (vgl. Tab. 7); hier laufen also wieder Ketten-

Tabelle 7

Tetramethylammonium-O-methyl-O-phenylthiophosphat (3 g) bei 100° und Tetramethylammonium-O-methyl-O-p-nitrophenylthiophosphat (3 g) bei 120° [58]

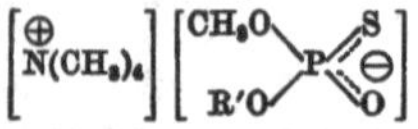	ohne Zusatz	in Ggw. von Thionoester	in Ggw. von Thiolester
R′ = C_6H_5	nach 7 Stdn. keine Veränderung	30 mg; nach 3 Stdn. kein Thiono-S	40 mg; nach 3 Stdn. kein Thiono-S
R′ = p-$O_2NC_6H_4$	nach 7 Stdn. keine Veränderung	35 mg; nach 4 Stdn. kein Thiono-S	35 mg; nach 3 Stdn. kein Thiono-S

reaktionen ab, bei denen die Thionophosphat-Anionen durch den Thiono- bzw. Thiolester alkyliert werden. Die beiden isomeren Ester üben den gleichen katalytischen Effekt aus, da bei Anwendung des Thionoesters in gleicher Weise wie in der

Diarylthiophosphat-Reihe (Gl. 7) das Thionophosphat-Anion zunächst zum Thiolester alkyliert wird:

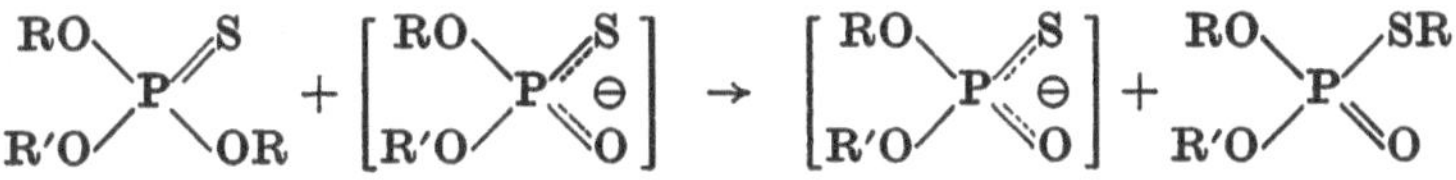
(11)

Der Thiolester seinerseits alkyliert nun das nach Gl. (11) ständig reproduzierte Thionophosphat-Anion und liefert dabei das Thiolphosphat-Anion:

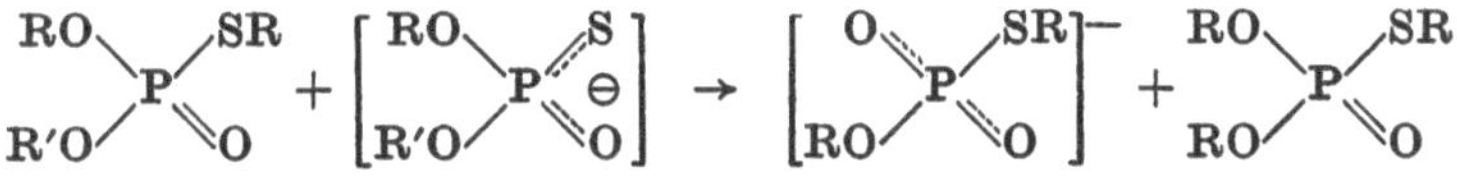
(12)

Die alkylierenden Eigenschaften der Thiophosphorsäureester sind gegenüber schwachen Alkyl-Akzeptoren, wie sie die Thionophosphat-Anionen darstellen, erst bei höheren Temperaturen genügend stark ausgeprägt. Die Reaktionsgeschwindigkeiten für die Entalkylierung von Thionoestern mit Trimethylamin sind bei Raumtemperatur unvergleichlich viel größer als die Geschwindigkeiten der Kettenreaktionen (11) und (12); erst beim Erwärmen kommen diese beiden Reaktionen zum Zuge, so daß man dann gleich die Thiolsalze erhält.

Gl. (11) und (12) müssen auch als mitverantwortlich für die Beschleunigung des Thionoschwefel-Umsatzes bei der thermischen Behandlung der Thionoester in Betracht gezogen werden [36, 58]. Es ist schwer abzuschätzen, ob das aus Dimethylsulfid und Thionoester primär gebildete Thiono-Anion unter den Bedingungen der thermischen Behandlung bevorzugt durch das Sulfonium-Kation gemäß Gl. (9) oder durch den im Überschuß vorhandenen Thiono- bzw. Thiolester alkyliert wird; bei Raumtemperatur hat im Falle des Dimethylsulfids zweifellos der Rückalkylierungsmechanismus (Gl. 9) den Vorrang [33, 57].

Ebenso wie die erwähnten tertiären Amine, Thioäther usw. werden auch andere genügend nucleophile Reagentien wie Thiosulfat-, Rhodanid- und Jodid-Ionen leicht durch Thiophosphorsäureester alkyliert. Mit Thionophosphaten führt diese anionische Entalkylierung ebenfalls zu den Thiolsalzen, wobei grundsätzlich wieder sowohl Rückalkylierungs- als auch

Ionenketten-Mechanismen beteiligt sein können. Rückalkylierung liegt zweifellos z. B. bei der Reaktion von Trimethylthionophosphat mit Natriumjodid vor, die in Aceton bei 45° nach 5 Stdn. 84% Natrium-O,S-dimethylthiophosphat und 70—80% Methyljodid liefert [33, 59].

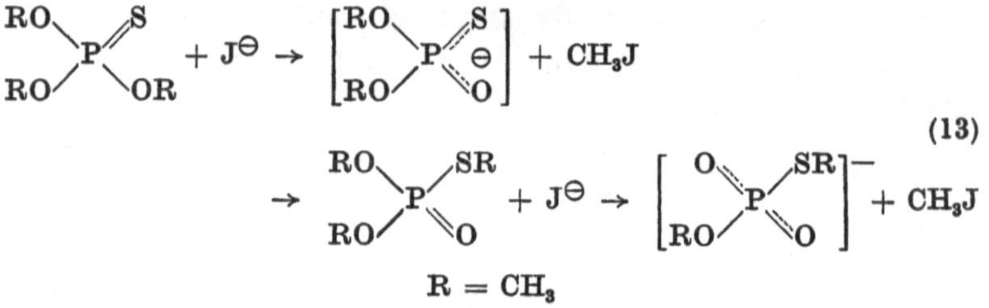

(13)

Der Thiolester gibt das gleiche Salz in gleich hoher Ausbeute nach der halben Zeit. Dagegen erhält man aus dem Thiolester mit Natriummethylat ein nahezu schwefelfreies Produkt [59], ein Zeichen dafür, daß das Methylat-Anion nicht am Kohlenstoff-, sondern am Phosphor-Atom des Thiolester-Moleküls angreift:

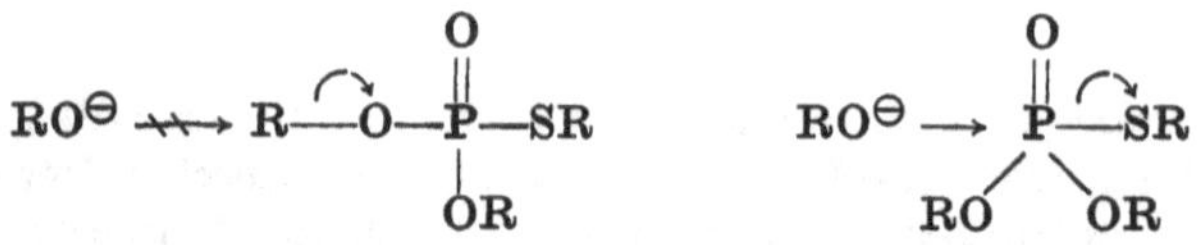

Diese Sonderstellung des stark nucleophilen Alkoholat-Ions wurde von anderen Autoren auch gegenüber Phosphorsäureestern beobachtet [60]; häufiger ist das analoge Verhalten des Hydroxyl-Ions untersucht worden [61—69]. Entalkylierungen von Phosphorsäureestern mit Natriumjodid sind ebenfalls bekannt. [44, 45, 70]

Im Gegensatz zu den Erfahrungen mit allen anderen nucleophilen Reagentien werden Thionoester mit Silbernitrat auch in der Hitze ausschließlich in die Thionosalze überführt [48, 57, 71, 72]. Diese Reaktion darf aber nicht mehr als einfache Entalkylierung verstanden werden; die Aufklärung ihres Mechanismus wird im Abschnitt V beschrieben.

4. *Andere Ester*

Bei den vorstehend beschriebenen Alkylspaltungen von Thionophosphorsäureestern sind die abgelösten Alkylreste identisch mit denen, die bei einer Isomerisierung vom Sauerstoff- an das Schwefelatom treten. Anders liegen die Verhältnisse bei den Thionoestern vom Systox- bzw. Amiton-Typ (I), deren Isomerisierung wegen der leichten Ausbildung eines cyclischen Übergangszustandes unter Wanderung der basisch substituierten Estergruppe erfolgt. Bietet man diesen Thionoestern ein stärker nucleophiles Agenz an, als es das Schwefel- bzw. Stickstoffatom im eigenen Molekül darstellt, so wird nicht mehr die das Heteroatom tragende, sondern die kleinste Alkylgruppe abgelöst. Am Beispiel des Metasystox (XIV) wurde diese Verhaltensweise demonstriert [73, 74]: Mit Trimethylamin in Benzol erhält man nach 20 Stdn. bei Raumtemperatur in nahezu quantitativer Ausbeute das Thiono-Salz XV. Dessen Methylierung liefert das bisher nicht bekannte S-Methyl-Isomere (XVI) des Metasystox.

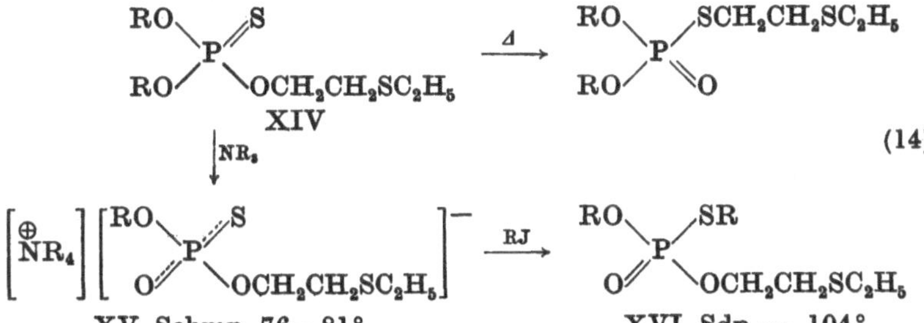

XIV (14)

XV, Schmp. 76—81° XVI, $Sdp._{0,01}$ 104°

R = CH_3

Das Schwefel- bzw. Stickstoffatom des basischen Esterrestes in Thiophosphaten der allgemeinen Formel I kann bei Abwesenheit anderer Alkylierungsmittel u. U. auch eine Selbstalkylierung erfahren, wobei salzartige oder betainartige Produkte entstehen. Das Methyläthyl-β-diäthylaminoäthyl-thionophosphat [29] z. B. wandelt sich bereits bei kurzfristigem gelinden Erwärmen oder längerem Stehen bei Raumtemperatur in eine ätherunlösliche hygroskopische Substanz um. Ähnliche Beobachtungen hat Heath [75—77] in der Systox-Reihe gemacht.

Auch Dialkylthiophosphorsäurechloride, die wie rein anorganische Säurechloride Acylierungsmittel sind, besitzen stark ausgeprägte alkylierende Eigenschaften. Bei Veresterungen in Gegenwart einer tertiären Base können Alkyl- und Acylspaltung der Chlorthiophosphate u. U. miteinander konkurrieren:

$$(RO)_2PSCl \xrightarrow{+NR'_3 + R''OH} \begin{cases} \xrightarrow{(a)} (RO)_2PS(OR'') + NR'_3 \cdot HCl \\ \xrightarrow{(b)} (ROPOS)_{n/n} + [RNR'_3]\,Cl \end{cases} \qquad (1{\cdot}5)$$

Aus Methyl-äthylthionophosphorsäure-chlorid und Pyridin in Aceton erhält man N-Methylpyridinium-chlorid [29], aus Diäthylthionophosphorsäure-chlorid und Trimethylamin in Benzol Trimethyl-äthylammonium-chlorid [56], beides bei Raumtemperatur in nahezu quantitativer Ausbeute.

Diesterchloride der Phosphorsäure verhalten sich analog. Die Einwirkung von Diäthylphosphorsäure-chlorid auf Thioharnstoff gestattet nach Verseifung des Thiuroniumsalzes die Isolierung von Äthylmercaptan in 80proz. Ausbeute [41]. Interessant ist, daß bei Ausführung dieser Reaktion in Methanol nicht ausschließlich S-Äthylierung, sondern auch S-Methylierung des Thioharnstoffs erfolgt [41].

Alkylspaltungen von Chlorphosphorsäureestern wurden erstmals von TODD [78] beim Dibenzylchlorphosphat beschrieben.

Ebenso wie das Diäthylchlorphosphat können tertiäre Phosphorsäureester vorteilhaft zur Alkylierung des Thioharnstoffs und damit zur Mercaptan-Gewinnung verwendet werden [41, 55]. Es ließ sich zeigen, daß Phosphorsäureester genau wie andere Alkylierungsmittel stets am Schwefelatom des Thioharnstoffs angreifen, unabhängig von der angewendeten Arbeitsweise, und daß die anfallenden und von anderen Autoren irrtümlich als N-Alkylthiuroniumsalze angesprochenen Produkte [79] in Wirklichkeit S-Alkylisothiuroniumsalze sind [41].

Das aus den Umlagerungsprodukten des Dimethyl-phenylthionophosphats isolierte Bis-(trimethylsulfonium)-triphenyltriphosphat (IV) ließ sich durch beidseitige Entalkylierung des symm. Dimethyl-triphenyltriphosphats (XVII, Synthese s. S. 42) mit überschüssigem Dimethylsulfid (24 Stdn. in Acetonitril bei 90° im Rohr) in ca. 40proz. Ausbeute darstellen [34] (Gl. 16).

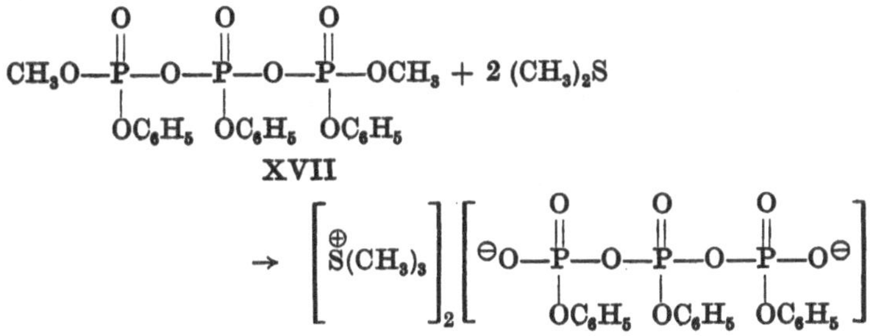

XVII (16)

IV

Aus den bei der Umkristallisation von IV anfallenden methanolisch-acetonischen Mutterlaugen wurde das Trimethylsulfonium-diphenyl-diphosphat XVIII isoliert, das in zwei Modifikationen vom Schmp.

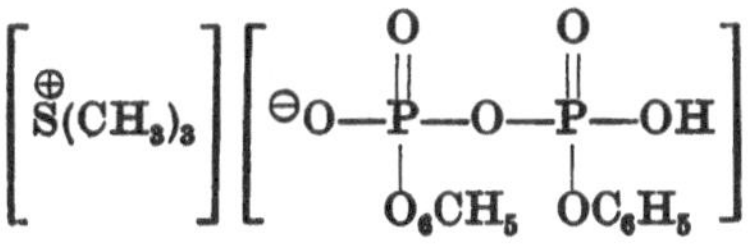

XVIII

100—101° bzw. 133° auftritt [34]. Seine Bildung ist offenbar auf eine Methanolyse des Triphosphats zurückzuführen. Die Konstitution von XVIII wurde durch eindeutige Synthese gesichert.

IV. Phosphorylierungen

1. Thiolphosphate als Phosphorylierungsmittel

Die bei der Beschreibung des thermischen Verhaltens von Thiono- und Thiolestern erwähnte Bildung kondensierter Phosphate zeigt, daß die Thiolester nicht nur alkylierende, sondern auch phosphorylierende Reagentien sind. Im Gegensatz zu den wohlbekannten Verhältnissen bei den Alkylierungsreaktionen sind unsere Kenntnisse über den Mechanismus der Thiolester-Kondensationen allerdings noch relativ gering, da es sich nicht um einheitliche Reaktionsverläufe, sondern höchst komplizierte Reaktionsknäuel handelt.

Zunächst muß als Startreaktion eine Selbstalkylierung des Thiolesters erfolgen. Bei intramolekularem Verlauf (Gl. 17)

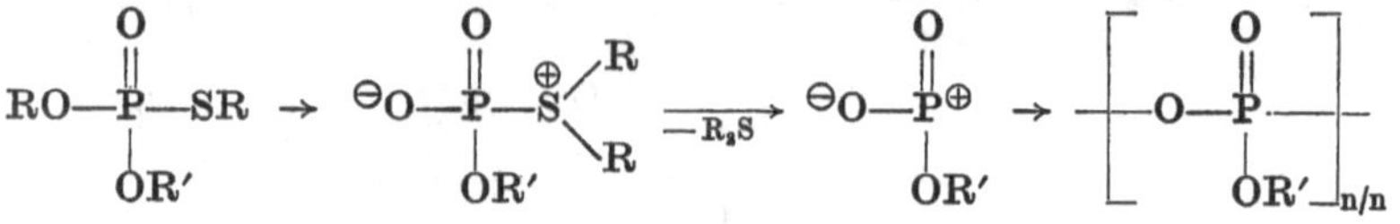

XIX (17)

$R = CH_3$; $R' = CH_3$ oder Aryl

entstände über ein Phospho-thetin (XIX) eine polymerisationsfähige Metaphosphat-Einheit, bei intermolekularem Verlauf

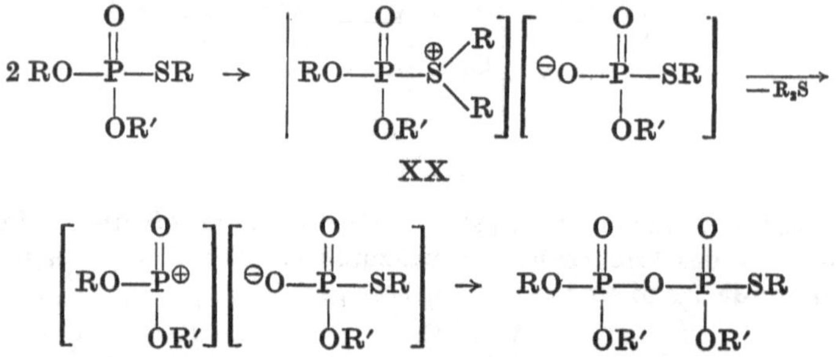

XX (18)

XXI

(Gl. 18) über ein Phosphoryl-sulfonium-Kation (XX) ein Thiolpyrophosphat (XXI) [32]. Welche der beiden Möglichkeiten den Vorrang besitzt, läßt sich nicht eindeutig entscheiden. Erwähnt sei hier, daß wir das intermediäre Auftreten von Phosphoryl-dimethyl-sulfonium-Kationen (XX) auch bei anderer Gelegenheit beobachtet haben (s. S. 51).

Die Thiolester-Kondensation unter Dimethylsulfid-Abspaltung demonstriert die Verwandtschaft der Thiolphosphate mit den Amidophosphaten. Todd [80], Gerrard [81] und Cadogan [82] haben bei

Amidophosphorsäureestern ganz analoge Kondensationen beobachtet, die sich z. T. in völliger Parallele zu Gl. (18) formulieren lassen:

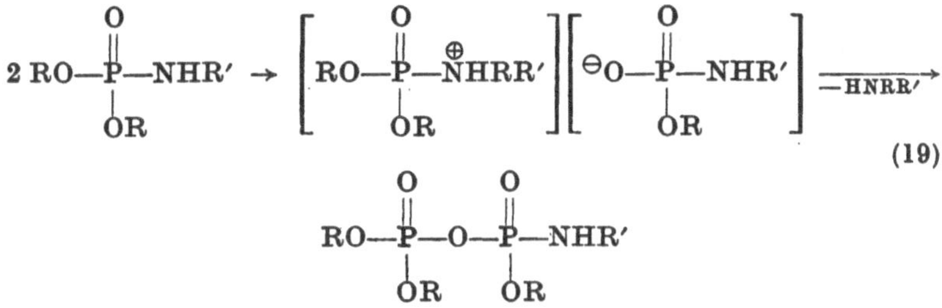

(19)

Amidophosphate haben als Phosphorylierungsmittel zur Herstellung energiereicher Polyphosphat-Bindungen inzwischen erhebliche präparative Bedeutung erlangt (Zusammenfassung s. [83]).

Die verhältnismäßig langsam verlaufende Startreaktion nach Gl. (17) oder (18) wird von anderen Reaktionen überrundet, sobald sich Dimethylsulfid gebildet hat. Man kann dies zeigen, indem man dem Thiolester von vornherein Dimethylsulfid zusetzt [32—34]; die Bildung kondensierter, leicht hydrolysierender Produkte erfolgt dann wesentlich schneller. Umgekehrt wird diese Beschleunigung fast völlig aufgehoben, wenn man das freiwerdende Dimethylsulfid durch einen kräftigen Stickstoffstrom sofort abführt [34] (vgl. Abb. 6).

Als Maß für die Bildung der kondensierten Phosphate dienten bei diesen Untersuchungen, die vorzugsweise mit dem O,S-Dimethyl-O-phenylthiophosphat durchgeführt wurden, die nach Hydrolyse in wäßrigem 90proz. Aceton durch Titration mit n/50-NaOH gegen Bromphenolblau erfaßbaren Aciditäten; die Proben wurden dabei fortlaufend in 10-Minuten-Abständen bis zur Erreichung eines konstanten Endwertes titriert, was frühestens nach 10, spätestens nach 100 Min. der Fall war [32—34].

Die Wirkung des Dimethylsulfids beruht auf der Produktion von Thiolphosphat-Anionen durch Entalkylierung des Thiolesters [32—34]. Erhitzt man z. B. O,S-Dimethyl-O-phenylthiophosphat im Gemisch mit Natrium- oder Trimethylsulfonium-S-methyl-O-phenylthiophosphat, setzt sofort ein außerordentlich schneller Anstieg der Hydrolysenwasserstoff-Werte ein [34] (Abb. 6).

Das Thiolphosphat-Anion verhält sich dem Thiolester gegenüber offenbar wie Hydroxyl- oder Alkoxyl-Ionen (s. S. 32), indem es die Mercaptogruppe vom Phosphoratom verdrängt (Gl. 20a). Im Gegensatz zu Hydroxyl- und Alkoxyl-Ionen

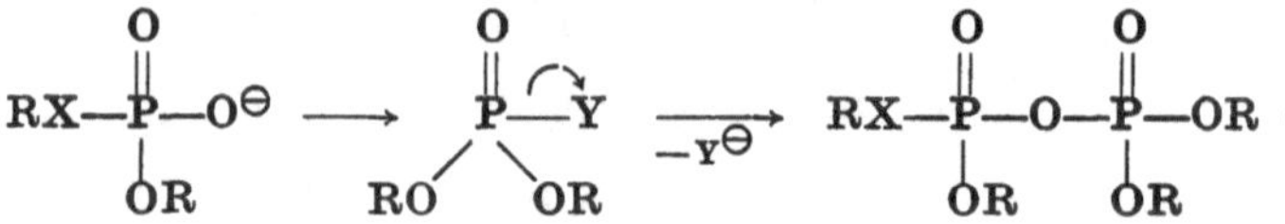
(20)

a: $X = S, Y = SCH_3$; b: $X = O, Y = Cl$; c: $X = O, X = NH_3^{\oplus}$

ist das viel schwächer nucleophile Thiophosphat-Anion aber erst bei erheblich höheren Temperaturen zu einem Angriff auf das Phosphoratom befähigt.

Die analoge Kondensation von Phosphat-Anionen mit Chlorphosphaten (Gl. 20b) ist schon länger bekannt [84—86], sie verläuft allerdings wegen der stärkeren Polarisation der P,Cl-Bindung unter wesentlich milderen Bedingungen. Auch die Pyrophosphat-Synthese mit Amidophosphaten läßt sich in gleicher Weise beschreiben (Gl. 20c); da man dabei mit freien Säuren arbeitet, geht wahrscheinlich eine Protonierung des Amid-Stickstoffs voraus [83].

Da das nach Gl. (20a) gebildete Pyrophosphat durch das Mercaptid-Ion (gegenenfalls auch durch Dimethylsulfid) zweifellos entalkyliert wird, kann es als Anion mit einem weiteren Thiolester-Molekül zum Thiol-triphosphat reagieren. Außer diesem Aufbau von Polyphosphat-Ketten muß man aber auch deren Spaltung durch Thiolphosphat- (und später vielleicht auch Phosphat-)Ionen annehmen, so daß neben dem Aufbau auch ein Abbau und Umbau der Polyphosphate stattfindet.

Austauschreaktionen zwischen Pyrophosphorsäuretetraestern und Dialkylphosphat-Anionen („Umanhydrisierungen") sind von TODD untersucht worden [86, 87].

Es ist daher verständlich, daß der Aufbau definierter Polyphosphate mit n-Phosphoratomen aus einem Mol Thiolphosphat-Anionen und n-1 Molen Thiolester bisher noch nicht ge-

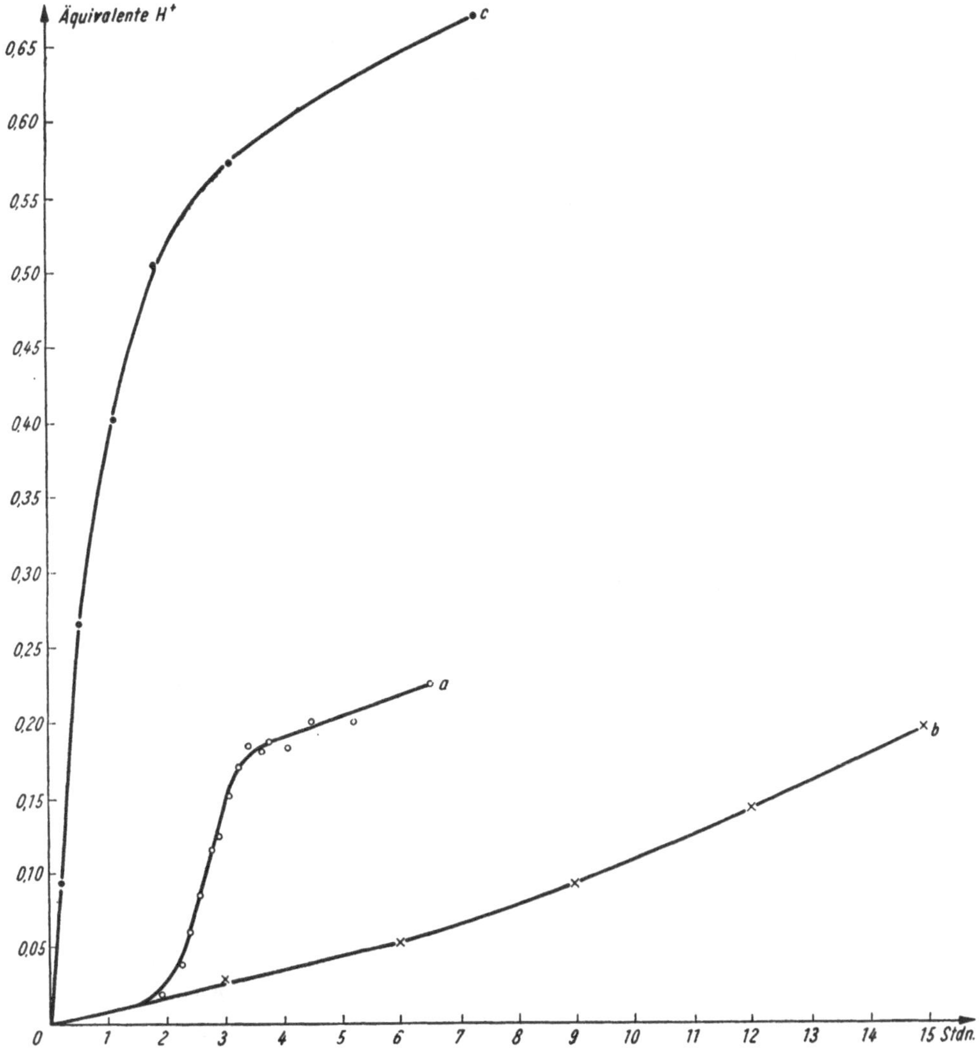

Abb. 6. Bildung schnell hydrolysierender Kondensationsprodukte aus O,S-Dimethyl-O-phenylthiophosphat bei 135° [34]

a) bei einfachem Erhitzen

b) im N_2-Strom

c) in Gegenwart eines halben Äquivalents $[S(CH_3)_3][CH_3SPO_2(OC_6H_5)]$; ($H^+$-Äquivalente bez. auf eingesetzten Ester)

lungen ist. So wurde z. B. aus 1 Mol Thiolphosphat-Anionen und 2 Mol Thiolester entsprechend Gl. (21) nach 200 Min. bei

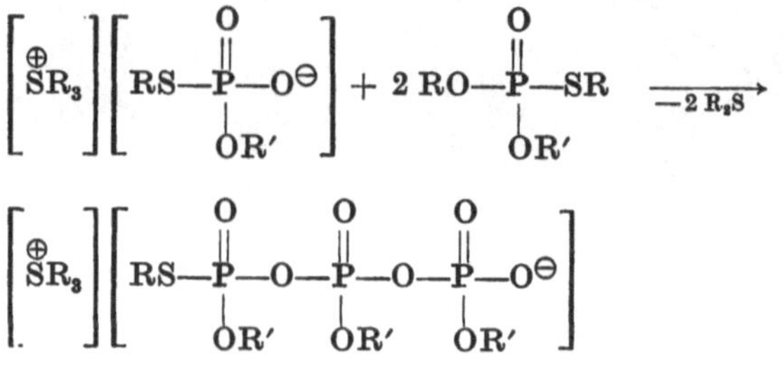

(21)

XXII

$R = CH_3 \qquad R' = C_6H_5$

130° unter Abgasen etwa der berechneten Menge Dimethylsulfid ein Produkt erhalten, das nach Entfernung geringer ätherlöslicher Anteile zwar exakt die analytische Zusammensetzung und den Sulfoniumgehalt des erwarteten Triphosphats XXII aufwies, dessen Hydrolyseverhalten jedoch auf das Vorliegen eines uneinheitlichen Gemisches schließen ließ; aus der wäßrigen Lösung wurde mit Bariumchlorid lediglich Barium-diphenyl-diphosphat, $Ba(C_6H_5)_2P_2O_7 \cdot 2\,H_2O$, gefällt [34].

Das Kondensationsprodukt aus einem gleichgroßen, aber länger erhitzten Ansatz lieferte beim Versetzen mit überschüssigem Trimethylsulfonium-S-methyl-O-phenyl-thiophosphat in Aceton bei Raumtemperatur das auch aus den Erhitzungsprodukten des Dimethyl-phenylthionophosphats isolierte Bis-trimethylsulfonium-Salz IV der Triphenyl-triphosphorsäure [34]. Diese Bildungsweise eines schwefelfreien Triphosphats aus mercaptidgruppenhaltigen Komponenten ist schwerlich anders als über die erwähnten Austauschreaktionen zu erklären; sie zeigt aber auch, wie wenig übersichtlich das Reaktionsgeschehen in derartigen Systemen abläuft.

Die Thiolester sind anscheinend ebenso wie die Amide [83] der Phosphorsäure spezifische Phosphorylierungsmittel für Phosphat- bzw. Thiophosphat-Anionen.

Phosphorylierungsreagentien ganz anderer Art liegen dagegen in den Silbersalzen (XXIII) der S-Methyl-O-arylthiophosphorsäuren vor. Diese Verbindungen spalten in Gegenwart von Silbernitrat Silber-methylmercaptid ab, und das zurückbleibende Arylmetaphosphat kann dann z. B. Alkohole zu Alkylarylphosphorsäuren phosphorylieren [88] (Gl. 22). Wegen der

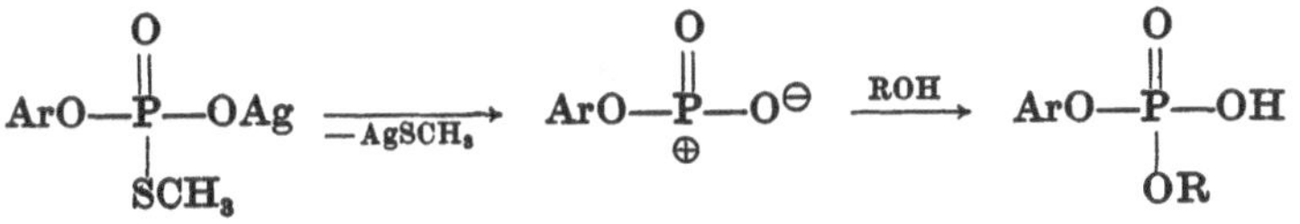
(22)

XXIII

Unbeständigkeit der Thiol-Silbersalze XXIII gegenüber Silberionen lassen sie sich bisher nur durch doppelte Umsetzung bei Einhaltung bestimmter Konzentrationsbedingungen, nicht aber durch Entalkylierung der Thiolester mit Silbernitrat darstellen; im letzteren Falle erhält man wegen des stets vorhandenen Silbernitrat-Überschusses sofort Silber-methylmercaptid, und zwar als Additionsverbindung mit Silbernitrat im Verhältnis 1 : 2 oder 1 : 1 [88].

2. Chlorphosphate als Phosphorylierungsmittel

Zur eindeutigen Synthese des symm.-Dimethyl-triphenyltriphosphats (XVII), der Vorstufe des Sulfoniumsalzes IV, wurde eine von Toy [85, 89] entwickelte Pyrophosphat-Synthese auf die Darstellung von Triphosphaten erweitert.

Toy hatte Dialkylchlorphosphate mit Trimethyl- [85, 89] bzw. Triäthylphosphat [85] erhitzt und in guten Ausbeuten Tetraalkylpyrophosphate erhalten. Vorher war schon von Schrader [90—92] gezeigt worden, daß Phosphoroxychlorid mit Triäthylphosphat zu kondensierten Produkten reagiert. Das erwartete Hexaäthyltetraphosphat erwies sich allerdings als ein Gemisch, das zur Hauptsache aus Tetraäthyl-pyrophosphat bestand [93]. Unter der Bezeichnung *Bladan* gelangte es als erstes synthetisches Kontaktinsektizid auf Phosphorsäureester-Basis in den Handel.

Bei zweistündigem Erhitzen von Dimethyl-phenylphosphat und Phenylphosphorsäure-dichlorid (Molverhältnis 2:1) auf 150° wurde unter quantitativer Methylchlorid-Abspaltung das Triphosphat XVII als nicht unzersetzt destillierbares Öl erhalten (Gl. 23); in Gegenwart katalytischer Mengen Zinkchlorid

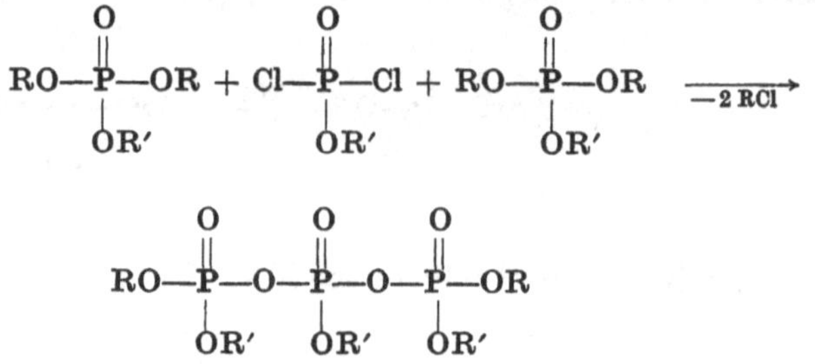

(23)

XVII

$R = CH_3 \quad R' = C_6H_5$

verläuft die Kondensation auch bei niedrigeren Temperaturen [34]. Das nach Behandlung mit Kohle aus Äther mit Benzin umgefällte farblose Öl erwies sich als analysenrein. Die Hydrolyse von XVII verläuft über die Methyl-diphenyl-diphosphorsäure: nach 1 Stde. in 0,006 m wäßriger Lösung bei Raumtemperatur wurden sowohl gegen Bromphenolblau als auch gegen Phenolphthalein 2,1 Äquivalente H-Ionen titriert. In siedender wäßriger Lösung ist die vollständige Hydrolyse zu 2 Mol Methyl-phenylphosphorsäure und 1 Mol Phenylphosphorsäure nach 5 Stdn. beendet; man findet dann, wie erwartet, als Endwert 3,0 (gegen Bromphenolblau) bzw. 4,0 Äquivalente H-Ionen (gegen Phenolphthalein) [34].

Analog XVII wurde auch Pentaphenyl-triphosphat aus Methyldiphenylphosphat und Phenylphosphorsäure-dichlorid dargestellt (quantitativer Umsatz nach 6 Stdn. bei 100° in Gegenwart von $ZnCl_2$); auch aus 2 Mol Diphenylphosphorsäurechlorid und 1 Mol Dimethyl-phenylphosphat erhält man in 6 Stdn. bei 120° quantitativ den Pentaphenylester [34].

SIMON und STÖLZER [94] haben das gleiche Pentaphenyltriphosphat und ebenso auch den Pentaäthylester aus Dichlorid und freier Säure in Pyridin synthetisiert.

Die Entalkylierung des Esters XVII mit Dimethylsulfid zum Bis-sulfoniumsalz IV wurde bereits erwähnt (S. 35). IV hydrolysiert im Wasser allmählich, zunächst zu Mono- und Diphosphat [34]. In 0,008 m wäßriger Lösung ist diese erste Hydrolysenstufe bei Raumtemperatur nach 12 Tagen, in der Siedehitze nach 30 Minuten erreicht; die Diphenyl-pyrophosphorsäure (XXV) läßt sich dabei nahezu quantitativ als Barium- oder Bis-cyclohexylammonium-Salz isolieren. Die freie Säure (XXIV) hydrolysiert in gleicher Weise zunächst zum Mono- und Diphosphat (Gl. 24), und zwar erwartungs-

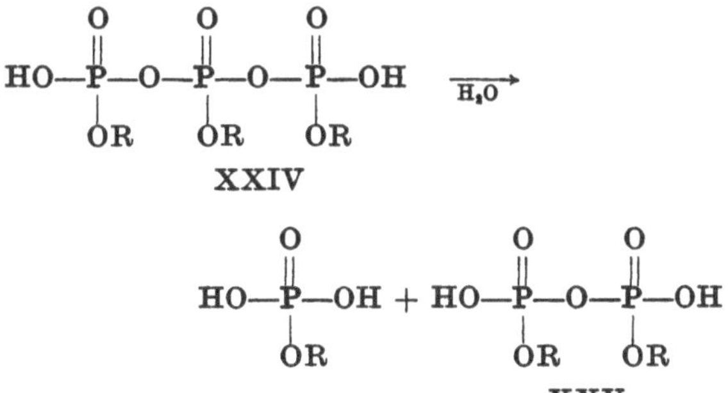

XXIV (24)

XXV

$R = C_6H_5$

gemäß schneller als das Salz IV; bei Raumtemperatur ist die Hydrolyse nach 160 Stdn., in der Siedehitze nach etwa 20 Min. entsprechend Gl. (24) beendet [34] (vgl. Abb. 7).

Die freie Diphenyl-pyrophosphorsäure (XXV) wurde auch synthetisch dargestellt [34] nach einem Verfahren, das sich an eine ebenfalls von TOY [95] entwickelte Pyrophosphat-Synthese anlehnt (Gl. 25).

Nach TOY erhält man Tetraalkyl-pyrophosphate entsprechend Gl. (20b) vorteilhaft durch partielle kontrollierte Hydrolyse von Dialkylchlorphosphaten in Pyridin.

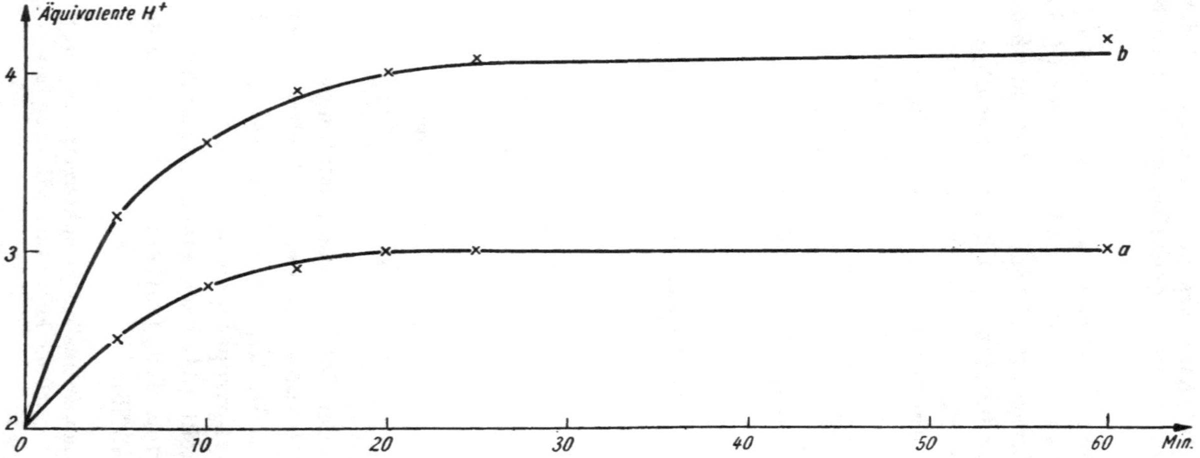

Abb. 7. Hydrolyse der symm.-Triphenyltriphosphorsäure in 0,002 m wäßriger Lösung bei 100° [34]

a) Titrationsverlauf gegen Kongorot
b) Titrationsverlauf gegen Phenolphthalein

Simon und Stölzer [96, 97] haben inzwischen gezeigt, daß Alkylphosphorsäure-chloridfluoride unter diesen Bedingungen symm.-Dialkyl-difluor-pyrophosphate geben; die P,F-Bindung wird dabei nicht hydrolytisch gespalten.

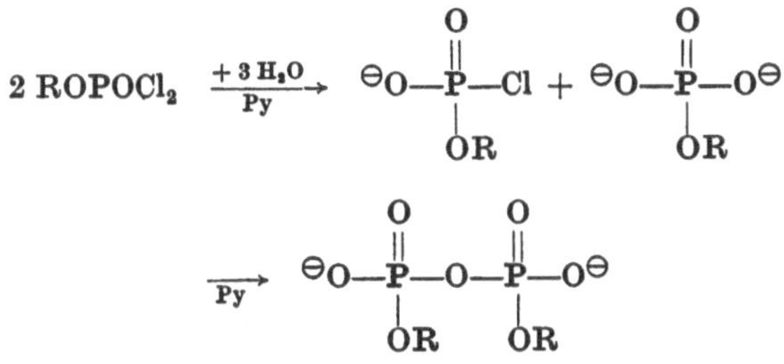

(25)

R = C_6H_5; Py = Pyridin

Der hydrolytische Abbau der Diphenyl-pyrophosphorsäure erfolgt wesentlich langsamer als der der Triphosphate; bei

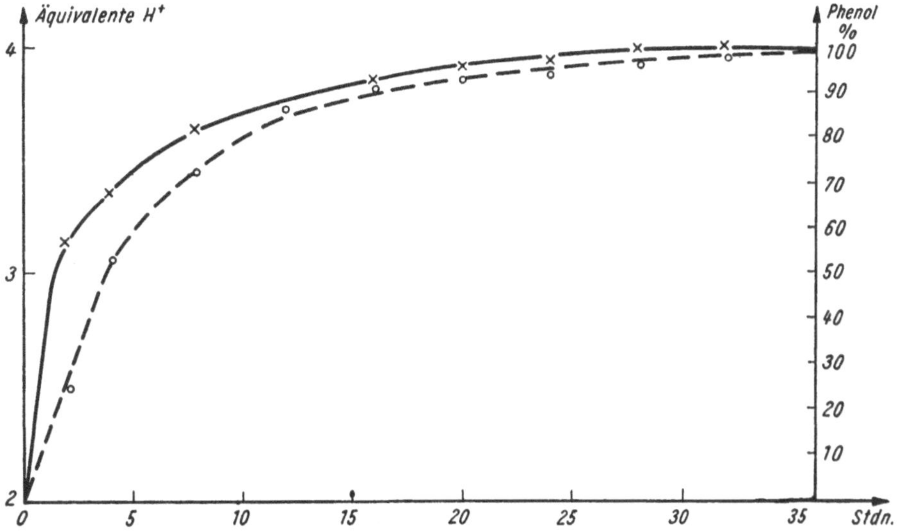

Abb. 8. Hydrolyse der symm.-Diphenyl-pyrophosphorsäure in 0,04 m wäßriger Lösung bei 100° [34]

——— Hydrolyse der Pyrophosphat-Bindung (gegen Phenolphthalein)
- - - - - Hydrolyse der Esterbindung (bromometrisch nach Siggia [98])

100° ist die P—O—P-Brücke erst nach 28 Stdn. quantitativ gespalten [34]. Gleichzeitig findet eine Hydrolyse der Esterbindung statt, die etwas langsamer verläuft (s. Abb. 8).

V. Aktivierte Thiophosphate

Es war erwähnt worden, daß die alkylierende Spaltung eines Thiophosphorsäure-triesters um so leichter verläuft, je stärker der aktivierende Einfluß negativer Substituenten ist. Den gleichen Effekt kann man von außen auf das Thionophosphat-Molekül ausüben, indem man mit einem geeigneten Akzeptor-Molekül X den Lewisbasen-Charakter des Thiophosphoryl-Schwefels zu mobilisieren sucht [99]. Sowohl der elektronen-

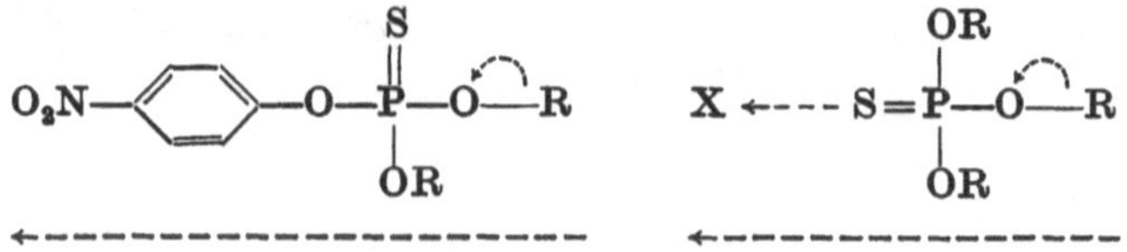

anziehende Substituent am Phosphoratom als auch die am Schwefelatom angreifende Lewissäure X induzieren eine stärkere Polarisation der Alkyl-Sauerstoff-Bindung und erleichtern somit die Ablösung eines Alkyl-Kations. Da mit geeigneten Thionophosphat-Lewissäure-Paaren ganz ungewöhnliche Effekte erzielt werden können [99], bezeichnen wir derartige Systeme als aktivierte Thiophosphate [99, 100].

1. Aktivierungen mit Silberionen

Bereits PISTSCHIMUKA [3, 4] hatte gezeigt, daß sich Trialkylthionophosphate mit Silbernitrat entalkylieren lassen. Silbernitrit und -acetat sind ebenfalls verwendbar, Silbercarbonat und -sulfat nicht [36, 48, 71, 72]. Auffallend sind die große Reaktionsbereitschaft und die hohen Ausbeuten: Silbernitrat löst sich in den Estern unter starker Wärmeentwicklung [71]; aus äquimolaren Mengen der Komponenten erhält man nach 2 Stdn. bei 80° (ohne Lösungsmittel) im Falle des Trimethylesters über 99% Silber-dimethylthionophosphat, und im Falle des Tri-n-butylesters immerhin noch 50% des entsprechenden Salzes [71]. Wir kennen keine anderen entalkylierenden Reagentien, die unter gleichmilden Bedingungen imstande wären, ähnlich stark spaltend auf höhere Alkylthiophosphate zu wirken. Bei Anwendung anderer Nitrate werden auch gegenüber leicht entalkylierbaren Thiophosphaten wie z.B. Dimethyl-p-nitrophenylthionophosphat keine Erfolge erzielt [36, 48]; dies ist verständlich, da das Nitrat-Ion nur mäßig nucleophil ist.

Pistschimuka hatte auch schon beobachtet, daß in einigen Fällen aus Thionoester und Silbernitrat zunächst Öle entstehen, in denen er Additionsverbindungen vermutete, und die erst allmählich die kristallinen Silbersalze ausschieden [4].

Es kann nunmehr als gesichert gelten, daß die Alkylspaltung von Thionophosphaten mit Silbernitrat über primäre Komplexe verläuft [71], in denen durch Aktivierung im obigen Sinne die Esterbindungen beträchtlich gelockert werden. Wir haben einige derartige Komplexe (XXVI) dargestellt [72]. Mit

$Ag^{\oplus}[(SP(OR)_3)_n]X^{\ominus}$

XXVI

a) $R = C_2H_5; n = 1; X = NO_3$; Öl, n_D^{20} 1,5409
b) $R = CH_3; n = 3; X = BF_4$; Schmp. 44—45,5°
c) $R = C_6H_5; n = 2; X = NO_3$; Schmp. 96°
d) $R = C_6H_5; n = 2; X = NO_2$; Schmp. 91°

Ammoniak oder Thioharnstoff werden sie unter Freisetzung der Ester und Bildung des Silber-diammin- bzw. -tri-thioharnstoff-Komplexes gespalten. XXVIa zerfällt von selbst in Silber-diäthylthionophosphat und Äthylnitrat. Der Silbernitrat-Komplex des Trimethylesters ist wegen der größeren Reaktionsfähigkeit der Methylgruppen gar nicht mehr faßbar;

bei Ersatz des Nitrat-Ions durch das nicht methylierbare Tetrafluoroborat-Anion kann aber ein analoger Komplex XXVIb isoliert werden.

Die Komplexbildung der Trialkylthionophosphate mit Silbersalzen besitzt Bedeutung in der Analytik; kürzlich wurde gezeigt [101], daß Tri-n-butyl- und Tri-isooctyl-thionophosphat selektive Extraktionsmittel für Silber- und Quecksilber(II)-Ionen sind. Aus salpetersaurer Lösung können Silber-Ionen in Gegenwart beliebiger anderer Kationen (außer Hg^{++}) quantitativ extrahiert werden. Durch Messung der Verteilungskoeffizienten wurde das Vorliegen von 1:1-Addukten in den Extrakten wahrscheinlich gemacht.

Das Ausmaß der durch Silbernitrat erzielbaren Aktivierungen zeigt sich besonders deutlich in der Reihe der Triarylester. Triphenylthionophosphat gibt beim Erwärmen mit Silbernitrat in alkoholischer Lösung in hohen Ausbeuten Silber-diphenylthionophosphat [4, 71]; die analoge Reaktion beim Tri-p-nitrophenylester ist nach 30 Min. nahezu quantitativ [36, 48]. Wegen der bekannten Festigkeit der Aryl-Sauerstoff-Bindung in diesen Estern war hier zunächst an eine Umesterung zu Äthyldiarylestern und anschließende Entalkylierung zu denken, was zu den gleichen Endprodukten führen sollte. Es ließ sich jedoch zeigen, daß der Triphenylthionophosphat-Silbernitrat-Komplex (XXVIc) auch in Abwesenheit von Lösungsmitteln beim Erwärmen in 75proz. Ausbeute das Silber-diphenylthionophosphat liefert [71, 72]. Das zweite Mol Ester wird nahezu quantitativ zurück erhalten; daneben entsteht o- und p-Nitrophenol im Verhältnis 60:40. Damit steht fest, daß mit Silbernitrat eine echte Arylspaltung möglich ist.

$$2\,(C_6H_5O)_3PS + AgNO_3 \rightleftarrows \text{XXVIc}$$
$$\rightarrow Ag[(C_6H_5O)_2PSO] + (C_6H_5O)_3PS + HOC_6H_4NO_2 \qquad (26)$$

Auch aus dem Nitrit-Komplex XXVId entsteht beim trokkenen Erhitzen das gleiche Silbersalz.

Im Gegensatz zum Triphenylthionophosphat reagiert Triphenylphosphat selbst unter verschärften Bedingungen mit

Silbernitrat überhaupt nicht [71, 72], ein Beweis dafür, daß die Silber-Schwefel-Koordination für die Aryl- (und zweifellos auch die Alkyl-)Spaltung mit Silbersalzen Voraussetzung ist.

2. *Aktivierungen mit Antimonpentachlorid*

Die Systeme $(RO)_3PS/SbCl_5$ gehören zu den stärksten Alkylierungsmitteln, die wir kennen [99, 100]. Tropft man zu einer ätherischen Lösung von Triäthylthionophosphat die doppeltmolare Menge Antimonpentachlorid, so erhält man in quantitativer Ausbeute Triäthyloxonium-hexachloroantimonat [100]. Analog sind andere, auch unsymmetrisch substituierte, Oxoniumsalze zugänglich. Die Reaktion ist als Umsetzung zweier $SbCl_5$-Addukte unter Ausbildung einer neuen, energetisch begünstigteren Sechserkoordination des Antimons zu verstehen. Das Primäraddukt XXVII ist extrem reaktionsfähig und kann nicht isoliert werden.

$$\underset{\text{XXVII}}{(RO)_3PS \rightarrow SbCl_5} + R'_2O \rightarrow SbCl_5$$

$$\longrightarrow \left[R'_2\overset{\oplus}{O}R\right]\left[SbCl_6^{\ominus}\right] + (RO)_2POSSbCl_4 \qquad (27)$$

Trialkylphosphate reagieren analog, sind aber präparativ weniger vorteilhaft. Auch Dialkylchlorphosphate bzw. -chlorthionophosphate können eingesetzt werden, wobei man mit der halben Menge Antimonpentachlorid auskommt [99] (Gl. 28).

$$(RO)_2P(X)Cl + R'_2O \xrightarrow{+SbCl_5} \left[R'_2\overset{\oplus}{O}R\right]\left[SbCl_6^{\ominus}\right] + (ROPOX)_{n/n} \qquad (28)$$
$$X = O, S$$

Bei Trialkylphosphat-BCl_3-Addukten hat GERRARD [102, 103] eine ähnliche, wenn auch wesentlich schwächere Auflockerung der Alkyl-Sauerstoff-Bindung beobachtet, die sich in einer allmählichen Alkylchlorid-Abspaltung äußert.

Ebenso wie Äther werden auch andere schwer angreifbare Verbindungen mit dem Thiophosphat/Antimonpentachlorid-Reagenz alkyliert [99]. Sogar das Thiophosphorsäureester-Molekül selbst läßt sich damit alkylieren, wobei unter Aufrichtung der P,S-Doppelbindung eine neuartige Trialkoxy-alkylmercaptophosphonium-Struktur (XXVIII) entsteht [99, 104] (Gl. 29).

$$2\,(RO)_3PS{\rightarrow}SbCl_5 \longrightarrow \left[RO{-}\overset{\overset{OR}{|}}{\underset{\underset{OR}{|}}{\overset{\oplus}{P}}}{-}SR\right]\left[SbCl_6^{\ominus}\right] + (RO)_2POSSbCl_4 \quad (29)$$

$R = CH_3$ XXVIII, Schmp. 127—28°

Diese Reaktion verläuft allerdings nur im Falle des Trimethylesters glatt, und zwar mit quantitativer Ausbeute an XXVIII. Sie ist als Stabilisierung des unbeständigen Adduktes XXVII durch Disproportionierung aufzufassen.

Grundsätzlich gelingt es auch mit anderen starken Alkylierungsmitteln wie Oxoniumsalzen, den Thionoschwefel in tertiären Estern zu alkylieren [99]; das Abfangen der Phosphoniumstufe erweist sich dabei aber als schwierig, und meist erhält man nur die Zersetzungsprodukte.

Phosphonium-Ionen vom Typ XXVIII sind verschiedentlich [105—108] als Zwischenstufen bei Thiolphosphat-Synthesen angenommen, aber niemals nachgewiesen worden (Gl. 30).

$$(RO)_3P + R'SX \rightarrow \left[(RO)_3\overset{\oplus}{P}SR'\right]X^{\ominus} \xrightarrow[-RX]{} (RO)_2PO(SR') \quad (30)$$

$X = Cl, CN, SR'$

Der Nachweis gelingt jedoch leicht, wenn man Trialkylphosphite mit Sulfenylchloriden in Gegenwart von Antimonpentachlorid umsetzt [99, 104]. Wegen der auch bei tiefen Temperaturen stürmisch verlaufenden Reaktion zwischen Phosphit und Sulfenylchlorid, die sofort zum Thiolester führt, muß man die beiden Chloride vorlegen und das Phosphit unter Kühlung zutropfen. Die Trialkoxyphosphoniumsalze XXIX werden dabei in hohen Ausbeuten erhalten. Mit Zinn(IV)-chlorid lassen sich analog die Hexachlorostannate darstellen [99].

$$(RO_3)P + R'SCl + SbCl_5 \rightarrow \left[(RO)_3\overset{\oplus}{P}SR'\right] SbCl_6^{\ominus} \qquad (31)$$

XXIX

Die Verbindungen XXIX sind in der Kälte einige Zeit haltbar. Sie zeigen die Leitfähigkeit echter binärer Salze. Infolge der großen Tendenz zur Ausbildung einer P,O-Doppelbindung sind sie starke Alkylierungsmittel. Mit Tetrahydrofuran reagieren sie heftig unter starker Wärmeentwicklung und spontaner Polymerisationsauslösung. Der Abbau beim Erwärmen in inerten Lösungsmitteln verläuft abweichend von Gl. (30), da kein alkylierbares Anion zugegen ist; man erhält als kristallines Produkt Trialkylsulfonium-hexachloroantimonate. In

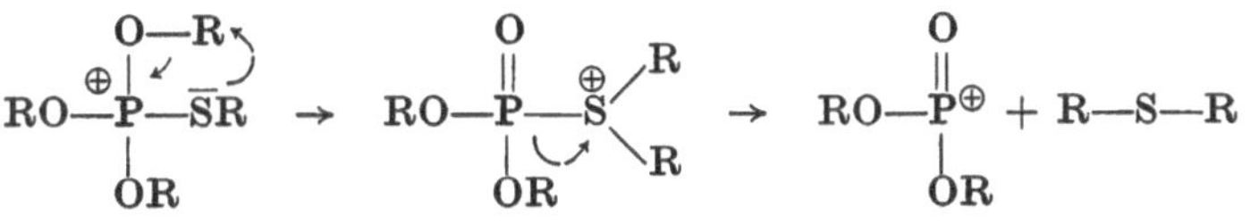

XXIX XX (32a)

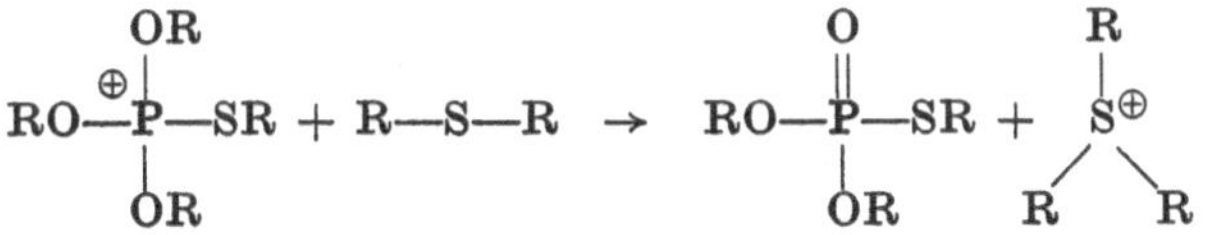

(32b)

Ermangelung eines anderen Alkylakzeptors erfolgt die Aufrichtung der P,O-Doppelbindung dabei offenbar unter primärer Alkylierung des Schwefelatoms im eigenen Molekül, wobei zunächst ein Phosphoryl-sulfonium-Kation XX (vgl. S. 36) entsteht; das durch dessen Zerfall freiwerdende Sulfid wird dann von einem zweiten Phosphonium-Ion XXIX zum Sulfonium-Kation alkyliert [99, 104].

VI. Optisch aktive Thiophosphate

Die biologische Aktivität der Thiophosphat-Insektizide ist in der Hauptsache auf ihre Hemmwirkung gegenüber gewissen Fermenten, z. B. den Cholinesterasen, zurückzuführen [109, 110]. Da Fermentreaktionen stereospezifisch verlaufen, ist die biologische Verhaltensweise stereoisomerer Thiophosphate von Interesse. Entsprechende Untersuchungen sind bisher nur bei cis-trans-isomeren Vinyl- [111] und Propenylphosphaten [112] sowie den optischen Antipoden des Äthylthiophosphonsäure-O-äthyl-S-(β-äthylmercaptoäthyl)-esters [113] vorgenommen worden. Optische Antipoden von Derivaten der Phosphor- oder Thiophosphorsäure konnten in derartige Studien nicht einbezogen werden, da die Antipodenspaltung asymmetrischer Phosphor- und Thiophosphorsäure-Derivate zwar verschiedentlich versucht worden, niemals aber gelungen ist.

Erfolgreiche Spaltungen von Phosphorverbindungen mit asymmetrisch substituiertem Phosphoratom als einzigem Asymmetriezentrum in optische Antipoden sind bisher bei Phosphoniumsalzen [114—116], Phosphinoxyden [117, 118], Phosphinsulfiden [119], Phosphin- [120], Thiophosphin- [121, 122], Phosphon- [121, 123] und Thiophosphonsäure-Derivaten [124—127] durchgeführt worden. Durch Umsetzung der dabei gewonnenen Antipoden wurden einige weitere optisch aktive Phosphorverbindungen erhalten [116, 122, 127—130].

Gegenstand unserer Untersuchungen war vorzugsweise das O,S-Dimethyl-O-p-nitrophenylthiophosphat VI (vgl. S. 19), das als Isomeres des *Methyl-E 605*, dessen ständiger Begleiter in den technischen Wirkstoff-Fabrikaten ist und gegenüber seinem Thiono-Isomeren eine etwa 25× stärkere Cholinesterasehemmwirkung aufweist [131].

Da VI keine funktionellen Gruppen besitzt, die zur Spaltung über Diastereomere dienen könnten, wurde für die Synthese der optischen Antipoden von VI das O-Methyl-O-p-nitrophenylthiophosphat-Anion (XXX) als Ausgangsmaterial gewählt [36, 132, 133]. Das Anion XXX ist aus dem *Methyl-E 605* durch Entalkylierung leicht zugänglich, enthält bereits die asymmetrische Konfiguration von VI vorgebildet und liefert mit Methylierungsmitteln den Ester VI.

Zur Überführung von XXX in ein Diastereomerenpaar erwies sich die doppelte Umsetzung von Silber-O-methyl-O-p-nitrophenylthiophosphat mit Strychnin-methojodid als besonders geeignet; die Hydrojodide oder Jodmethylate anderer optisch aktiver Basen führten meist zu schwierig oder gar nicht kristallisierenden Produkten. Das Gemisch der beiden diastereomeren Methostrychninium-O-methyl-O-p-nitrophenylthiophosphate XXXI läßt sich durch fraktionierte Kristallisation aus Methanol und Acetonitril in die reinen Diastereomeren (XXXIa und b) auftrennen. Ungewöhnlich ist, daß beide Diastereomere praktisch gleiche Schmelzpunkte besitzen und sich in den Absolutwerten der spezifischen Drehung kaum unterscheiden. Die direkte Methylierung der Methostrychninium-salze XXXIa und b ist wegen der schwierigen Reinigung der anfallenden Produkte unvorteilhaft; zweckmäßig überführt man die Strychniniumsalze zunächst in die enantiomorphen Bleisalze XXXII und methyliert diese [36, 133].

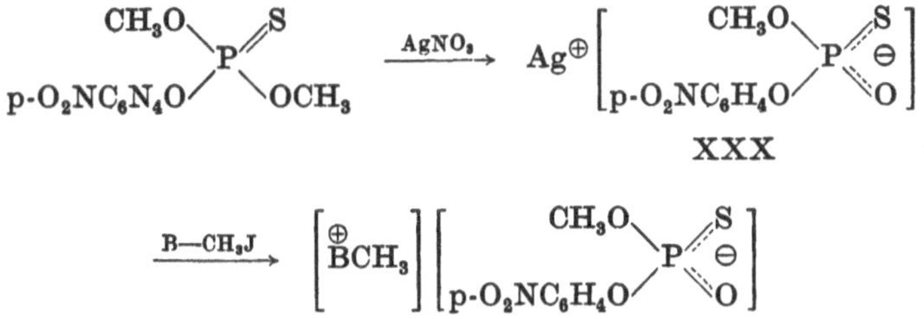

XXX (33)

XXXI

B = Strychin; a) Schmp. 217—19°; $[\alpha]_D^{21}$ = —13,6° (c = 0,25 in CH_3CN)

b) Schmp. 216—18°; $[\alpha]_D^{21}$ = +13,8° (c = 0,25 in CH_3CN)

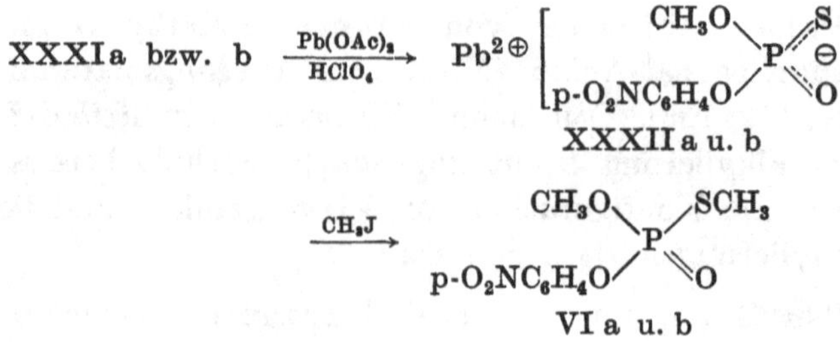

(34)

Die beiden Antipoden des Esters VI sind im Gegensatz zu dem gelben flüssigen Racemat nahezu farblose kristalline Verbindungen [133], die bei Raumtemperatur mehrere Wochen, bei —30° jahrelang unverändert haltbar sind [35].

Aus den Bleisalzen XXXIIa und b wurden mit Äthyl- bzw. n-Propyljodid analog die Antipoden der entsprechenden S-Äthyl- (XXXIII) bzw. S-Propylester (XXXIV) dargestellt. Obwohl sie sich weder unzersetzt destillieren noch kristallin erhalten lassen, waren die Rohprodukte hinreichend analysenrein und zeigten gut übereinstimmende Absolutwerte der spezifischen Drehung [36, 133] (vgl. Tab. 8).

Die diastereomeren Methostrychniniumsalze XXXI sind auch durch direkte Methylierung des Strychnins mit Dimethyl-p-nitrophenylthionophosphat zugänglich [36, 134]. In siedendem Methanol oder Acetonitril ist die Reaktion nach 2 Stdn. nahezu quantitativ; das isomere Thiolphosphat-Anion wird dabei nicht gebildet.

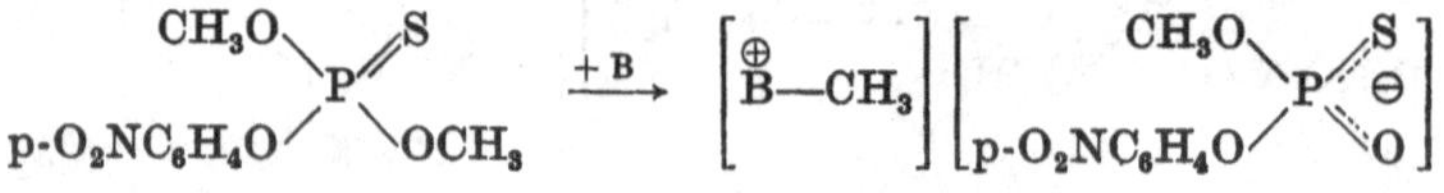

(35)

B = Strychnin

In Methanol als Lösungsmittel entsteht das linksdrehende Diastereomere XXXIa in bis zu 70% Ausbeute (bezogen auf Gesamtumsatz), in Acetonitril erhält man bis zu 75% der Gesamtausbeute rechtsdrehendes Alkaloidsalz (XXXIb).

Abgesehen von der ganz erheblichen präparativen Vereinfachung, die das Verfahren der direkten Entmethylierung

Tabelle 8

Physikalische Konstanten der Ester VI, XXXIII und XXXIV und ihrer optischen Antipoden [133]

Formel	Nr.	$[\alpha]_D^{21}$	Schmp.	n_D^{21}
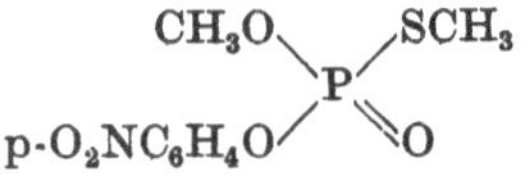 VI	VI	Racemat	ca. —10°	1.5643
	VIa	—35,6° (c = 1,4 in CH_3OH)	43°	1.5643 (unterkühlte Schmelze)
	VIb	+35,6° (c = 1,4 in CH_3OH)	43—44°	1.5636 (unterkühlte Schmelze)
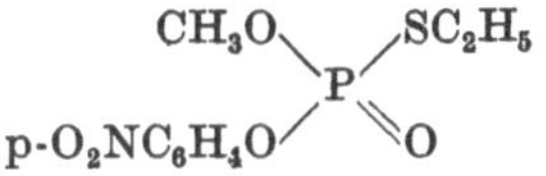 XXXIII	XXXIII	Racemat	flüssig	1,5573—86
	XXXIIIa	—13,0° (c = 0,25 in CH_3OH)	flüssig	1,5553
	XXXIIIb	+13,3° (c = 0,25 in CH_3OH)	flüssig	1,5353—83
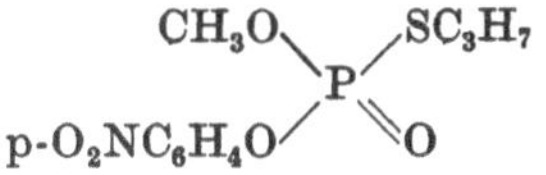 XXXIV	XXXIV	Racemat	flüssig	1,5488
	XXXIVa	—11,5° (c = 1,5 in CH_3OH)	flüssig	1,5502
	XXXIVb	+11,6° (c = 1,3 in CH_3OH)	flüssig	1,5504

mittels Strychnin (Gl. 35) gegenüber dem Weg über das Silbersalz (Gl. 33) bietet, liegt hier ein theoretisch hochinteressantes Phänomen vor. Da aus dem nicht asymmetrischen Methyl-E 605 die Antipoden des asymmetrischen Methyl-p-nitrophenyl-thionophosphat-Anions in sehr ungleichen Mengen entstehen, handelt es sich um eine partielle asymmetrische Synthese.

Derartige partielle asymmetrische Synthesen sind außerhalb der Stereochemie des Kohlenstoffs u. W. bisher nicht bekannt. Da das

Asymmetriezentrum durch die Spaltung einer Bildung, d. h., durch eine Abbaureaktion, errichtet wird, sollte man hier besser von einem partiellen asymmetrischen Abbau sprechen; analoge Fälle sind selbst in der Kohlenstoffchemie außerordentlich selten. Ganz ungewöhnlich ist auch das Ausmaß, in dem die Bildung jeweils eines Diastereomeren dominiert (die genannten Ausbeuten von 70% linksdrehendem bzw. 75% rechtsdrehendem Diastereomeren beziehen sich auf die optisch reinen, mehrfach umkristallisierten Verbindungen), sowie die hohe Selektivität der verwendeten Lösungsmittel.

Die biologische Testung[1]) der optischen Antipoden ergab hinsichtlich der insektiziden Wirksamkeit (gegenüber *Drosophila funebris* als Testinsekt) keine bemerkenswerten Unterschiede. Dagegen zeigten sich in der Warmblütertoxizität und Cholinesterasehemmung eindeutige Wirkungsunterschiede, und zwar ist der linksdrehende Ester VIa jeweils 5½ mal wirksamer als der rechtsdrehende (VIb).

Tabelle 9

Warmblütertoxizität und Cholinesterase-Hemmwirkung der optischen Antipoden des O,S-Dimethyl-O-p-nitrophenylthiophosphats [133]

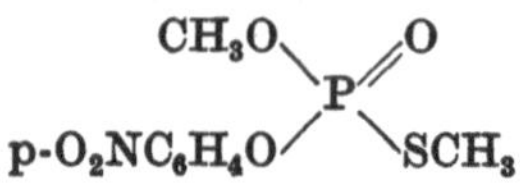 VI	DL_{50} gegenüber Ratten (per os)	50proz. Cholinesterase-Hemmung (Rattenhirnserum, in vitro) bei einer Grenzkonzentration von
VIa	25 mg/kg	0,04 γ/ccm
VIb	135 mg/kg	0,22 γ/ccm

[1]) Durch die frdl. Vermittlung von Dr. G. SCHRADER ausgeführt in den Farbenfabriken Bayer A.-G. von Prof. Dr. G. UNTERSTENHÖFER, Prof. Dr. G. HECHT u. Prof. Dr. W. WIRTH.

VII. LITERATUR

[1] L. Carius, Ann. Chem. Pharm. **112**, 190 (1859).
[2] L. Carius. Ann. Chem. Pharm. **119**, 289 (1861).
[3] P. Pistschimuka, J. prakt. Chem. [2] **84**, 746 (1911).
[4] P. Pistschimuka, J. russ. physik.-chem. Ges. **44**, 1406 (1912).
[5] G. Schrader, Die Entwicklung neuer Insektizide auf Grundlage organischer Fluor- und Phosphorverbindungen, 2. Auflage, Verlag Chemie G.m.b.H., Weinheim 1952.
[6] W. Feldheim, Diplomarbeit, Jena 1954.
[7] J. B. McPherson jr. u. G. A. Johnson, J. agric. Food Chemistry **4**, 42 (1956); C. **1959**, 9709.
[8] Anonym, Chem. and Eng. News **36**, Nr. 20, S. 44 (1958).
[9] G. Hilgetag u. A. Martini, unveröffentlicht.
[10] G. Hilgetag, Habilitationsschrift, Berlin 1957.
[11] W. G. Emmett u. H. O. Jones, J. chem. Soc. (London) **99**, 713 (1911).
[12] H. Martin, Manufact. Chemist. **20**, 158 (1949).
[13] loc. cit. [5], S. 54, 75.
[14] R. L. Metcalf u. R. B. March, J. econ. Entomology **46**, 288 (1953).
[15] T. R. Fukuto u. R. L. Metcalf, J. Amer. chem. Soc. **76**, 5103 (1954).
[16] A. Henglein u. G. Schrader, Z. Naturforschung **10b**, 12 (1955).
[17] R. L. Metcalf, Organic Insecticides, Interscience Publishers, Inc., New York 1955, S. 295.
[18] W. Perkow, Die Insektizide, Dr. Alfred Hüthig Verlag, Heidelberg 1956, S. 235.
[19] R. D. O'Brien, Toxic Phosphorus Esters, Academic Press, New York u. London 1960, S. 52.
[20] D. Woodcock u. A. Stringer, Ann. Appl. Biol. **38**, 111 (1951).
[21] I. C. I. Ltd. (Erf.: R. Ghosh), Engl. Pat. 738 839; C. A. **50**, 13983 (1956).
[22] R. Ghosh u. J. F. Newman, Chem. and Ind. **1955**, 118.
[23] V. Tichý, Chem. Zvesti **9**, 3 (1955); C. **1959**, 7747.

[24] Farbenfabr. Bayer A.-G. (Erf.: G. Schrader u. R. Gönnert), DBP. 949 230; C. **1957**, 3078.
[25] J. A. Mandelbaum, N. N. Melnikow u. W. J. Lomakina, J. allg. Chem. (russ.) **26**, 2581 (1956).
[26] G. Hilgetag, G. Schramm u. H. Teichmann, Angew. Chem. **69**, 205 (1957).
[27] T. R. Fukuto u. E. M. Stafford, J. Amer. chem. Soc. **79**, 6083 (1957).
[28] L.-E. Tammelin, Acta chem. scand. **11**, 1738 (1957).
[29] G. Hilgetag u. H. Cierpka, unveröffentlicht; H. Cierpka, Diplomarbeit, Berlin 1958.
[30] G. Hilgetag, G. Lehmann u. W. Feldheim, J. prakt. Chem. [4] **12**, 1 (1960).
[31] A. Calderbank u. R. Ghosh, J. chem. Soc. (London) **1960**, 637.
[32] G. Hilgetag, G. Schramm u. H. Teichmann, J. prakt. Chem. [4] **8**, 73 (1959).
[33] H. Teichmann, Diplomarbeit, Berlin 1957.
[34] G. Hilgetag u. G. Schramm, unveröffentlicht.
[35] G. Hilgetag u. G. Lehmann, unveröffentlicht.
[36] G. Lehmann, Disertation, Berlin 1959.
[37] G. Lehmann, Vortrag, GDCh-Hauptversammlung Stuttgart, 30. IV. 60; vgl. Angew. Chem. **72**, 568 (1960).
[38] W. M. Diggle u. J. C. Gage, Biochem. J. **49**, 491 (1951).
[39] M. Delépine, Bull. Soc. chim. France [4] **11**, 576 (1911).
[40] J. I. G. Cadogan u. L. C. Thomas, J. chem. Soc. (London) **1960**, 2248.
[41] H. Teichmann u. G. Hilgetag, J. prakt. Chem., im Druck.
[42] J. Lecocq u. A. R. Todd, J. chem. Soc. (London) **1954**, 2381.
[43] J. Baddiley, V. M. Clark, J. J. Michalski u. A. R. Todd, J. chem. Soc. (London) **1949**, 815.
[44] V. M. Clark u. A. R. Todd, J. chem. Soc. (London) **1950**, 2023, 2030.
[45] L. Zervas u. I. Dilaris, J. Amer. chem. Soc. **77**, 5354 (1955).
[46] L. Zervas u. I. Dilaris, Chem. Ber. **89**, 925 (1956).
[47] G. Hilgetag, Angew. Chem. **71**, 137 (1959).
[48] G. Hilgetag, G. Lehmann, A. Martini, G. Schramm u. H. Teichmann, J. prakt. Chem. [4] **8**, 207 (1959).
[49] G. Hilgetag u. G. Schramm, Mitteil.-Blatt d. Chem. Ges. DDR **1959**, Sonderheft Katalyse, S. 205.
[50] loc. cit. [5] S. 76.
[51] Farbenfabr. Bayer A.-G. (Erf.: G. Schrader) DBP. 830 509; C. **1952**, 8037.

[52] E. I. Hoegberg u. J. T. Cassaday, J. Amer. chem. Soc. **73**, 557 (1951).
[53] M. I. Kabatschnik u. T. A. Mastrjukowa, J. allg. Chem. (russ.) **25**, 1924 (1955).
[54] G. Hilgetag u. H. Teichmann, J. prakt. Chem. [4] **8**, 121 (1959).
[55] G. Hilgetag u. H. Teichmann, J. prakt. Chem. [4] **8**, 90 (1959).
[56] G. Hilgetag u. G. Kowollik, unveröffentlicht; G. Kowollik, Diplomarbeit, Berlin 1959.
[57] G. Hilgetag u. H. Teichmann, J. prakt. Chem. [4] **8**, 104 (1959).
[58] G. Hilgetag u. G. Lehmann, J. prakt. Chem. [4] **12**, 6 (1960).
[59] G. Hilgetag u. H. Teichmann, J. prakt. Chem. [4] **8**, 97 (1959).
[60] H. D. Orloff, C. J. Worrel u. F. X. Markley, J. Amer. chem. Soc. **80**, 727 (1958).
[61] E. Blumenthal u. J. B. M. Herbert, Trans. Faraday Soc. **41**, 611 (1945).
[62] J. A. A. Ketelaar, H. R. Gersmann u. K. Koopmans, Recueil Trav. chim. Pays-Bas **71**, 1253 (1952).
[63] P. W. C. Barnard, C. A. Bunton, D. R. Llewellyn, K. G. Oldham, B. L. Silver u. C. A. Vernon, Chem. and Ind. **1955**, 760.
[64] C. A. Vernon in: Phosphoric Esters and Related Compounds, Special Publication No. 8, The Chemical Society, London 1957, S. 30.
[65] E. M. Thain, J. chem. Soc. (London) **1957**, 4694.
[66] R. F. Hudson u. D. C. Harper, J. chem. Soc. (London) **1958**, 1356.
[67] L. Larsson, Svensk kem. Tidskr. **70**, 405 (1958).
[68] A. Rieche, G. Hilgetag u. G. Schramm, Angew. Chem. **71**, 285 (1959).
[69] A. Rieche, G. Hilgetag u. G. Schramm, Chem. Ber., im Druck.
[70] R. J. W. Cremlyn, G. W. Kenner, J. Mather u. A. R. Todd, J. chem. Soc. (London) **1958**, 528.
[71] K.-H. Schwarz, Diplomarbeit, Berlin 1960.
[72] G. Hilgetag, K.-H. Schwarz, H. Teichmann u. G. Lehmann, Chem. Ber. **93**, 2687 (1960).
[73] I. Eichhorn, Diplomarbeit, Berlin 1960.
[74] G. Hilgetag, A. Martini u. I. Eichhorn, Monatsber. Dt. Akad. Wiss. zu Berlin **1**, 571 (1959).
[75] D. F. Heath, Nature **179**, 377 (1957).
[76] D. F. Heath u. M. Vandekar, Biochem. J. **67**, 187 (1957).
[77] D. F. Heath, J. chem. Soc. (London) **1958**, 1643.

[78] F. R. ATHERTON, H. T. HOWARD u. A. R. TODD, J. chem. Soc. (London) **1948**, 1106.
[79] J. B. PARKER u. T. D. SMITH, J. chem. Soc. (London) **1961**, 442.
[80] V. M. CLARK, G. W. KIRBY u. A. R. TODD, J. chem. Soc. (London) **1957**, 1497.
[81] W. GERRARD u. G. J. JEACOCKE, Chem. and Ind. **1954**, 1538.
[82] J. I. G. CADOGAN, J. chem. Soc. (London) **1957**, 1079.
[83] F. CRAMER, Angew. Chem. **72**, 245 (1960).
[84] loc. cit. [5] S. 28.
[85] A. D. F. TOY, J. Amer. chem. Soc. **72**, 2065 (1950).
[86] N. S. CORBY, G. W. KENNER u. A. R. TODD, J. chem. Soc. (London) **1952**, 1234.
[87] H. S. MASON u. A. R. TODD, J. chem. Soc. (London) **1951**, 2267.
[88] G. HILGETAG u. H.-U. BAATH, unveröffentlicht; H.-U. BAATH, Diplomarbeit, Berlin 1961.
[89] A. D. F. TOY, J. Amer. chem. Soc. **71**, 2268 (1949).
[90] loc. cit. [5] S. 38.
[91] I.-G. Farbenindustrie A.-G. (Erf.: G. Schrader) DRP. 720577; C. A. **37**, 2388 (1943).
[92] I.-G. Farbenindustrie A.-G., F. P. 858287; C. **1941** I, 2321.
[93] S. A. HALL u. M. JACOBSON, Ind. Engng. Chem. **40**, 694 (1948).
[94] A. SIMON u. C. STÖLZER, Chem. Ber. **89**, 2253 (1956).
[95] A. D. F. TOY, J. Amer. chem. Soc. **70**, 3882 (1948).
[96] A. SIMON u. C. STÖLZER, Naturwissenschaften **44**, 314 (1957).
[97] C. STÖLZER u. A. SIMON, Chem. Ber. **93**, 2578 (1960).
[98] S. SIGGIA, Quantitative Organic Analysis via Functional Groups, 2. Aufl., John Wiley & Sons, New York 1954, S. 162.
[99] G. HILGETAG u. H. TEICHMANN, unveröffentlicht.
[100] H. TEICHMANN u. G. HILGETAG, Naturwissenschaften **47**, 39 (1960).
[101] T. H. HANDLEY u. J. A. DEAN, Analytic. Chem. **32**, 1878 (1960).
[102] W. GERRARD u. P. F. GRIFFEY, Chem. and Ind. **1959**, 55.
[103] W. GERRARD u. P. F. GRIFFEY, J. chem. Soc. (London) **1960**, 3170.
[104] G. HILGETAG u. H. TEICHMANN, Vortrag, Chemiedozententagung Jena, 1. VI. 60; vgl. Angew. Chem. **72**, 634 (1960).
[105] D. C. MORRISON, J. Amer. chem. Soc. **77**, 181 (1955).
[106] H. J. JACOBSON, R. G. HARVEY u. E. V. JENSEN, J. Amer. chem. Soc. **77**, 6064 (1955).
[107] J. MICHALSKI u. J. WIECZORKOWSKI, Roczniki Chem. **33**, 105 (1959).
[108] W. A. SHEPPARD, J. org. Chemistry **26**, 1460 (1961).

[109] loc. cit. [17] S. 273.
[110] loc. cit. [18] S. 215.
[111] J. E. CASIDA, Science (Washington) **122**, 597 (1955).
[112] J. E. CASIDA, P. E. GATTERDAM, L. W. GETZIN jr. u. R. K. CHAPMAN, J. agric. Food Chem. **4**, 236 (1956).
[113] H. S. AARON, H. O. MICHEL, B. WITTEN u. J. I. MILLER, J. Amer. chem. Soc. **80**, 456 (1958).
[114] F. G. HOLLIMAN u. F. G. MANN, J. chem. Soc. (London) **1947**, 1634.
[115] K. F. KUMLI, W. E. MCEWEN u. C. A. VANDERWERF, J. Amer. chem. Soc. **81**, 248 (1959).
[116] L. HORNER, H. WINKLER, A. RAPP, A. MENTRUP, H. HOFFMANN u. P. BECK, Tetrahedron Letters Nr. 5, 161 (1961).
[117] J. MEISENHEIMER u. L. LICHTENSTADT, Ber. dtsch. chem. Ges. **44**, 356 (1911).
[118] J. MEISENHEIMER, J. CASPER, M. HÖRING, W. LAUTER, L. LICHTENSTADT u. W. SAMUEL, Liebigs Ann. Chem. **449**, 213 (1926).
[119] W. C. DAVIES u. F. G. MANN, J. chem. Soc. (London) **1944**, 276.
[120] D. M. COYNE, W. E. MCEWEN u. C. A. VANDERWERF, J. Amer. chem. Soc. **78**, 3061 (1956).
[121] M. GREEN u. F. HUDSON, Proceed. chem. Soc. (London) **1957**, 323; J. chem. Soc. (London) **1958**, 3129.
[122] M. GREEN u. R. F. HUDSON, Proceed. chem. Soc. (London) **1961**, 145.
[123] K. L. MARSI, C. A. VANDERWERF u. W. E. MCEWEN, J. Amer. chem. Soc. **78**, 3063 (1956).
[124] H. S. AARON u. J. I. MILLER, J. Amer. chem. Soc. **78**, 3538 (1956).
[125] H. S. AARON, T. M. SHRYNE u. J. I. MILLER, J. Amer. chem. Soc. **80**, 107 (1958).
[126] H. S. AARON, J. BRAUN, TH. M. SHRYNE, H. F. FRACK, G. E. SMITH, R. T. UYEDA u. J. I. MILLER, J. Amer. chem. Soc. **82**, 596 (1960).
[127] J. MICHALSKI u. A. RATAJCZAK, Chem. and Ind. **1959**, 539.
[128] K. F. KUMLI, W. E. MCEWEN u. C. A. VANDERWERF, J. Amer. chem. Soc. **81**, 3805 (1959).
[129] A. BLADÉ-FONT, C. A. VANDERWERF u. W. E. MCEWEN, J. Amer. chem. Soc. **82**, 2396 (1960).
[130] J. MICHALSKI u. A. RATAJCZAK, Chem. and Ind. **1960**, 1241.
[131] G. HECHT u. W. WIRTH, Naunyn-Schmiedebergs Arch. exp. Pathol. Pharmakol. **211**, 264 (1950).
[132] G. HILGETAG u. G. LEHMANN, Angew. Chem. **69**, 506 (1957).
[133] G. HILGETAG u. G. LEHMANN, J. prakt. Chem. [4] **8**, 224 (1959).
[134] G. HILGETAG u. G. LEHMANN, J. prakt. Chem. [4] **9**, 3 (1959).

SITZUNGSBERICHTE DER DEUTSCHEN AKADEMIE
DER WISSENSCHAFTEN ZU BERLIN

Klasse für Chemie, Geologie und Biologie
Jahrgang 1962 Nr. 3

Dr. HANS GROSS und Dr. EUGEN HÖFT

α-HALOGENÄTHER
UND IHRE PRÄPARATIVE ANWENDUNG

Aus dem Institut für organische Chemie
der Deutschen Akademie der Wissenschaften zu Berlin
(Direktor: Prof. Dr. Alfred Rieche)

AKADEMIE-VERLAG · BERLIN
1962

Vorgelegt von Hrn. RIECHE in der Plenarsitzung vom 18. Mai 1961
Zum Druck genehmigt am gleichen Tage, ausgegeben am 10. Januar 1962

Erschienen im Akademie-Verlag GmbH, Berlin W 8, Leipziger Straße 3—4

Lizenznummer: 202 · 100/509/62
Gesamtherstellung: Druckhaus „Maxim Gorki", Altenburg
Bestellnummer: 2010/62/II/3 · ES 18 C 5 · Preis: DM 5,40

Inhaltsübersicht

A. Allgemeines Verhalten von α-Halogenäthern

Ersetzt man in einem Alkylhalogenid (I) ein α-ständiges Wasserstoffatom durch eine Alkoxygruppe, so kommt man zu einem α-Halogenäther [1] (II)

$$\underset{\substack{|\\ \mathrm{Cl}}}{\mathrm{CH_2}}\mathrm{-R} \qquad\qquad \mathrm{R'O-}\underset{\substack{|\\ \mathrm{Cl}}}{\mathrm{CH}}\mathrm{-R}$$
$$\text{(I)} \qquad\qquad\qquad \text{(II)}$$

Die Reaktionen der Ätherfunktion spielen bei dieser Verbindungsklasse nur eine sehr untergeordnete Rolle. Der Charakter des Moleküls wird vielmehr durch die C—Cl-Bindung bestimmt, weshalb Straus und Heinze [2] auch die Bezeichnung α-Alkoxyalkylhalogenid vorschlugen. Allerdings unterscheiden sich die α-Halogenäther hinsichtlich ihrer Reaktionsfähigkeit auch wesentlich von den Alkylhalogeniden. Das Chloratom ist durch die benachbarte Alkoxygruppe stark aktiviert. Dies zeigt sich beispielsweise bei einem Vergleich der Hydrolysegeschwindigkeiten von n-Butylchlorid und Äthyl-chlormethyläther, die sich nach Böhme [3] unter vergleichbaren Bedingungen wie $1:10^9$ verhalten.

Die Ursache für diese starke Steigerung der Reaktionsfähigkeit ist in der Möglichkeit zur Ausbildung eines mesomeriestabilisierten Kations (Carbenium-Form (III) ↔ Oxonium-Form (IV)) zu suchen, das bei Abspaltung eines Halogenatoms aus einem α-Halogenäther entsteht:

$$\mathrm{R'-O-}\underset{\substack{|\\ \mathrm{Cl}}}{\mathrm{CH}}\mathrm{-R} \rightarrow [\underset{\text{(III)}}{\mathrm{R'-O-\overset{+}{C}H-R}} \leftrightarrow \underset{\text{(IV)}}{\mathrm{R'-\overset{+}{O}{=}CH-R}}]^{+}\,\mathrm{Cl^-} \qquad (1)$$

Die Erscheinung, daß sich die Reaktivität einer Verbindung erhöht, wenn die Möglichkeit zur Ausbildung eines mesomeriestabilisierten Zwischenzustandes gegeben ist, wird stets beobachtet.

Als Beispiel sei hier die Reaktivität von Äther, Acetal und Orthoester miteinander verglichen. Äther sind relativ stabile Verbindungen. Bei Abspaltung eines Alkoxyls entsteht nur ein nicht stabilisiertes Ion (2). Bei einem Acetal erhält man bei Ablösung eines Alkoxyls ein mesomeriestabilisiertes Kation (3); Acetale sind bekanntlich auch viel leichter hydrolysierbar als Äther, und noch deutlicher wird der Effekt, wenn man zu Trialkoxymethan übergeht:

$$HCH_2{-}OR \xrightarrow{-OR^-} H\overset{+}{C}H_2 \qquad (2)$$

$$HCH(OR)_2 \xrightarrow{-OR^-} [H\overset{+}{C}H{-}O{-}R \longleftrightarrow HCH{=}\overset{+}{O}{-}R] \qquad (3)$$

$$HC(OR)_3 \xrightarrow{-OR^-} \left[HC(\overset{+}{O}R)(OR) \longleftrightarrow H\overset{+}{C}(OR)_2 \longleftrightarrow HC(OR)(\overset{+}{O}R)\right] \qquad (4)$$

Hier erhält man bei Abspaltung eines Alkoxyls ein Kation (4), das drei mesomere Grenzformen bilden kann; Orthoester sind mithin reaktionsfähiger als Acetale und diese wiederum reaktionsfähiger als Äther.

α-Halogenäther reagieren leicht mit nucleophilen Reagentien. Mit Wasser tritt rein formal über ein Halbacetal Hydrolyse zu Alkohol, Aldehyd und Salzsäure ein (5). Mit Natriumalkoholat erhält man Acetale (6), mit Grignard-Reagens die entsprechenden Äther (7). Olefine lagern Chloräther unter Bildung von γ-Halogenäthern an (8), mit aromatischen Kohlenwasserstoffen entstehen Benzyläther (9), die allerdings durch die gleichzeitig entstehende Salzsäure zu Alkohol und Arylmethylchlorid gespalten werden. Die thermische Zersetzung der Halogenäther führt zu Alkylhalogenid und Aldehyd. Sie ist leicht von der Oxoniumform (analog IV) her zu verstehen: Das Bindungselektronenpaar zwischen Alkylrest und Sauerstoff wird zum Sauerstoff herübergezogen, wobei Spaltung

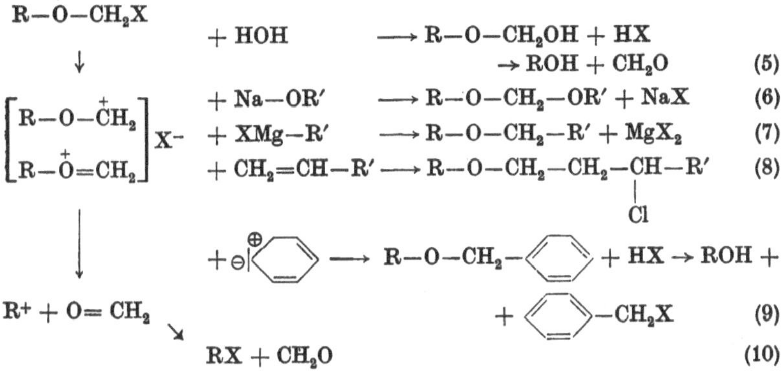

zu Aldehyd und Alkylkation eintritt.

Aus den Gleichungen 5—10 ist ersichtlich, daß α-Halogenäther in verschiedenster Weise reagieren und deshalb präparativ vielseitig anwendbar sind. Obwohl solche Reaktionen bereits vielfach bearbeitet wurden [1], gab es noch viele ungelöste Probleme, die einer systematischen Untersuchung wert schienen. Im folgenden seien die Ergebnisse unserer Arbeiten über solche Fragen mitgeteilt.

B. Die Darstellung von α-Chloräthern

Chlorierungsprodukte des Dimethyläthers
Asymmetrischer Dichlordimethyläther

Als einfachster aliphatischer Äther wurde zunächst der Dimethyläther chloriert, obwohl erste Untersuchungen über diese Reaktion bereits vor mehr als hundert Jahren veröffentlicht wurden [1]. In den bisher erschienenen Arbeiten wurde festgestellt, daß bei der Chlorierung zunächst Monochlordimethyläther (V) entsteht, der bei weiterer Einwirkung von Chlor in symm. Dichlordimethyläther (VI) übergeht.

$$CH_3-O-CH_2Cl \quad (V) \qquad ClCH_2-O-CH_2Cl \quad (VI)$$

$$CH_3-O-CHCl_2 \quad (VII) \qquad ClCH_2-O-CHCl_2 \quad (VIII)$$

$$CH_3-O-CCl_3 \quad (IX)$$

Lediglich in einem US-Patent [4] wird ohne nähere Angaben auch die Bildung der asymm. Verbindung (VII) erwähnt, und BÖHME und DÖRRIES [5] gelang kürzlich auf analytischem Wege der Nachweis, daß bei der Chlorierung von Monochlordimethyläther der symm. und asymm. Dichlordimethyläther nebeneinander entstehen.

Zweck unserer Untersuchungen war es, den asymm. Dichloräther in reiner Form darzustellen und seine Reaktionen zu untersuchen. Wegen der Explosivität gasförmiger Mischungen von Dimethyläther und Chlor führten wir unsere Versuche in flüssiger Phase, und zwar in Monochlordimethyläther als Lösungsmittel unter UV-Belichtung durch [6]. Bei kontinuierlicher Arbeitsweise — Einleiten von Chlor und Dimethyläther in Monochloräther unter laufender Abführung der entstandenen Chlorierungsprodukte — wurden hauptsächlich symm. Dichloräther (VI) und α, α, α'-Trichloräther (VIII) neben sehr wenig asymm. Dichloräther (VII) isoliert. Bei diskontinuierlicher Arbeitsweise konnte die Bildung von Trichloräther zu Gunsten der von asymm. Dichloräther zurückgedrängt werden, zumal dann, wenn mit einem Unterschuß von Chlor gearbeitet wurde. Die Ursachen für dieses Verhalten wurden von uns ermittelt und ausführlich dargelegt [6].

Da, wie wir inzwischen gefunden hatten, der asymm. Dichloräther ein universell anwendbares präparatives Hilfsmittel ist wurden Versuche unternommen, seine Darstellung zu verbessern. Dies wurde durch Chlorierung von Monochloräther in der Dampfphase bei 90—95° unter UV-Belichtung erreicht [7].

Zu diesem Zweck wurde ein Chlorierungsaufsatz konstruiert, der mit einer Kolonne verbunden war und bei dem stets nur Monochloräther der Einwirkung von Chlor ausgesetzt wurde. Die Reaktionsprodukte gelangten nach der Chlorierung, ohne den Reaktionsraum noch einmal zu passieren, wieder in die Kolonne zurück; in der Kolonne wurden die höhersiedenden Dichlorprodukte vom Monochloräther getrennt. Bei dieser Arbeitsweise wurden nur sehr geringe Mengen der unerwünschten höherchlorierten Produkte gewonnen. Das Verhältnis von asymm. zu symm. Dichloräther war hier 1:2, während bei der Chlorierung in flüssiger Phase nur ein Verhältnis von 1:3 erhalten wurde.

In der folgenden Tabelle sind die Ausbeuten der beiden Chlorierungsverfahren gegenübergestellt.

Tabelle 1

Verfahren	asymm. Dichloräther %	symm. Dichloräther %	α, α, α'-Trichloräther %
Flüssigphase, 92% der theoret. Menge Cl_2	15,2	57,8	7,3
Flüssigphase, 62,5% der theoret. Menge Cl_2	19,7	61,6	1,5
Gasphase	26,3	53,6	0,7

(Sämtliche Ausbeuten beziehen sich auf verbrauchten Monochloräther.)

Auch bei der Gasphasenchlorierung entstehen immer noch 2 Teile symm. auf einen Teil asymm. Dichloräther. Es wurden deshalb Versuche unternommen, den symm. Dichloräther wieder in Monochloräther zurückzuverwandeln und ihn damit einer weiteren Chlorierung zugänglich zu machen. Wie weiter unten ausgeführt, gelang die Überführung von symm. Dichloräther in Monochloräther in ca. 89prozentiger Ausbeute durch Umsetzung des ersteren mit Methanol in Gegenwart von HCl und einem wasserbindenden Mittel. Bei diesem Kreisprozeß (Gl. 13) erhält man etwas mehr als die eingesetzte Menge Monochloräther wieder zurück:

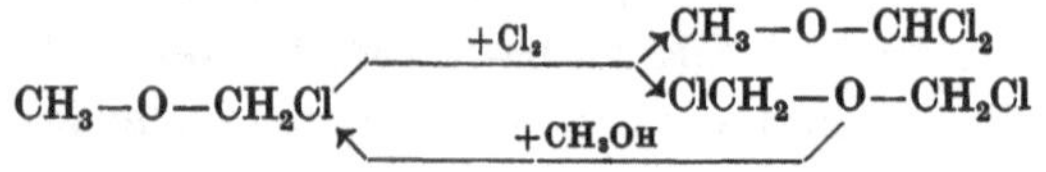

(13)

Bei der Chlorierung von Monochloräther in flüssiger Phase wurde auch eine sehr geringe Menge einer Fraktion isoliert, deren Siedepunkt bei 106—110,5° lag und in der durch analytische Methoden eindeutig Trichlormethylmethyläther (IX) nachgewiesen werden konnte [7]. Untersuchungen über die Isolierung und Reindarstellung der höherchlorierten Dimethyläther (Tetra- bis Hexachloräther) sind z. Z. noch im Gang.

Dichlormethylalkyläther (Orthoameisensäureester-dichloride) aus Alkylformiaten

Da die Chlorierung in der Gasphase immerhin einen gewissen apparativen Aufwand erfordert, wurde nach einem anderen Verfahren zur Darstellung von Dichlormethylalkyläthern (XI) im Labormaßstab gesucht. Dafür eignet sich, wie wir fanden [10—12], die Umsetzung von Alkylformiaten mit PCl_5 nach dem Schema

$$R{-}O{-}CHO + PCl_5 \longrightarrow POCl_3 + \underset{\text{(XI)}}{R{-}O{-}CHCl_2} \qquad (11)$$

Das Verfahren wurde an einer Reihe von Beispielen untersucht, wobei je nach Natur der Alkoholgruppe im Ameisensäureester

Ausbeuten zwischen 50 und 78% d. Th. erzielt wurden. (Die höchste Ausbeute lieferte Hexylformiat mit 78% d. Th.)[1])

Diaryloxy-dichlormethane
(Orthokohlensäureester-dichloride)

Die Dichlormethylalkyläther leiten sich von der Ameisensäure ab. Halogenäther der Kohlensäurestufe, von denen ebenfalls interessante Reaktionen zu erwarten sind, wurden bisher sehr wenig bearbeitet. Analog dem oben beschriebenen Verfahren (Gl. 11) gelang es, durch Umsetzung von Diarylcarbonaten mit Phosphorpentachlorid zu Diaryloxydichlormethanen zu kommen [11, 13]. Brenzkatechincarbonat (XII) z. B. ergab mit Phosphorpentachlorid umgesetzt den Brenzkatechin-dichlormethylenäther (XIII; Brenzkatechincarbonat-dichlorid).

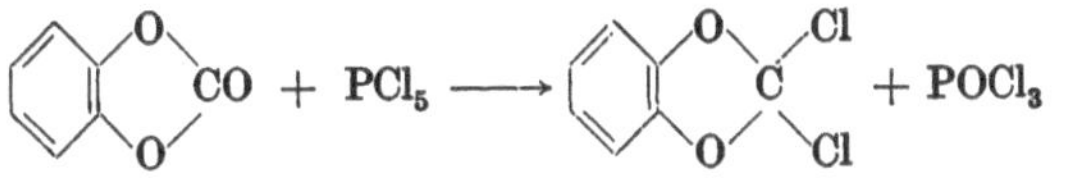

(XII) (XIII) (12)

Versuche, durch Umsetzung von Alkoxybenzodioxolan (XIV) mit Phosphorpentachlorid zum Brenzkatechinchlormethylenäther (XV) zu kommen, hatten nicht den erwarteten Erfolg [11]. Die Reaktion verlief zwar teilweise in der gewünschten Richtung (Gl. 14), was durch die Isolierung von Phosphoroxychlorid und Äthylchlorid nachgewiesen wurde. Der primär entstandene Brenzkatechinchlormethylenäther (XV) war jedoch unter den Reaktionsbedingungen nicht stabil, sondern setzte sich mit überschüssigem PCl_5 sofort zu Brenzkatechincarbonat-dichlorid (XIII) um (Gl. 15). Als Nebenreaktion wurde die Sprengung des

[1]) Nach Fertigstellung unserer eigenen Arbeiten erschien eine Mitt. von H. LAATO, Suomen Kemistilehti, Bd. 32, 66 (1959), der Dichlormethylalkyläther nach dem gleichen Verfahren darstellt.

Dioxolanringes beobachtet. Hierbei entstanden Dichlormethyläthyläther und Brenzkatechinphosphortrichlorid (XVI, Gl. 16).

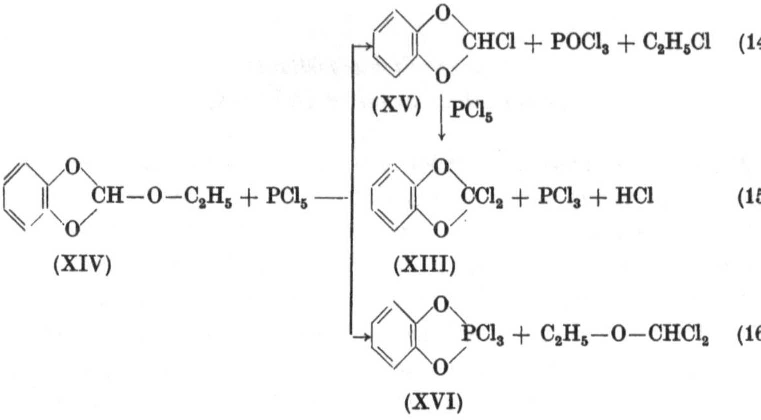

Chlorierung von Tetrahydrofuran

Die Darstellung von α-Chloräthern durch direkte Chlorierung von Äthern stößt immer dann auf Schwierigkeiten, wenn die Möglichkeit besteht, daß sich aus dem primär gebildeten Monochloräther HCl abspaltet [1]. Es ist dann immer schwierig, die Monochlorprodukte zu isolieren. Ein charakteristischer Fall ist die Chlorierung des Tetrahydrofurans. Nach Untersuchungen früherer Autoren [15, 16] entsteht bei der Chlorierung des Tetrahydrofurans lediglich das 2,3-Dichlortetrahydrofuran (XIX). Das 2-Monochlortetrahydrofuran (XVII) konnte nicht isoliert werden, auch wenn ein großer Überschuß an Tetrahydrofuran angewandt wurde. Die Ergebnisse wurden gemäß Gl. 17 so gedeutet, daß sich aus dem unter den Reaktionsbedingungen unstabilen Monochlortetrahydrofuran HCl abspaltet. Das so entstehende Dihydrofuran (XVIII) lagert sofort Chlor an unter Bildung von 2,3-Dichlortetrahydrofuran. Nimmt man nun an, daß die HCl-Abspaltung aus dem Monochlortetrahydrofuran temperaturabhängig ist, dann müßte bei starker Erniedrigung der Chlorierungstemperatur die HCl-Abspaltung unterbleiben. Dadurch wären andere Produkte zu erwarten. Die daraufhin angestellten Versuche bestätigten diese Annahme [17—19].

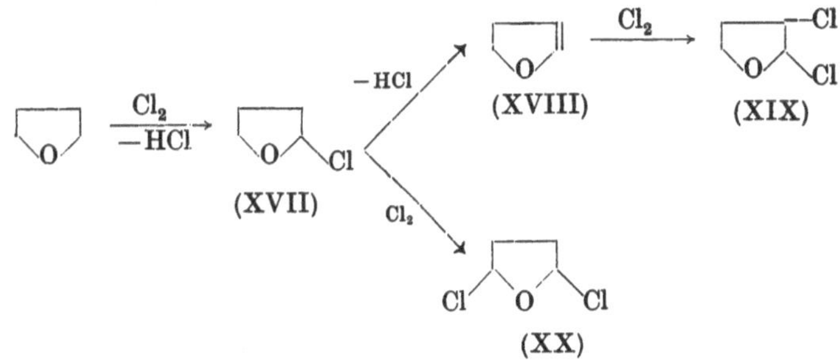

(17)

(18)

Wir führten die Umsetzungen von Tetrahydrofuran und Chlor bei —40° im UV-Licht durch und erhielten je nach eingesetzter Menge Chlor entweder das 2-Monochlortetrahydrofuran (XVII) oder aber das 2,5-Dichlortetrahydrofuran (XX) (Gl. 18). Die letztgenannte Verbindung war bisher nicht bekannt. Sie ist, wie später gezeigt wird, für verschiedenartige präparative Zwecke verwendbar.

Chlorierung von Tetrahydropyran, Äthylenoxyd und Äthylencarbonat

Ganz analog wie beim Tetrahydrofuran verläuft auch die Chlorierung des Tetrahydropyrans. Bisher wurde wie dort stets nur die 2,3-Dichlorverbindung isoliert (XXI) [20], während unter den Bedingungen der Tieftemperaturchlorierung auch das 2,6-Dichlor-Derivat entsteht (XXII) [21].

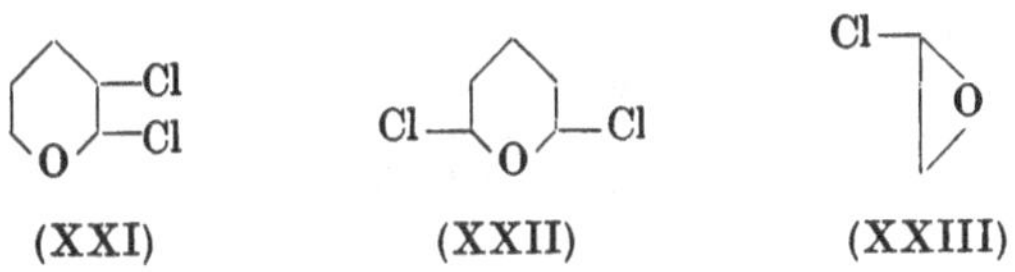

Der einfachste cyclische Äther, Äthylenoxyd, reagiert unverdünnt bei der Chlorierung mit explosionsartiger Heftigkeit. Es gelang uns jedoch, durch Verdünnung der Reaktionspartner die Umsetzung zu mäßigen. Das Monochlorierungsprodukt, Chloräthylenoxyd (XXIII), konnte in reiner Form isoliert werden [22]; es ist jedoch eine sehr unstabile Verbindung, die sich leicht in Chloracetaldehyd umlagert (s. S. 34).

Durch Chlorierung des bereits bekannten Dichloräthylencarbonats (XXIV) wurde nur Tetrachloräthylencarbonat (XXVI) erhalten [23]. Das zwischendurch entstehende Trichloräthylencarbonat (XXV) konnte nicht isoliert werden, auch wenn mit einem Unterschuß von Chlor gearbeitet wurde.

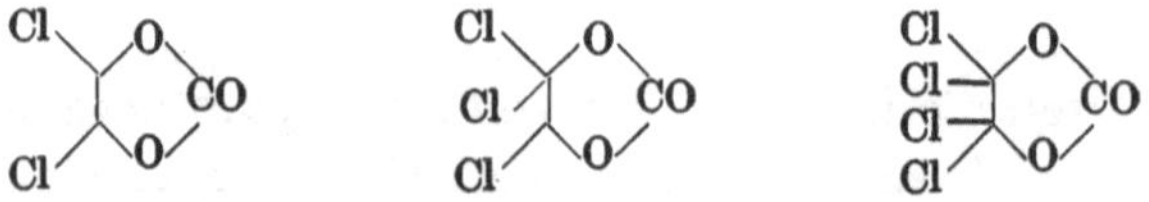

(XXIV) (XXV) (XXVI)

C. Hydrolyse von Chloräthern

Darstellung von Succindialdehyd, Glykolaldehyd und Glyoxal

Wie aus Gl. 5 hervorgeht, werden α-Chloräther allgemein zu den Komponenten hydrolysiert, von denen sie sich ableiten. Aus Chlormethylalkyläther entsteht der entsprechende Alkohol, HCl und Formaldehyd. Sinngemäß erhielten wir aus Dichlortetrahydrofuran (XX) den Succindialdehyd (Gl. 19; nachgewiesen als Oxim 70% bzw. als Bis-dinitrophenylhydrazon 85%) [17, 18, 24] und aus Dichlortetrahydropyran (XXII) den Glutaraldehyd (Gl. 20) [21].

Durch Hydrolyse von Chloräthylenoxyd (XXIII) entstand eine wäßrige Lösung des Glykolaldehyds (Gl. 21) [22], wodurch die Struktur des chlorierten Äthylenoxyds eindeutig nachgewiesen

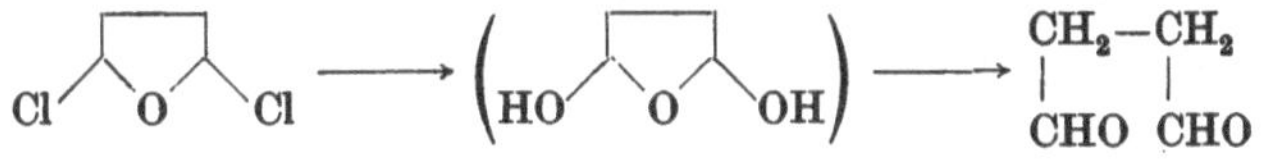

(19)

(XX)

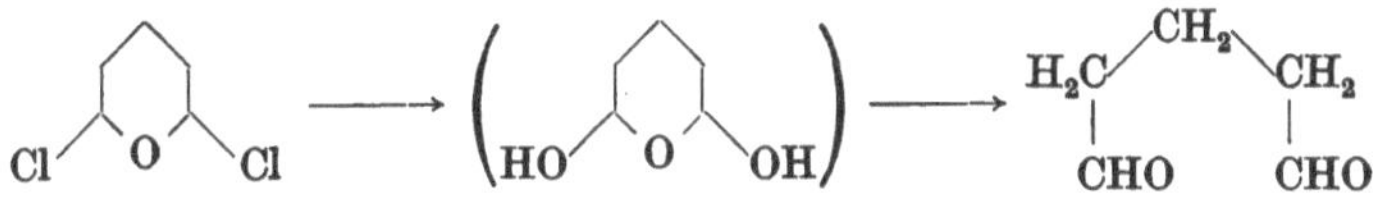

(20)

(XXII)

war. Der Glykolaldehyd wurde durch Überführung in sein Osazon, das Glyoxaldinitrophenylhydrazon, nachgewiesen.

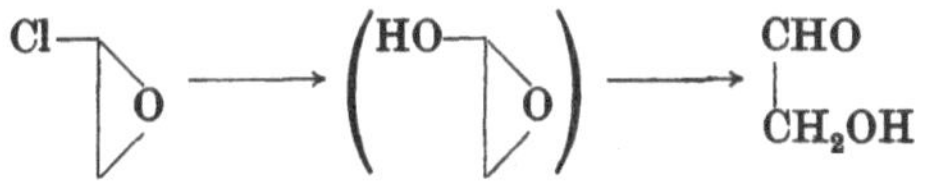

(21)

(XXIII)

Auch durch Hydrolyse von Monochloräthylencarbonat (XXVII) kann man eine wäßrige Lösung von Glykolaldehyd erhalten (Gl. 22) [23], während die Hydrolyse von Dichloräthylencarbonat (XXIV) zu Glyoxal führt (Gl. 23). Das Glyoxal konnten wir in ca. 80prozentiger Ausbeute in Form der Bisulfitverbindung gewinnen [23].

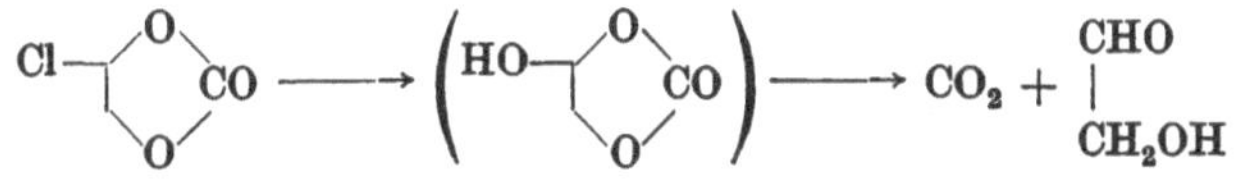

(22)

(XXVII)

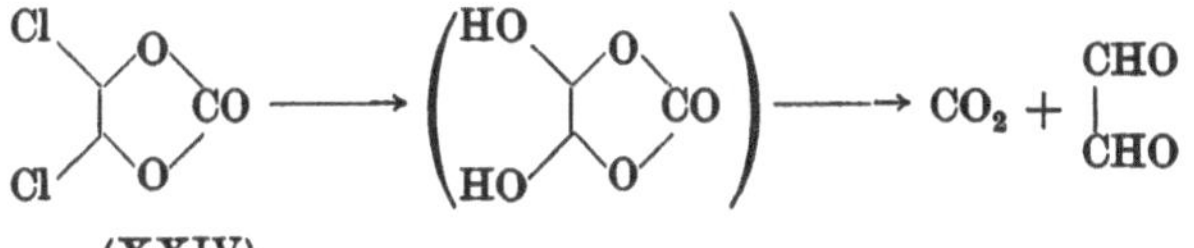

(23)

(XXIV)

Darstellung von Ameisensäurechlormethylester

Der Trichlordimethyläther (VIII), der sich von der Ameisensäure ableitet, wird bei vorsichtiger Hydrolyse in Ameisensäurechlormethylester (XXVIII) übergeführt (Gl. 24) [12, 25]; bei vollständiger Hydrolyse entsteht Formaldehyd, HCl und Ameisensäure.

$$ClCH_2{-}O{-}CHCl_2 \xrightarrow[-2\,HCl]{H_2O} ClCH_2{-}O{-}CHO \xrightarrow[-HCl]{H_2O} HCHO + HCOOH \quad (24)$$

D. Halogenübertragung

Monochloräther reagieren mit Alkoholen zu Acetalen und HCl (Gl. 25). Setzt man einen Dichlormethylalkyläther mit einem Alkohol um, so erhält man die vom eingesetzten Alkohol und vom Chloräther abgeleiteten Alkylchloride und Formiate [6, 12, 25—28]. Diese Beobachtungen

$$R{-}O{-}CH_2Cl + R'OH \longrightarrow R{-}O{-}CH_2{-}O{-}R' + HCl \quad (25)$$

$$R{-}O{-}CHCl_2 + R'OH \longrightarrow (R{-}O{-}CH(Cl){-}O{-}R') + HCl \quad (26)$$

(XXIX)

$$(XXIX) \longrightarrow R{-}O{-}CHO + R'Cl \quad (27)$$

$$(XXIX) \longrightarrow RCl + R'OCHO \quad (28)$$

können auf folgende Weise gedeutet werden: Der Dichloräther reagiert zunächst analog Gl. 25 unter Abspaltung von HCl zu einem Dialkoxychlormethan (XXIX) (Gl. 26), das jedoch sehr unstabil ist und sofort entsprechend Gl. 27 und 28 zerfällt. Es wurden bei derartigen Umsetzungen stets die vier hier verzeichneten Verbindungen isoliert. Die Reaktion ist präparativ ohne Bedeutung, da Formiate und Alkylchloride auf anderen Wegen leicht zugänglich sind.

Darstellung von Carbonsäurechloriden; N-Carboxyanhydride

Bei Umsetzung von Carbonsäuren mit Dichlormethylalkyläthern tritt, wie wir fanden, ebenfalls Abspaltung von HCl ein. Das hierbei entstehende Alkyloxy-acyloxy-chlormethan (XXX) (Gl. 29) ist ebenfalls unbeständig. Die weitere Reaktion verläuft hier jedoch nur in einer Richtung, und zwar unter Bildung von Carbonsäurechlorid und Formiat [6, 12, 25—28].

$$R{-}O{-}CHCl_2 + R'COOH \xrightarrow{-HCl} (RO{-}\underset{\substack{|\\ Cl}}{CH}{-}OCOR') \longrightarrow ROCHO + R'COCl \quad \text{(XXX)} \qquad (29)$$

Auf diesem Wege wurde eine Reihe von Carbonsäurechloriden gewonnen. Dabei erwies sich, daß die Dichlormethylalkyläther in bestimmten Fällen anderen Halogenierungsmitteln überlegen sind. So konnte z. B. Malonylchlorid rascher und in besserer Ausbeute als nach den üblichen Verfahren erhalten werden. Pentaacetylgluconsäurechlorid entstand in praktisch quantitativer Ausbeute aus dem entsprechenden Carbonsäurehydrat [29], was eine wesentliche Vereinfachung gegenüber den üblichen Verfahren darstellt. N-acylierte Aminosäuren gaben ebenfalls glatt, in guten Ausbeuten und in hoher Reinheit die entsprechenden N-Acylaminosäurechloride [30, 31]. Carbobenzoxyaminosäurechloride (XXXII) sind bekanntlich nicht stabil und gehen unter Abspaltung von Benzylchlorid in die betreffenden N-Carboxyanhydride (XXXIII) über. Wir erhielten deshalb

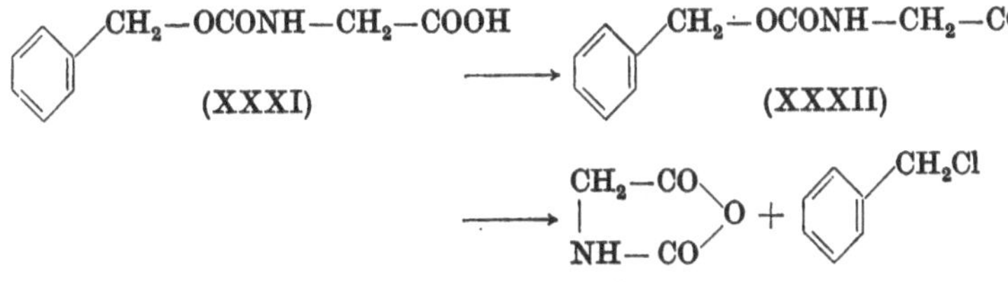

(XXXI) (XXXII) (XXXIII) (30)

bei der Umsetzung von Carbobenzoxyaminosäuren (XXXI) mit Dichlormethylalkyläther gleich die N-Carboxyanhydride [30—32], ebenfalls in guter Ausbeute und in hoher Reinheit (Gl. 30).

Dieses Verfahren der Umsetzung mit Dichlormethylalkyläther ist besonders in der Naturstoffchemie von Interesse, denn bei der Darstellung der Säurechloride und N-Carboxyanhydride entstehen nur leichtflüchtige Nebenprodukte (Formiat und HCl). Außerdem sind die Reaktionsprodukte frei von störenden Schwefel- und Phosphorverbindungen, die bei den üblicherweise angewendeten Halogenierungsmitteln wie Thionylchlorid und Phosphorhalogeniden immer nur sehr schwer zu entfernen sind.

Umsetzung von Dichloräther mit Carbonylverbindungen

Setzt man Dichloräther mit Oxoverbindungen bei Gegenwart von Zinkchlorid um, so findet Austausch des Carbonylsauerstoffs gegen zwei Chloratome statt (Gl. 31, 32) [6, 12, 25—28].
Bei Aldehyden wurden eindeutige Ergebnisse nur in der aromatischen Reihe erzielt. Ketone gaben die geminalen Dihalogenide

$$R{-}O{-}CHCl_2 + R'CHO \longrightarrow R'{-}CHCl_2 + ROCHO \qquad (31)$$

$$R{-}O{-}CHCl_2 + R'{-}CO{-}CH_2{-}R'' \longrightarrow \underset{\text{(XXXIV)}}{R'{-}CCl_2{-}CH_2R''} + ROCHO \qquad (32)$$

$$\downarrow$$

$$\underset{\text{(XXXV)}}{R'{-}\underset{\substack{|\\ Cl}}{C}{=}CH{-}R''}$$

(XXXIV), soweit diese stabil sind, Benzophenon z. B. ergab Benzophenondichlorid. Andernfalls erhält man die daraus durch HCl-Abspaltung entstehenden Chlorolefine (XXXV), z. B. aus

Acetophenon das α-Chlorstyrol. An Stelle von Dichlormethylalkyläther läßt sich auch Brenzkatechincarbonatdichlorid (XIII) für solche Chlorübertragungen einsetzen. Während bei Dichlormethylalkyläthern als Nebenprodukt die entsprechenden Formiate entstehen, bildet sich hier Brenzkatechincarbonat (XII) [14, 33].

Umsetzung von Dichloräther mit anorganischen Oxyden

Auch für Chlorierungen von anorganischen Verbindungen können Dichlormethylalkyläther verwendet werden [6, 12, 25 bis 28]. So erhält man aus Antimontrioxyd bzw. Arsentrioxyd mit etwa 90prozentiger Ausbeute Antimon- bzw. Arsentrichlorid (Gl. 33).

$$\underset{(Sb)}{As_2O_3} + 3\,R{-}O{-}CHCl_2 \longrightarrow 2\,\underset{(Sb)}{AsCl_3} + 3\,ROCHO \qquad (33)$$

Spaltung von C—O—C-Bindungen mit Dichloräther; Acetochlorzucker

Dichlormethylalkyläther sind auch geeignet, C—O—C-Bindungen zu spalten [6, 12, 25—28]. So erhält man z. B. aus Bernsteinsäureanhydrid in 95,5prozentiger Ausbeute das Bernsteinsäuredichlorid (Gl. 34).

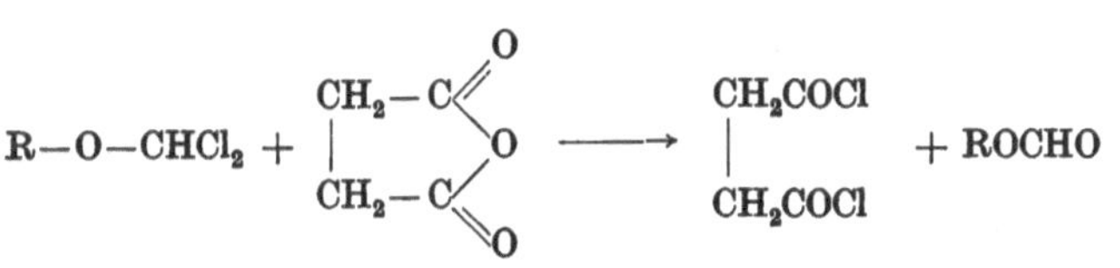

(34)

$$+ R'{-}O{-}R' \longrightarrow 2\,R'Cl + ROCHO \qquad (35)$$

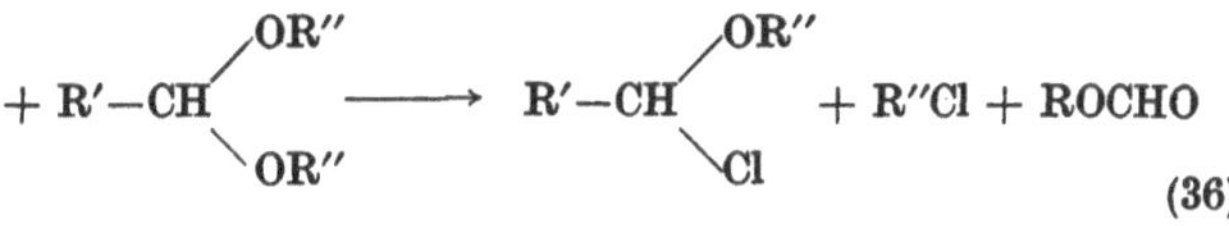

(36)

Äther geben die entsprechenden Alkylchloride (Gl. 35)[1]). Die Reaktion verläuft jedoch unter milden Bedingungen nur mit solchen Äthern in guter Ausbeute, die auch mit konz. Salzsäure leicht spaltbar sind. Acetale reagieren nach Gl. 36 unter Bildung von α-Chloräthern. Diese letztere Reaktion ist für die präparative Zuckerchemie von Bedeutung: vollacetylierte Pentosen, Hexosen und auch Disaccharide reagieren ohne Lösungsmittel in Gegenwart von Spuren Zinkchlorid innerhalb von 10—30 Min. glatt mit asymm. Dichlordimethyläther. Dabei bilden sich in sehr guten Ausbeuten die entsprechenden Acetochlorzucker (Gl. 37) [26, 29].

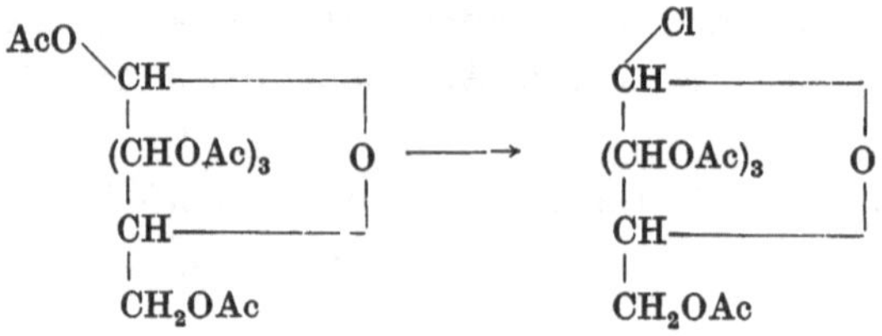

(37)

Dehydratisierungen mit Dichloräthern

Schließlich sei noch auf die Möglichkeit von Dehydratisierungen mit Hilfe von asymm. Dichlordimethyläther oder mit Brenz-

1) Aus Isochroman erhält man in guten Ausbeuten *o*-[β-Chloräthyl-]-benzylchlorid, das mit primärem Amin glatt zum entsprechenden Tetrahydroisochinolin kondensiert werden kann. Auf diese Weise sind Tetrahydroisochinoline mit beliebigen Substituenten R

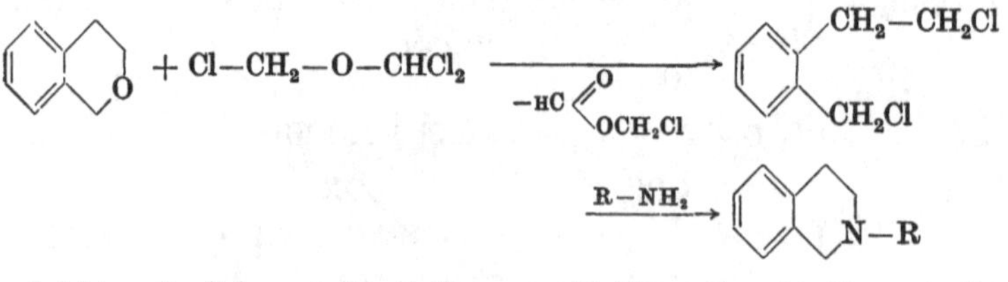

leicht zugänglich geworden (A. RIECHE u. E. HÖFT, J. prakt. Chem., im Druck).

katechincarbonatdichlorid (XIII) hingewiesen. So können Säureamide in Nitrile übergeführt werden [14, 30, 33]. N^{α}-Carbobenzoxy-N^{γ}-tosyl-α,γ-diaminobuttersäure gab in guter Ausbeute das entsprechende 1-Tosyl-3-carbobenzoxyaminopyrrolidon-(2) (XXXV) [30].

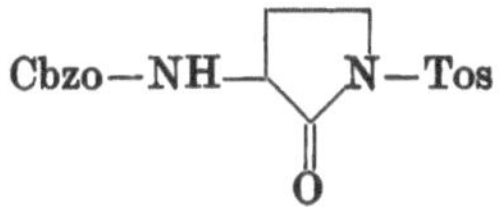

(XXXVI)

E. Alkoholyse und Acetolyse

Darstellung von Bisalkoxy- und -aryloxy-dimethyläther

Bei Alkoholyse von Chloräthern wird, wie bereits erwähnt (Gl. 6), das Chloratom durch die Alkoxygruppe ersetzt. Die gleiche Reaktion führt bei symm. Dichloräther zur Bildung von Bis-alkoxydimethyläthern (XXXVII) (Gl. 38) [6, 34—36].

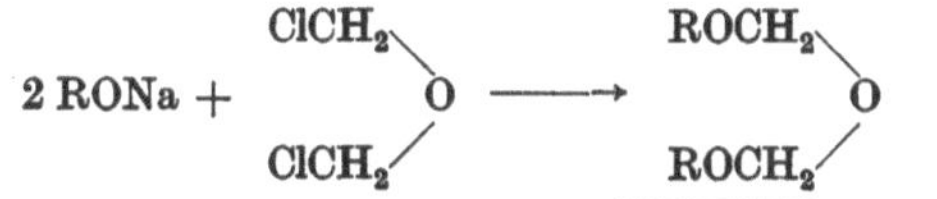

(38)

(XXXVII)

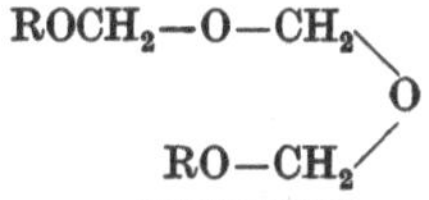

(XXXVIII)

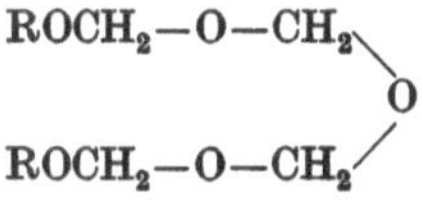

(XXXIX)

Von dieser Verbindungsklasse waren nur die niedrigsten Glieder bekannt. Durch Umsetzung von Dichloräther mit kristallalkoholfreien Natriumalkoholaten in Äther gelang jetzt auch die Darstellung von Derivaten mit längerem Alkylrest, während bei Umsetzung mit Natriumphenolaten die betreffenden Diphenoxyderivate entstanden. Die niederen Glieder dieser Reihe konnten im Gegensatz zu Angaben in der Literatur auch durch Umsetzung von symm. Dichloräther mit einer Mischung von überschüssigem KOH und Alkohol erhalten werden. Als Nebenprodukte erhielten wir bei diesem Verfahren auch etwa 10% Dimethoxytrioxymethylen (XXXVIII) und 1,2% Dimethoxytetraoxymethylen (XXXIX). Die entsprechenden Äthyl- und Propylderivate entstanden ebenfalls, jedoch in geringerer Ausbeute.

Chlormethyläther aus Bisalkoxy-dimethyläthern bzw. aus symm. Dichlordimethyläther

Die Bis-alkoxydimethyläther werden in wäßrig-saurem Medium leicht hydrolysiert (Gl. 39). Leitet man trockenen Chlorwasserstoff in Bis-alkoxydimethyläther, so tritt nach wenigen Minuten Trübung und Abscheidung einer wäßrigen Phase ein. Aus der organischen Phase kann man in guter Ausbeute den Chlormethyläther des entsprechenden Alkohols isolieren (Gl. 40).

$$O(CH_2OR)_2 + H_2O \longrightarrow 2\,CH_2O + 2\,ROH + 2\,HCl \qquad (39)$$

$$+ 2\,HCl \longrightarrow H_2O + 2\,ROCH_2Cl \qquad (40)$$

Dieses neue Verfahren zur Darstellung von Chlormethyläthern ist in bestimmten Fällen, z. B. bei der Darstellung von Chlormethylbenzyläther, den üblicherweise angewendeten Methoden überlegen. Die Umsetzung von symm. Dichlordimethyläther mit Alkohol in Gegenwart von HCl-bindenden Mitteln führt, wie wir eben zeigten, zu Bis-alkoxydimethyläthern (Gl. 38). Führt man die Alkoholyse jedoch ohne HCl-bindendes Mittel durch und leitet zusätzlich trockenen Chlorwasserstoff ein, so erhält man in guten Ausbeuten die entsprechenden Chlormethylalkyläther (Gl. 41) [7]. Eine wichtige Anwendung dieser Methode ist die bereits oben erwähnte Darstellung von Monochlordimethyläther aus symm. Dichlormethyläther

$$ClCH_2-O-CH_2Cl + 2\,ROH \longrightarrow 2\,ROCH_2Cl + H_2O \qquad (41)$$

(S. 9), wodurch ein rationelles Verfahren zur Darstellung von asymm. Dichlordimethyläther möglich wurde.

Phenolformaldehyd-Kondensationsprodukte aus Bisaryloxy-dimethyläthern

Bemerkenswert stabil gegen Hydrolyse mit verdünnten Säuren verhalten sich die Bisaryloxydimethyläther (XXXVII). Beim Erwärmen mit einer Spur Toluolsulfonsäure auf Temperaturen von 45—70° erhält man aus diesen Verbindungen jedoch ein festes Polykondensat, das wahrscheinlich Struktur XL hat [34, 37]. Diese Reaktion ist ohne weiteres erklärbar, da der Diphenoxydimethyläther die Komponenten der Phenolformaldehydkondensation im Molekül enthält. Ähnliche Kondensate (XL) erhält man auch, wenn man Dimethoxydimethyläther mit Phenol in Gegenwart einer Spur Toluolsulfonsäure erwärmt. Hier wird Methanol bzw. Methylal abgespalten. Die Polykondensate sind meist durchsichtig und zeigen je nach Art des eingesetzten Phenols bzw. Dialkoxydimethyläthers sehr verschiedene physikalische Eigenschaften.

$$\left[-CH_2-C_6H_4-O-CH_2-O-C_6H_4-\right]_n$$

(XL)

$$\left[-O-CH_2-CH_2-O-CH_2-CH_2-O-\right]_n$$

(XLI)

Einen anderen Typ von Polykondensaten erhält man, wenn man mehrwertige Alkohole, z. B. Glykol, mit symm. Dichloräther in Gegenwart von salzsäurebindenden Mitteln umsetzt. Die Kondensate, die vermutlich die Struktur XLI aufweisen, sind meist feste Verbindungen, die in wäßrig-saurem Medium leicht wieder in ihre Komponenten gespalten werden.

Orthoameisensäure-methyl-dialkyl- bzw. -methyl-diacyl-ester aus Dichlormethylalkyläthern; Peptidsynthesen

Asymm. Dichlordimethyläther reagiert mit Alkoholen unter Bildung von Formiaten und Alkylchloriden (Gl. 27—29). Führt man die Umsetzung mit Natriumalkoholat in ätherischer Lösung durch, so erhält man gemischte Orthoameisensäureester [4], (XLII), die hiermit in eindeutiger Weise zugänglich sind (Gl. 42) [27, 38].

$$R{-}O{-}CHCl_2 + 2\,R'ONa \xrightarrow{-2\,NaCl} HC\begin{cases}OR\\ OR'\\ OR'\end{cases} \qquad (42)$$

(XLII)

Ganz analog erhält man mit Carbonsäuren in Gegenwart eines HCl-bindenden Mittels Diacyl-methyl-orthoameisensäureester (XLIII, Gl. 43) [30, 38].

Solche Verbindungen wurden in der Literatur bisher lediglich als instabile Zwischenprodukte, z. B. bei Umsetzungen von Alkoxyacetylenen mit Carbonsäuren vermutet. Die von uns dargestellten

$$R{-}O{-}CHCl_2 + 2\,R'{-}COOH \xrightarrow{-2\,HCl} \left.\begin{matrix}R'COO\\ R'COO\end{matrix}\right\rangle CH{-}O{-}R \qquad (43)$$

(XLIII)

Derivate erwiesen sich jedoch als durchaus stabile und haltbare Verbindungen. Sie sind insofern interessant, als sie sich leicht mit Aminen unter Abspaltung von Formiat und Carbonsäure unter Bildung des entsprechenden Amids umsetzen (Gl. 44).

$$\left.\begin{matrix}R'COO\\ R'COO\end{matrix}\right\rangle CH{-}O{-}R + R''NH_2 \longrightarrow R''NHCOR' + R'COOH + HCOOR \qquad (44)$$

Diese Methode der Acylierung ist in der Aminosäurereihe von Interesse. Setzt man nämlich gemischte Orthoameisensäureester, deren Acylrest aus einer acylierten Aminosäure besteht (XLIV)

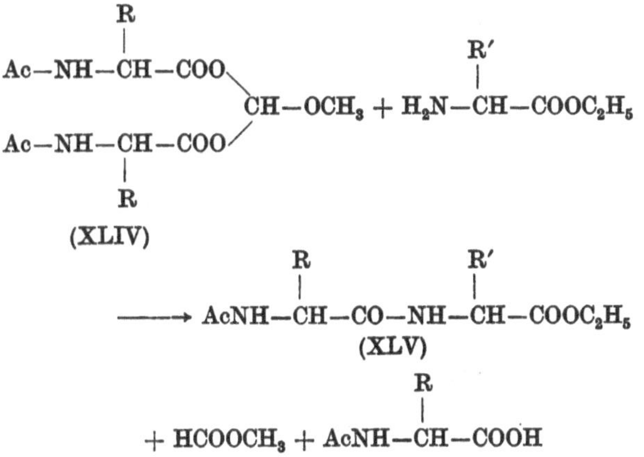

(45)

mit einem Aminosäureester um, so erhält man in praktisch quantitativer Ausbeute den entsprechenden acylierten Dipeptidester (XLV) (Gl. 45).

Durch Alkoholyse von Mono- bzw. Dichloräthylencarbonat (XXVII, XXIV) sind die entsprechenden Alkoxyderivate zugänglich (XLVI und XLVII), die wir bisher jedoch wegen ihrer Instabilität nicht in analysenreiner Form gewinnen konnten [23].

(XLVI) (XLVII)

Bei Umsetzungen der chlorierten Äthylenglykolcarbonate mit Natriumacetat tritt eine Ringaufspaltung ein. Unter Abspaltung von CO_2 entsteht im Falle der Umsetzung von Monochloräthylencarbonat (XXVII) je nach Reaktionsbedingungen entweder Glykolaldehydmonoacetat (XLVIII) oder Glykolaldehydtriacetat (XLIX) [23] (Gl. 46].

Diese Acetate sind schon früher auf anderem, jedoch nicht so einfachem Wege dargestellt worden. Man kann sie als „Lagerform“

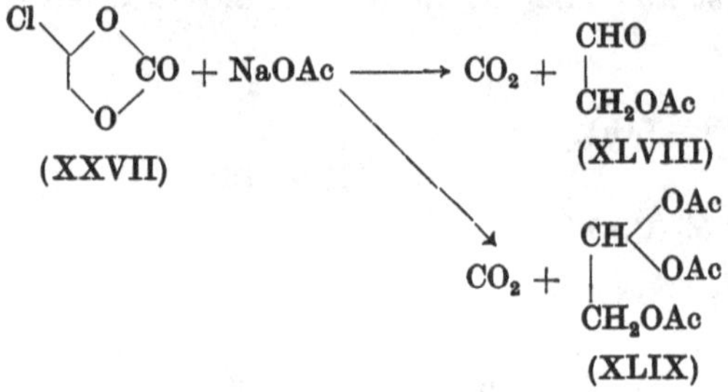

(46)

des sonst wenig stabilen Glykolaldehyds ansehen. Analog erhielten wir aus Dichloräthylencarbonat (XXIV) mit Natriumacetat das Glyoxaltetraacetat (L) [23].

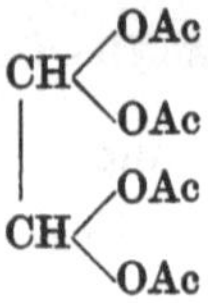

(L)

Acetale des Succindialdehyds

Durch Alkoholyse bzw. Acetolyse von Dichlortetrahydrofuran (XX) kommt man zu den cyclischen Acetalen (LI) bzw. Acylalen

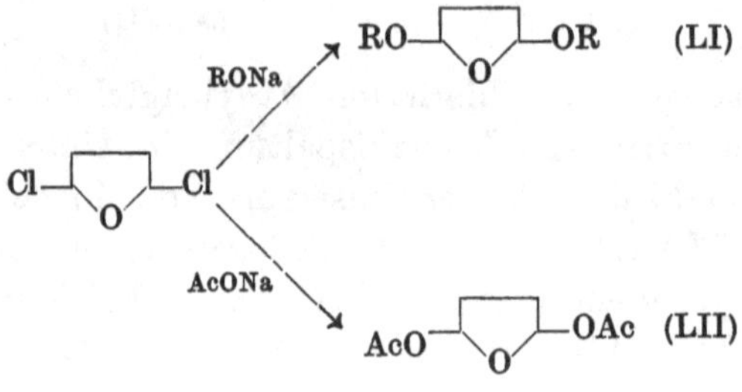

(47)

(LII) des Succinaldehyds (Gl. 47) [17, 18, 24], die schon früher auf anderem Wege aus Furan dargestellt wurden [39].

Orthokohlensäureester aus Brenzkatechin-dichlormethylenäther

Orthoester der Kohlensäure (LIII—LV) erhielten wir bei der Umsetzung von Brenzkatechindichlormethylenäther (XIII) mit 1 Mol Brenzkatechin bzw. 2 Molen Phenol [11] (Gl. 48); die Dialkylbrenzkatechylorthocarbonate (LV) entstanden bei der Umsetzung von Brenzkatechindichlormethylenäther mit Natriumalkoholat (Gl. 49 [14, 33]).

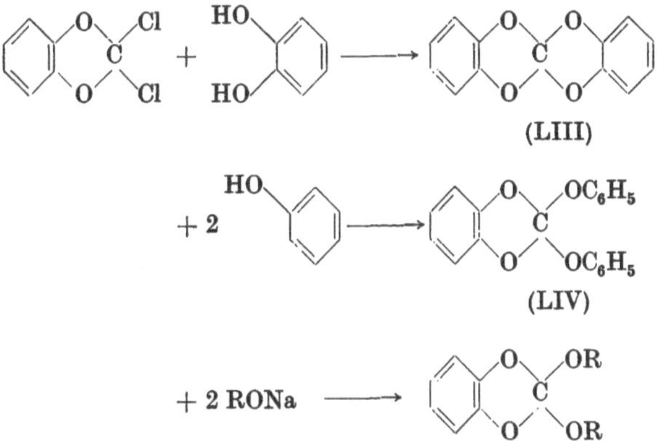

(48)

(LIII)

(LIV)

(49)

(LV)

Umsetzung von Dichloräther mit Bleimercaptid

Versuche zur Darstellung von Dithioorthoameisensäureester aus asymm. Dichlordimethyläther (VII) und Bleimercaptid hatten nicht den gewünschten Erfolg, sondern führten stets zu dem sehr stabilen Trithioorthoameisensäureester (LVI [38]). Daneben entstand immer eine kleine Menge Orthoameisensäuretrimethylester (LVII, Gl. 50).

$$CH_3{-}O{-}CHCl_2 + Pb(SC_2H_5)_2 \longrightarrow \underset{(LVI)}{2/3\, HC(SC_2H_5)_3} + \underset{(LVII)}{1/3\, HC(OCH_3)_3} \quad (50)$$

Die Frage des Mechanismus dieser unerwarteten Reaktion wird z. Z. noch bearbeitet.

F. Umsetzung von Grignardverbindungen mit α-Chloräthern

Mit Grignardverbindungen reagieren Chloräther gemäß Gl. 7 unter Austausch des Halogens gegen Alkyl- bzw. Arylreste. Hierbei entstehen die entsprechenden Äther. Einige der von uns neu dargestellten Dichloräther setzten wir ebenfalls mit Grignardverbindungen um. So erhielten wir aus Dichlormethylalkyläthern (XI) mit R'–MgX die Alkyläther sekundärer Carbinole (LVIII) [6, 12, 25, 27, 28]. Dichlortetrahydrofuran (XX) gab 2,5-dialkyl-

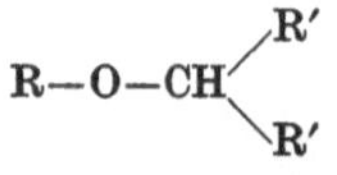
(LVIII)

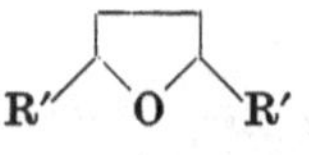
(LIX)

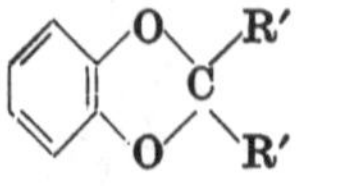
(LX)

bzw. -diarylsubstituierte Tetrahydrofurane (LIX) [18, 40], während aus Brenzkatechincarbonatdichlorid (XIII) die Ketale des entsprechenden Dialkyl- bzw. Diarylketons (LX) gebildet wurden [14, 33].

G. Reaktionen von α-Chloräthern mit Olefinen

F. STRAUS und W. THIEL [41] fanden, daß sich α-Chloräther an Olefine in Gegenwart von $HgCl_2$ oder $ZnCl_2$ im Sinne der Gl. 8 anlagern[1]). Die Anwendbarkeit dieser Methode wurde an einer Reihe von Beispielen untersucht, wobei eine Anzahl technisch besonders leicht zugänglicher Olefine zur Anwendung kamen [12, 42]. Weiterhin wurden einige Dichloräther unter gleichen Bedingungen mit Olefinen umgesetzt. Symmetrischer Dichloräther (VI) gab mit Allylchlorid in Gegenwart von Aluminiumchlorid den γ, γ', δ, δ'-Tetrachlordibutyläther (LXI). α, α-Dichlordiäthyläther (LXII) reagierte mit Styrol/Zinkchlorid zu einem Zwischenprodukt (LXIII), das bei Hydrolyse unter Abspaltung von HCl und Äthanol in Benzalaceton überging [12] (Gl. 51).

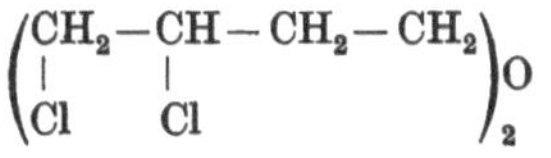

(LXI)

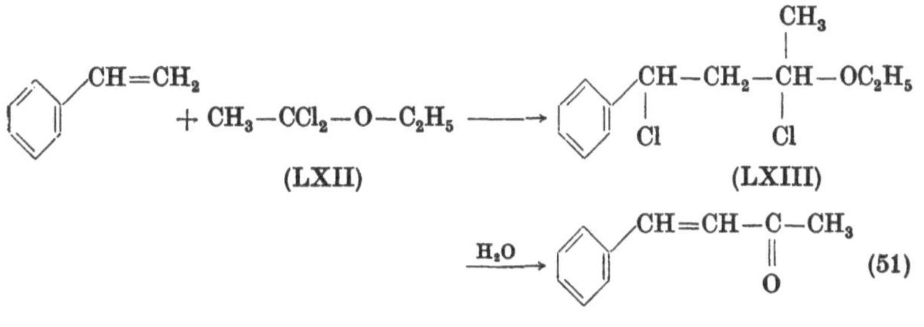

(LXII) (LXIII) (51)

Der isomere α, β-Dichlordiäthyläther (XLIV) reagiert nur mit einem, und zwar mit dem α-ständigen C-Atom. Aus dem primären Additionsprodukt LXV wurde zweimal HCl abgespalten zu 2-Äthoxy-4-phenylbutadien-(1,3) (LXVI), das jedoch nicht in ana-

[1]) Literaturzusammenstellung über seither erschienene Arbeiten s. [12].

lysenreiner Form erhalten werden konnte. Seine Struktur wurde jedoch durch Hydrolyse zu Benzalaceton bewiesen (Gl. 52). Die Reaktion wurde an einer Reihe von Olefinen untersucht [12].

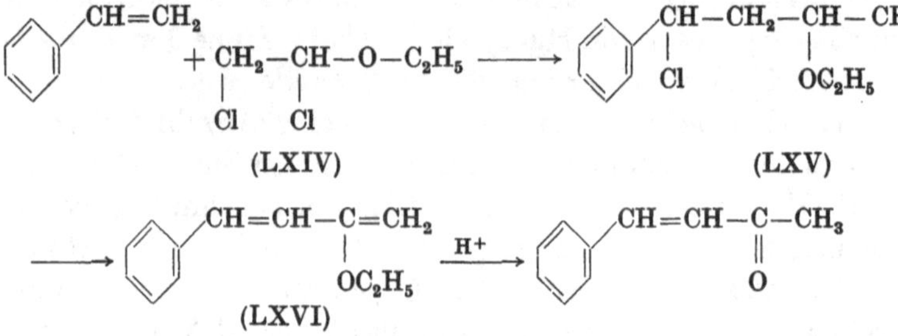

(LXIV) (LXV) (LXVI) (52)

Schließlich wurden auch Olefine mit Sauerstoffunktionen an der Doppelbindung für die Anlagerung an α-Chloräther herangezogen, so z. B. Vinylacetat (Gl. 53) [12] und Vinylencarbonat (Gl. 54) [23].

$$CH_2{=}CH{-}O{-}\underset{\underset{O}{\|}}{C}{-}CH_3 + R{-}O{-}CH_2Cl \longrightarrow R{-}O{-}CH_2{-}CH_2{-}\underset{\underset{Cl}{|}}{CH}{-}O{-}\underset{\underset{O}{\|}}{C}{-}CH_3 \qquad (53)$$

(LXVII)

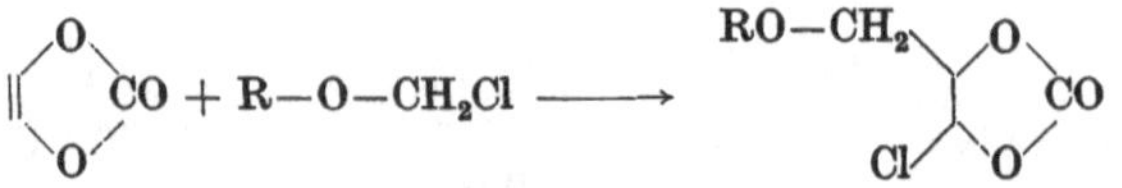

(54)

(LXVIII)

Die entstandenen Anlagerungsprodukte (LXVII und XLVIII) werden z. Z. noch untersucht.

H. Reaktion von α-Chloräthern mit Aromaten

Für die Chloromethylierung von aromatischen Verbindungen wurden gelegentlich α-Chlormethyläther verwendet. Die Reaktionen wurden dahingehend gedeutet, daß die Komponenten unter Abspaltung von Alkohol miteinander im Sinne von Gl. 55 reagieren.

$$ArH + CH_3{-}O{-}CH_2Cl \longrightarrow ArCH_2Cl + CH_3OH \qquad (55)$$

SOMMELET [43] isolierte jedoch unter bestimmten Bedingungen auch die entsprechenden Benzyläther, so daß man annehmen kann, daß bei allen diesen Umsetzungen der Primärschritt in der Bildung eines Benzyläthers besteht. Der Benzyläther ist unter den Reaktionsbedingungen unstabil und geht in Benzylchlorid und Alkohol über, wie dies in Gl. 9 formuliert wurde.

Herstellung von Isochromanen

In bestimmten Fällen lassen sich Benzyläther in guten Ausbeuten isolieren. So erhielten RIECHE und SCHMITZ [44] aus Chlormethyl-β-phenyläthyläther (LXIX) das Isochroman (LXX) in nahezu quantitativer Ausbeute (Gl. 56), während wir den entsprechenden 7-Ring, das bisher unbekannte Homoisochroman, (LXXI) auf analogem Wege in 67prozentiger Ausbeute darstellen konnten.

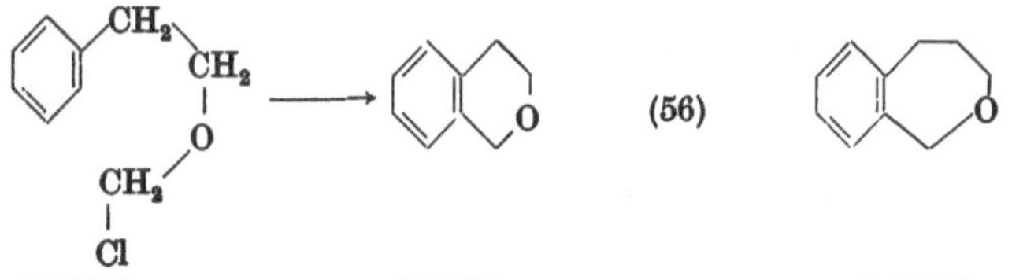

(56)

(LXIX) (LXX) (LXXI)

Neue Synthesen aromatischer Aldehyde

Bei der Reaktion von Dichlormethylalkyläther (XI) mit einer aromatischen Verbindung in Gegenwart von Friedel-Crafts-Katalysatoren, wie Aluminiumchlorid, Titanchlorid usw. wird nur 1 Chloratom durch den aromatischen Rest ersetzt. Die Zwischenprodukte (LXXII) wurden nicht isoliert, sondern, da sie sich leicht hydrolysieren lassen, gleich in die entsprechenden Aldehyde übergeführt (Gl. 57) [6, 10, 12, 25, 28, 46].

$$R{-}O{-}CHCl_2 + ArH \longrightarrow \left[Ar{-}CH\begin{matrix} \diagup OR \\ \diagdown Cl \end{matrix} \right] \longrightarrow ArCHO + ROH + HCl \qquad (57)$$

(LXXII)

Die Synthese wurde an einer Reihe von Beispielen untersucht. Die Aldehydausbeuten liegen etwa zwischen 70 und 90% d. Th. Das Verfahren ist der Gattermann-Koch-Reaktion verwandt, hat aber wesentliche Vorteile. Bei der Gattermann-Koch-Synthese muß sich während der Reaktion aus den gasförmigen Komponenten CO und HCl das Ameisensäurechlorid immer wieder neu bilden. Im Dichlormethylalkyläther dagegen liegt ein mindestens ebenso reaktionsfähiges Derivat der Orthoameisensäure in bequem zu handhabender Form vor. Man kommt daher ohne Anwendung von Druck und mit kurzen Reaktionszeiten aus. Ein weiterer Vorteil liegt in der Möglichkeit, das aggressive Aluminiumchlorid durch das wesentlich milder wirkende Titan- oder Zinntetrachlorid zu ersetzen, wodurch auch empfindlichere Aldehyde zugänglich sind. Auch die Anwendungsbreite der Reaktion ist viel größer als die der Gattermann-Koch-Reaktion. Eine ganze Reihe sehr reaktionsfähiger aromatischer Verbindungen, wie z. B. Naphthalin und Thiophen, Phenoläther und Phenole[1]) rea-

---

[1]) Die Formylierung von Phenolen wird z. Z. noch bearbeitet, die Ausbeuten lassen z. T. noch zu wünschen übrig. Es gelang jedoch, die Einführung einer Formylgruppe in Phenole auf einem anderen Wege: Orthoameisensäure-

gieren nicht nach Gattermann-Koch, während hier gute Ausbeuten erzielt werden konnten. Wie wir fanden, lassen sich die Dichlormethyl-alkyläther auch durch die analogen Thioverbindungen, z. B. das Dichlormethylmethylsulfid ersetzen (Gl. 59). Die Ausbeuten mit dem chlorierten Thioäther sind jedoch nicht so gut wie die nach dem oben beschriebenen Verfahren [13].

$$CH_3{-}S{-}CHCl_2 + ArH \longrightarrow \left[Ar{-}CH\begin{matrix}SCH_3\\Cl\end{matrix}\right] \longrightarrow ArCHO + CH_3SH + HCl \qquad (59)$$

Neue Synthesen aromatischer Carbonsäuren

Die Dichlormethylalkyläther leiten sich von der Ameisensäure ab, und bei ihren Umsetzungen mit aromatischen Verbindungen entstehen, wie oben gezeigt, Aldehyde. Brenzkatechincarbonatdichlorid, das sich von der Kohlensäure ableitet, reagiert, wie wir fanden, mit Aromaten zu Carbonsäuren [11, 13, 14].

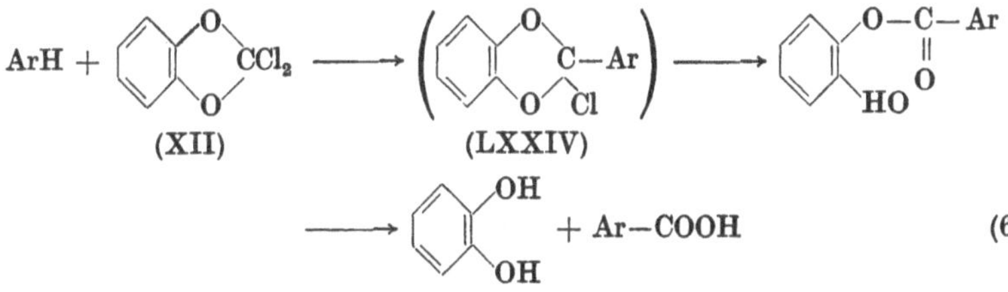

(60)

Das Zwischenprodukt (LXXIV) wird auch hier nicht isoliert, sondern gleich zum Brenzkatechinmonoester der entsprechenden

ester wurde mit einem Phenol und Aluminiumchlorid zur Umsetzung gebracht. Aus dem hydrolysierten Reaktionsgemisch lassen sich in z. T. sehr guten Ausbeuten die entsprechenden Phenolaldehyde gewinnen (Gl. 58) [47].

$$HO{-}Ar'{-}H + HC(OR)_3 \xrightarrow{AlCl_3} \left(HO{-}Ar'{-}CH\begin{matrix}OR\\OR\end{matrix}\right) \longrightarrow HO{-}Ar'{-}CHO \qquad (58)$$

aromatischen Carbonsäure bzw. zur Carbonsäure selbst verseift. Diese Synthese hat wie die oben erwähnte Aldehydsynthese eine große Anwendungsbreite; die Ausbeuten liegen zwischen 50 und 85% d. Th. Auch hier ist die präparative Ausführung einfach und die Reaktion verläuft recht schnell. Methoden zur direkten Einführung von Carboxylgruppen in aromatische Kerne sind wenig bekannt. Die Carboxylierung mittels Brenzkatechincarbonatdichlorid ist deshalb präparativ durchaus interessant.

I. Umlagerungen

Von STRAUS und WEBER [49] wurde die thermische Zersetzung von α-Chloräthern untersucht. Sie fanden, daß hierbei Aldehyd und Alkylchlorid entstehen. Der Reaktionsverlauf ist aus Gl. 10 ersichtlich.

Darstellung von Chloracetaldehyd und Chlorameisensäurechloräthylester

Wie oben erwähnt, lagert sich das wenig stabile Chloräthylenoxyd in Chloracetaldehyd um (Gl. 61) [22]. Der Reaktionsverlauf entspricht der allgemeinen Gl. 10.

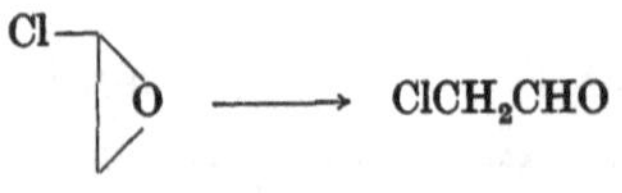

(61)

Chloracetaldehyd wurde auch aus Chloräthylencarbonat (XXVII) erhalten, das bei Erwärmen mit einer Spur Triäthylamin unter Umlagerung CO_2 abspaltete (Gl. 62) [23].

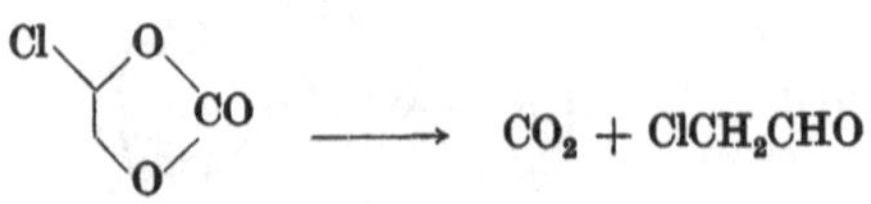

(62)

Versuche zur Herstellung von 2,2-Dichlordioxolan durch Umsetzung von Äthylencarbonat mit Phosphorpentachlorid hatten nicht den gewünschten Erfolg. Es wurde stets nur Chlorameisensäure-β-chloräthylester erhalten, der aus dem zwischendurch entstandenen 2,2-Dichlordioxolan (LXXV) durch Umlagerung gebildet wurde (Gl. 63).

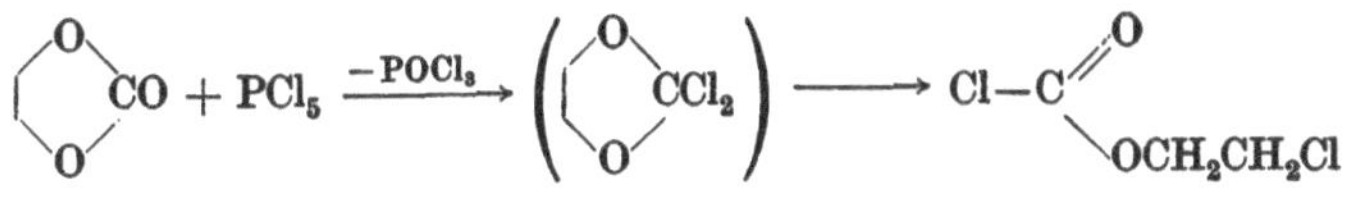

(LXXV) (63)

K. Spezielle Fälle

Pyrrolsynthesen, Furan

Setzt man 2,5-Dichlortetrahydrofuran (XX) mit tertiären Aminen um, so findet eine zweimalige HCl-Abspaltung statt, und man erhält Furan (Gl. 64). Verwendet man ein primäres Amin, so beobachtet man darüber hinaus Abspaltung von Wasser; es bildet sich hier das entsprechende N-substituierte Pyrrol (Gl. 65) [17, 18, 50].

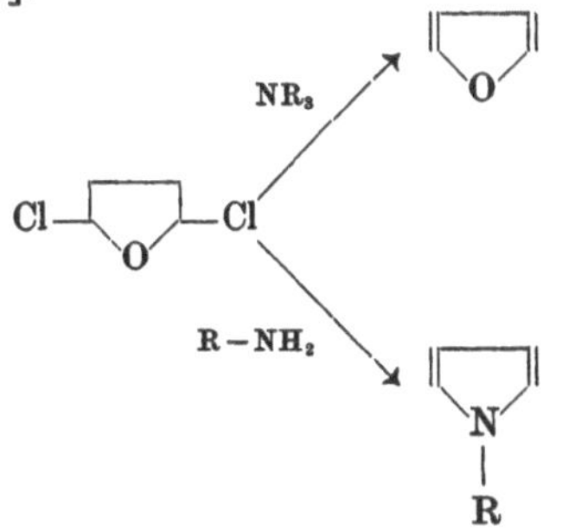

(64)

(65)

Bei dieser Pyrrol-Synthese muß man 3 Mol primäres Amin verwenden, wovon 2 Mol zur Bindung von HCl benötigt werden. Wie wir fanden, lassen sich die N-substituierten Pyrrole auch auf einfachem Wege und in guten Ausbeuten aus den 2,5-Dialkoxy- bzw.

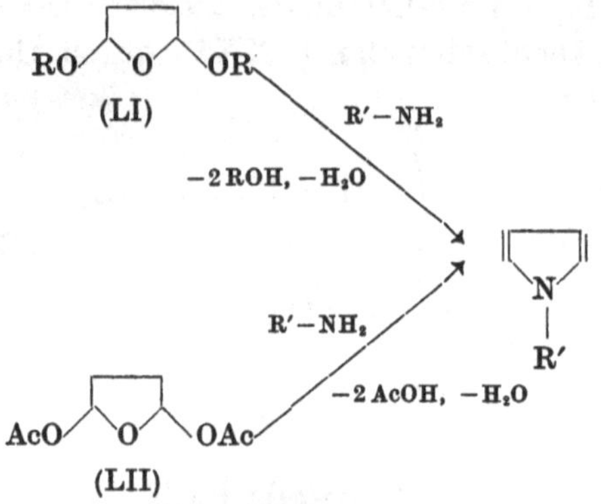

(66)

Diacyloxytetrahydrofuranen darstellen [17, 18, 50] (Gl. 66). Nach diesem Verfahren ist nur ein geringer Überschuß an primärem Amin notwendig. Für letztere Reaktion wurde eine Anzahl von aliphatischen und aromatischen Aminen, Carbonsäureamiden, Urethanen usw. mit Erfolg eingesetzt.

Benzimidazol

Dichlormethylalkyläther geben mit primären Aminen die entsprechenden Formamidine; so erhält man aus asymm. Dichloräther und Anilin das Diphenyl-formamidin (LXXVI)

$$C_6H_5{-}NH{-}CH{=}N{-}C_6H_5$$

(LXXVI)

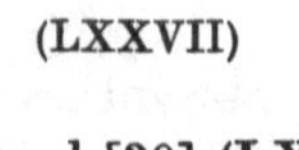

(LXXVII)

und mit *o*-Phenylendiamin Benzimidazol [30] (LXXVII).

Guanidine

Trisubstituierte Guanidine (LXXVIII) lassen sich in einfacher Weise durch Umsetzung eines Amins mit Brenzkatechin-dichlormethylenäther (XIII) gewinnen [14]:

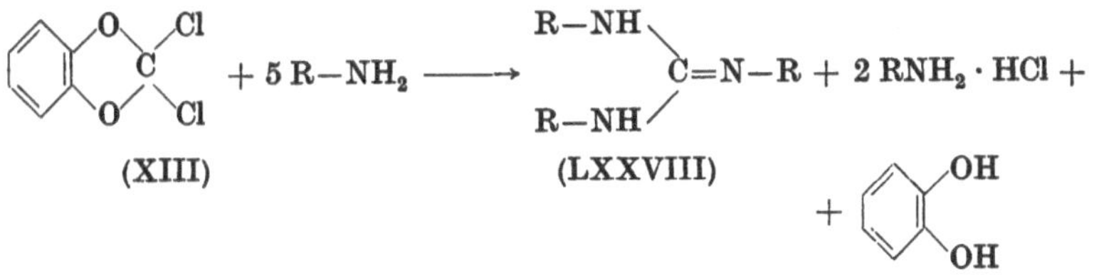

Literatur

[1] L. Summers, Chem. Reviews **55**, 301 (1955)
[2] F. Straus u. H. Heinze, Liebigs Ann. Chem. **493**, 191 (1932)
[3] H. Böhme, Ber. dtsch. chem. Ges. **74**, 248 (1941)
[4] P. L. Salzberg u. J. H. Werntz, A. P. 2065400, C. **1937**, I 3715
[5] H. Böhme u. A. Dörries, Chem. Ber. **89**, 723 (1956)
[6] Dissertation H. Gross, Universität Jena 1957
[7] A. Rieche u. H. Gross, Chem. Techn. **10**, 515 (1958)
[8] H. Gross, Chem. Techn. **10**, 659 (1958)
[9] H. Gross u. A. Rieche, WP 20975; DBP 1084708
[10] A. Rieche, H. Gross u. E. Höft, Chem. Ber. **93**, 88 (1960)
[11] H. Gross, A. Rieche u. E. Höft, Chem. Ber. **94**, 544 (1961)
[12] Dissertation E. Höft, Humboldt-Universität zu Berlin 1960
[13] Diplomarbeit M. Mirsch, Humboldt-Universität zu Berlin 1961
[14] H. Gross, M. Mirsch u. H. Bornowski, Chem. Ber., in Vorbereitung
[15] W. Reppe u. H. Kröper, DRP. 703956, C. **1941**, I 3290.
[16] H. Meerwein u. H. Göbel, Dissertation Göbel, Marburg
[17] H. Gross, Angew. Chem. **72**, 268 (1960);
H. Gross (Vortragsreferat), Angew. Chem. **73**, 29 (1961)
[18] H. Gross, Chem. Ber., im Druck
[19] H. Gross, Pat.-Anm. DDR: WP 12q 65973; DBR: D 32650 IV b/12q
[20] O. Bayer in „Methoden der organischen Chemie" VII/1, S. 250, G. Thieme-Verlag Stuttgart 1954

[21] H. GROSS, unveröffentlicht
[22] H. GROSS u. A. RIECHE, WP 21197; DBP 1084707
[23] Diplomarbeit F. POLLY, Humboldt-Universität zu Berlin, 1960
[24] H. GROSS, Pat.-Anm. DDR: WP 12q/67658; DBR: D 33341 IV b/120
[25] A. RIECHE, H. GROSS u. E. HÖFT (Vortragsreferat), Angew. Chem. **70**, 602 (1958)
[26] A. RIECHE u. H. GROSS, Chem. Ber. **92**, 83 (1959)
[27] A. RIECHE u. H. GROSS, WP 16213
[28] A. RIECHE u. H. GROSS (Vortragsreferat), Angew. Chem. **69**, 726 (1957)
[29] H. GROSS u. I. FARKAS, Chem. Ber. **93**, 95 (1960)
[30] K. PODUŠKA u. H. GROSS, Chem. Ber. **94**, 527 (1961)
[31] K. PODUŠKA u. H. GROSS, Chimia [Zürich] **14**, 371 (1960) (Vortragsref.)
[32] K. PODUŠKA u. H. GROSS, Patentanm. DDR, DBR, ČSSR
[33] Diplomarbeit H. BORNOWSKI, Humboldt-Universität zu Berlin 1962
[34] A. RIECHE u. H. GROSS, Chem. Ber. **93**, 259 (1960)
[35] A. RIECHE u. H. GROSS, Pat. Anm. DDR: 120/54836; DBR: D 28655 IV b/12q
[36] A. RIECHE u. H. GROSS, Pat. Anm. DDR: 39c/61661; DBR: 30841 IV b/39c
[37] A. RIECHE u. H. GROSS, Pat. Anm. DDR: WP 39c/54835; DBR: 28656 IV b/39c
[38] H. GROSS u. A. RIECHE, Chem. Ber. **94**, 638 (1961)
[39] I. FAKSTORP, D. RALEIGH u. L. E. SCHNIEPP, J. Amer. chem. Soc. **72**, 869 (1950)
[40] H. GROSS, Pat.-Anm. DDR: WP 12q/67660; DBR: D 33342 IV b/12q
[41] F. STRAUS u. W. THIEL, Liebigs Ann. Chem. **525**, 151 (1936)
[42] Diplomarbeit R. JUNG, Humboldt-Universität zu Berlin 1958
[43] M. SOMMELET, C. R. hebd. Seances Acad. Sci. **157**, 1443 (1913)
[44] A. RIECHE u. E. SCHMITZ, Chem. Ber. **89**, 1254 (1956)
[45] A. RIECHE u. H. GROSS, Chem. Ber., im Druck
[46] A. RIECHE, H. GROSS u. E. HÖFT, Pat.-Anm. DDR: WP 12o/61662; DBR: D 30840 IV b/12o
[47] Diplomarbeit G. MATTHEY, Universität Jena 1961
[48] H. GROSS, E. HÖFT u. M. MIRSCH, Pat.-Anm. DDR und DBR
[49] F. STRAUS u. H. J. WEBER, Liebigs Ann. Chem. **498**, 101 (1932)
[50] H. GROSS, Pat.-Anm. DDR: WP 12p/67659; DBR: D 33343 IV b/12p

Sachregister

SITZUNGSBERICHTE DER DEUTSCHEN AKADEMIE
DER WISSENSCHAFTEN ZU BERLIN

Klasse für Chemie, Geologie und Biologie
Jahrgang 1962 Nr. 6

Dr. habil. *ERNST SCHMITZ*

SYNTHESE DREIGLIEDRIGER RINGE MIT ZWEI STICKSTOFFATOMEN DIAZIRIDINE UND CYCLISCHE DIAZOVERBINDUNGEN

Aus dem Institut für organische Chemie
der Deutschen Akademie der Wissenschaften zu Berlin
(Direktor: Prof. Dr. Alfred Rieche)

AKADEMIE-VERLAG · BERLIN
1962

Nach einem am 26. 6. 1961 im Kolloquium
des bayrischen Staatslaboratoriums in
München gehaltenen Vortrag

Vorgelegt von Hrn. RIECHE in der Plenarsitzung vom 18. Mai 1961
Zum Druck genehmigt am gleichen Tage, ausgegeben am 9. Februar 1962

Erschienen im Akademie-Verlag GmbH, Berlin W 8, Leipziger Straße 3—4

Lizenznummer: 202 · 100/511/62
Gesamtherstellung: Druckhaus „Maxim Gorki“, Altenburg
Printed in Germany
Bestellnummer: 2010/62/II/6 · ES 18 C 5 · Preis: DM 3,20

Zur Existenz dreigliedriger Ringe mit zwei Heteroatomen

Ein lateinisches Sprichwort sagt: Natura non facit saltus; die Natur macht keine Sprünge. Man muß sich davor hüten, diese Weisheit auf die Naturwissenschaft zu übertragen. Die Naturwissenschaft macht Sprünge. Sie schreitet nicht stetig fort. Irgendein Teilgebiet steht einige Zeit im Mittelpunkt des Interesses. Es ruht dann oft jahrelang, bis es durch irgendeine Beobachtung oder Überlegung plötzlich wieder aktuell wird.

Ein solches Teilgebiet sind kleine heterocyclische Ringe mit mehreren Heteroatomen. Beschränken wir unsere Betrachtung auf heterocyclische Dreiringe mit mehr als einem Heteroatom. Vor etwa 50 Jahren fand man in der Literatur eine stattliche Anzahl solcher Verbindungen. Da waren die Azoxyverbindungen (I), die Nitrone (II), die C–N–N-Dreiringe (III), die man damals Hydrazimethylene nannte, der öfters postulierte peroxydische Dreiring (IV), die aliphatischen Diazoverbindungen (V), für die man sogar einen ungesättigten heterocyclischen Dreiring annahm und schließlich die Azide in der Dreiringformulierung (VI).

I 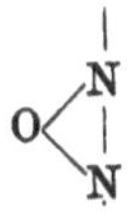 II 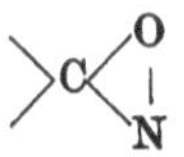 III 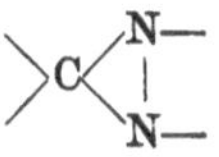

IV 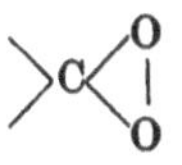 V  VI 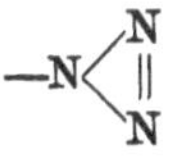

Diese heterocyclischen Dreiringe verschwanden in den darauffolgenden Jahrzehnten von der Bildfläche. Einige wurden mit großem Getöse ins Jenseits befördert, einige starben einfach an Altersschwäche. Zur ersten Gruppe gehören die Azoxyverbindungen, deren offenkettige Struktur chemisch bewiesen wurde [1]. Bei den Diazoaliphaten und den Aziden gab es heftige Diskussionen über die Struktur, bis physikalische Untersuchungen die lineare Struktur sicherstellten [2]. Zu den Dreiringen, die an Altersschwäche starben, gehört der peroxydische Dreiring, um den es heute stillgeworden ist [3] und der C–N–N-Dreiring. Mit dem C–N–N-Dreiring, dem Diaziridin, hat sich nämlich von 1920 bis 1958 niemand in nennenswertem Umfang beschäftigt. Für die als Diaziridine angesehenen Hydrazone bürgerte sich die offenkettige Formulierung ein, die auch mit den Spektren besser zu vereinbaren war als der Dreiring. Eine ganze Reihe angeblicher Diaziridine blieb aber in der Literatur, von niemanden sonderlich ernstgenommen, aber unwiderlegt [4].

Eigentlich ist es merkwürdig, daß sich die Diaziridinstruktur nie bestätigt hat, wenn man bedenkt, wie leicht sich beispielsweise der Dreiring mit einem Stickstoff, das Äthylenimin bildet [5]. Die Bildungstendenz dieses Ringsystems ist so groß,

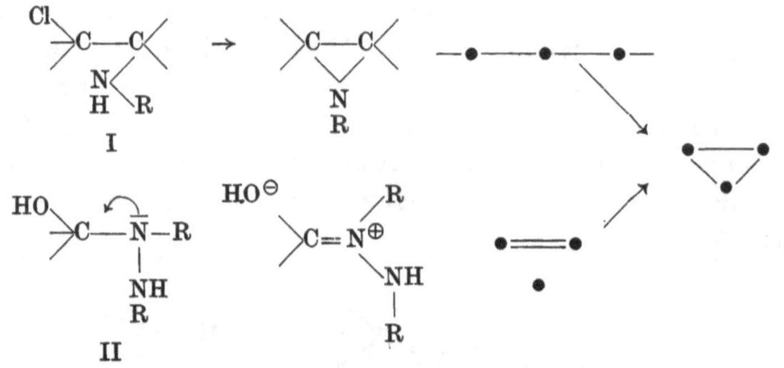

daß in β-halogenierten Aminen (I) das Halogen um Größenordnungen beweglicher ist, als in aliphatischen Halogeniden: Der Stickstoff hilft schon bei der Ablösung des Halogens mit. Wie kommt es nun, daß der Diaziridinring sich nicht durch eine analoge Reaktion bildet? In Alkylolverbindungen von Hydrazinen (II) ist das Hydroxyl ebenso beweglich wie das Halogen in einem β-Halogenamin. Beim Alkylolhydrazin (II) beruht die

Beweglichkeit der Hydroxylgruppe aber darauf, daß das einsame Elektronenpaar des *benachbarten* Stickstoffs die Hydroxylgruppe wegschiebt. Dabei erhält die C–N-Bindung Doppelbindungscharakter und der β-ständige Stickstoff ist für einen Ringschluß nicht mehr erreichbar.

Ein Dreiring ist nicht nur durch Ringschluß einer Dreierkette zu konstruieren. Als zweite Möglichkeit kennt man das Anfügen eines Atoms an eine Doppelbindung. Auch dieses Reaktionsprinzip ist für Syntheseversuche des C–N–N-Dreiringes herangezogen worden. Ernst MÜLLER [6] und unabhängig von ihm STAUDINGER [7] hatten Diazo-aliphaten auf Verbindungen mit N–N-Doppelbindung einwirken lassen. Sie erhielten Verbindungen, deren Summenformeln auf eine Diaziridinstruktur (I) deuteten; auch die Hydrolyse dieser angeblichen Diaziridine führte zu den erwarteten Verbindungen: einer Carbonylverbindung und einem 1.2-disubstituierten Hydrazin (II).

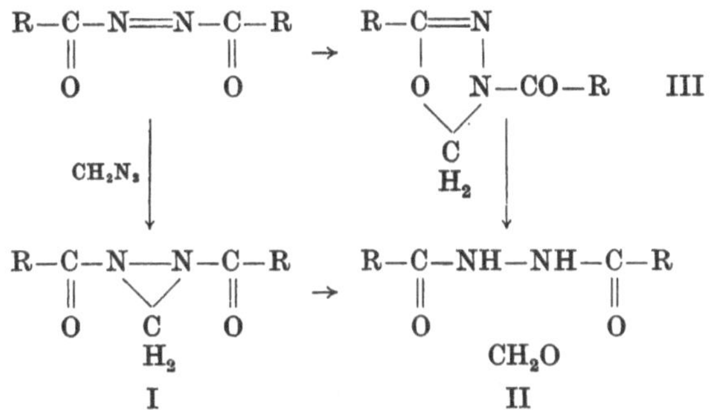

Die gleichen Hydrolyseprodukte sind aber zu erwarten, wenn den Verbindungen eine Ox-diazolinstruktur (III) zukommt. Tatsächlich haben Untersuchungen der Infrarotspektren ergeben, daß die Müllerschen Verbindungen keine Diaziridine sind [8].

Für eine Diaziridinsynthese bleibt schließlich noch eine dritte Möglichkeit. Man kann nämlich auf dem Papier das zuletzt erläuterte Syntheseprinzip um 120° kanten und von einer C–N-

Doppelbindung ausgehen. An diese Doppelbindung müßte man eine Stickstoffeinheit heranbringen, die imstande ist, zwei neue Bindungen zu knüpfen. Eine solche Stickstoffeinheit wird bei der alkalischen Zersetzung der N-Halogenamine [9] und bei der thermischen Zersetzung von Aziden [10] diskutiert. Die Schiffschen Basen sind insofern erfolgversprechende Reaktionspartner, als sie vor kurzem als Ausgangsprodukte einer aufsehenerregenden Reaktion gedient hatten: der Synthese der Oxazirane [11], der ersten authentischen Dreiring-Heterocyclen mit zwei Heteroatomen (I).

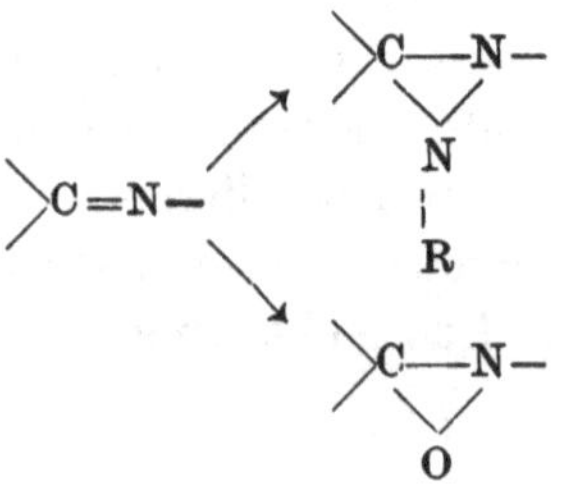

I

Der experimentelle Weg zu den C–N–N-Dreiringen folgte allerdings nicht diesen Überlegungen. Er verlief auf Umwegen durch verschiedene Verbindungsklassen, beginnend beim Isochroman und Isochinolin.

Untersuchungen in der Isochinolinreihe

Die Untersuchungen begannen 1954 mit der Untersuchung von Ätherperoxyden. Der cyclische Benzyläther Isochroman (I) erwies sich als stark autoxydabel. Das gebildete Ätherhydroperoxyd (II) war eine recht stabile Substanz [12]. Es sollte auf einem anderen Weg synthetisiert werden [13]. Als Ausgangsmaterial für eine Peroxydsynthese sollte das 1-Brom-isochroman (III) dienen, denn es tauschte sein Brom spielend leicht gegen andere Reste aus.

Merkwürdigerweise sank die Reaktionsfähigkeit erheblich ab, wenn man die Verbindung vor der Umsetzung einige Zeit auf 100° erwärmte. Da sich die Elementarzusammensetzung nicht änderte,

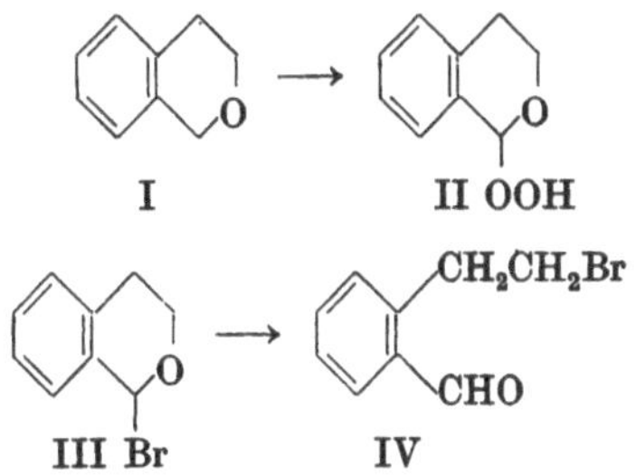

mußte es sich um eine Umlagerung handeln. Es zeigte sich ziemlich bald, daß sich das 1-Brom-isochroman (III) beim Erhitzen in den isomeren 2-β-Bromäthyl-benzaldehyd (IV) umlagerte [14].

Wer einen neuen Aldehyd herstellt, muß ihn durch Derivate charakterisieren. Besonders beständig sind die 2.4-Dinitro-phenylhydrazone. Das Dinitro-phenylhydrazon des Bromäthyl-benzaldehyds (I) war zwar bei normaler Temperatur stabil, bei 180° lagerte es sich aber quantitativ in eine fast farblose Verbindung um [15].

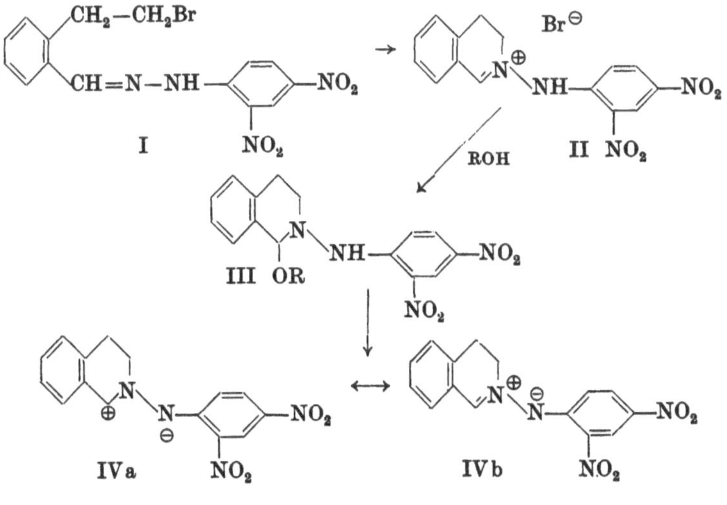

Diese Verbindung hat Salzcharakter; das Halogen ist argentometrisch titrierbar. Die Konstitutionsermittlung ergab, daß ein Isochinolinringschluß zu II stattgefunden hatte. Schwaches Alkali beispielsweise fällte aus II eine Pseudobase (III, R = H), die sich mit Alkoholen leicht veräthern ließ. Diese Äther spalten thermisch ein Mol Alkohol ab; der Hydroxylwasserstoff kann dabei nur der NH-Gruppe entstammen. Es müßte ein Betain (IV) hinterbleiben, dessen negative Ladung am äußeren Stickstoff steht, während der zweite Stickstoff und der benachbarte Kohlenstoff sich in die positive Ladung teilen.

Dieses Betain zeichnet sich durch die Fähigkeit zur 1.3-dipolaren Addition an Mehrfachbindungen aus [16].

Die Cyclisierung des Dinitrophenylhydrazons ist nur ein Spezialfall einer ganzen Reihe von Ringschlußreaktionen, die zu einigen brauchbaren Synthesen von Isochinolinabkömmlingen führten. Aus Bromäthylbenzaldehyd und Ammoniak bildet sich schon in der Kälte 3.4-Dihydro-isochinolin (I) [17]. So kann man aus dem technisch erzeugten Phenyläthylalkohol in 65-prozentiger Ausbeute 3.4-Dihydro-isochinolin herstellen. Damit wird eine Lücke ausgefüllt, denn die Bischler-Napieralski-Reaktion gibt beim Grundkörper schlechte Ausbeuten [18].

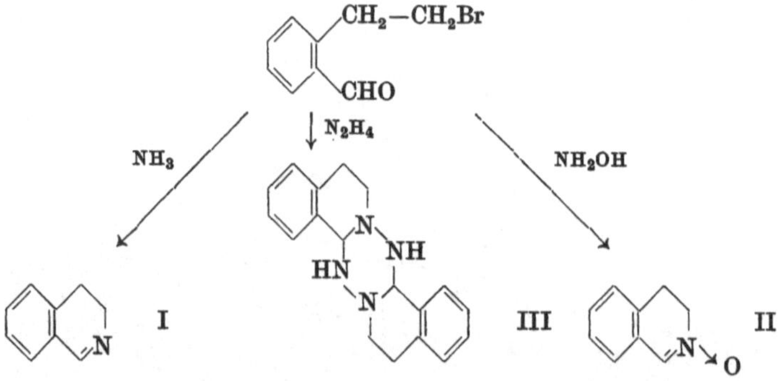

Bei der Umsetzung mit Hydroxylamin war kein Oxim zu fassen, sondern es erfolgte sofort Ringschluß zum 3.4-Dihydro-isochinolin-N-oxyd (II) [19].

Auch mit Hydrazin bildete sich sofort ein cyclisches Produkt. Das intermediär anzunehmende Hydrazon erleidet Isochinolin-Ringschluß und Dimerisierung zu einem Abkömmling des Hexahydrotetrazins (III) [15]. Damit waren wir von den Ätherperoxyden über das Isochinolin zum Ringsystem des Hexahydrotetrazins gekommen, das uns noch längere Zeit beschäftigt hat.

Hexahydrotetrazine

In der Literatur existierte ein Peroxyd, das aus Formaldehyd, Hydrazin und Wasserstoffperoxyd hergestellt worden war und angeblich einen peroxydischen Fünfring enthielt (I) [20]. Eine Molekulargewichtsbestimmung ergab, daß die Verbindung das doppelte Molgewicht hatte. Der Verdacht fiel auf ein Hexahydrotetrazinsystem mit zwei ankondensierten peroxydischen Sechsringen (II). Diese Sechsringe waren noch nicht bekannt; einfache

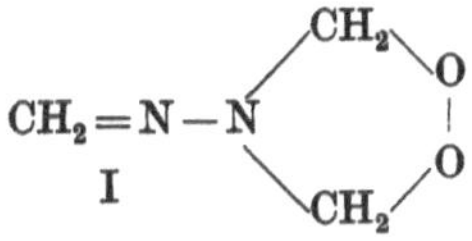

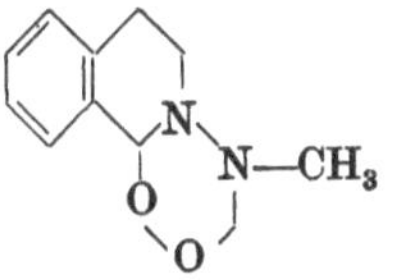
III

II

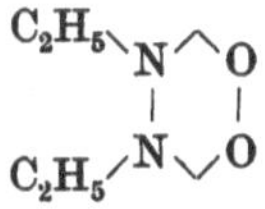
IV
Schmp. 26

Vertreter bildeten sich aber verhältnismäßig leicht aus Dialkylhydrazinen mit Formaldehyd und Wasserstoffperoxyd. Weniger leicht war die Isolierung dieser sehr zersetzlichen Verbindungen. Bei tiefer Temperatur und unter sehr genau einzuhaltenden Bedingungen gelang es aber schließlich, diese Peroxyde (III, IV) zu isolieren und sogar kristallin zu erhalten. Die tricyclische Struktur II des Peroxyds war damit weitgehend gesichert [21].

Ebenfalls in die Reihe des Hexahydro-tetrazins führte eine Untersuchung der Kondensationsprodukte des Formaldehyds mit Phenylhydrazin [22]. Im Beilstein fanden wir zwei isomere Kondensationsprodukte im Verhältnis 3: 2, die unter der gleichen Strukturformel (I) registriert waren und angeblich zwei Diaziridinringe enthielten. An diese Diaziridinringe glaubten wir natürlich nicht. Auch hatten wir keine Ahnung, daß wir wenige Monate später echte Diaziridine in der Hand haben würden.

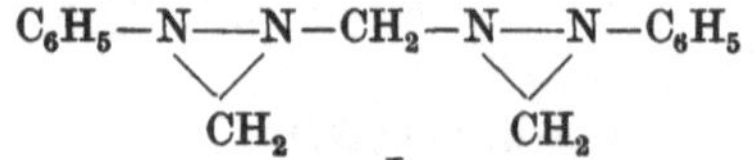

I

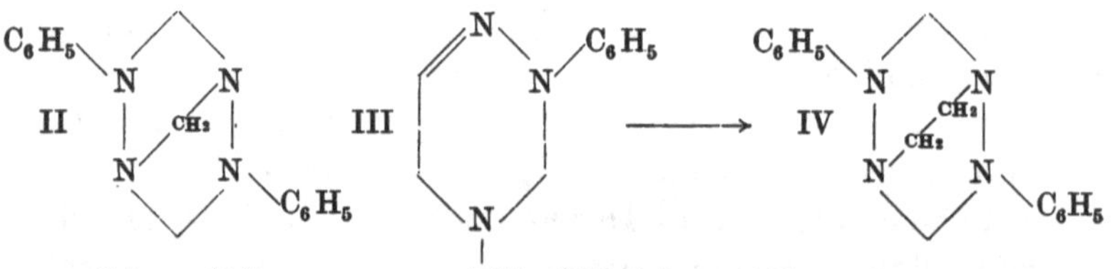

Schmp. 184° NH–C_6H_5 Schmp. 112°

Bei den Kondensationsprodukten des Formaldehyds mit Phenylhydrazin stellte sich, wie erwartet, heraus, daß keine Diaziridine vorlagen. Die höherschmelzende Verbindung erwies sich als Tetrazinderivat mit einer Methylenbrücke (II). Die niedriger schmelzende Verbindung (III) war kein Tetrazin. Wir haben sie mit Lithiumalanat reduziert und mit Formaldehyd versetzt. Der Formaldehyd verknüpfte zwei NH-Gruppen zu einem neuen Ring, der die Atomfolge C–N–N–C–N–N enthielt. Wir hatten also wieder ein verbrücktes Tetrazinderivat (IV) in der Hand.

Das Arbeiten mit diesen Verbindungen war etwas unerfreulich, da bei Säureeinwirkung immer nur harzige Produkte gebildet wurden. Angenehmer war das Arbeiten mit dem Tetrazinderivat der Isochinolinreihe (I). Es ließ sich durch Säureeinwirkung sauber halbieren (I → II) [15], beispielsweise durch Pikrinsäure. Durch Alkalieinwirkung bildete sich der Tetrazinring (I) quantitativ zurück. Hergestellt wurde die Verbindung, wie bereits ausgeführt, aus 2-β-Chloräthyl-benzaldehyd und Hydrazin (III).

Wir versuchen nun, diese Synthese in zwei Stufen zu zerlegen, indem wir den Aldehyd (III) erst mit Ammoniak, dann mit Chloramin umsetzten [15]. Aus diesen beiden Komponenten wird ja Hydrazin technisch hergestellt [23]. Die erste Stufe ging glatt,

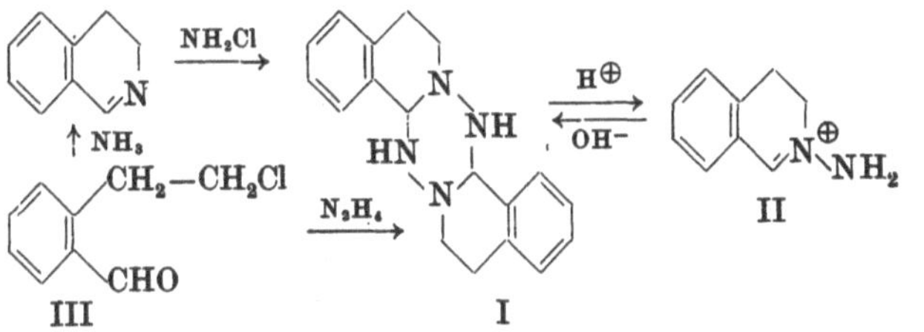

die Umsetzung mit Chloramin war weniger erfreulich. Zum Glück ist das Tetrazinderivat (I) so schwer löslich, daß es trotz geringer Ausbeute isoliert werden konnte. Die Ausbeute war nicht über zehn Prozent zu bringen.

Wir versuchten daher, Chloramin durch N-Chlor-methylamin zu ersetzen. Zum Glück hatten wir uns die Literatur über N-Chlormethylamin nicht angesehen, sonst hätten wir schon damals erfahren, daß fast alle Reaktionen, die sich mit Chloramin durchführen lassen, auf das Methylhomologe nicht übertragbar sind [24].

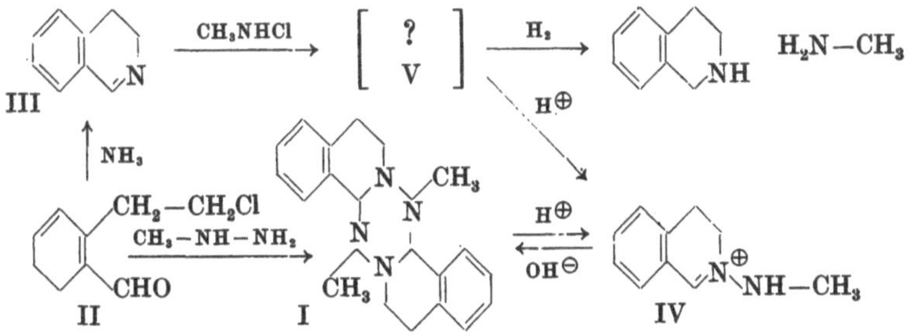

Wir brachten also 3.4-Dihydro-isochinolin mit N-Chlormethylamin in Gegenwart von wäßriger Natronlauge zusammen.

Wir hofften, daß sich das N-methylierte Tetrazinderivat (I) bilden würde. Die Synthese eines Vergleichspräparates gelang ohne Schwierigkeiten aus Chloräthyl-benzaldehyd (II) und Methylhydrazin. Leider bildete sich dieses Tetrazin nicht einmal in Spuren, als wir 3.4-Dihydro-isochinolin (III) mit N-Chlormethylamin reagieren ließen. Um wenigstens das Ausgangsmaterial zurückzugewinnen, säuerten wir den Ansatz an, um dann durch Alkalizugabe das Dihydroisochinolin (III) abzuscheiden. Und dabei gab es eine große Überraschung. Bei Alkalizugabe fiel nämlich in guter Ausbeute das gesuchte Tetrazinderivat (I) aus. Verfolgen wir seinen Bildungsweg einmal rückwärts. In der sauren Lösung konnte nur das cyclische Hydrazoniumsalz (IV) vorgelegen haben.

Die wechselseitige Umwandlung von Tetrazin und Hydrazoniumsalz ist quantitativ möglich. Bei unserem Ansatz mußte sich aber das Hydrazoniumsalz aus einer mit Fragezeichen versehenenen Verbindung (V) gebildet haben, die bereits die N–N-Bindung enthielt. Eigentlich müßte die Verbindung mit drei Fragezeichen versehen werden, denn es gelang uns nicht, auf dem Papier irgend einen Vertreter einer bekannten Verbindungsklasse zu konstruieren, der die Eigenschaften zeigt, die wir an unserer Verbindung beobachteten. Die Substanz ist destillierbar. Molekulargewichtsbestimmung und Analyse zeigten, daß sie die gleiche prozentuale Zusammensetzung hatte wie das Tetrazin I,

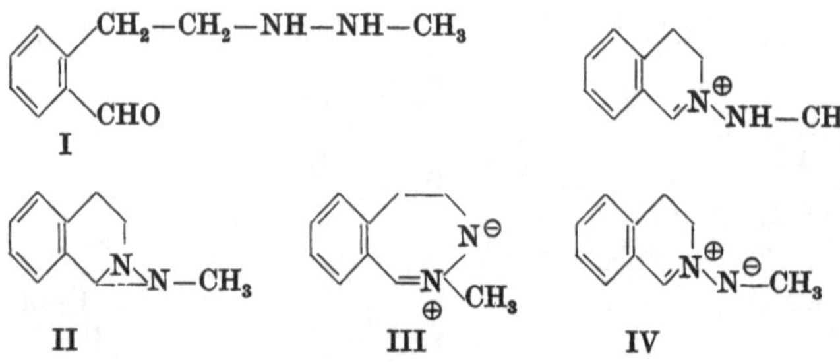

aber nur das halbe Molekulargewicht. Säureeinwirkung führte schon unter mildesten Bedingungen zum Hydrazoniumsalz. Durch katalytische Hydrierung entstanden unter N–N-Spaltung Tetrahydro-isochinolin und Methylamin. Bauelement sowohl des

Monomeren als auch des Dimeren mußte daher ein ortho-substituierter Benzaldehyd sein, der in der Seitenkette den Hydrazinrest trug. Von diesem Aldehyd (I) mußten beide Verbindungen formal durch Wasserabspaltung ableitbar sein. Für das Monomere ergab das drei reichlich ausgefallene Strukturen (II, III, IV), die ausnahmslos ohne Analogie waren. Die beiden dipolartigen Strukturen (III u. IV) paßten nicht zum physikalischen Verhalten der Substanz. Die Substanz war ein leichtflüchtiges Öl, wasserunlöslich, aber mit Petroläther mischbar.

Die Gruppierung eines Azomethinimins ist auch nur dann stabil, wenn sowohl die positive als auch die negative Ladung durch erheblich mesomeriefähige Reste substituiert ist, beispielsweise die negative Ladung durch die Nitrilgruppe [25].

In den beiden Dipolformen ist aber die negative Ladung nicht stabilisiert. Beide Strukturen ließen daher mit Sicherheit erwarten, daß die Verbindung durch Wasser am Stickstoff protoniert würde. Die Verbindung ist aber gegen Wasser stabil. Ausschlaggebend war schließlich das Verhalten gegen Lithiumalanat. Auch bei mehrstündigem Kochen wurde die Verbindung nicht verändert. Sie konnte also keine C–N-Doppelbindung enthalten, denn Hydrazone und Azomethine werden von Lithiumalanat leicht reduziert [26].

Damit blieb als einzige Möglichkeit die Formulierung als Diaziridinderivat (II) [27]. Der Beweis beruht aber in der Hauptsache auf der Ausschließung anderer Möglichkeiten.

Synthese und Umsetzungen von Diaziridinen

Den Strukturbeweis des Diaziridinringes konnten wir auf eine erheblich breitere Basis stellen, als es gelang, die Diaziridinsynthese zu verallgemeinern. Das kostete natürlich wieder ein paar Umwege. Als wir nämlich versuchten, unter Beibehaltung der Reaktionsbedingungen das Dihydro-isochinolin durch andere Verbindungen mit C–N-Doppelbindung zu ersetzen, erlebten wir einige Enttäuschungen. Als Anfänger auf dem Gebiet der N-Halogenamine waren wir noch zu sehr von der Raschigschen Hydrazinsynthese beeinflußt, die in wäßrigen Alkalien arbeitet.

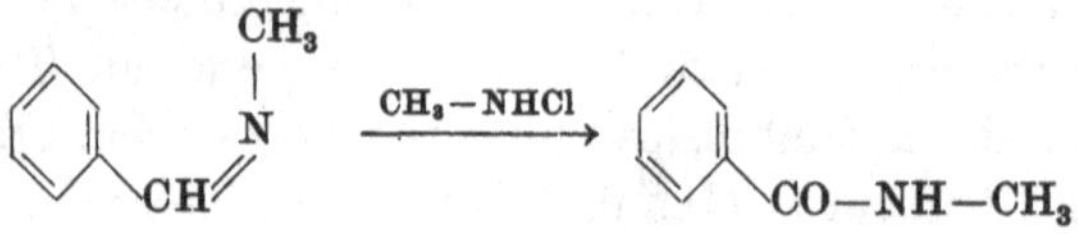

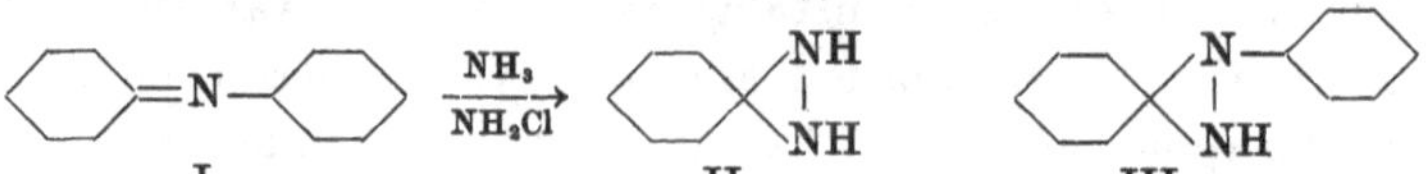

I II III

Aus Schiffschen Basen und N-Chlor-alkylaminen erhielten wir in wäßriger Lösung aber zunächst immer nur Säureamide [28]. In der offenkettigen Anordnung ist anscheinend die Schiffsche Base nicht stabil genug gegen Hydrolyse und der Aldehyd nicht stabil gegen die starke Oxydationswirkung des Chloramins. Etwas weiter kamen wir schon, als wir die wäßrige Natronlauge durch methanolisches Ammoniak ersetzten und zur Schiffschen Base eines Ketons (I) übergingen, das ja nicht oxydiert werden kann. Hier erhielten wir tatsächlich ein Diaziridin (II). Das Cyclohexylamin aber war aus dem Molekül verschwunden; an seine Stelle war Ammoniak getreten. Aus dem Destillationsrückstand ließ sich aber in ganz geringer Menge eine Verbindung herausarbeiten, die bei der Hydrolyse Cyclohexylhydrazin ergab, in der also das N-alkylierte Diaziridin (III) zu vermuten war.

Wir gingen nochmal einen Schritt weiter und arbeiteten in organischen Lösungsmitteln und ohne Zusatz einer starken Base. Jetzt waren wir auf dem richtigen Weg.

Beim einfachen Vermischen einer Schiffschen Base mit einer ätherischen Lösung von Chloramin bildet sich eine Verbindung,

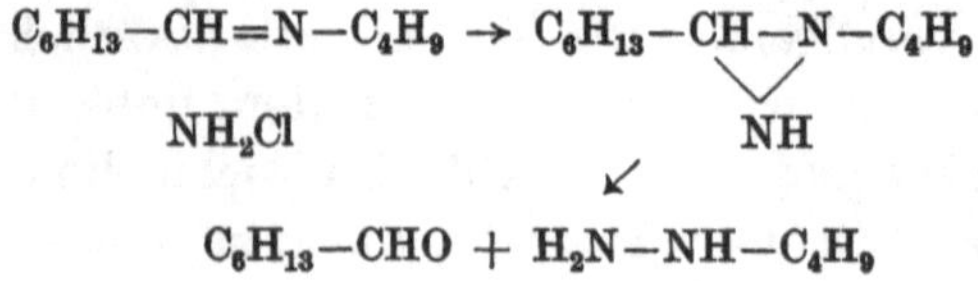

die eine NH-Gruppe mehr enthielt als das Ausgangsmaterial. Hier ist sie bereits als Diaziridin formuliert. Hydrolytisch zerfällt sie in den Aldehyd und ein Mol Alkylhydrazin [29].

Die Synthese erwies sich als allgemein anwendbar. Solange wir uns auf alipathische Komponenten beschränkten, haben wir kaum Enttäuschungen erlebt. Aldehyde, offenkettige und cyclische Ketone einerseits, alipathische Amine wie Butylamin, Isopropylamin, Cyclohexylamin oder Benzylamin andererseits, haben wir mit Chloramin in die Diaziridine übergeführt.

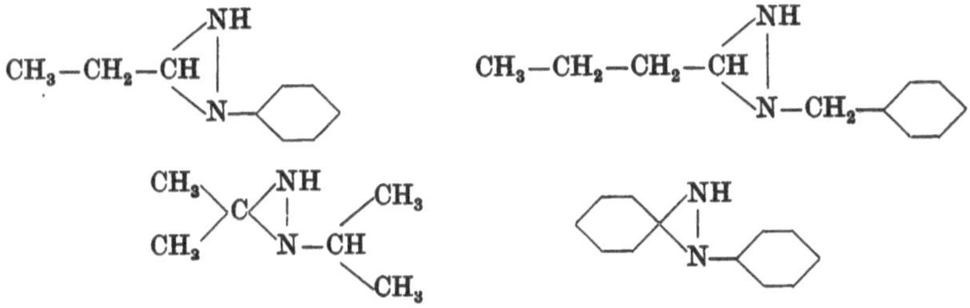

In Fällen, wo das Chloramin versagte, half die Hydroxylamin-O-sulfonsäure weiter [30]. Oft war es nicht einmal nötig, eine Schiffsche Base einzusetzen, sondern man konnte einfach ein Gemisch von Carbonylverbindung und Amin mit der Hydroxylamin-O-sulfonsäure umsetzen.

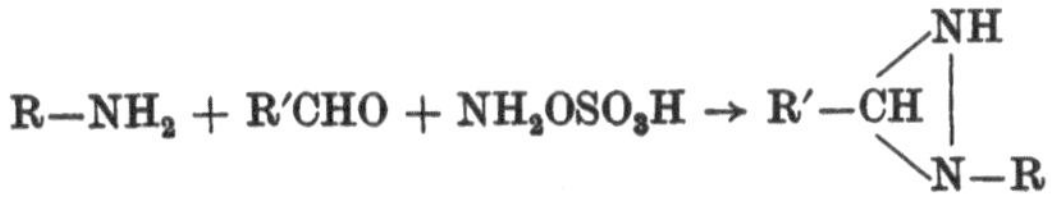

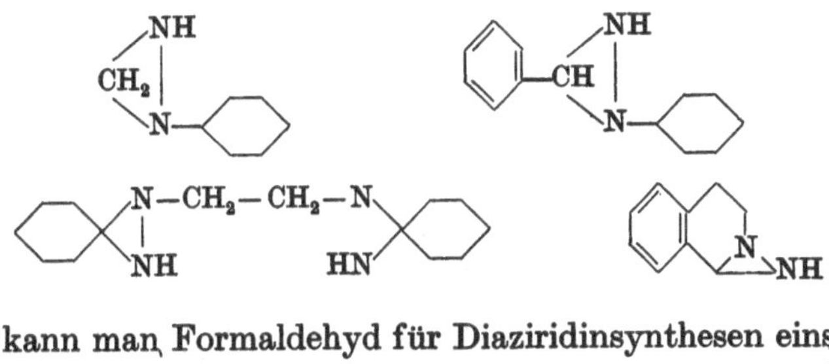

So kann man Formaldehyd für Diaziridinsynthesen einsetzen, der bekanntlich keine monomeren Schiffschen Basen bildet.

Schiffsche Basen des Benzaldehyds, die mit Chloramin nicht reagieren, geben mit Hydroxylamin-O-sulfonsäure Diaziridine. Auch Diamine können eingesetzt werden. Die Ausbeuten betragen bis zu 80% der Theorie.

Wir hatten mit der Diaziridinsynthese so viel Freude erlebt, daß wir auch mal eine Enttäuschung vertragen konnten. Die Diaziridinsynthese wurde nämlich unabhängig von uns auch von zwei anderen Chemikern entdeckt. In Leverkusen [31] erhielt ABENDROTH durch Gasphasenchlorierung des Ammoniaks in Gegenwart von Aceton sein Acetonisohydrazon. PAULSEN [32] in Essen leitete Ammoniak und Chlor in flüssige Ketone ein und erhielt ebenfalls Diaziridine, die er als Diazacyclopropane bezeichnete. Neuesten Publikationen zufolge [33] ist es beiden Bearbeitern gelungen, ihre Synthese zu verallgemeinern.

Unsere Diaziridinsynthesen, die mit Ausbeuten zwischen 30 und 70% verlaufen, gaben uns genügende Substanzmengen in die Hand, um einige Versuche zur Konstitutionsermittlung anzustellen. Alle vor 1958 dargestellten angeblichen Diaziridine haben ja einer Nachprüfung nicht standgehalten. Die Diaziridinstrukturen unserer Verbindungen mußten daher experimentell untermauert werden.

Zunächst ist da die Spaltung in Alkylhydrazin und Aldehyd beziehungsweise Keton. Diese beiden Spaltstücke können aus drei verschiedenen Verbindungen entstehen.

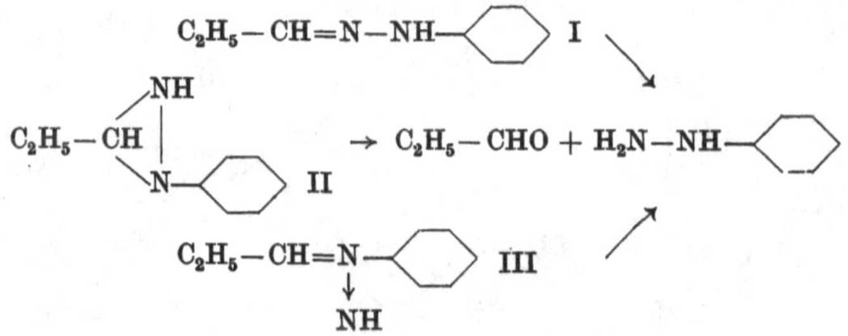

Entweder aus dem normalen Hydrazon (I), oder aus einem Diaziridin (II); als dritte Möglichkeit wieder ein Azomethinimin (III). Die Hydrazone der aliphatischen Reihe sind sehr labile, sehr luftempfindliche Substanzen. Aus dieser Verbindungsklasse sind genügend Vertreter bekannt, die sich von unseren Verbindungen erheblich unterscheiden [34]. Beispielsweise machen unsere Verbindungen in sauren Kaliumjodidlösungen zwei Äquivalente Jod frei. Hydrazone sind es also nicht.

Azomethinimine sind wenig wahrscheinlich. Da unsubstituierte Vertreter nicht bekannt sind, kennt man auch ihre Eigenschaften nicht. Die Ausschließung der Azomethinimine ist daher immer mit Unsicherheit behaftet. Gegen Azomethinimine spricht Folgendes: unsere Verbindungen zeigen weder im UV- noch im IR-Spektrum eine Absorption, die auf eine C–N-Doppelbindung hindeuten würde. Ebenso wie die Oxazirane setzen unsere Verbindungen Jod frei. Bei den Oxaziranen sind aber die dipolaren Isomeren bekannt: es sind die Nitrone. Am eindrucksvollsten ist aber die Säurebeständigkeit der Diaziridine. Sie bilden Salze, die wochenlang unzersetzt haltbar sind und mit Alkali die Ausgangsverbindungen zurückliefern. Auch in wäßrigen Mineralsäuren werden die Diaziridine erst nach Stunden oder Tagen gespalten. Dieses Verhalten ist meines Erachtens mit einer Azomethiniminstruktur nicht zu vereinen.

Wieder bleibt also die Diaziridinformel, nachdem die anderen Möglichkeiten ausgeschlossen sind. Eine weitere Stütze erhält die Diaziridinformulierung durch Abbauversuche.

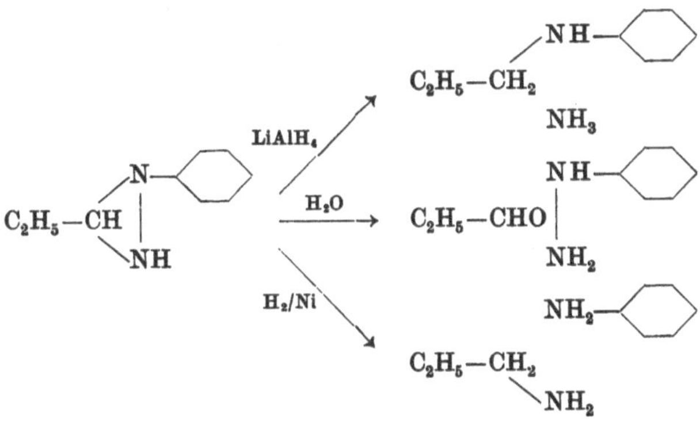

Bei der katalytischen Hydrierung des Cyclohexyläthyldiaziridins wird die N–N-Bindung gespalten. Es werden zwei Moleküle Wasserstoff aufgenommen, und man isoliert Cyclohexylamin und n-Propylamin. Reduziert man aber mit Lithiumanalat, dann entweicht Ammoniak und als Hauptprodukt entsteht Cyclohexyl-n-propylamin. Von den drei Bindungen des Diaziridinringes findet man also zwei in den Spaltstücken wieder. Die dritte Bindung, die N–N-Bindung, bleibt bei der hydrolytischen Spaltung erhalten, denn die Verbindung läßt sich zum Cyclohexylhydrazin hydrolysieren. Wenn wir nicht gerade auf reduktive Alkylierungen hereingefallen sind, haben wir alle drei Bindungen des Diaziridins sichergestellt.

Präparativ interessant ist die leichte Spaltbarkeit in Alkylhydrazin. Die Herstellung und Hydrolyse der Diaziridine ist den meisten Synthesen alkylierter Hydrazine an Ausbeute und Einfachheit der Ausführung überlegen.

Die Dreiringbildung aus Chloramin verlief so glatt, daß wir uns auch bald an N-Chlor-alkylamine heranwagten, obwohl diese bei vielen Reaktionen völlig versagen. Es ist beispielsweise noch nie gelungen, die Raschigsche Hydrazinsynthese mit einem N-Chloralkylamin durchzuführen. Hier erlebten wir eine große Überraschung. Die Übertragung der Diaziridinsynthese auf N-Chloralkylamine bereitete nämlich keinerlei Schwierigkeiten und gelang beim ersten Versuch [35]. Wieder mischten wir Schiffsche Basen und N-Chloralkylamin in einem indifferenten Lösungsmittel. In Ausbeuten bis zu 60% isolierten wir die ersten völlig alkylierten Diaziridine.

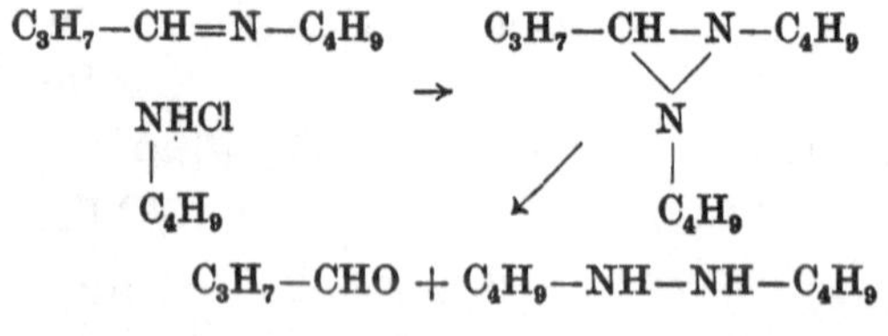

Zur Konstitutionsermittlung kann wieder die Hydrolyse in Carbonylverbindung und Hydrazinderivat dienen. Bei den vollalkylierten Vertretern erfordert die Hydrolyse aber sehr viel mehr Sorgfalt als bei den monoalkylierten.

In der nächsten Darstellung sind die drei Stufen der Synthese und Spaltung eines Diaziridins zusammengestellt. Aus primärem Amin und Aldehyd entsteht die Schiffsche Base. Diese addiert

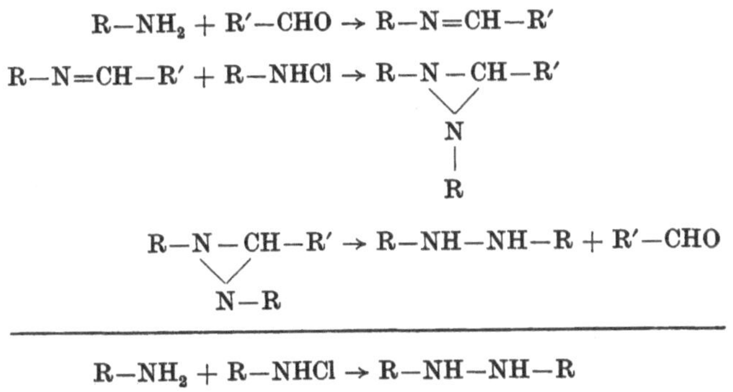

das N-Chloralkylamin zum Diaziridin, und das Diaziridin liefert hydrolytisch unter Freisetzung des Aldehyds das Dialkylhydrazin. Addiert man diese drei Reaktionsgleichungen, so erhält man als Gesamtreaktion die Umsetzung eines primären Amins mit einem N-Chloralkylamin zum Dialkylhydrazin. Auf dem Umweg über die Diaziridine ist damit die Raschigsche Hydrazinsynthese auch auf N-Chloralkylamine ausgedehnt worden.

Nun ein paar Worte über die Eigenschaften der Diaziridine. Je nach dem Grad der Alkylierung variieren die Eigenschaften etwas. Ist noch ein Stickstoff unsubstituiert, dann kristallisieren

die Verbindungen, meistens mit Schmelzpunkten um Raumtemperatur. Dagegen sind alle durchalkylierten Vertreter flüssig. Erstere bilden Salze, zum Beispiel mit Oxalsäure, letztere sind nur wenig zur Salzbildung befähigt. Man kann gerade noch mit komplexen Anionen wie Ferrocyanwasserstoffsäure Salzbildung erreichen. Die Vertreter des linken Typs können aus organischen Lösungsmitteln mit Säuren leicht extrahiert werden: die Vertreter des rechten Typs schwieriger. Auch die charakteristischste Eigenschaft der Diaziridine, die Jodausscheidung mit KJ-Lösung, ist bei den beiden Gruppen verschieden ausgeprägt. Die linke Gruppe reagiert in schwach saurer Lösung momentan, die rechte Gruppe muß in stark saurer Lösung erhitzt werden. In beiden Gruppen ist aber die Jodausscheidung quantitativ, so daß sie zur titrimetrischen Bestimmung des Reinheitsgrades verwendet werden kann. Es wäre uns wohl überhaupt nicht gelungen, das Gebiet so schnell auszubauen, wenn man nicht beim präparativen Arbeiten bei jeder Fraktion und bei jedem Reagenzglasversuch in ein paar Augenblicken bestimmen könnte, wieviel Diaziridin vorliegt. Schließlich noch ein Unterschied der beiden Gruppen, der auf der Hand liegt: von der linken Gruppe sind Derivate darstellbar, da noch ein unsubstituiertes N-Atom vorhanden ist.

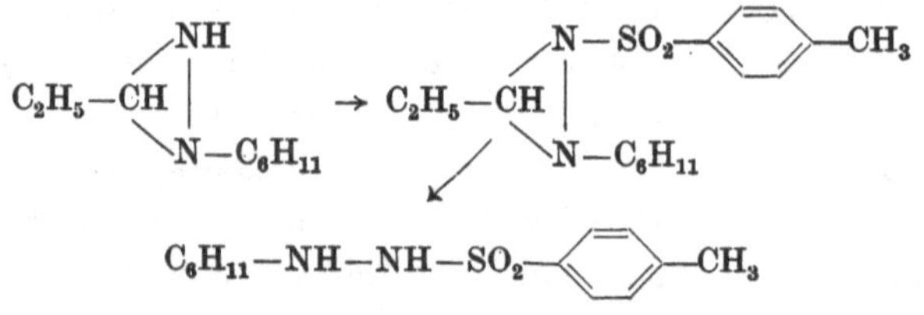

Mit p-Toluolsulfochlorid beispielsweise kann der Stickstoff tosyliert werden; auch mit Chlorameisensäureester, 3.5-Dinitrobenzoylchlorid oder Phenylisocyanat lassen sich Derivate herstellen [36].

Die Derivatbildung wäre wenig interessant, wenn sich nicht auch hierbei wieder eine Überraschung ergeben hätte. Wir hatten der Ordnung halber von allen geeigneten Diaziridinen mit Phenylisocyanat Derivate hergestellt. Zum Beispiel aus Propionaldehydcyclohexylisohydrazon.

Dieses Derivat, ein „Isosemicarbazon“ (I), setzt, wie alle bekannten Diaziridine, zwei Äquivalente Jod frei, wobei die

N–N-Bindung reduktiv geöffnet wird. Die drei zu erwartenden Bruchstücke, Cyclohexylamin, Phenylharnstoff und Propionaldehyd ließen sich isolieren. Auch die Hydrolyse verlief normal

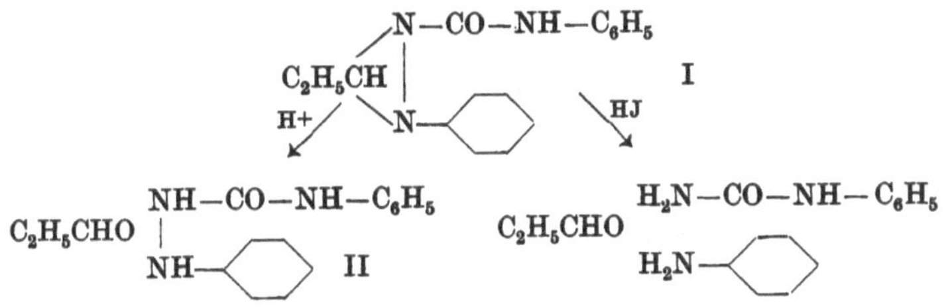

unter Bildung eines substituierten Semicarbazids (II). Als wir nun die Derivate der anderen Diaziridine durchmusterten, stellten wir fest, daß ein Teil von ihnen die berechnete Menge Jod freimachte, ein Teil aber gar keine Jodausscheidung gab. Alle Derivate waren aus dem Diaziridin und Phenylisocyanat im Verhältnis 1 : 1 entstanden, alle zerfielen hydrolytisch in Carbonylverbindung und substituiertes Semicarbazid.

Die Deutung gelingt unter Annahme einer Ringerweiterung. Das Diaziridin addiert Phenylisocyanat. In der Zwischenstufe I hat die positive Ladung am Stickstoff eine Ringöffnung zu II zur Folge. II stabilisiert sich zum heterocyclischen Fünfring III.

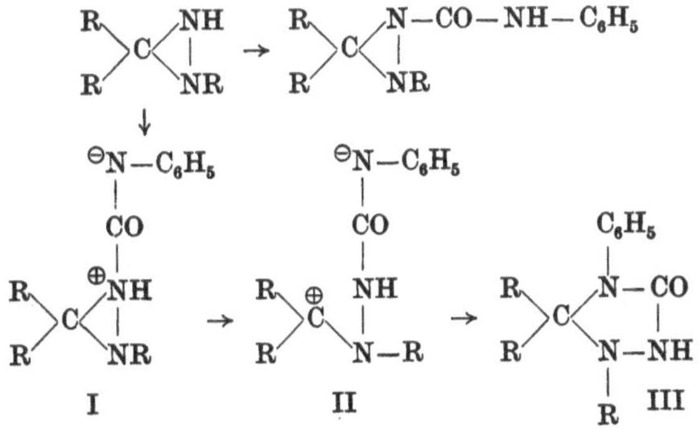

Man überzeugt sich leicht, daß die beiden Derivate isomer sind und bei der Hydrolyse in das gleiche Phenylsemicarbazid zerfallen müssen. Solche Ringerweiterungen sind bei der Acylierung von Äthyleniminen lange bekannt [37].

Auch bei der Benzoylierung des Cyclohexanonisohydrazons (I) entsteht ein Derivat, dem das Oxydationsvermögen fehlt, das also kein Diaziridin mehr ist. Es sind zwei Benzoylreste aufgenommen worden; durch Hydrolyse erhält man Dibenzoylhydrazin.

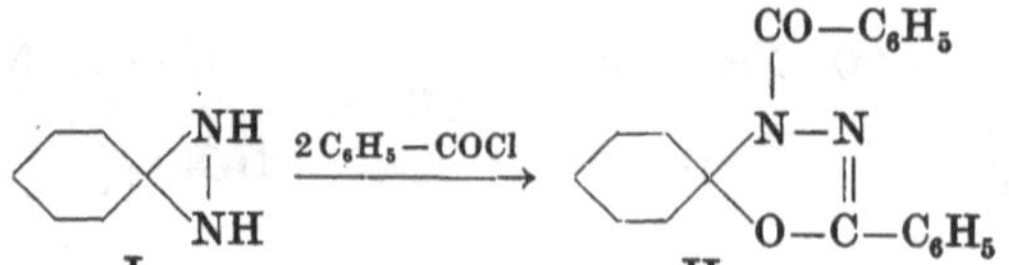

I II

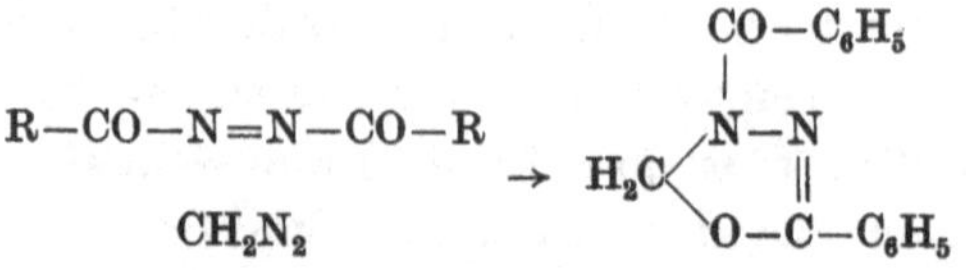

III

Nimmt man wieder eine Ringerweiterung vom Dreiring zum Fünfring an, dann ergibt sich die Struktur eines Oxdiazolins (II). Das ist aber das gleiche Ringsystem (III), das kürzlich für die angeblichen Diaziridine von Ernst MÜLLER vorgeschlagen und bewiesen wurde [8].

Welche Diaziridine reagieren nun unter Addition der NH-Gruppe und welche reagieren unter Ringerweiterung? Die Antwort ist einfach. Alle Diaziridine, die sich von einem Aldehyd ableiten, reagieren unter Erhaltung des Dreiringes, alle Diaziridine, die sich von einem Keton ableiten, reagieren unter Ringerweiterung. Wir haben uns zum Vergleich die Hydrolysegeschwindigkeiten dieser beiden Gruppen von Dreiringen angesehen und unsere Vermutung bestätigt gefunden [38]: Diaziridine, deren Dreiring gegen Isocyanat stabil ist, sind auch gegen Hydrolyse relativ stabil. Diaziridine, deren Dreiring bei der Reaktion mit Isocyanat geöffnet wird, öffnen den Dreiring auch hydrolytisch leicht. Die Unterschiede in den Halbwertszeiten betragen mehr als drei Zehnerpotenzen.

Cyclische Diazoverbindungen

Wir hatten gesehen, daß das Gebiet der heterocyclischen Dreiringe mit zwei Heteroatomen vor zehn Jahren völlig brach lag, nachdem sich alle älteren Vertreter dieser Verbindungsklasse nicht hatten behaupten können. Jetzt, nachdem solche Dreiringe leicht zugänglich geworden waren und sich als recht beständig erwiesen hatten, erschien es aussichtsreich, ein uraltes Strukturproblem noch einmal anzugehen: Die Struktur der aliphatischen Diazoverbindungen.

Der Entdecker des Diazomethans, v. Pechmann, schrieb der Verbindung eine cyclische Struktur zu [39]. Eine entsprechende Dreiringformel verwendete Curtius für den Diazoessigester [40].

Später vertrat vor allem Thiele [41] eine lineare Atomanordnung des Diazomethans, die in der heutigen Schreibweise zum Beispiel als Diazonium-Carbeniat wiedergegeben wird. Thiele wies darauf hin, daß alle damals bekannten Reaktionen des Diazomethans unter Beteiligung des Kohlenstoffs verlaufen. Wollte man diese Reaktionen mit der cyclischen Struktur deuten, so hieße das, daß bei den Umsetzungen eine Einfachbindung gespalten würde, aber die Doppelbindung unberührt bliebe, was Thiele als unwahrscheinlich ansah. Ein cyclisches Diazomethan sollte bei Umsetzungen eher seine N–N-Doppelbindung bestätigen. Wir werden uns zu gegebener Zeit an diese Voraussage von Thiele erinnern.

Die alte Streitfrage ist später mit physikalischen Hilfsmitteln gelöst worden [42]. Man schreibt heute dem Diazomethan die lineare Struktur zu. Mit rein chemischen Mitteln konnte man das Problem aber nicht lösen, soviel Arbeit auch geleistet worden ist. Es gelang zwar, mit Hilfe der ionischen Grenzformeln des Diazomethans seine Umsetzungen befriedigend zu deuten und neue Reaktionsweisen aufzufinden [43]. Ein eindeutiger chemischer Beweis gegen die Dreiringformel ist aber niemals erbracht worden. Das Problem wurde sogar verschiedentlich als für den Chemiker unlösbar bezeichnet.

Bei der Bearbeitung der Diaziridine hatten wir ziemlich bald festgestellt, daß einige Vertreter nicht nur oxydierende, sondern auch reduzierende Eigenschaften besitzen. Behandelt man beispielsweise eine Lösung des Pentamethylendiaziridins (I) mit Silberoxyd, so erhält man in kurzer Zeit einen Silberspiegel. Die Aufarbeitung der Lösung ergab eine Verbindung II, die noch zwei Stickstoffatome enthielt. Das Molekulargewicht hatte sich praktisch nicht geändert; der Summenformel fehlten zwei Wasserstoffatome. Die Verbindung war nicht basisch. Mit Natrium in Alkohol wurde sie aber leicht zu basischen Produkten reduziert, die sich als Cyclohexylamin und Ammoniak erwiesen. Anscheinend hafteten also beide Stickstoffatome am gleichen C-Atom des Cyclohexanringes. Thermische Spaltung lieferte Cyclohexen.

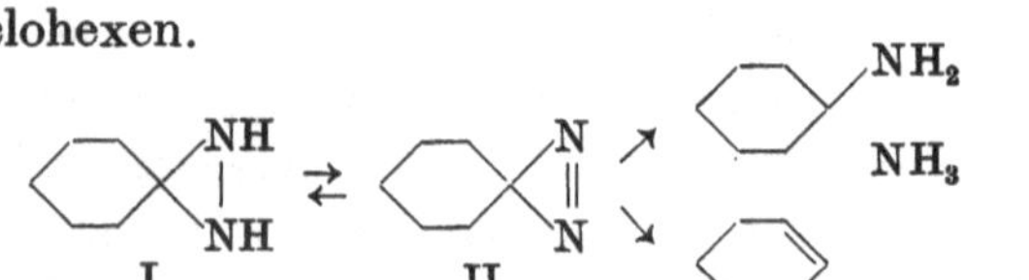

I II

Die Verbindung unterscheidet sich grundlegend von dem bekannten Pentamethylendiazomethan, das als tiefrote, in freiem Zustand nicht beständige Verbindung beschrieben ist [44]. Unsere Verbindung war aber farblos und durch Destillation rein darstellbar.

Unsere Verbindung ist also ein Isomeres der Diazoalkane. Es gibt aber in der Chemie keine beständigen Isomeren, die sich bei gleicher Lage der Einfachbindungen nur in der Anordnung der Elektronen unterscheiden, die nicht an Einfachbindungen beteiligt sind. Also müssen Strukturisomere vorliegen. Die sofort vermutete Dreiringstruktur bestätigte sich bald [45]: Bei vorsichtigem Reduzieren, beispielsweise mit Natriumamalgam, wurde Pentamethylen-diaziridin (I) zurückerhalten.

Ebenso leicht lassen sich cyclische Diazoverbindungen — nach der systematischen Nomenklatur sind sie als Diazirine zu bezeichnen — aus Aceton, Heptanon oder Acetophenon herstellen. Die Reaktion ist also allgemein anwendbar.

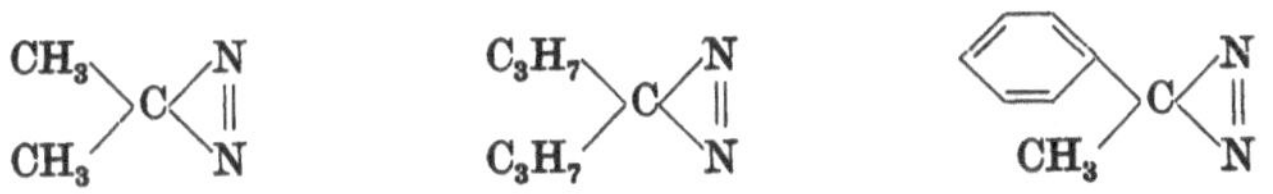

Mit diesen Diazirinen hatten wir Verbindungen in der Hand, die der alten Diazoformel von CURTIUS und v. PECHMANN entsprechen. Auf den Vergleich ihrer Eigenschaften mit denen der linearen Diazoverbindungen waren wir gespannt. Das erste was auffällt, ist die Farblosigkeit der cyclischen Isomeren. Im sichtbaren Bereich absorbieren sie überhaupt nicht; im UV-Spektrum zeigen sie die Absorption von Azoverbindungen; im IR-Spektrum zeigt sich die Bande einer cis-Azogruppierung. Eine große Überraschung war die Reaktionsträgheit der Verbindungen. Weder durch starke Säuren noch durch starke Alkalien werden sie verändert. Die Tendenz, beim thermischen Zerfall mit zugesetzten anderen Verbindungen zu reagieren, ist gering; es entsteht immer nur Olefin. Immerhin haben sie eins mit den klassischen Diazoverbindungen gemeinsam: Beim Überhitzen können sie furchtbar explodieren.

Die cyclischen Diazoverbindungen reagieren sehr glatt mit Grignardverbindungen. Hier war von der Reaktionsträgheit nichts mehr zu merken. Schon bei 0° lagerten sich die Grignardverbindungen momentan an. Die Reaktion war manchmal quantitativ.

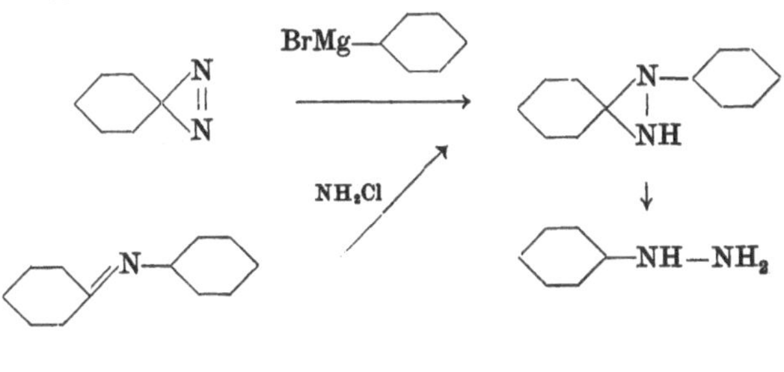

Durch Anlagerung von Grignardverbindungen sollten alkylierte Diaziridine entstehen, also Verbindungen, die uns gut vertraut waren. Es machte auch keine Schwierigkeiten, diese Diaziridine zu isolieren und durch unabhängige Synthese zu identifizieren. Aus der cyclischen Diazoverbindung des Cyclohexans entstand das gleiche Diaziridin wie aus einer Schiffschen Base des Cyclohexanons mit Hydroxylamin-O-sulfonsäure oder Chloramin.

An einer ganzen Reihe von Beispielen haben wir diese Reaktionsfolgen durchgeführt. Immer erhielten wir identische Diaziridine, ob wir nun von Schiffschen Basen ausgingen oder von den cyclischen Diazoverbindungen. Es ist vielleicht ganz interessant, daß man jetzt Grignardverbindungen schnell und fast quantitativ in Alkylhydrazine überführen kann. Auch Phenylhydrazin haben wir aus Phenylmagnesiumbromid hergestellt. Die Reaktion geht über ein Isomeres der Phenylhydrazone.

Mit dem Fernziel, einmal das cyclische Diazomethan herzustellen, haben wir uns dann damit beschäftigt, an Stelle der Ketone Aldehyde einzusetzen. Kompliziert wurden diese Versuche durch die große Tendenz der Aldehyde zu Kondensationen mit Aminogruppen. Beispielsweise haben wir Butyraldehyd mit Ammoniak und Chloramin umgesetzt [46]. In ganz guter Ausbeute erhielten wir eine kristalline Verbindung, anscheinend ein Diaziridin, denn die Verbindung setzte Jod frei. Allerdings weniger als wir berechnet hatten und sehr viel langsamer, als

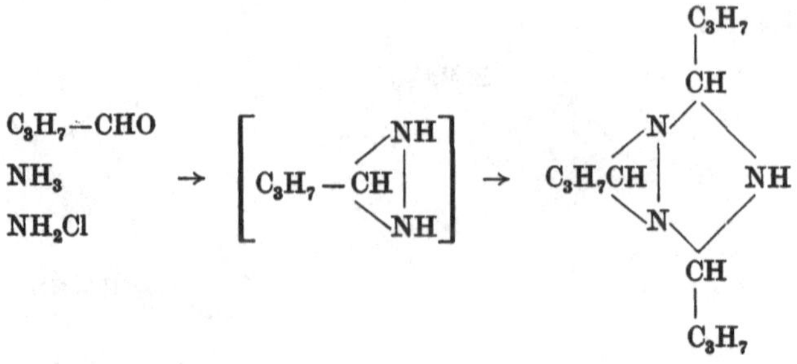

wir es von unsubstituierten Diaziridinen gewöhnt waren. Die langsame Jodausscheidung erinnerte eher an die völlig alkylierten Diaziridine. Hydrolytisch zerfiel die Verbindung in 1 Mol Hydrazin, 1 Mol Ammoniak und 3 Mole Butyraldehyd.

Das Diaziridin des Butyraldehyds kondensiert also offensichtlich mit zwei weiteren Aldehydmolekülen und stabilisiert sich durch Ringschluß mit Ammoniak. Diese Reaktion ließ sich ohne weiteres auf andere Aldehyde übertragen, beispielsweise auf Acetaldehyd, Propionaldehyd, Trimethylacetaldehyd; sogar auf Benzaldehyd.

Zur Darstellung cyclischer Diazoverbindungen versuchten wir die Hydrolyse in Gegenwart eines Oxydationsmittels. Die C–N-Bindungen der Diaziridine sind ja erheblich hydrolysebeständiger als die Bindungen einer Methylendiamingruppierung. Hierbei hatten wir tatsächlich Erfolg. Löste man die Verbindung des Butyraldehyds in zweinormaler Schwefelsäure und erwärmte mit Bichromatlösung auf 40—50°, so destillierte bei vermindertem Druck eine Verbindung ab, die sich als cyclische Diazoverbindung erwies [47].

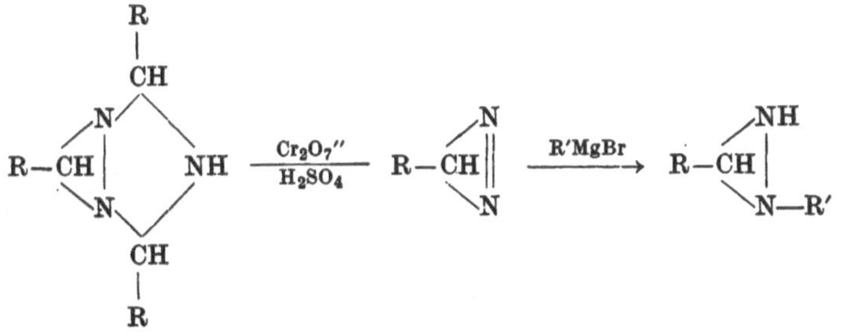

Zum Strukturbeweis diente wieder die Umsetzung mit Grignardreagenz zu einem alkylierten Diaziridin.

Leider erwies sich diese Diazoverbindung als recht explosiv. Eine Menge von etwa 2 g explodierte beim Versuch der Redestillation, noch ehe sie nennenswert über Zimmertemperatur erwärmt worden war. Wir haben unsere Verbindungen daher nur noch in Lösung untersucht. Die quantitativ verlaufende

Grignardreaktion, deren Verlauf jodometrisch verfolgt werden kann, gestattet die Charakterisierung der cyclischen Diazoverbindungen.

Wir haben dann kürzerkettige aliphatische Aldehyde eingesetzt. Propionaldehyd ergab keine Überraschungen; aus Acetaldehyd erhielten wir die erste gasförmige cyclische Diazoverbindung. Als Gas war sie bei Raumtemperatur stabil; beim Erhitzen explodierte sie.

Versuche mit Formaldehyd ergaben zunächst geringe Ausbeuten an oxydierenden Substanzen, die wir bisher nicht über zehn Prozent steigern konnten. Aber einen Vorteil hat der Formaldehyd: Die geringen Mengen des entstandenen Diaziridins werden durch den Formaldehyd zu Produkten weiterkondensiert, die überhaupt nicht mehr flüchtig sind und daher einfach angereichert werden können.

Ausgehend von diesen angereicherten Lösungen haben wir versucht, das cyclo-Diazomethan herzustellen.

Dieser Versuch gelang. Durch Bichromatoxydation in saurer Lösung erhielten wir ein farbloses Gas, das wir vom mitentstandenen Kohlendioxyd abgetrennt und mit flüssiger Luft kondensiert haben. In kondensierter Form war die Verbindung selbst bei — 40° explosiv. In gasförmigem Zustand und in Lösung war sie beständig. Die Robustheit gegen chemische Einflüsse zeigte sich schon bei der Darstellung. Die Verbindung wird in warmer Schwefelsäure hergestellt und zur Reinigung durch konzentrierte Natronlauge geleitet. Das hält sie ohne weiteres aus.

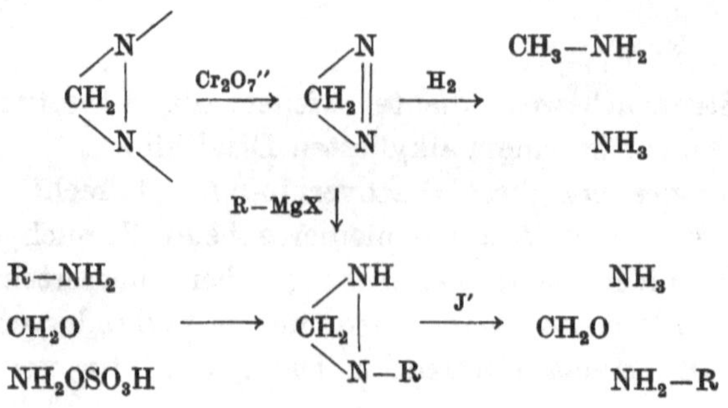

Zur Identifizierung dient unter anderem die katalytische Hydrierung. Über eine Verbindung, die Jodid zu Jod oxydiert, den Grundkörper der Diaziridine, entsteht Ammoniak neben etwas Methylamin. Durch Umsetzung mit Cyclohexyl-grignardverbindung entsteht ein Diaziridin, das zwei Äquivalente Jod freisetzt und dabei in je ein Mol Formaldehyd, Ammoniak und Cyclohexylamin übergeht. Es stimmt in seinen Eigenschaften mit einer Verbindung überein, die wir zum Vergleich aus Cyclohexylamin, Formaldehyd und Hydroxylamin-O-sulfonsäure synthetisiert haben.

Damit hatten wir das cyclische Diazomethan in der Hand. In allen beobachteten Eigenschaften ist es völlig verschieden von dem klassischen Diazomethan. So können wir auch als Chemiker mit aller Bestimmtheit sagen, daß dem klassischen Diazomethan die lineare Struktur zukommen muß. Das cyclo-Diazomethan bestätigt ganz deutlich die Voraussage von THIELE: Es lagert seine Reaktionspartner an der N–N-Doppelbindung an, was wir beim katalytisch erregten Wasserstoff und bei den Grignardverbindungen nachweisen konnten.

Ich bin der Überzeugung, und hoffe, auch Ihnen etwas von der Überzeugung vermittelt zu haben, daß auch im Zeitalter der Technisierung der Chemie die klassische präparative Chemie noch mitreden kann.

ZUSAMMENFASSUNG

Die cyclischen Isomeren der aliphatischen Diazoverbindungen werden synthetisiert und untersucht. In ihren Eigenschaften weichen die cyclischen Verbindungen erheblich von den linearen Diazoaliphaten ab. Es sind farblose, säurebeständige, relativ reaktionsträge Substanzen. Umsetzung mit Grignardverbindungen führt in die Reihe der Diaziridine. Der gesättigte C–N–N-Dreiring der Diaziridine wird erstmalig hergestellt. Wie an einer großen Anzahl von Vertretern gezeigt wird, lassen sich die Diaziridine aus Carbonylverbindungen, Aminen und N-Halogenaminen synthetisieren. Die Diaziridine sind als Zwischenprodukte einer ergiebigen Synthese alkylierter Hydrazine interessant. Sie zeichnen sich ferner durch ihr starkes Oxydationsvermögen sowie die Tendenz zu Ringerweiterungen aus.

Durch die Synthese der cyclischen Isomeren ist das uralte Strukturproblem der Diazoaliphaten chemisch gelöst.

LITERATUR

[1] A. ANGELI, Gazz. chim. ital. **46 II**, 67 (1916); K. v. AUWERS und P. HEIMKE, Ber. dtsch. chem. Ges. **61**, 1037 (1928)
[2] Literatur in der Zusammenfassung von R. HUISGEN, Angew. Chem. **67**, 439 (1955)
[3] Literatur über Peroxyde: R. CRIEGEE, HOUBEN-WEYL, Methoden der organischen Chemie, Bd. VIII, S. 1. Georg Thieme-Verlag, Stuttgart 1952
[4] z. B. B. RASSOW und M. LUMMERZHEIM, J. prakt. Chem. (2) **63**, 136 (1901); G. TRAVERSO, Gazz. chim. ital. **83**, 296 (1953); E. A. FRIEDHEIM, A. Pat. 2419348, C. A. **42**, 608 (1948)
[5] FREUNDLICH und NEUMANN, Z. physik. Chem. **87 A** 69 (1914); FREUNDLICH und KROEPELIN, ibid. **122 A** 39 (1926)
[6] E. MÜLLER, Ber. dtsch. chem. Ges. **47**, 3001 (1914)
[7] H. STAUDINGER und A. GAULE, Ber. dtsch. chem. Ges. **49**, 1961 (1916)
[8] E. FAHR, Vortrag auf der Südwestdeutschen Chemiedozenten-Tagung, München, Mai 1961
[9] z. B. A. LÜTTRINGHAUS, J. JANDER und R. SCHNEIDER, Chem. Ber. **92**, 1756 (1959)
[10] J. H. BOYER und F. C. CANTER, Chem. Reviews **54**, 32 (1954)
[11] H. KRIMM, Chem. Ber. **91**, 1057 (1958); W. D. EMMONS, J. Amer. chem. Soc. 79, 5397 (1957); L. HORNER und E. JÜRGENS, Chem. Ber. **90**, 2184 (1957)
[12] A. RIECHE und E. SCHMITZ, Chem. Ber. **90**, 1082 (1957)
[13] A. RIECHE und E. SCHMITZ, Chem. Ber. **90**, 1094 (1957)
[14] A. RIECHE und E. SCHMITZ, Chem. Ber. **89**, 1254 (1956)
[15] E. SCHMITZ, Chem. Ber. **91**, 1495 (1958)
[16] R. HUISGEN, Theoretische Chemie und Organische Synthese, Festvortrag bei der Zehnjahresfeier des Fonds der Chemischen Industrie, München 1960
[17] E. SCHMITZ, Chem. Ber. **91**, 1133 (1958)
[18] H. R. SNYDER und F. X. WERBER, J. Amer. chem. Soc. **72**, 2962 (1950)
[19] E. SCHMITZ, Chem. Ber. **91**, 1488 (1958)
[20] C. v. GIRSEWALD und H. SIEGENS, Ber. dtsch. chem. Ges. **54**, 492 (1921)
[21] E. SCHMITZ, Liebigs Ann. Chem. **635**, 73 (1960)
[22] E. SCHMITZ und R. OHME, Liebigs Ann. Chem. **635**, 82 (1960)
[23] F. RASCHIG, Ber. dtsch. chem. Ges. **40**, 4580 (1960)
[24] Literatur über N-Halogenamine: Diplomarbeit, D. MURAWSKI, Berlin 1960

[25] R. Huisgen, l. c. [16], S. 89
[26] J. Thesing und C. H. Willersinn, Chem. Ber. **89**, 1195 (1956)
[27] E. Schmitz, Chem. Ber., im Druck, Angew. Chem. **71**, 127 (1959)
[28] E. Schmitz, Angew. Chem. **73**, 23 (1961)
[29] E. Schmitz und D. Habisch, Chem. Ber., im Druck
[30] Dissertation R. Ohme, in Vorbereitung
[31] H. J. Abendroth und G. Henrich, Angew. Chem. **71**, 283 (1959)
[32] S. R. Paulsen und G. Huck, Belg. Pat. 588352
[33] H. J. Abendroth, Angew. Chem. **73**, 67 (1961); S. R. Paulsen und R. Huck, Chem. Ber. **94**, 968 (1961)
[34] H. L. Lochte, J. Amer. chem. Soc. **44**, 2556 (1922)
[35] E. Schmitz, unveröffentlicht
[36] Diplomarbeit, D. Habisch, Berlin 1961
[37] S. Gabriel und R. Stelzner, Ber. dtsch. chem. Ges. **28**, 2929 (1895); H. W. Heine, W. G. Kenyon und E. M. Johnson, J. Amer. chem. Soc. **83**, 2570 (1961)
[38] Cs. Szántay und E. Schmitz, Veröffentlichung in Vorbereitung
[39] H. v. Pechmann, Ber. dtsch. chem. Ges. **27**, 1888 (1894)
[40] Th. Curtius, J. prakt. Chem. **39**, 107 (1889)
[41] J. Thiele, Ber. dtsch. chem. Ges. **44**, 2522 (1911)
[42] Literatur l. c. [2]
[43] B. Eistert in „Neue Methoden der präparativen organischen Chemie", 3. Aufl. S. 359, Verlag Chemie Weinheim/Bergstraße 1949
[44] H. Heyns und A. Heins, Liebigs Ann. Chem. **604**, 133 (1957)
[45] E. Schmitz und R. Ohme, Chem. Ber. **94**, 2166 (1961)
[46] E. Schmitz, Chem. Ber., im Druck
[47] E. Schmitz und R. Ohme, Tetrahedron Letters, Nr. 17, 612 (1961); E. Schmitz und R. Ohme, Chem. Ber., im Druck

Sonderdruck aus
Monatsberichte der Deutschen Akademie der Wissenschaften zn Berlin
Band 3 · Heft 11/12 · 1961
Akademie-Verlag · Berlin

H. E. SEYFARTH und M. SCHULZ

Institut für technische Chemie der FRIEDRICH-SCHILLER-Universität Jena und Institut für organische Chemie der Dt. Akad. Wiss., Forschungsgemeinschaft

Modellversuche zur Autoxydation von natürlichen ungesättigten Fetten und Ölen

Autoxydation kurzkettiger ungesättigter Verbindungen

Schon vor 25 Jahren konnte A. RIECHE zeigen [1], daß durch „Zwischenschieben eines Sauerstoff-Moleküls in eine aktivierte CH-Bindung" Hydroperoxyde als Primärprodukte der Autoxydation organischer Verbindungen entstehen. Dieses Autoxydations-Schema schließt auch die einfach oder mehrfach ungesättigten Fettsäuren mit isolierten Doppelbindungen („Isolensäuren") ein, bei denen der Sauerstoff an CH-Bindungen neben der Doppelbindung angreift. Die dabei zunächst entstehenden α,β-ungesättigten Radikale sind mesomeriefähig und reagieren mit Sauerstoff zu einem Gemisch entsprechender isomerer Hydroperoxyde (α-Methylen-Mechanismus) [2].

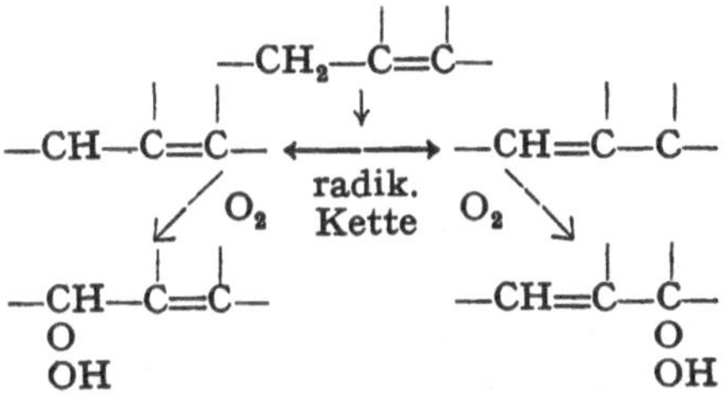

Dadurch erklärt sich die Bildung von vier Hydroperoxyden bei der Autoxydation von Ölsäuremethylester [3].

Die bei höheren ungesättigten Fettsäuren nach dem α-Methylen-Mechanismus entstehenden Hydroperoxyde konnten bisher nur indirekt durch Überführung in Folgeprodukte nachgewiesen werden. Ein Nachweis von zwei isomeren Hydroperoxyden als solchen und damit der direkte Beweis für den α-Methylen-Mechanismus gelang erstmalig A. Rieche und M. Schulz [4] beim 1,2-Dimethyl-cyclohexen mit Hilfe der Papierchromatographie.

Während über die Autoxydation der in den natürlichen Fetten und Ölen vorhandenen ungesättigten Carbonsäureester eine Vielzahl von Untersuchungen vorliegen [5], ist über das Verhalten kurzkettiger ungesättigter Verbindungen gegenüber Sauerstoff noch wenig bekannt. Doch gerade diese Verbindungen erscheinen uns aus folgenden Gründen geeignete Modellsubstanzen zum Studium der Fett-Autoxydation zu sein:

a) Die Reindarstellung der Verbindungen ist ohne weiteres möglich. Wegen des relativ niedrigen Siedepunktes der Ausgangsstoffe lassen sich in Autoxydaten Peroxyde auf destillativem Wege ohne störende Zersetzungen anreichern.

b) Die für die Autoxydierbarkeit der natürlichen Fette wesentlichen Gruppierungen sind in den Verbindungen enthalten. Durch Variation der Doppelbindungs-Lage und durch Einführung von Substituenten können deren Einflüsse auf die Autoxydationsneigung untersucht werden. Der Einfluß der Carboxyl-Gruppen läßt sich hier ebenfalls einfach feststellen.

c) Die Papierchromatographie kann zum Erkennen aller entstandenen Peroxyde herangezogen werden, während dieses bei den Autoxydationsprodukten der natürlichen Fettsäuren durch den geringen Einfluß der Hydroperoxyd-Gruppierung auf die Polarität des gesamten Moleküls bisher nicht möglich ist.

Bei der Auswahl einer geeigneten Modellsubstanz berücksichtigten wir die Überlegungen a bis c und wählten zunächst den einfachsten Isolensäureester, den Vinylessigsäure-methylester (I).

$$CH_2{=}CH{-}CH_2{-}\overset{\overset{\displaystyle O}{\|}}{C}{-}OCH_3 \qquad \underset{\underset{\displaystyle OH}{|}}{CH_2}{-}CH{=}CH{-}\overset{\overset{\displaystyle O}{\|}}{C}{-}OCH_3$$

I II

Nach 14tägiger Sauerstoffbehandlung von I bei 65° wurde die Autoxydation der Verbindung abgebrochen; der Peroxyd-Gehalt betrug dann ca. 7% (auf Hydroperoxyd berechnet). Eine Peroxyd-Anreicherung auf 65–70% konnte durch schonende Abdestillation des unumgesetzten Esters im Vakuum erzielt werden.

Wie chemische und polarographische Untersuchungen zeigten, war im Autoxydat fast ausschließlich die OOH-Gruppierung enthalten. Papierchromatographisch waren eindeutig drei Peroxyde, eine Substanz als Hauptprodukt, die beiden anderen als Spuren, dazu noch Wasserstoffperoxyd nachzuweisen.

Zur Identifizierung des in dem Hydroperoxyd-Konzentrat vorhandenen Hauptproduktes wurde in Gegenwart eines teilvergifteten Palladium-Katalysators nach LINDLAR partiell hydriert. Nach der Reduktion ließ sich hauptsächlich γ-Hydroxy-crotonsäuremethylester (II) isolieren. Mit Hilfe der präparativen Papierchromatographie und UV-spektroskopisch wurde in Übereinstimmung mit den Reduktionsergebnissen der starke Peroxydfleck auf dem Papierchromatogramm des Autoxydates von I eindeutig als γ-Hydroperoxy-crotonsäuremethylester (III) erkannt.

Bei der Autoxydation von I ist unter Berücksichtigung der Mesomeriefähigkeit des zunächst entstandenen Radikals die Bildung der Hydroperoxyde III und IV zu erwarten.

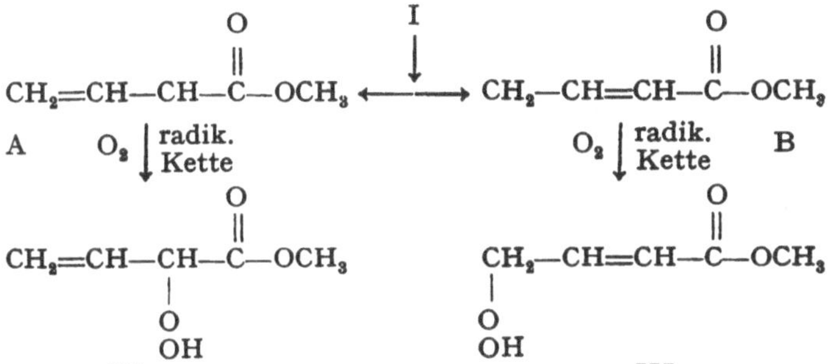

IV III

Während die Bildung von III sichergestellt ist, konnte α-Hydroperoxy-vinylessigsäuremethylester (IV) oder ein daraus entstandenes Reduktionsprodukt nicht aufgefunden werden. Es ist aber wahrscheinlich, daß einer der beiden schwachen Peroxydflecken auf dem Papierchromatogramm von IV herrührt.

Crotonsäure-methylester (V) muß bei der Autoxydation die gleichen Hydroperoxyde liefern wie I

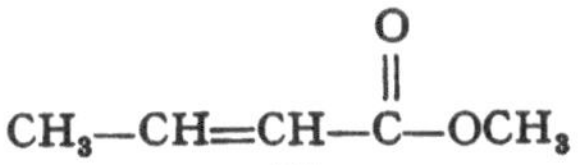

V

Die Verbindung ist, wie erwartet, wesentlich schwächer autoxydabel als Vinylessigsäure-methylester (I). Das Papierchromatogramm des Autoxydates stimmt völlig mit dem von I überein. Auch hier tritt der dem γ-Hydroperoxy-crotonsäure-methylester (III) entsprechende Fleck besonders stark hervor.

Die überwiegende Bildung von III aus I und V dürfte darauf beruhen, daß die intermediär auftretenden mesomeriestabilisierten Allylradikale (A und B) vorwiegend so reagieren, daß ein System mit konjugierten Doppelbindungen, also III, entsteht.
Durch Sekundär-Reaktionen entstanden Wasserstoffperoxyd und Fumaraldehydsäure-methylester (VI), für die Bildung des letzteren diskutieren wir folgendes Reaktionsschema:

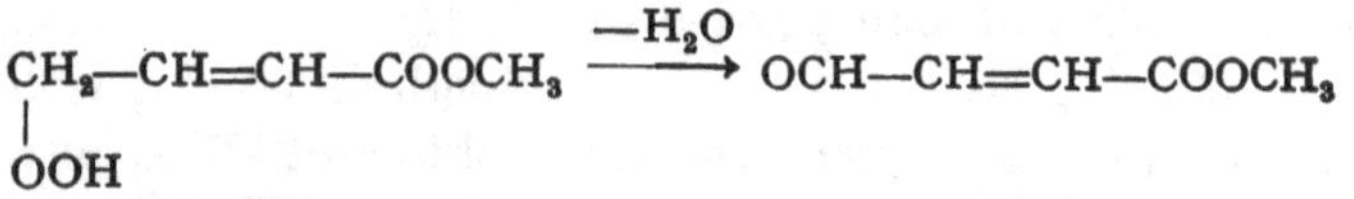

III VI

Für das Entstehen des Wasserstoffperoxydes kann eine Dimerisierungs-Reaktion des Hydroperoxydes verantwortlich sein, wobei gleichzeitig in geringer Menge (< 2%) ein Dialkylperoxyd (dritter Fleck auf dem Papierchromatogramm) mitentsteht.
Als Modellsubstanz für einen ungesättigten Carbonsäureester mit zwei isolierten Doppelbindungen wurde folgende bisher noch nicht beschriebene Verbindung hergestellt und der Einwirkung von Sauerstoff unterworfen.

$$CH_2{=}CH{-}CH_2{-}CH{=}CH{-}CH_2{-}COOCH_3$$

Das Papierchromatogramm des Autoxydats zeigte neben Wasserstoffperoxyd die Bildung von fünf Peroxyden. Inwieweit diese Flecken den nach dem α-Methylen-Mechanismus möglichen fünf Peroxyden zuzuordnen sind, bedarf noch eingehender Untersuchungen.

Autoxydation ungesättigter Hydroxy-Verbindungen

Obgleich A. Rieche schon 1937 in dem aufgestellten Autoxydations-Schema die Autoxydation von Alkoholen zu α-Hydroxy-alkylhydroperoxyden postulierte [1], ist über den Verlauf solcher Autoxydationen unter milden Bedingungen wegen der meist geringen Empfindlichkeit der Alkohole gegen Luftsauerstoff bisher wenig bekannt geworden.

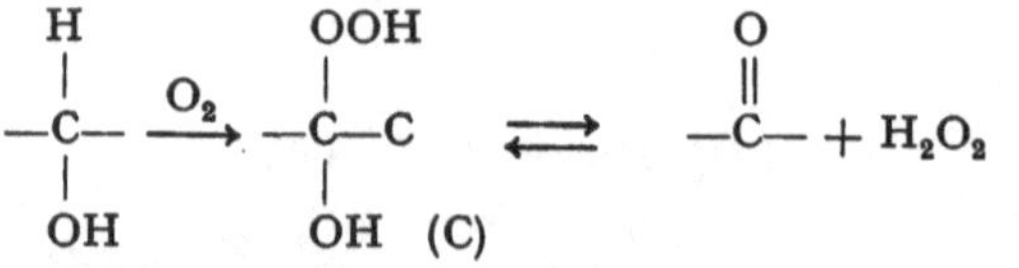

G. O. Schenck und H. D. Becker [6] isolierten erst 1958 nach der mit Benzophenon photosensibilisierten Autoxydation des Isopropanols einen entsprechenden Vertreter von C. Dagegen konnten zahlreiche α-Hydroxyalkylhydroperoxyde durch Umsetzungen von Carbonyl-Verbindungen (Aldehyde) mit Wasserstoffperoxyd [7] synthetisiert werden. Unter dem

Einfluß von Wasser zerfallen diese Verbindungen wieder in die Ausgangsstoffe. Bei der Umsetzung von Ketonen mit Wasserstoffperoxyd können Verbindungen vom Typ C nur in seltenen Fällen gefaßt werden, sie treten dagegen als Zwischenstufen bei der Bildung der mehrfachmolekularen ringoffenen, meist aber cyclischen Ketonperoxyde auf [8].
Da in den Autoxydaten der Fettsäureester nach reduktivem Abbau der gebildeten Hydroperoxyde die entsprechenden Hydroxy-Verbindungen vorliegen können, interessierte uns deren Autoxydationsverhalten.
Um einen Vergleich mit der Autoxydationsneigung von I und V zu haben, wählten wir als Modellsubstanzen γ-Hydroxy-crotonsäuremethylester (II) und α-Hydroxy-vinylessigsäuremethylester (VII).
Beide Verbindungen erwiesen sich als wesentlich autoxydabler als die entsprechenden Fettsäure-ester I und V.

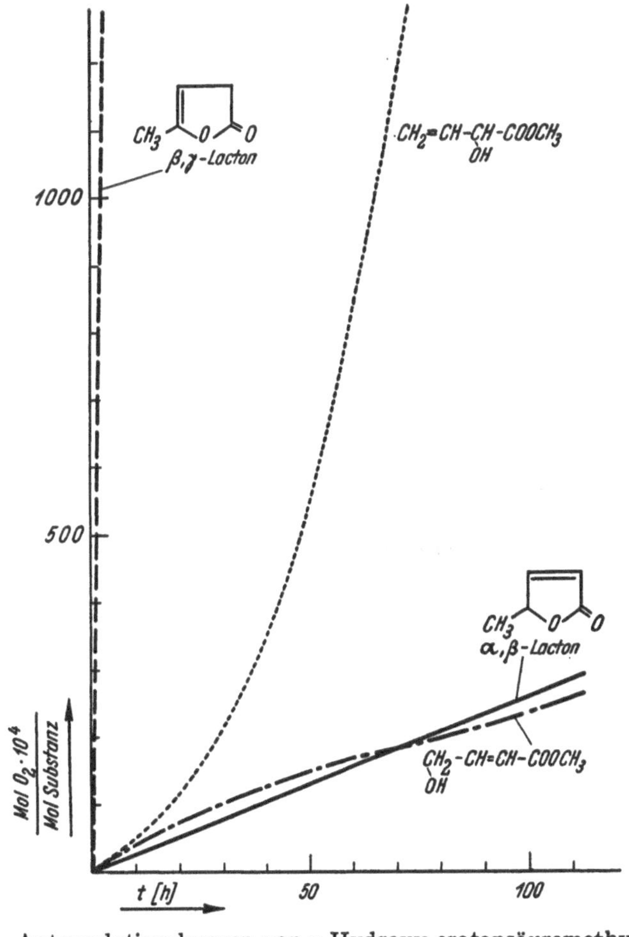

Abb. 1. Autoxydationskurven von γ-Hydroxy-crotonsäuremethylester, α-Hydroxy-vinylessigsäuremethylester, α, β- und β, γ-Angelica-Lacton

Wie aus Abb. 1 hervorgeht, reagiert α-Hydroxy-vinylessigsäuremethylester (VII) um ein mehrfaches schneller mit Sauerstoff als γ-Hydroxycrotonsäuremethylester (II).
Bei der Autoxydation von II entstehen als einzige Reaktionsprodukte Wasserstoffperoxyd und Fumar-aldehydsäure-methylester (VI).
Die Sauerstoffreaktion von VII führt zu Wasserstoffperoxyd und einem polymeren Produkt, das vermutlich aus dem unbeständigen, noch nicht beschriebenen Vinylglyoxylsäure-methylester (VIII) entstanden ist.

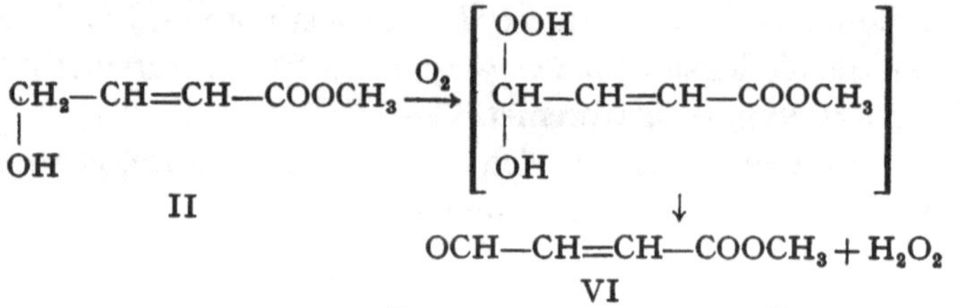

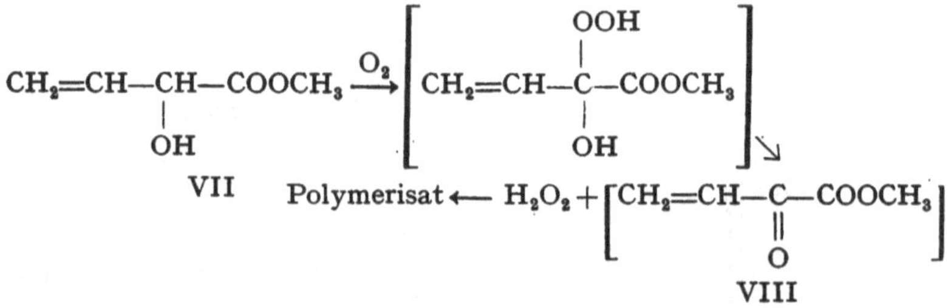

Das schon im vorigen Abschnitt erwähnte Auftreten des Fumar-aldehydsäure-methylesters VI bei der Autoxydation von I und V, für dessen Bildung wir bereits einen mit den Erfahrungen der Peroxyd-Chemie in Einklang stehenden Mechanismus formulierten, kann nach den gerade angeführten Untersuchungen auch durch eine Weiteroxydation von entstandenem II, eventuell sogar des Hydroperoxydes III, gedeutet werden. Die Möglichkeit der Weiteroxydation solcher Hydroperoxyde, eine Reaktion, die neue Gesichtspunkte für das Verständnis der Fett-Autoxydation liefern würde, wird z. Z. geprüft.
Wir haben schließlich noch in Analogie zu VII Divinyl-carbinol (IX) autoxydiert. Die Verbindung erwies sich ebenfalls als stark sauerstoffempfindlich.

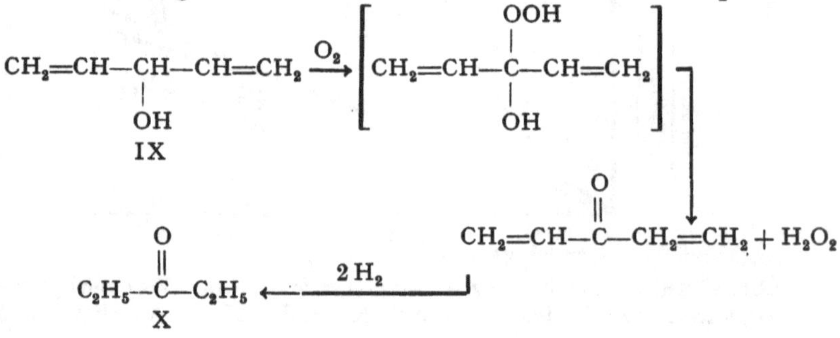

Die Aufarbeitung des Autoxydates ergab Wasserstoffperoxyd und nach der selektiven Hydrierung Diäthylketon (X).

Autoxydation der Angelica-Lactone

Die inneren Ester der C_4-ungesättigten Hydroxycarbonsäuren, die Angelica-Lactone, mußten eine größere Luftempfindlichkeit besitzen als die entsprechenden Hydroxy-Verbindungen. Denn zu den aktivierenden Effekten, die die Autoxydationsneigung der bisher untersuchten Modellsubstanzen bestimmen, mußte bei den Angelica-Lactonen der Einfluß einer C—O—C-Gruppierung in einem 5-Ring noch autoxydationssteigernd wirken. Eine Voraussage, die sich auf Grund der leichten Autoxydierbarkeit von 5-Ringäthern [9] machen ließ und sich auch als gültig erwies.

Auf die Luftempfindlichkeit von α,β- (XI) und β,γ-Angelica-Lacton (XII), die den obigen Hydroxy-Verbindungen strukturell ähnlich sind, wurde bereits von R. Mendez [10] und von E. V. Kirkland und Mitarbeitern [11] hingewiesen.

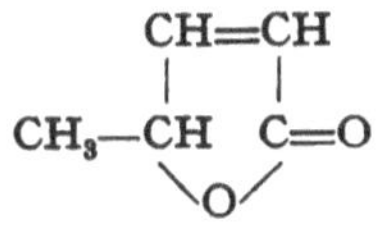
XI

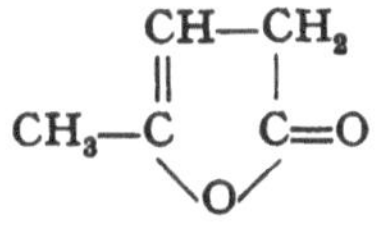
XII

Ein Vergleich der Autoxydationsneigung von XI und XII mit den anderen Modellsubstanzen in einer Warburg-Apparatur (Abb. 1) zeigt die extrem starke Sauerstoffempfindlichkeit von XII, während das α,β-Lacton (XI) in seinem Verhalten dem γ-Hydroxycrotonsäure-methylester (II) entspricht.

Mit Hilfe der Papierchromatographie konnten wir sicherstellen, daß aus XI und XII jeweils nur *ein* Peroxyd entsteht, und zwar das gleiche aus beiden Lactonen. Auf Grund von polarographischen Untersuchungen steht eindeutig fest, daß es sich dabei um ein Hydroperoxyd handelt.

Von E. V. Kirkland und Mitarb. [11] wurde vorher schon die Autoxydation von XI und XII polarographisch untersucht. Aus dem Auftreten gleicher Halbstufenpotentiale für die mit O_2 behandelten Lösungen beider Lactone wurde geschlossen, daß identische Peroxyde entstanden waren. Dieser „Beweis" stimmt nach Untersuchungen über das polarographische Verhalten organischer Peroxyde nur zufällig mit den Tatsachen überein. Die Halbstufenpotentiale von isomeren Hydroperoxyden sind praktisch gleich [12].

Für die Autoxydation der Angelica-Lactone XI und XII ist folgendes Reaktions-Schema anzunehmen, das analog den Autoxydations-

Ergebnissen bei I und V ist:

XI XII

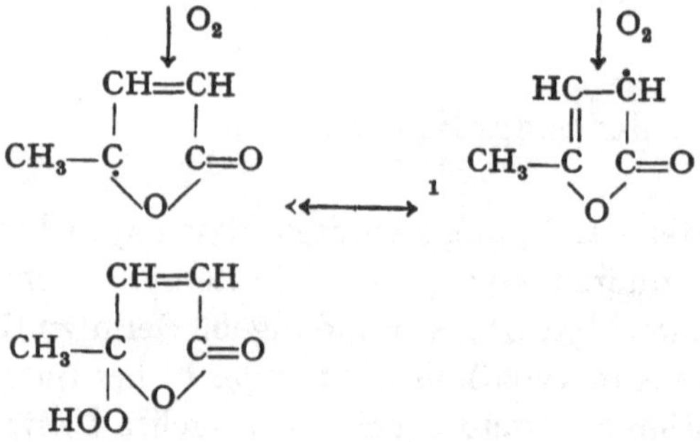

Zusammenfassend ist festzustellen, daß ungesättigte Carbonsäureester mit CH-Bindungen zwischen einer C—C-Doppelbindung und einer Carboxylgruppe, z. B.:

$CH_2{=}CH{-}CH_2{-}COOCH_3$ $CH_2{=}CH{-}CH(OH){-}COOCH_3$

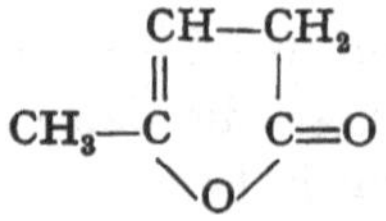

wesentlich schneller mit Sauerstoff reagieren als solche Ester, bei denen die reaktive CH-Bindung nicht der Carboxylgruppe benachbart ist, z. B.:

$CH_3{-}CH{=}CH{-}COOCH_3$ $CH_2(OH){-}CH{=}CH{-}COOCH_3$

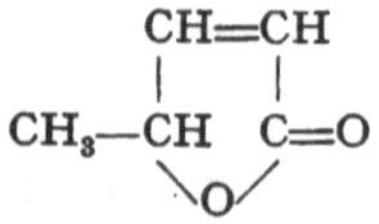

Während im letzten Falle nur die olefinische Doppelbindung aktivierend wirkt, kommt bei den Verbindungen in der ersten Formelreihe zweifellos noch der Einfluß der Carbonyldoppelbindung hinzu.

Das bei der Autoxydation ungesättigter Carbonsäureester primär entstehende Kohlenstoff-Radikal reagiert mit Sauerstoff bevorzugt in der mesomeren Grenzform, bei der ein konjugiertes System ausgebildet ist. Wie oben gezeigt werden konnte, gilt dieses auch bei Einbeziehung einer Carbonylgruppe in das konjugierte System. Daraus erklärt sich, daß oft die nach dem α-Methylen-Mechanismus zu erwartende maximale Zahl von Hydroperoxyden nicht entsteht oder diese in unterschiedlichen Mengenverhältnissen vorliegen.

Herrn Prof. Dr. A. Rieche danken wir für das besondere Interesse an dieser Arbeit und für seine stete Unterstützung.

[1] Bedeutet: Schwerpunkt der Mesomerie in Richtung des Doppelpfeiles.

Literaturverzeichnis

[1] RIECHE, A., Angew. Chem. *50*, 520 (1937); *51*, 707 (1938); Wiss. Ann. *2*, 721 (1953).
[2] FARMER, E. H. und Mitarb., Lit. Zusammenf. s. W. KERN und H. WILLERSIN, Angew. Chem. *67*, 573 (1955).
[3] ROSS, J., A. J. GEBHART und J. F. GERECHT, J. Amer. chem. Soc. *71*, 282 (1949).
[4] RIECHE, A., und M. SCHULZ, Angew. Chem. *70*, 694 (1958).
[5] Lit.Zusammenf. s. A. RIECHE, Fette, Seifen und Anstrichmittel *60*, 637 (1958).
[6] SCHENCK, G. O., und H. D. BECKER, Angew. Chem. *70*, 504 (1958).
[7] RIECHE, A., Ber. dt. chem. Ges. *64*, 2328 (1931); A. RIECHE und R. MEISTER, Ber. dt. chem. Ges. *68*, 1465 (1935); A. RIECHE, Über Peroxyde der Äther, der Carbonyl-Verbindungen und die Ozonide. Angew. Chem. *70*, 251 (1958).
[8] CRIEGEE, R., W. SCHNORRENBERG und J. BECKE, Liebigs Ann. Chem. *565*, 7 (1949).
[9] RIECHE, A., und M. SCHULZ, Liebigs Ann. Chem. im Druck (1962).
[10] MENDEZ, R., J. Pharmacol. Exp. Therap. *81*, 151 (1944).
[11] KIRKLAND, E. V., C. A. REYNOLDS und C. A. VANDER WERF, J. Amer. chem. Soc. *72*, 1764 (1950).
[12] RIECHE, A., M. SCHULZ und K.-H. SCHWARZ, noch unveröffentlicht.

Eingegangen: 9. November 1961

Sonderdruck aus
Monatsberichte der Deutschen Akademie der Wissenschaften zn Berlin
Band 3 · Heft 11/12 · 1961
Akademie-Verlag · Berlin

M. LANDBECK

Institut für technische Chemie der FRIEDRICH-SCHILLER-Universität Jena
(eingereicht von Hrn. RIECHE)

Über Dinaphthoxyle, Radikale mit einwertigem Sauerstoff

Die ersten Versuche zur Gewinnung von Sauerstoffradikalen (Aroxylen) unternahm R. PUMMERER [1] im Jahre 1914. Durch Dehydrierung von 2,2'-Dihydroxy-1,1'-binaphthyl(I) sowie von 2-Hydroxy-8,2'-oxydo-1,1'-binaphthyl (II) mit $K_3Fe(CN)_6$ entsteht eine feste, gelbe Verbindung, der die Struktur eines Chinoläthers (III) zugeschrieben wurde:

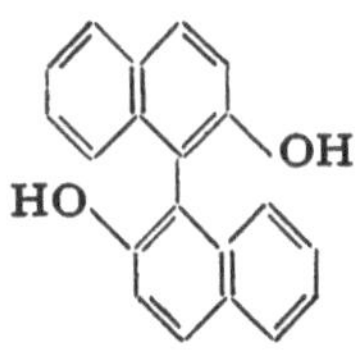

I

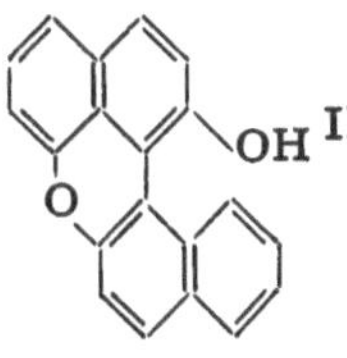

II

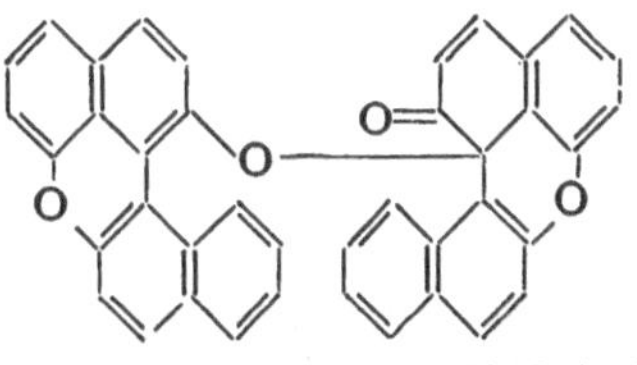

III

In Lösung zerfällt III unter Bildung tieffarbiger Radikale (IIIa). Damit waren zum ersten Male „Aroxyle", speziell „Dinaphthoxyle", durch Dehydrierung phenolischer Verbindungen erhalten worden.
PUMMERER wies bereits auf die Mesomeriemöglichkeiten der entstandenen Aroxyle hin, die ihren Ausdruck in der Formulierung von α- und γ-Ketomethylen fanden. III wurde als eine Verbindung aufgefaßt, die durch Vereinigung eines Aroxyls mit einem Ketomethyl entstanden ist.

Die weitere Bearbeitung dieses Problems durch R. Pummerer und A. Rieche [2] führte dann zu einer farblosen Verbindung, der auf Grund von Reduktionsversuchen, Bestimmungen des Dehydrierungsgrades und der Umsetzung mit Triphenylmethyl [3] die Struktur eines Peroxydes (IV) zuerkannt wurde:

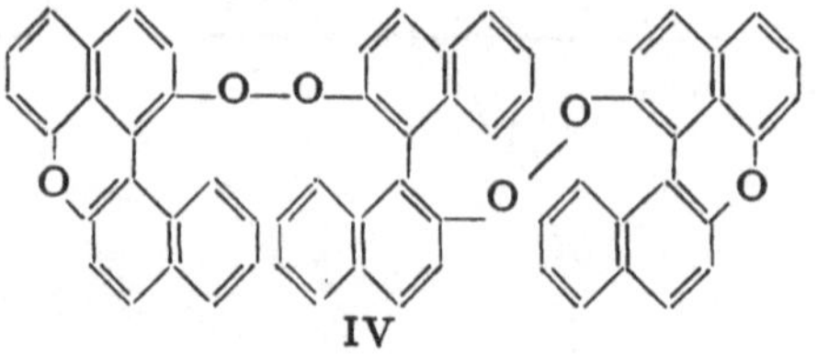

IV

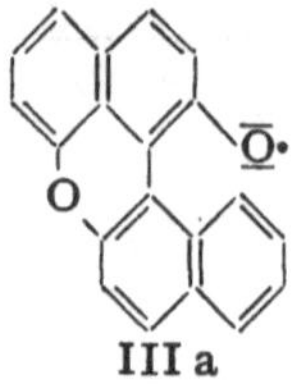

IIIa

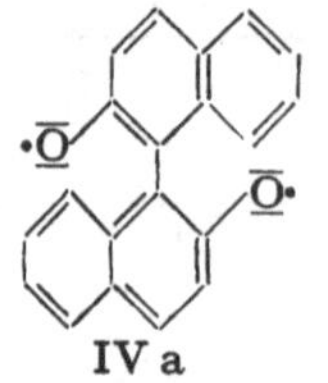

IVa

In Lösung muß man auch bei dieser Verbindung auf Grund der tiefen Farbe, der Ungültigkeit des Beerschen Gesetzes und zahlreicher chemischer Reaktionen mit einem weitgehenden Zerfall in Radikale rechnen, die als IIIa und IVa formuliert wurden[1]. In Benzol kann man an IV ein besonders auffälliges zeit- und konzentrationsabhängiges Dissoziationsphänomen beobachten.

Veranlaßt durch neuere Arbeiten von E. Müller und Mitarbeitern [4], insbesondere aber durch das bisherige Fehlen eines eindeutigen physikalischen Nachweises des Radikalcharakters der farbigen Lösungen, wurden die Arbeiten über die Dehydrierungsprodukte von I und II wieder aufgenommen.

a) Dehydrierung

Das Ziel, durch Dehydrierung von I und II mit Tri-tert.-butyl-phenoxyl („blaues Aroxyl") zu den kristallinen Verbindungen III und IV zu gelangen, wurde nicht erreicht. Mit I reagiert „blaues Aroxyl" bei sofortiger Entfärbung unter Bildung des Chinoläthers (V) [5]

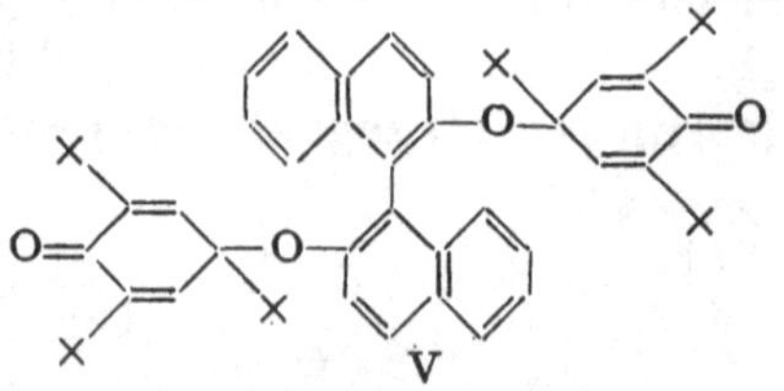

$X = C(CH_3)_3$

V

[1] Eine stabilisierte Form von IVa stellen die erstmalig von A. Rieche und W. Rudolph, Ber. dtsch. chem. Ges. *73*, **335** (**1940**) hergestellten Dinaphthone dar, die bei Anwesenheit geeigneter Substituenten x in 8-Stellung als beständige Verbindungen erhalten werden können.

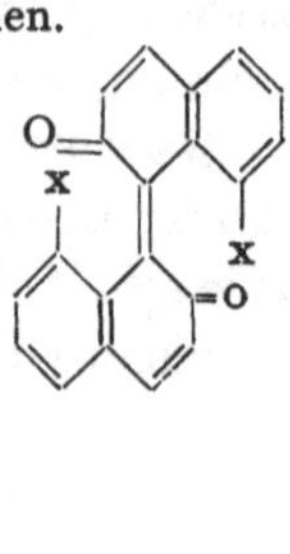

Zweifellos ist das Primärprodukt der Dehydrierung das kurzlebige Diradikal IVa.

Die Dehydrierung von II mit dem „blauen Aroxyl" verläuft unter zwischenzeitlichem Auftreten der rotvioletten Farbe von IIIa. Erst nach vollständiger Dehydrierung von II tritt unter allmählicher Entfärbung weitere Umsetzung zum Chinoläther VI ein:

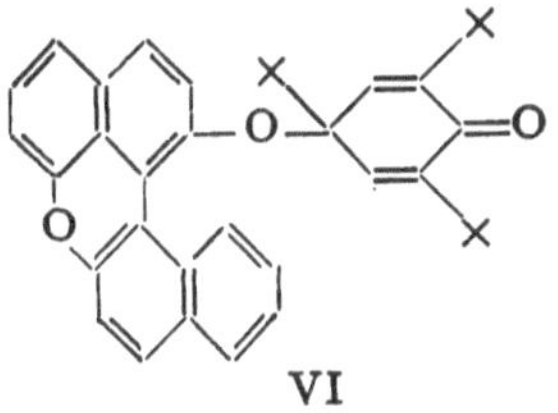

$X = C(CH_3)_3$

VI

Daraus ist zu schließen, daß sich das Radikal IIIa in einem weit stabileren Zustand befindet als IVa, welches sofort vom „blauen Aroxyl" abgefangen wird.

Die Dehydrierung von I und II mit überschüssigem $K_3Fe(CN)_6$ in Benzol, Tetrachlorkohlenstoff oder Chloroform verläuft unter sofortigem Auftreten der rotvioletten Radikalfarbe. Beim Entfernen der Lösungsmittel gelangt man zu schwarzen kristallinen Verbindungen, die Radikalcharakter besitzen. Die Reduktion der auf dem eben beschriebenen Wege erhaltenen Radikallösungen ergibt stets nur II, d. h. in ihnen ist kein Diradikal IVa enthalten. Offenbar ist es nur in konzentrierten Ätherlösungen möglich, die Radikale zur Assoziation zu bringen und dadurch auch das als Primärprodukt auftretende IVa abzufangen.

Die Dehydrierung von I und II läßt sich auch mit PbO_2, Ag_2O und Benzoylperoxyd durchführen. Hier fällt besonders die wesentlich leichtere Dehydrierbarkeit von II gegenüber I auf. So wird beispielsweise II schon bei Normaltemperatur von Benzoylperoxyd dehydriert, während die gleiche Reaktion bei I erst in siedendem Benzol möglich ist.

Überraschenderweise gelingt die Dehydrierung folgender Verbindungen mit „blauem Aroxyl" nicht:

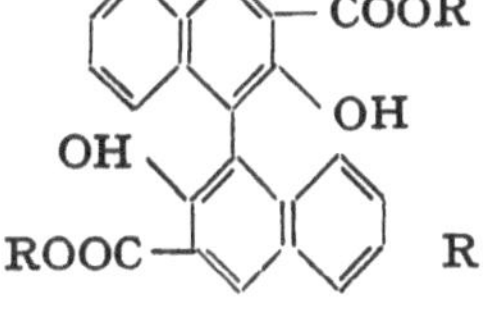

R: CH_3, C_2H_5, nC_3H_7, nC_4H_9

Mit $K_3Fe(CN)_6$ sind jedoch auch diese Dinaphthole zu Radikalen dehydrierbar, die sich durch zum Teil besondere Eigenschaften auszeichnen und noch einer näheren Untersuchung bedürfen.

b) Stabilität der Radikale

Auffällig ist die große Empfindlichkeit der Radikallösungen gegenüber langwelliger Strahlung (IR, Tageslicht). Aus diesem Grunde war es nicht möglich, IR-Spektren der gelösten Radikale aufzunehmen.
Eine gewisse Empfindlichkeit besteht auch gegenüber Sauerstoff. Die durch Autoxydation der Radikallösungen erhaltenen Peroxyde konnten nicht rein hergestellt werden. In manchen Lösungsmitteln (Eisessig) zerfallen sie unter Auftreten der Radikalfarbe.
Erstaunlich ist die große Beständigkeit der schwarzen kristallisierten Radikale. Nach einjährigem Aufbewahren unter Licht- und Lufteinwirkung war ihr Radikalcharakter erhalten geblieben.

c) IR-Spektren

In den IR-Spektren der Verbindungen III und IV tritt eine Carbonylbande bei 5,85 μ auf. Damit kommt für beide Verbindungen die früher angenommene Peroxydstruktur nicht mehr in Betracht. Man muß vielmehr mit einer chinolätherartigen Verknüpfung rechnen.
Die gleiche Bande tritt erwartungsgemäß auch im Spektrum des Autoxydationsproduktes der Radikallösungen auf, während sie im Spektrum der kristallinen radikalischen Verbindungen fehlt.

d) EPR-Untersuchung

Die kristallinen Verbindungen III und IV sind EPR-inaktiv, also diamagnetisch. Lösungen von IV in CCl_4, $CHCl_3$ oder Benzol sowie auch durch direkte Dehydrierung von I und II erhaltene Radikallösungen geben starke Elektronenresonanzsignale (g-Faktor: 2,004 $\pm$ 0,001), deren Hyperfeinstrukturuntersuchung eine Aufspaltung in drei Linien (Intensitätsverhältnis 1 : 2 : 1) ergab [6]. Diese Aufspaltung läßt sich auf eine Wechselwirkung des unpaaren Elektrons („odd“-Elektron) mit zwei gleichberechtigten Protonen zurückführen. Wir vermuten, daß sich das unpaare Elektron vorzugsweise mit den in 3- und 6-Stellung befindlichen Wasserstoffkernen in Wechselwirkung befindet, so daß folgende mesomere Formen möglich sind:

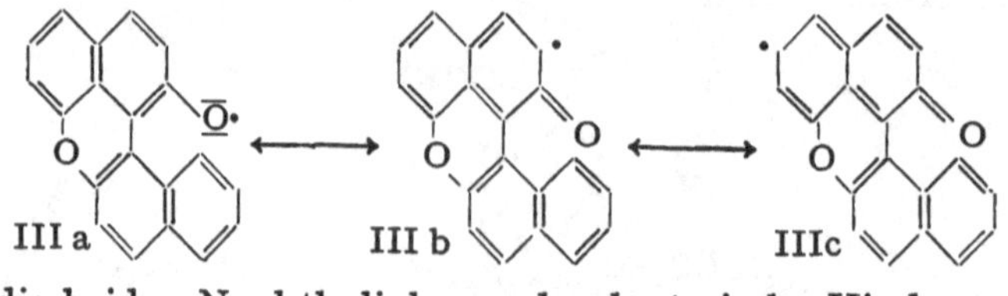

III a III b IIIc

Da sich die beiden Naphthalinkerne durch sterische Hinderung nicht in einer Ebene befinden, dürfte der Aufenthalt des unpaaren Elektrons weitgehend auf den oberen Kern beschränkt sein. Für die Stabilität des Radikals III a sind in erster Linie sterische Faktoren maßgebend und nur in untergeordnetem Maße mesomeriestabilisierende Einflüsse. Anderenfalls sollte man auch durch Dehydrierung von β-Naphthol zu einem stabilen Aroxyl gelangen, da in diesem Falle der gleiche mesomeriestabilisierende Einfluß geltend würde wie im Radikal IIIa.

Eine Bestätigung dieser Ergebnisse war für uns eine Arbeit von J. B. FARMER, Y. MATSUNAGA und C. A. McDOWELL [7], die uns erst nach diesen Untersuchungen zur Kenntnis kam.

Inwieweit der Sauerstoff als Träger des unpaaren Elektrons fungiert, kann aus den EPR-Untersuchungen nicht geschlossen werden. Über die Beteiligung der mesomeren Formen IIIb und IIIc an der Gesamtmesomerie sollen EPR-Spektren von in 3- und 6-Stellung substituierten Radikalen weiteren Aufschluß geben. Die EPR-Untersuchung der in der 3-Stellung sowie in der 3,6-Stellung durch Brom substituierten Radikale scheiterte bisher an der großen Zersetzlichkeit der Lösungen. Die stark abgeschwächte Stabilität dieser bromierten Radikale ist ein Hinweis auf die Mitbeteiligung der in 3- und 6-Stellung sich befindlichen Substituenten an der Gesamtmesomerie.

Literaturverzeichnis

[1] PUMMERER, R., und F. FRANKFURTER, Chem. Ber. *47*, 1472 (1914).
[2] RIECHE, A., Dissertation Erlangen 1925.
[3] PUMMERER, R., und F. LUTHER, Chem. Ber. *61*, 1102 (1928).
[4] MÜLLER, E., K. SCHURR und K. SCHEFFLER, Liebigs Ann. Chem. *627*, 132 (1959).
[5] MÜLLER, E., Privatmitteilung.
[6] RIECHE, A., B. ELSCHNER und M. LANDBECK, Angew. Chem. *72*, 385 (1960).
[7] FARMER, J. B., Y. MATSUNGA und C. A. McDOWELL, Can. J. Chem. *37*, 634 (1959).

Eingegangen: 9. ovember 196

Sonderdruck aus
Monatsberichte der Deutschen Akademie der Wissenschaften zu Berlin
Band 3 · Heft 11/12 · 1961
Akademie-Verlag · Berlin

CH. BISCHOFF

Institut für organische Chemie der Dt. Akad. Wiss., Forschungsgemeinschaft

Bestimmung der Lage von Doppelbindungen in Monoolefinen[1]

Die Bestimmung der Lage von Doppelbindungen in Monoolefinen ist von großer praktischer Bedeutung für die Charakterisierung von Kohlenwasserstoffen, die nach der FISCHER-TROPSCH-Mitteldrucksynthese und nach dem Flüssigphase-Verfahren von H. KÖLBEL und P. ACKERMANN, Rheinpreußen A. G. [1], gewonnen werden. Es ist noch nicht sicher geklärt, ob, wie vielfach angenommen, die Doppelbindung bevorzugt endständig ist oder sich in 2,3-Stellung bzw. an anderen Stellen der Kohlenstoffkette befindet. Sichere Methoden, diese Frage bei Gemischen zu entscheiden, existieren noch nicht. Wir haben uns bemüht, eine solche Methode zunächst an Modellsubstanzen und später an Syntheseprodukten zu entwickeln. Dies wurde uns ermöglicht durch kombinierte Anwendung

[1] Die vorliegende Arbeit wurde auf Veranlassung und mit Unterstützung des VEB Synthesewerkes Schwarzheide ausgeführt. Wir danken dem Synthesewerk und besonders Herrn Dr. HERBIG für die uns gewährte Unterstützung. Für die Überlassung von Olefinen sind wir Herrn Prof. Dr. Dr. h. c. K. ZIEGLER, Mülheim/Ruhr, zu großem Dank verpflichtet.

neuer analytischer Methoden, wie Gaschromatographie, Papierchromatographie und IR-Spektroskopie, die es gestatten, homologe Reihen zu trennen und zu analysieren, wobei man selbst geringe Mengen einer Substanz im Gemisch mit ihren Homologen sicher nachweisen kann.

Untersuchung von Syntheseprodukten

Mit Hilfe der *Gaschromatographie* kann man die Kettenlänge bestimmen und die Frage, ob verzweigte Isomere enthalten sind, entscheiden. In Tabelle 1 ist die Zusammensetzung eines gaschromatographisch untersuchten technischen Paraffin-Olefin-Gemisches dargestellt.

Tabelle 1

	nC_{10}	nC_{11}	$isoC_{12}$	nC_{12}	$isoC_{13}$	nC_{13}	?	$isoC_{14}$	nC_{14}
%	0,1	0,6	0,4	20,2	4,4	56,0	2,9	4,2	10,9

Aus diesen Daten erhält man aber keine Auskunft über Vorhandensein und Stellung von Doppelbindungen.
Durch *IR-Spektrographie* ist es jedoch möglich, endständige und mittelständige Olefine voneinander zu unterscheiden. Es genügt hierzu die Untersuchung des Spektralbereichs 900–1100 cm^{-1}.

Endständige Olefine geben Anlaß zu zwei starken Banden bei 910 cm^{-1} und 995 cm^{-1}. Ursache für diese Banden ist die Wasserstoffdeformationsschwingung der Gruppe —HC=C (995 cm^{-1}) und die Waggingschwingung der Wasserstoffatome der $=CH_2$-Gruppe (910 cm^{-1}). Bei Olefinen mit mittelständiger Stellung der Doppelbindung fehlen diese beiden Banden, und man findet dafür eine Absorptionsbande bei 970 cm^{-1} Diese Bande hat ihre Ursache in der CH-Waggingschwingung der Gruppe —HC=CH—(trans) und ist weitgehend unabhängig von der Lage der mittelständigen Doppelbindung innerhalb des Olefinmoleküls.

Die IR-spektrographische Untersuchung des in Tabelle 1 aufgeführten Olefingemischs ergab, daß sowohl endständige als auch mittelständige Olefine vorliegen, wobei die mittelständigen Olefine überwiegen. Eine Aussage über die Lage der Doppelbindung der mittelständigen Olefine gestattet die IR-Spektroskopie nicht.
Zur Aufklärung der Lage der Doppelbindung der mittelständigen Olefine ist die *Spaltung der Doppelbindung* und die anschließende Untersuchung der Spaltstücke des Moleküls notwendig. Die Spaltung kann durch *Ozonisierung der Olefine* oder durch *Bleitetraacetateinwirkung* auf die Glykole erfolgen. Es kann auch nach RIECHE [2] unter spaltenden Bedingungen in der Hitze ozonisiert werden.

Bei dieser Heißozonisierung wird die Reaktion so geleitet, daß nur Säuren und keine Aldehyde und Peroxyde entstehen. Ozonisierung, Spaltung und Oxydation erfolgen hierbei gleichzeitig. Als spaltendes Mittel dient die anwesende

Essigsäure, als Oxydationsmittel wirkt das Ozonsauerstoffgemisch. Um lästige Nebelbildung zu vermeiden, ist es empfehlenswert, zum Ozonisierungsansatz reichlich Wasser zuzugeben; auch kann man bei Zimmertemperatur mit der Ozonisierung beginnen und allmählich die Temperatur auf 80–90° erhöhen.

Die hierbei erhaltenen Säuren wurden über die Ester in die Hydroxamsäuren überführt und nach St. Goldschmidt und Mitarbeiter [3] papierchromatographisch bestimmt.

$$R{-}\overset{\displaystyle O}{\overset{\|}{C}}{-}OCH_3 + NH_2OH \xrightarrow[-CH_3OH]{} R{-}CO{-}NHOH$$

Während die Trennung der längerkettigen Hydroxamsäuren befriedigend verläuft, werden die kurzkettigen Hydroxamsäuren, besonders die der Ameisensäure und Essigsäure, nicht bzw. nur unvollständig getrennt.
Um auch die kurzkettigen Spaltstücke sicher identifizieren zu können, wurden die Olefine in Chloroform bei – 20 bis – 30 °C mit 4–5prozentigem Ozon behandelt. Der Endpunkt der Ozonisierung ließ sich dadurch erkennen, daß die ozonisierte Lösung einen blauen Farbton annahm. Hinter das Ozonisierungsgefäß wurden parallel eine Waschflasche mit Kaliumjodid-Lösung, die nur von Zeit zu Zeit zur Erkennung des Endpunktes kurz eingeschaltet wurde und eine mit destilliertem Wasser gefüllte Waschflasche angeordnet, um die flüchtigen Aldehyde zu erfassen. Bei der Ozonisierung wird nämlich Formaldehyd gebildet [4]. Daß bei der Ozonisierung bzw. der Spaltung von langkettigen Olefinen, z. B. der Ölsäure und Elaidinsäure einatomige, gasförmige Verbindungen gebildet werden, zeigten erstmalig Rieche, Meister und Sauthoff [5]. K. Ziegler und Mitarbeiter [6] klärten den Mechanismus dieser sogenannten „anomalen Ozonspaltung“ auf.
Bei der Ozonisierung des in Tabelle 1 beschriebenen Olefingemischs wurden in der nachgeschalteten Waschflasche neben Formaldehyd auch Acetaldehyd und Propionaldehyd gefunden. Eine Erklärung für die Bildung dieser Aldehyde gibt die folgende Reaktionsgleichung:

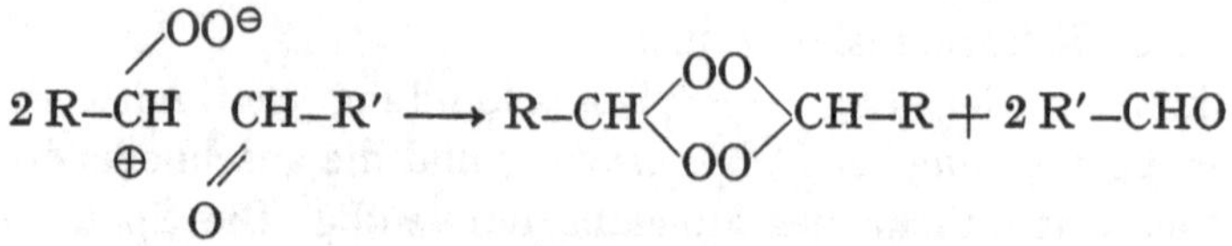

Das als erstes Spaltstück auftretende Zwitterion dimerisiert sich zum Alkylidenperoxyd, und der Aldehyd wird mit dem Gasstrom aus dem Ozonisierungsgefäß in die nachgeschaltete Waschflasche geführt.
Die Untersuchung der Aldehyde erfolgte papierchromatographisch in Form der 2,4-Dinitrophenylhydrazone nach der Methode von L. Horner

und W. KIRMSE [7]. Die Ozonide wurden direkt mit saurer 2,4-Dinitrophenylhydrazin-Lösung gespalten:

$$R{-}CH\langle{}^{OO}_{O}\rangle CH{-}R' \xrightarrow[-H_2O_2]{2,4\,DNPH} R{-}CH{=}N{-}NH{-}C_6H_3(NO_2)_2$$
$$+\ R'{-}CH{=}N{-}NH{-}C_6H_3(NO_2)_2$$

Auch Alkylidenperoxyde lassen sich in saurer Lösung mit 2,4-Dinitrophenylhydrazin umsetzen. Die auf diese Weise erhaltenen Bruchstücke des Olefins wurden papierchromatographisch untersucht.
Als kurzkettige Bruchstücke des Olefingemisches wurden überwiegend Acetaldehyd neben Formaldehyd gefunden. Propionaldehyd und Butyraldehyd waren in geringerem Maße vorhanden. Damit wurde der IR-spektroskopische Befund bestätigt, daß die olefinische Doppelbindung tatsächlich vorwiegend nicht endständig ist. Aus dem Chromatogramm ergab sich, daß hauptsächlich Acetaldehyd entstanden ist, woraus die 2,3-Stellung als bevorzugte Lage der Doppelbindung hervorgeht.

Modellversuche

Zur Überprüfung der Eignung der Ozonspaltmethode in der von uns angewendeten Form zum Zwecke der Aufklärung der Lage von Doppelbindungen in Olefinen wurden geeignete Modellsubstanzen ozonisiert, mit 2,4-Dinitrophenylhydrazin gefällt und, wie oben beschrieben, papierchromatographisch getrennt. Als Modellsubstanzen dienten Undecen-(1), Dodecen-(1) und ein Gemisch von Octen-(3) und Octen-(4). Das Octen-Gemisch wurde durch Wasserabspaltung mit Stearinsäure aus Octanol-(4), Undecen-(1) durch Umsetzung von Octylmagnesiumbromid mit Allylbromid erhalten.

$$2\ CH_3{-}CH_2{-}CH_2{-}\underset{\displaystyle OH}{\underset{|}{CH}}{-}CH_2{-}CH_2{-}CH_2{-}CH_3$$
$$\xrightarrow[-H_2O]{} \begin{array}{l} CH_3{-}CH_2{-}CH{=}CH{-}CH_2{-}CH_2{-}CH_2{-}CH_3 \\ CH_3{-}CH_2{-}CH_2{-}CH{=}CH{-}CH_2{-}CH_2{-}CH_3 \end{array}$$

Auf Grund des IR-Spektrums enthielt das Undecen-(1) jedoch eine geringe Menge mittelständiges Olefin.
Bei der Ozonisierung von Undecen-(1) und Dodecen-(1) fiel Formaldehyd als hauptsächliches kurzkettiges Bruchstück an. Daneben wurde in sehr geringer Menge Acetaldehyd und beim Undecen-(1) auch Propionaldehyd nachgewiesen. Den Grund für das Auftreten des Acet- und Propionaldehyds sehen wir in der Isomerisierung der Doppelbindung. Das Gemisch

Octen-(3)/Octen-(4) enthielt nach Aussage des IR-Spektrums keine endständigen Doppelbindungen. Bei der Ozonisierung dieses Gemisches sind als Spaltprodukte Propionaldehyd, Butyraldehyd und Valeraldehyd zu erwarten. Diese drei Aldehyde wurden tatsächlich im Chromatogramm gefunden. Daneben waren noch in geringer Menge Formaldehyd, Acetaldehyd und Capronaldehyd nachweisbar. Nimmt man an, daß auch bei diesen Verbindungen eine geringfügige Doppelbindungsisomerisierung von Octen-(4) zu Octen-(3) und von Octen-(3) zu Octen-(4) und Octen-(2) eingetreten ist, so wird die Bildung von Acetaldehyd unf Capronaldehyd verständlich. Das Auftreten von Formaldehyd dürfte seine Ursache in dem von A. GREINER und G. WAGNER [4] beschriebenen oxydativen Abbau von Olefinen haben.

Um auch auf einem anderen Wege Aussagen über die Lage der Doppelbindungen zu erhalten, wurden die oben beschriebenen Testolefine in die entsprechenden *Epoxyde* überführt; aus diesen wurden die Glykole hergestellt, welche sodann mit Bleitetraacetat zu den entsprechenden Aldehyden gespalten wurden. Auch bei dieser Reaktion wurden neben den zu erwartenden Aldehyden die bei der Spaltung der doppelbindungsisomeren Olefine entstandenen Aldehyde gefunden. Beide Spaltmethoden führten also zum gleichen Ergebnis. Daraus geht hervor, daß bei beiden Spaltmethoden Verschiebungen von Doppelbindungen eintreten können.

Zusammenfassend ist also festzustellen, daß die Methoden der Ozonisierung und Epoxydierung zum Zwecke der Aufklärung der Lage von Doppelbindungen sich in Verbindung mit der Papierchromatographie unter Berücksichtigung einer geringfügigen Doppelbindungsisomerisierung zur Untersuchung der bei der FISCHER-TROPSCH-Synthese an Eisenkontakten erhaltenen Olefine eignen.

Herrn Prof. Dr. A. RIECHE danke ich für die Förderung dieser Arbeit und für zahlreiche wertvolle Anregungen.

Literaturverzeichnis

[1] KÖLBEL, H., und P. ACKERMANN, Chemie-Ing.-Techn. *28*, 381 (1956).
[2] RIECHE, DRP 565158 (1932).
[3] GOLDSCHMIDT, ST., H. REHBERG, V. v. BRAND und K. H. DESING, Chem. Ber. *90*, 936 (1957).
[4] GREINER, A., und G. WAGNER, Z. phys. Chem. *215*, 109 (1960).
[5] RIECHE, A., R. MEISTER und H. SAUTHOFF, Liebigs Ann. Chem. *553*, 187 (1942), s. auch Diss. H. SAUTHOFF, Erlangen 1932.
[6] ZIEGLER, K., W. HECHELHAMMER, H. D. WAGNER und H. WILMS, Liebigs Ann. Chem. *567*, 99 (1950).
[7] HORNER, L., und W. KIRMSE, Liebigs Ann. Chem. *597*, 50 (1955).

Eingegangen: 20. November 1961

Sonderdruck aus
Monatsberichte der Deutschen Akademie der Wissenschaften zu Berlin
Band 3 · Heft 1 · 1961
Akademie-Verlag · Berlin

H. DORN
Institut für organische Chemie der Dt. Akad. Wiss., Forschungsgemeinschaft

Arylsulfonierung von α-Amino-N-Heterocyclen

(Kurzfassung eines Vortrages auf dem Kolloquium der Chemischen Institute der Dt. Akad. Wiss. am 3. 12. 60)

Bei Grundlagenuntersuchungen über Arylsulfonyl($ArSO_2$)-Derivate von α-Amino-N-Heterocyclen, zu denen u. a. die meisten der modernen Sulfonamide zählen, stößt man auf drei Fragenkomplexe: I. Tautomerie der α-Amino-N-Heterocyclen und ihrer $ArSO_2$-Derivate, II. Struktur und Bildung sowie III. Spaltung der Arylsulfamide. Trotz der technischen und medizinischen Bedeutung dieser Stoffe wurde bisher nur wenig, z. T. falsch zu I., II. und III. Stellung genommen.

I. Beim Umsatz eines Sulfochlorids mit einem Amin, der häufigsten Sulfonamidsynthese, kann man fünf Verbindungen bekommen. Von diesen sind die Mono-$ArSO_2$-Derivate (MAD) A und B wie die unsubstituierten α-Amino-N-Heterocyclen Tautomere. Die z. Z. verwendeten Sulfonamide sind MAD, die mit Sicherheit nicht die Struktur C haben.

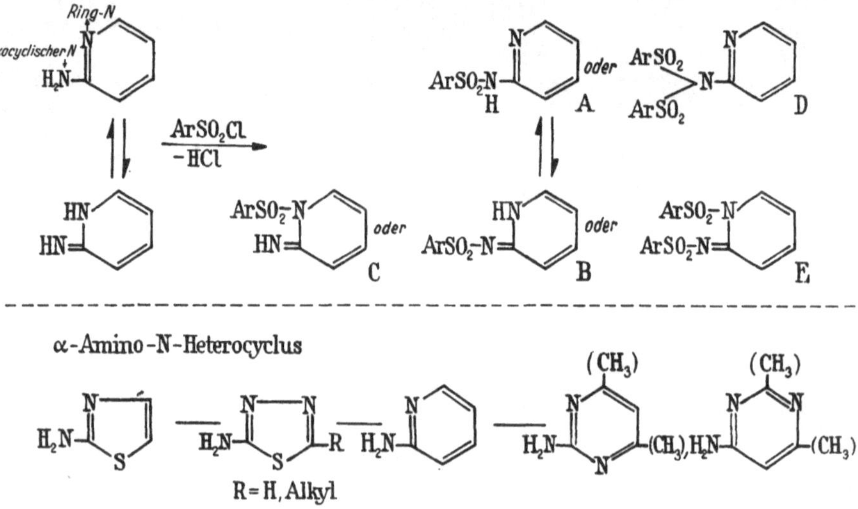

Formelbild 1

Bei den Sulfonamiden im engeren Sinne, bzw. ihren technischen Zwischenprodukten, ist Ar = Phenyl mit einer NH_2-Gruppe bzw. einer in NH_2 überführbaren Gruppe (z. B. NO_2, H_3CCONH) in *p*-Stellung.

Die S-N-Bindung der Arylsulfamide entsteht durch elektrophile Addition eines Arylsulfonylkations ($ArSO_2^{\oplus}$) an den nucleophilen Ring-N oder exocyclischen (exocycl.) N des in den α-Amino-N-Heterocyclen enthaltenen Amidinsystems. Der Reaktionsverlauf hängt von der Ladungsverteilung im cyclischen Amidinsystem ab und davon, wie sich das primäre Additionsprodukt stabilisieren kann. Wie unterschiedlich das Endresultat formal sehr ähnlicher Reaktionen ist, zeigt die folgende Tabelle an drei Beispielen.

Zur Deutung dieser und weiterer scheinbar zusammenhangloser experimenteller Ergebnisse reichen die klassischen Strukturformeln (*) der Aminoheterocyclen nicht aus.

Im Gegensatz zu Tautomeren, bei denen ein Proton entweder am C- oder am O-Atom sitzt, z. B. Acetessigester, sind N/N-Tautomere nicht als getrennte Individuen isolierbar. Deshalb sind bei einer Abschätzung der relativen Ladungsverteilungen im cyclischen Amidinsystem ver-

Amin	Mol $ArSO_2Cl$	Reaktionsbedingung	Reaktionsprodukte
I	1	Wasser, pH ~7	C
	1 (2)	Wasser, alkalisch	E + B (E)
	1 (2)	Pyridin	B (E)
	2	$N(CH_3)_3$, wasserfrei	E
II	1	Wasser, pH ~7	A/B + w. E
	2	Wasser, alkalisch	E + A/B
	1	Pyridin	A/B
	1 (2)	$N(CH_3)_3$, wasserfrei	A/B (D + A/B)
III	1–2	Wasser, alkalisch	keine Reaktion
	1–2	Pyridin	w. A/B
	1 (2)	$N(CH_3)_3$, wasserfrei	A/B + D (D)

I = 2-Amino-thiazol, II = 2-Amino-pyridin, III = 4-Amino-2,6-dimethyl-pyrimidin; w. = wenig; $ArSO_2Cl$ = Arylsulfochlorid.

schiedener α-Amino-N-Heterocyclen die wichtigsten mesomeren Grenzformen jeweils beider Tautomeren zu diskutieren. Man kann so eine Reihe aufstellen, in der 1. von links nach rechts der nucleophile Charakter des cyclischen Amidinsystems insgesamt abnimmt; 2. ist links der nucleophile Charakter des exocycl. N am wenigsten auf Kosten des Ring-N vergrößert, rechts dagegen besonders: 2-Amino-thiazol/2-Amino-thiodiazol-(1, 3, 4)/2-Amino-pyridin/2 (4)-Amino-pyrimidin.

Diese zunächst hypothetische Anordnung läßt sich durch Diskussion von UV-Spektren und annähernde Berechnung der Gleichgewichtskonstanten der Tautomeriegleichgewichte (betr. 2.) sowie durch die Ergebnisse der Arylsulfonierung (betr. 1. und 2.) bestätigen.

Die Ladungsverteilung im cyclischen Amidinsystem beeinflußt die Lage des tautomeren Gleichgewichts zwischen A und B und zugleich die Struktur der sich durch elektrophile Addition eines zweiten $ArSO_2^{\oplus}$ an die MAD A und B bildenden Diarylsulfonylderivate (DAD) D und E. Wir können voraussagen (s. o., 2.), daß die Ladungsverteilung variiert.

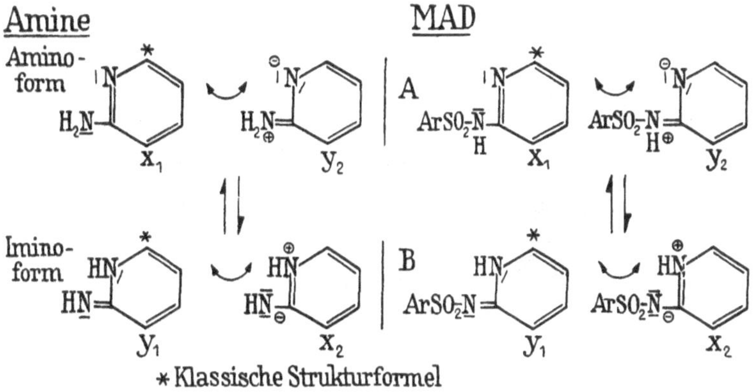

Formelbild 2

Formelbild 2 zeigt neben den als Grenzformen zu betrachtenden klassischen Strukturformeln x_1 und y_1 der Aminoheterocyclen bzw. ihrer MAD A/B die mesomeren Grenzformen, bei denen ein N-Atom des cyclischen Amidinsystems auf Kosten des anderen negativiert ist (y_2, x_2). Bei der Elektronenverteilung in y (klassisch: y_1) ist in allen Fällen der exocycl. N besonders wenig auf Kosten des Ring-N negativiert, in x (klassisch: x_1) ist gerade der exocycl. N negativiert.

Nach 2. muß bei den in der Reihe links stehenden Aminoheterocyclen das Gewicht der Grenzformen y relativ größer sein, rechts dagegen das von x. In MAD A/B kann der elektronenanziehende $ArSO_2$-Rest die Elektronenverteilung um so leichter im Sinne von y (klassisch: $y_1 = B$) verschieben, je mehr y schon im Aminoheterocyclus begünstigt ist, und um so schwerer, je mehr x begünstigt ist. MAD von 2-Amino-thiazol sollten demnach bevorzugt als B, MAD von α-Aminopyrimidinen als A, MAD von 2-Aminopyridin als A und B vorliegen. Eine kritische Diskussion von UV-Spektren (in Lösung) zeigt, daß diese Differenzierung real ist.

Die elektrophile Addition eines zweiten $ArSO_2^{\oplus}$ kann am Ring-N (gibt DAD E) oder exocycl. N (gibt DAD D) erfolgen. Wenn die Formen y relativ begünstigt sind, ist die Bildung von DAD E zu erwarten, wenn die Formen x besonders begünstigt sind, die von DAD D. Es gelang uns, experimentell nachzuweisen, daß 2-Amino-thiazol und -thiodiazol-(1, 3, 4) sowie deren MAD nur DAD E, α-Amino-pyrimidine sowie deren MAD nur DAD D, 2-Aminopyridin und dessen MAD DAD E und D bilden.

II. Die Strukturaufklärung der DAD kann hier nur skizziert werden. Man läßt zunächst ein MAD mit Ar_1SO_2 am exocycl. N (A_1/B_1) und ein Sulfochlorid Ar_2SO_2Cl, dann ein MAD mit Ar_2SO_2 am exocycl. N (A_2/B_2)

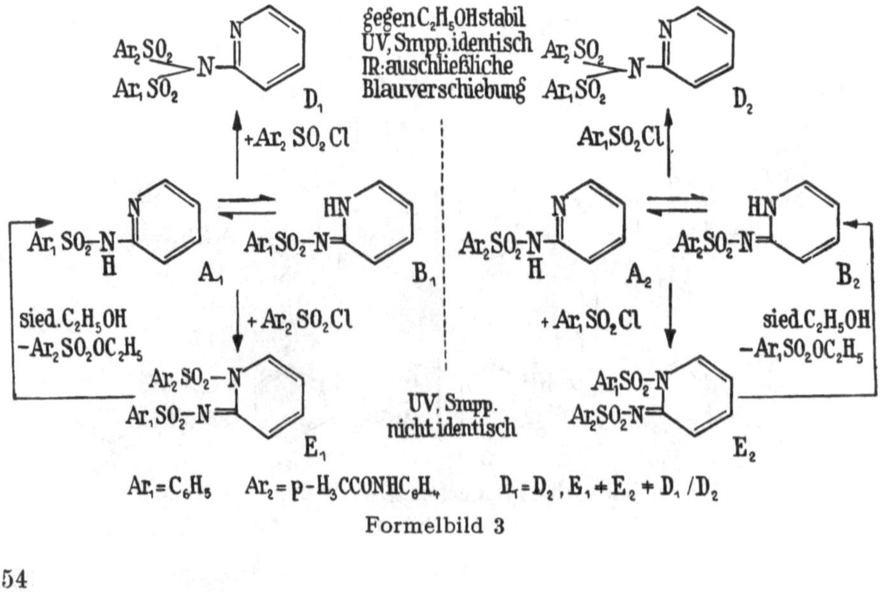

Formelbild 3

und ein Sulfochlorid Ar_1SO_2Cl miteinander reagieren. Dabei können 2×2 „gemischte" DAD entstehen: D_1 und E_1 sowie D_2 und E_2. D_1 und D_2 sind identisch. Aus 2-Aminopyridin erhielten wir tatsächlich $D_1 = D_2$, E_1 und E_2.

Es gelang uns, DAD von 2-Amino-pyridin chemisch zu unterscheiden. Aus E spaltet Alkohol ein $ArSO_2$, das am Ring-N, ab; aus D nicht.

Aus den übrigen Aminen (Formelbild 1) bildet sich so nur 2×1 DAD: a) D_1 und D_2 ($D_1 = D_2$), wenn die beiden eindeutig identisch sind, b) E_1 und E_2 oder E_1 und D_2, wenn die beiden nicht identisch sind.

Im Falle b muß ein Paar isomerer „gemischter" DAD mindestens 1 DAD E enthalten. Nicht identische isomere DAD von 2-Aminothiazol und -thiodiazol-(1,3,4) sind stets E_1 und E_2.

Aus den IR-Spektren einer größeren Zahl von „gemischten" DAD mit festgelegten Strukturen *D* bzw. *E* ergaben sich Gesetzmäßigkeiten, die erstmalig eine exakte Strukturbestimmung der als Sulfonamidzwischenprodukte wichtigen DAD mit zwei gleichen $ArSO_2$ ermöglichten: Bei *E* gibt es blauverschobene und nicht blauverschobene, bei *D* nur blauverschobene SO_2-Banden.

Blauverschoben heißt: Die Wellenzahlen der S-O-Valenzschwingungen sind höher als bei Sulfonen und MAD A/B. Diese Blauverschiebung der SO_2-Banden dürfte ähnlich zu erklären sein wie die von elektronenanziehenden Nachbarn verursachte Blauverschiebung der C-O-Valenzschwingung. Letztere ist auf eine Erhöhung der C..O-Bindungsordnung durch Vergrößerung der Elektronegativität des C-Atoms zurückzuführen.

Bisher wurde angenommen, Primärschritt α) der Arylsulfonierung sei die Addition von $ArSO_2^{\oplus}$ an den Ring-*N* des cyclischen Amidinsystems. An das so gebildete *C'* sollte laut β) ein zweites $ArSO_2^{\oplus}$ addiert werden.

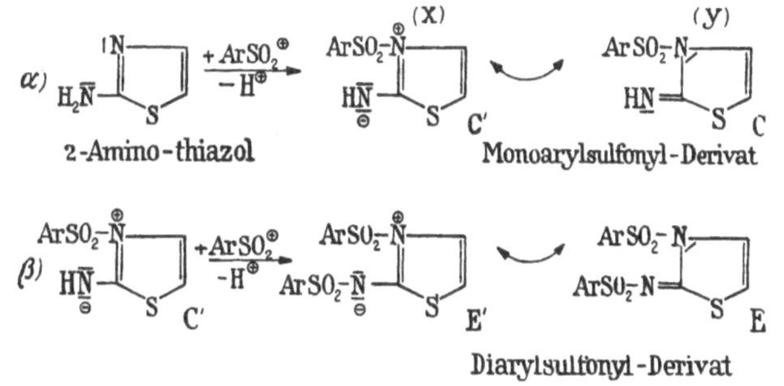

Formelbild 4

Das nach α) entstehende MAD muß um so stabiler sein, je größer das Gewicht der Grenzform *C* mit der Elektronenverteilung *y* (vgl. Formelbild 2) ist. In *C'* ist, wie auch in *E'*, das positivierte Sulfonyl-S-Atom an den positivierten Ring-*N* gebunden. *C'* und *E'* deuten an, daß $ArSO_2$ vom Ring-N leicht abspaltbar ist. Aus der unter I. diskutierten Anordnung der Amine folgt, daß unter ihnen am ehesten von 2-Amino-thiazol ein MAD C darstellbar ist. Durch Untersuchungen mit einem solchen MAD C (Ar = p-$H_3CCONHC_6H_4$) konnten wir die bisherigen Vorstellungen über den Mechanismus der Arylsulfonierung korrigieren.

Ein MAD C von 2-Amino-thiazol kann sich intermolekular (a) und intramolekular (c) arylsulfonieren. Im ersteren Falle folgt auf die schnelle Reaktion a eine langsame Umamidierung (UA) b. Bei der UA wird ein $ArSO_2$ vom Ring-N des DAD E durch den intermediär entstandenen nucleophilen Partner 2-Amino-thiazol wieder abgelöst.

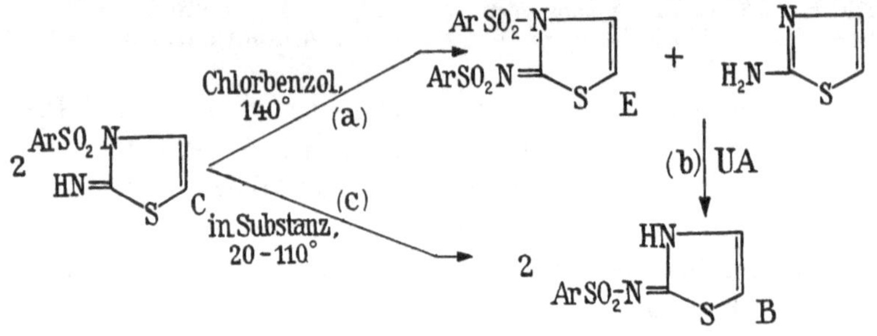

Formelbild 5

Führt man in ein MAD C einen von $ArSO_2$ verschiedenen zweiten Sulfonylrest $Ar'SO_2$ ein, so müße man ein DAD $E_{gemischt}$ (Formelbild 6) erhalten, wenn β) (Formelbild 4) zutreffend ist. Wir fanden aber *E*, *E'* und *B'* neben $E_{gemischt}$. *E* und *E'* sind durch intermolekulare Arylsulfonierung entstanden. Das dabei anfallende 2-Amino-thiazol hat das zugesetzte $Ar'SO_2^{\oplus}$ z. T. primär am Ring-N addiert, z. T. aber auch primär am exocycl. N.

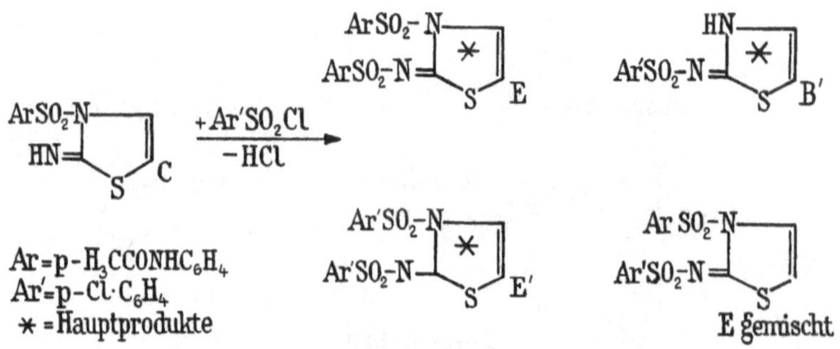

Formelbild 6

Am Ende von I. wurde gezeigt, daß aus MAD A/B und den entsprechenden Aminen unter analogen Bedingungen analoge DAD E bzw. D entstehen. DAD E können sich daneben über MAD C durch intermolekulare Arysulfonierung bilden. Eine intramolekulare Arylsulfonierung von DAD gelang uns nur bei DAD E von 2-Amino-pyridin, die sich in DAD D umlagern lassen.

III. Während bei nucleophilem Angriff ($Y^{\ominus}$) Carbonsäureester im allgemeinen Acyl-, Sulfonsäureester Alkylkationen liefern, werden Carbonsäureamide und Arysulfamide acylierend gespalten. Bei letzteren kommen nur als Nebenreaktionen alkylierende Spaltungen vor. Die acylierende Spaltung von Carbonsäure- und Arylsulfamiden verläuft nur dann ähnlich (Formelbild 7), wenn auf letztere Alkoholatanionen ($OR^{\ominus}$) einwirken. Dann ist die Addition des nucleophilen Reaktionspartners an das positivierte Sulfonyl-S-Atom Primärschritt. Es ist, abgesehen von Spezialfällen, nicht möglich, ein Arysulfamid, also z. B. ein MAD, direkt mit Alkalien oder Aminen zu spalten. Will man die S-N-Bindung (Pfeil) lösen, so muß man sie zunächst lockern, z. B. durch Addition eines Protons an das freie Elektronenpaar von N. Den Mechanismus solcher Sulfonamidspaltungen mit Säuren oder Aminsalzen hat KLAMANN in den letzten Jahren aufgeklärt.

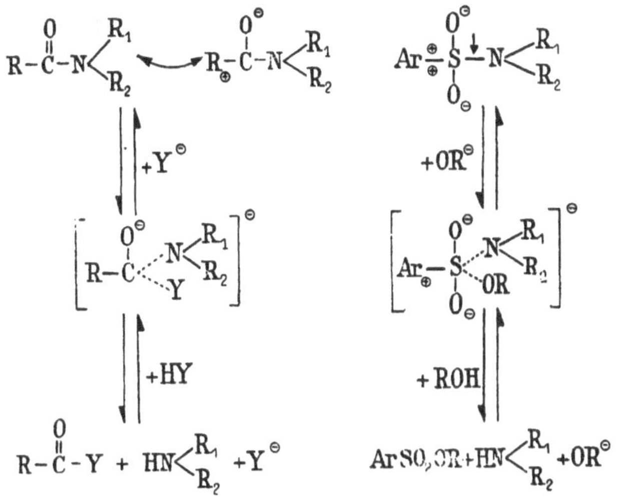

Formelbild 7

Im Gegensatz zu MAD sind DAD D und E gegen Alkalien und Amine empfindlich, die aus DAD im allgemeinen ein $ArSO_2$ abspalten. Bei DAD D ist schon ohne Addition eines Protons die S-N-Bindung gelockert (Formelbild 8, rechte Hälfte). Hier positiviert das zweite $ArSO_2$ den Amid-N.

Wählt man die beiden $ArSO_2$-Reste so, daß der eine einen elektronenanziehenden ($p\text{-}NO_2$), der andere einen elektronenliefernden ($p\text{-}CH_3$) Substituenten enthält, so wird bevorzugt die mit dem ausgezogenen Pfeil bezeichnete S-N-Bindung geschwächt. Der weitere Reaktionsverlauf ist

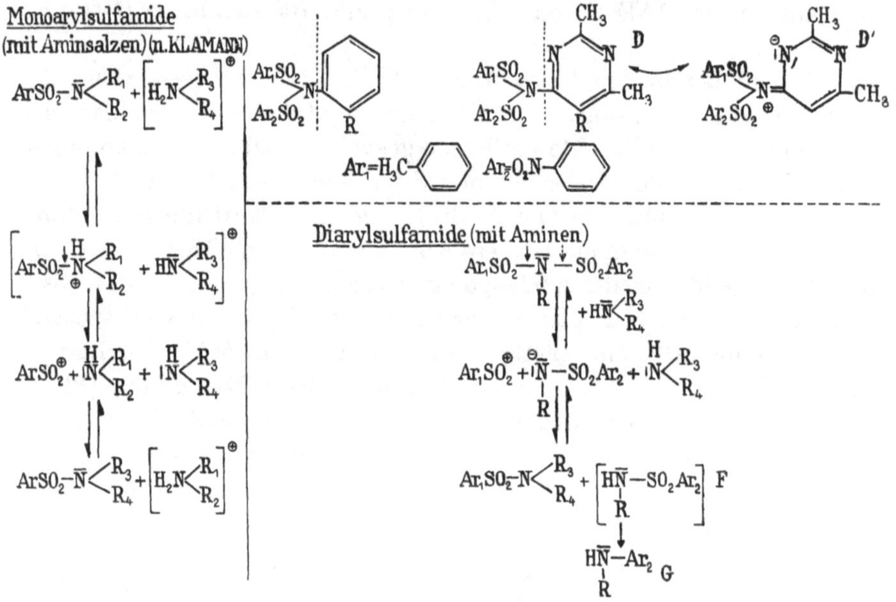

Formelbild 8

dann der Spaltung von Monoarylsulfamiden (Formelbild 8, linke Hälfte) ähnlich.

Ist $Ar_2 = p\text{-}O_2NC_6H_4$ oder o, $p\text{-}(O_2N)_2C_6H_3$, so ist nicht F, sondern G Endprodukt. Die leichte Spaltbarkeit einer S-N-Bindung von DAD D ist hauptsächlich auf die Anwesenheit des zweiten $ArSO_2$ am gleichen N zurückzuführen. Die durch D′ angedeutete Positivierung des exocycl. N schwächt beide S-N-Bindungen. Das Gewicht der Grenzform D′ ist gerade bei den α-Amino-N-Heterocyclen, die DAD D bilden, relativ gering. Nur bei 2-Amino-pyridin sind entsprechende Einflüsse experimentell erkennbar.

DAD mit $Ar_1 = p\text{-}H_3CC_6H_4$, $Ar_2 = p\text{-}O_2NC_6H_4$ werden von Aminen praktisch nur gemäß Formelbild 8 gespalten, wenn *R* = Phenyl oder Pyrimidin. Stehen in Ar_1 und Ar_2 etwa gleichsinnig wirkende Substituenten, so erhält man alle möglichen Spaltprodukte, d. h. es wird auch die mit dem gepunkteten Pfeil bezeichnete S-N-Bindung gelöst.

Die Alkoholatspaltung der Diarylsulfamide ($Ar_1 = p\text{-}H_3CC_6H_4$, $Ar_2 = p\text{-}O_2NC_6H_4$) erfolgt gerade umgekehrt, d. h. nur die mit dem gepunkteten Pfeil bezeichnete S-N-Bindung wird gelöst. Daraus folgt, daß sie analog der Alkoholatspaltung von Monoarylsulfamiden verläuft. Während bei der Spaltung von DAD vom Typ D Substituenteneinflüsse in $ArSO_2$ wirksam werden, wird aus DAD E von 2-Aminothiazol, 2-Amino-5-alkyl-thiodiazol-(1,3,4) und 2-Amino-pyridin durch Amine, wäßrige Alkalien und aus letzterem sogar durch Alkohol immer das am Ring-N sitzende $ArSO_2$ abgespalten.

Die vorgetragene Arbeit ist als eine der theoretischen und auch der angewandten Chemie dienende Flurbereinigung auf dem Gebiet der N^1-heterocyclisch substituierten Sulfonamide zu betrachten.

Herrn Prof. Dr. A. RIECHE und Herrn Prof. Dr. G. HILGETAG habe ich für die Aufgabenstellung und ständige Förderung sehr zu danken, desgleichen den Herren Dr. NEUDERT, Dr. MALEWSKI und Dr. HÖFT für ihre wertvollen Beiträge.

Eingegangen: 11. Januar 1961

DORN, H., G. HILGETAG und A. RIECHE, Angew.Chem. 73, 560 (1961)

DORN, H., G. HILGETAG und K.-P. HILGETAG, Chem.Ber. (im Druck)

Sonderdruck aus
Monatsberichte der Deutschen Akademie der Wissenschaften zu Berlin
Band 3 · Heft 11/12 · 1961
Akademie-Verlag · Berlin

H. DORN
Institut für organische Chemie der Dt. Akad. Wiss., Forschungsgemeinschaft

Synthesen potentieller Cytostatica

I. Einführung

Vor etwa 25 Jahren wurde mit der Entdeckung der antibakteriellen Wirkung von Derivaten des Sulfanilamids das lange angestrebte Ziel erreicht, durch chemische Verbindungen spezifisch pathogene Bakterien zu schädigen, aber nicht den Wirtsorganismus. Damit wurde die Anwendungsbreite der Chemotherapie, die bis dahin auf Spirochäten- und Trypanosomeninfektionen beschränkt war, wesentlich erweitert. Substanzen, die Krebszellen schädigen, dagegen gesunde Zellen im gleichen Organismus unbeeinflußt lassen, sind im Prinzip weit schwieriger aufzufinden als Substanzen, die völlig körperfremde Zellen (Protozoen bzw. Bakterien) vernichten oder deren Wachstum hemmen. Trotzdem zeichnen sich in den letzten Jahren die ersten, noch recht bescheidenen Erfolge einer Chemotherapie maligner Tumoren ab. Die große Verbreitung der Krebserkrankungen fordert trotz der z. Z. relativ geringen Erfolgschancen eine intensive Entwicklungsarbeit auch auf dem Gebiet der Synthese möglicher Krebschemotherapeutica.
Charakteristisch für die Krebszelle ist ihre im Vergleich zu normalen Körperzellen besonders schnelle Vermehrung und ein veränderter Kohlenhydratstoffwechsel. Fast alle bisher zur Chemotherapie des Krebses eingesetzten Stoffe sind Proliferationsgifte (Cytostatica), d. h., sie hemmen die Zellvermehrung, und zwar im wesentlichen durch

Störung des Aufbaues der Nucleoproteide. Man kann diese Stoffe in drei Gruppen einordnen.

A. Alkylierende Substanzen: Diese Substanzen können Carbeniumionen bilden, die sich an OH-, NH- und SH-Gruppen addieren. Sie bewirken die Vernetzung von Eiweißketten, die Fragmentierung von Nucleinsäuren und die Blockierung von Fermenten. Zu dieser Gruppe gehören die bisher wirksamsten Cytostatica, u. a. N,N-Bis-(β-chloräthyl)-amin („NH-Lost"), N-Methyl-N,N-bis-(β-chloräthyl)-amin („N-Methyl-Lost"), das N-Oxyd des N-Methyl-Lost (Nitromin, Mitomen), 4-(Bis-β-chloräthyl)-amino-phenyl-alanin (Sarkolysin), 1,6-Bis-(2-chloräthylamino)-1,6-didesoxy-D-mannit (Degranol), N,N-Bis-(β-chloräthyl)-N',0-propylenphosphorsäureester-diamid (Endoxan), der Bis-Methansulfonsäureester des 1,4-Butandiols (Myleran), Triäthylenmelamin (TEM), Phosphorsäure-N,N',N''-triäthylenimid (TEPA) und das entsprechende Thiophosphorsäurederivat (Thio-TEPA), 2,5-Di-n-propoxy-3,6-bis-äthylenimino-benzochinon-1,4 (Bayer E 39) sowie Trisäthyleniminobenzochinon-1,4.

B. Colchicinartige Mitosegifte: Diese Substanzen, zu denen die Naturstoffe Colchicin und Podophyllotoxin gehören, greifen in den unmittelbaren Teilungsmechanismus der Zelle ein. Neben Colchicin und einigen nahe verwandten Verbindungen gehören in diese Gruppe auch eine Anzahl von Derivaten des β-Phenyläthylamins, unter denen die linksdrehenden Antipoden der α-Phenyl-β-4-alkoxyphenyl)-äthylamine [1] besonders stark wirksam sind.

C. Antimetaboliten und Hormone: In dieser Gruppe ist eine Vielzahl von Substanzen enthalten, die in anderer Weise als die zu A und B gehörenden als Antiwuchsstoffe wirken. Sie können a) chemisch etwas abgewandelte Nucleinsäurebausteine, b) Folsäure- bzw. Glutaminantagonisten, c) Fermentantagonisten und d) „Gegenhormone" sein.
Die wichtigsten Vertreter von C a) sind 6-Mercapto-purin (= modifiziertes Adenin), 8-Azaguanin (Guanazol; = modifiziertes Guanin), 2-(o-Chlorbenzyl)-mercapto-4-dimethylamino-5-methyl-pyrimidin · HCl (Bayer DG 428; = modifiziertes Thymin) und 5-Fluoruracil (= modifiziertes Uracil); zu C b) zählen Amethopterin und Aminopterin (= modifizierte Folsäuren) sowie die Antibiotica 0-Diazoacetyl-L-serin (Azaserin) und 6-Diazo-5-oxo-L-norleucin, und zu C c) gehören modifizierte Riboflavine. Mit Hormonen (C d)) lassen sich nur maligne Entartungen solcher Zellen beeinflussen, die von Organen abstammen, welche hormonalen Steuerungen unterliegen, und zwar kann das Prostatacarcinom durch Oestrogen-, das Mammacarcinom durch Androgen-Behandlung beeinflußt werden. Das Antibioticum Actinomycin C (Sanamycin) ist wahrscheinlich auch den Antimetaboliten zuzuordnen.

Da der Angriff dieser Cytostatica vorzugsweise gegen Zellen gerichtet ist, die sich lebhaft teilen, beeinträchtigen sie prinzipiell auch normale stark proliferierende Gewebe (Knochenmark, Keimdrüsen und Schleimhäute). Diese Eigenschaft beschränkt die klinische Anwendbarkeit an sich cytostatisch wirksamer Verbindungen beträchtlich. Potentielle Cytostatica sollten daher so aufgebaut sein, daß erst an ihrem erwünschten Angriffspunkt, dem Tumor oder der Metastase, aus einer für normales Gewebe relativ ungiftigen Gesamtverbindung (Transportform) ein cytostatisch wirksamer Teil (Wirkform) abgespalten wird. Spezifische Fermente, die in der Nähe der Krebszellen angereichert sind, sowie das oft schwach saure, durch die vermehrte Glykolyse bedingte Milieu in der

Umgebung der Krebszelle, müßten im Idealfalle die Freisetzung der Wirkform begünstigen. Das Transportformprinzip konnte mit einem Stoff der Gruppe C auf Grund eines Vorschlages von DRUCKREY [2] durch Synthese des Di-Na-Salzes von α, β-Diäthyl-4,4'-dioxy-stilben-diphosphat (Honvan) [3] erstmalig realisiert werden. Honvan wird durch eine in der Umgebung des Prostatacarcinoms und seiner Metastasen angereicherte Phosphatase mit einem Wirkungsoptimum um pH 5 zur Wirkform aufgespalten.

II. Transportformen aus cytostatisch aktiven Molekülteilen und Derivaten der Phosphorsäure

Phosphorsäure kann mit cytostatisch aktiven Molekülen auch über P-N-Bindungen verknüpft werden.

Der Gedanke, phosphorylierte NH-Lost-Derivate als Transportformen zu synthetisieren, stammt von FRIEDMAN und SELIGMAN [4], die auf frühere [5], allerdings umstrittene [6] Beobachtungen zurückgriffen, nach denen in einer Anzahl bösartiger Tumoren eine größere Aktivität des P-N-Bindungen spaltenden Ferments Phosphamidase vorliegt als in normalem Gewebe. Rein chemisch kann angenommen werden, daß P-N-Bindungen im sauren Milieu (s. o.) leichter aufgespalten werden als im neutralen oder alkalischen. Wenn man speziell NH-Lost, $HN(CH_2CH_2Cl)_2$, phosphoryliert, ist von der elektronenanziehenden $O \leftarrow P(R^1)(R^2)$-Gruppierung eine Abschwächung der Wirkung des N-Atoms als Elektronen donator zu erwarten und damit eine Erschwerung der $Cl^{\ominus}$-Abspaltung. Die

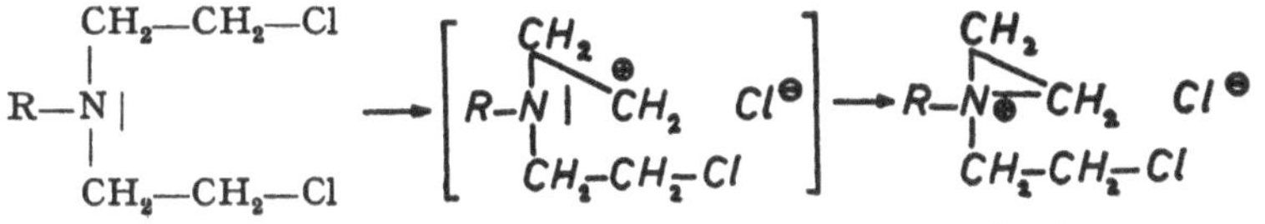

durch $Cl^{\ominus}$-Abspaltung entstehenden Carbeniumionen bzw. die ringgeschlossenen Äthylenimmoniumverbindungen sind aber die eigentlich aktiven Formen der NH-Lost-Derivate [7].

Durch Phosphorylierung wird die cytostatische Aktivität vermindert, durch die Aufspaltung der P-N-Bindung wird dieser Effekt aufgehoben. Die von F. und S. [4] synthetisierten Substanzen vom Typ I ($R = NH_2$ bzw. OC_6H_5) erwiesen sich später als wenig toxisch aber auch als unwirksam [8].

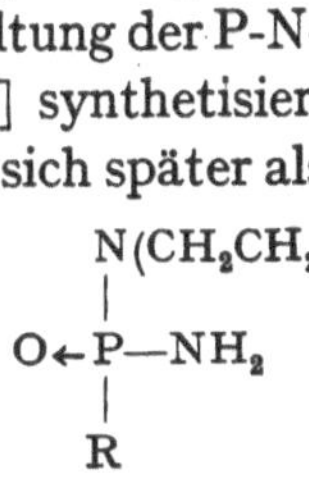

I

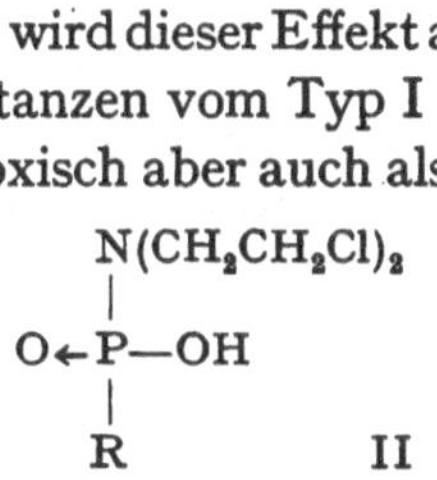

II

I ($R = OH$) wird im pH-Bereich 4,5–8,5 leicht spontan hydrolysiert, I ($R = NH_2$ bzw. OC_6H_5) und II ($R = OAlkyl$ bzw. OC_6H_5) wenig [4].

1. Wir knüpften in unseren 1957 begonnenen Versuchen an die Gedanken von F. und S. [4] an. Für die stabilen Triamide III wurde der

Thiophosphorylrest gewählt, da von der S ← P $(R^1)(R^2)$-Gruppierung eine geringere Herabsetzung der $Cl^{\ominus}$-Beweglichkeit im intakten Molekül

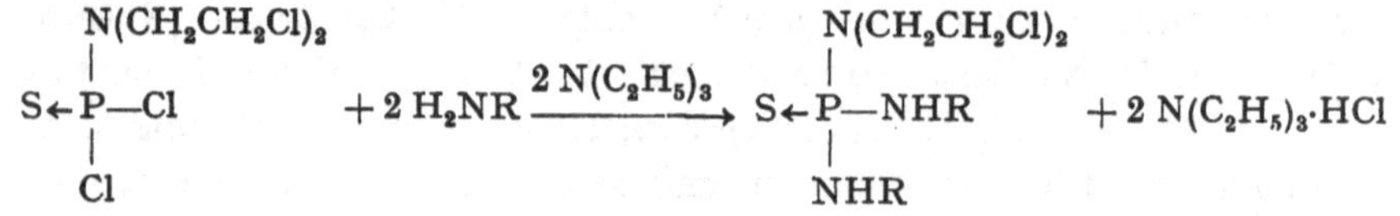

IV III

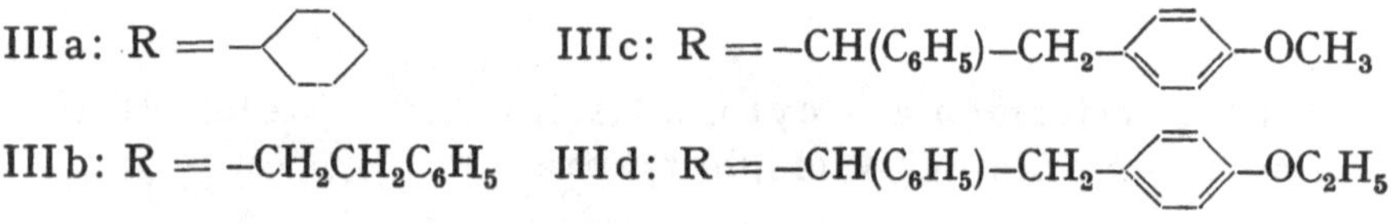

III zu erwarten ist als von der Gruppierung O ← $P(R^1)(R^2)$.
Das Ausgangsprodukt IV (Sdp. $_{0,007}$ 92–94 °C, Schmp. 32–33 °C) wurde aus NH-Lost·HCl und S ← PCl_3 in Pyridin gewonnen. IIIa (Schmp. 184–185 °C) und IIIb (Schmp. 141–142 °C) erwiesen sich im Mäuse-Ascites-in-vivo-Test (Institut für Mikrobiologie und exp. Therapie, Jena, der Dt. Akad. Wiss.) als unwirksam.
In Verbindungen vom Typ III wurden neben der zu Gruppe A gehörigen NH-Lost-Wirkkomponente noch Mitosegiftamine der Gruppe B eingebaut, von denen die linksdrehende Form des α-Phenyl-β-(4-äthoxyphenyl)-äthylamins besonders wirksam ist. Die Verbindungen IIIc und IIId wurden zunächst aus IV und den entsprechenden synthetisch gewonnenen racemischen Aminen dargestellt. In IIIc und IIId ist ein pseudo-asymmetrisches P-Atom vorhanden, analog dem pseudo-asymmetrischen C-Atom in der Trioxyglutarsäure [9]. Daher müßte es von IIIc und von IIId 2 Mesoformen und 1 Antipodenpaar geben. Eine eindeutige Auftrennung der in guter Ausbeute aus den racemischen Mitosegiftaminen erhaltenen kristallinen Stereoisomerengemische von IIIc bzw. von IIId gelang nicht. Das interessanteste Stereoisomere, IIId mit 2 linksdrehenden α-Phenyl-β-(4-äthoxyphenyl)-äthylamin-Resten (Schmp. 235–237 °C), wurde aus IV und (–)-α-Phenyl-β-(4-äthoxyphenyl)-äthylamin gewonnen; pharmakologische Prüfergebnisse liegen noch nicht vor.
2. Die unter 1. beschriebenen Verbindungen sind in Wasser schlecht löslich. Durch Kombination des IV entsprechenden Phosphorsäureamiddichlorids V mit einer hydrophilen, wenig toxischen und relativ leicht abspaltbaren Komponente hofften wir, wasserlösliche Transportformen des NH-Losts zu erhalten.

Als derartige Komponente wurde Morpholin gewählt, das z. B. in Form seines 3,5-dijod-4-pyridon-N-essigsauren Salzes (Joduron = Röntgenkontrastmittel für

i. v. Pyelographie) in hohen Dosen injiziert werden kann (vgl. [10]) und das aus Phosphorsäureesterdimorpholiden relativ leicht abspaltbar ist (vgl. [11]).

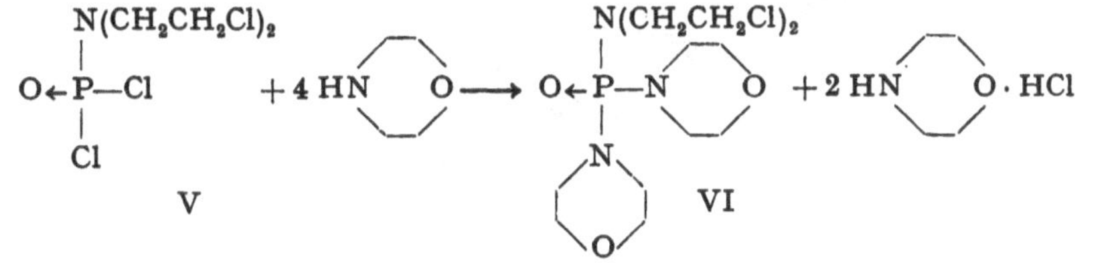

V VI

Es gelang, VI in kristalliner Form (Schmp. 134,5–135,5 °C) darzustellen. VI ist leicht wasserlöslich, wenig toxisch und wird z. Z. pharmakologisch geprüft. Die Cl$^\ominus$-Abspaltung aus VI (Abb. 2) erfolgt relativ langsam.

Eine langsame Cl$^\ominus$-Abspaltung zeigen einerseits unwirksame, mit zu stark elektronenanziehenden Acylresten versehene NH-Lost-Derivate [7c], andererseits Transportformen, aus denen erst allmählich NH-Lost freigesetzt wird [12]. Als solche Transportformen erwiesen sich nach umfangreichen Untersuchungen von Arnold, Bourseaux und Brock [8, 13], die auf gleiche Gedankengänge zurückgehen wie die von Friedman und Seligman [4], einige N-Lost-Phosphorsäureesteramide mit einer amidartig verknüpften n-Propylengruppe, vor allem das N,N-Bis-(β-chloräthyl)-N', 0-propylenphosphorsäureester-diamid (VII),

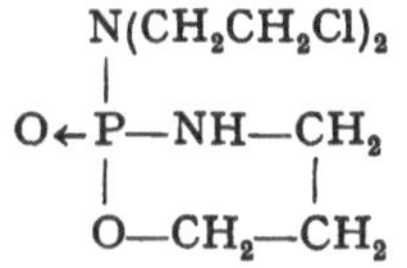

VII

eines der z. Z. besten Cytostatica. NH-Lost und N-Methyl-Lost, die zwar sehr aktiv aber auch sehr giftig sind, spalten dagegen schnell Cl$^\ominus$ ab [7c, 7d].

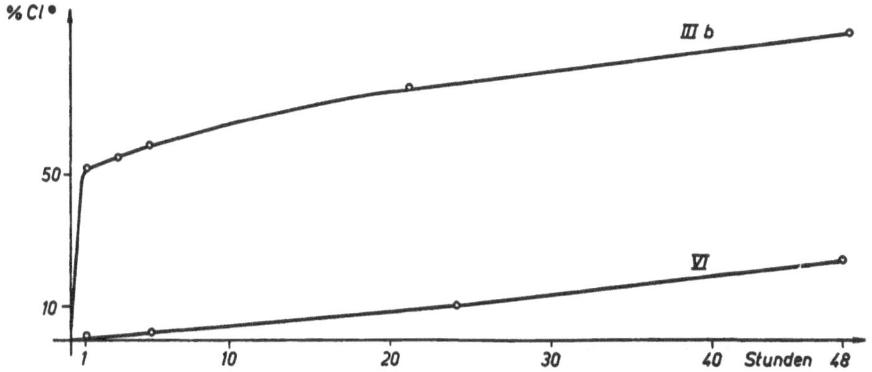

Abb. 1. Cl$^\ominus$-Abspaltung aus Phosphorsäure-(N,N-bis-β-chloräthyl)-amid-dimorpholid (VI) und Thiophosphorsäure-(N,N-bis-β-chloräthyl)-amid-di-β-phenyläthylamid (III b) in Propylenglykol-Wasser (1 : 1)

Die Hydrolyse von VI wurde papierchromatographisch verfolgt. Dabei wurden mindestens fünf Abbauprodukte gefunden, darunter Morpholin. Das Auftreten der Abbauprodukte deutet auf die allmähliche hydrolytische Aufspaltung der P-N-Bindungen hin.

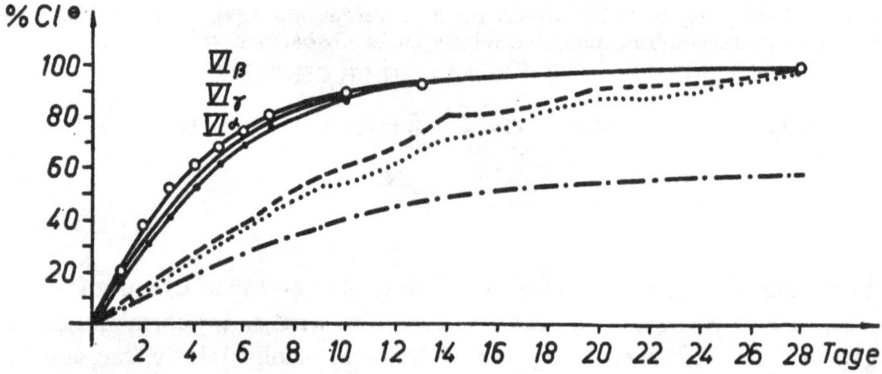

Abb. 2. Cl⊖-Abspaltung aus Phosphorsäure-(N,N-bis-β-chloräthyl)-amid-dimorpholid (VI) in Wasser, ungepuffert (VIα); gepuffert mit Acetat-Citrat, pH 5,7 (VIβ); gepuffert mit $NaHCO_3$ (VIγ) und aus N,N-Bis-(β-chloräthyl)-N′, 0-propylenphosphorsäureesterdiamid (VII) [12] ungepuffert (—·—·); gepuffert mit Acetat-Citrat, pH 5,0 (·····); gepuffert mit Citrat – NaOH, pH 6,85 (– – –)

3. Ebenfalls in Form von Phosphorsäuretriamiden versuchten wir ein anderes Prinzip zu realisieren: Substanzen, die hydrophile cytostatische Wirkgruppen und zugleich hydrophobe Gruppen enthalten. Die oberflächenaktive Wirkung derartiger Stoffe müßte ihr Eindringen in die

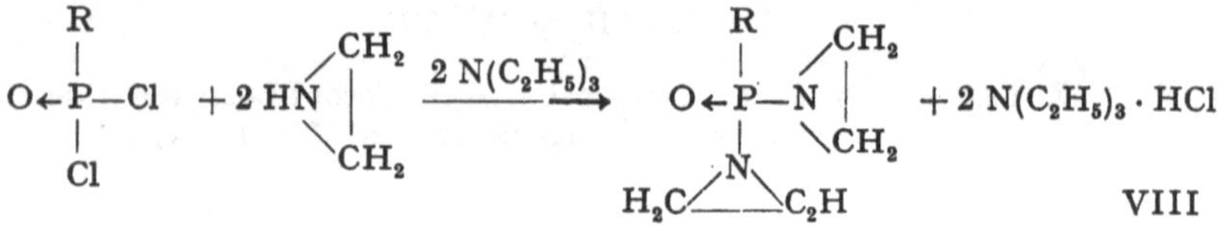

VIII

VIIIa: R = $NH(CH_2)_{11}CH_3$

VIIIb: R = $NH(CH_2)_6CH_3$

VIIIc: R = —N 

Zellen, eventuell bevorzugt in Krebszellen, erleichtern. VIII a und VIII c wurden als kristalline Substanzen erhalten, VIII b als Öl[1].

III. Transportformen aus cytostatisch aktiven Molekülanteilen und Derivaten der Carbaminsäure

Als eine weitere Möglichkeit, wasserlösliche Transportformen zu synthetisieren, betrachteten wir die Verknüpfung cytostatisch aktiver Moleküle mit Carbaminsäurederivaten, die an einem N-Atom einen Glucosylrest tragen.

[1] Für die Überlassung der Amine für VIII a und VIII b haben wir Herrn Dr. ULLSPERGER zu danken.

Über das Vorkommen von Acylamidasen, die solche Verbindungen aufspalten

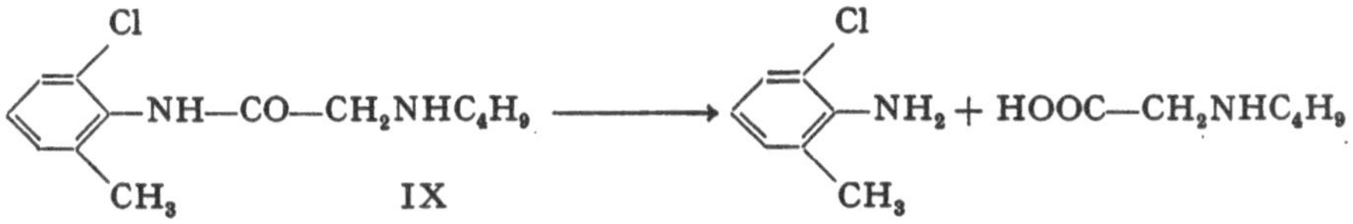

könnten, weiß man noch sehr wenig. Es ist aber z. B. bekannt, daß das Lokalanästhetikum IX in der Leber enzymatisch gespalten wird [14].

Als Wirkgruppen wurden zunächst die auch in II 1 verwendeten Mitosegiftamine und Äthylenimin gewählt.

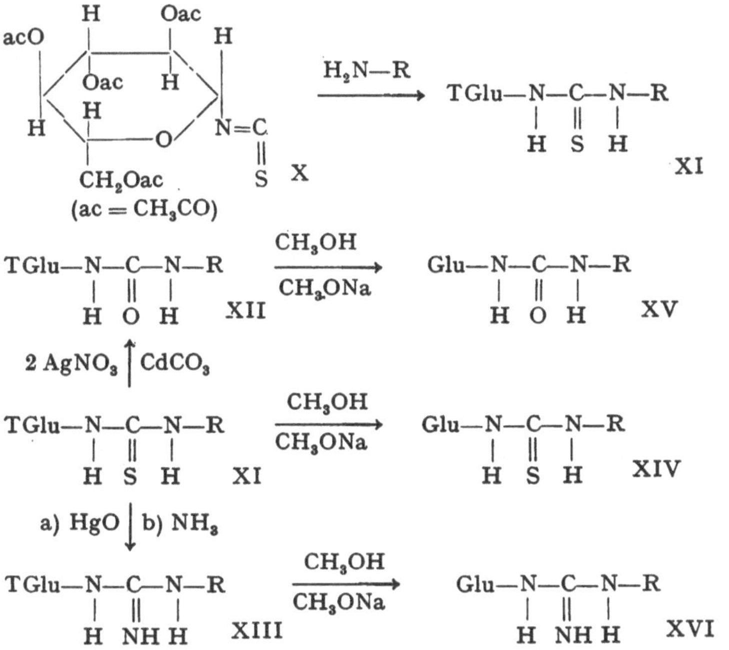

TGlu = Tetraacetylglucosyl-Rest; Glu = Glucosyl-Rest

XIa, XIIa, XIIIa, XIVa, XVa, XVIa: $R = CH_2CH_2C_6H_5$

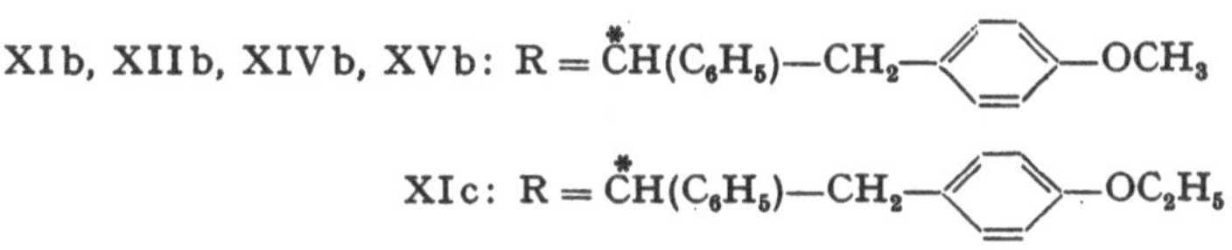

Aus Tetraacetylglukoseisothiocyanat (X) wurden mit β-Phenyläthylamin gemäß obigem Formelschema die Modellsubstanzen XIa, XIIa und XIIIa synthetisiert und nach Zemplen unter mildesten Bedingungen zu XIVa, XVa und XVIa entacetyliert. Die Reaktionen mit den Mitosegiftaminen verlaufen analog, jedoch sind die sterischen Verhältnisse zu beachten, da hier das asymmmetrische C_1-Atom des Tetraacetylglukosylrestes über eine N–C–N-Brücke mit dem asymmetrischen C-Atom (mit * gekennzeichnet) des Mitosegiftamins verknüpft wird.

X ist als sterisch einheitlich zu betrachten, und auch während der Addition von H_2NR dürfte sich die Konfiguration am C_1 von X nicht ändern. $\alpha \rightleftharpoons \beta$-Isomerisierung erfolgt im allgemeinen nur bei freien Zuckern, bei Zuckerderivaten, die am glykosidischen C_1-Atom substituiert sind, dagegen nur ausnahmsweise [15]. Setzt man das racemische α-Phenyl-β-(4-methoxyphenyl)-äthylamin mit X um, so ist die Bildung eines Gemisches zweier diastereomerer Zuckerthioharnstoffe XIb zu erwarten. Nach Auftrennung dieses Gemisches in die Komponenten, die zufällig (—)- bzw. (+)-drehend sind, nämlich (—)-XIb und (+)-XIb, weiß man noch nicht, welche der beiden die aktive linksdrehende Form des Mitosegiftamins enthält. Sterisch einheitliche Zuckerthioharnstoffe XI müssen entstehen, wenn man X mit den optischen Antipoden eines Mitosegiftamins umsetzt, die durch Aufspaltung des Racemats mit Cholestenon-sulfosäure-(6) erhältlich sind.

(–)-XIb (Schmp. 190–191 °C) und (+)-XIb, das in zwei Modifikationen (Schmp. 149–151 °C und Schmp. 162–164 °C) existiert, wurden durch fraktionierte Kristallisation des Diastereomerengemisches gewonnen, das sich aus X und dem racemischen α-Phenyl-β-(4-methoxyphenyl)-äthylamin bildet. (–)-XIc (Schmp. 188–188,5 °C) bzw. (+)-XIc, das wie (+)-XIb in zwei Modifikationen (Schmp. 140–142 °C und Schmp. 166–168 °C) existiert, wurde durch Umsatz von X mit (–)-α-Phenyl-β-(4-äthoxyphenyl)-äthylamin bzw. mit (+)-α-Phenyl-β-(4-äthoxyphenyl)-äthylamin dargestellt. Da sich XIb und XIc nur in der von den Asymmetriezentren weit entfernten Alkoxygruppe unterscheiden und da außerdem sowohl (–)-XIb und (–)-XIc als auch (+)-XIb und (+)-XIc recht ähnliche Schmelzpunkte haben, darf angenommen werden, daß auch in (–)-XIb die (–)-Form des Mitosegiftamins vorliegt.

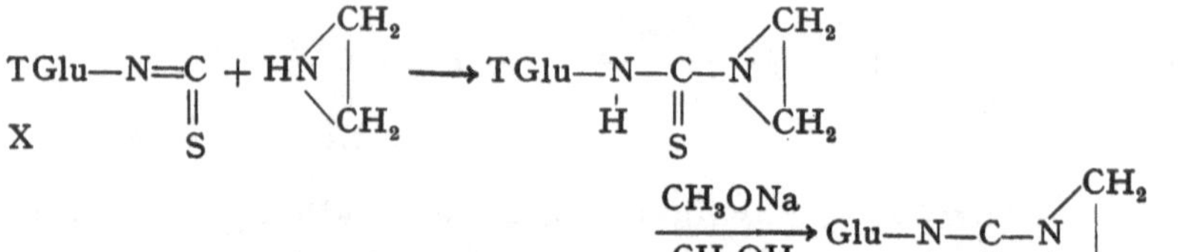

XVII

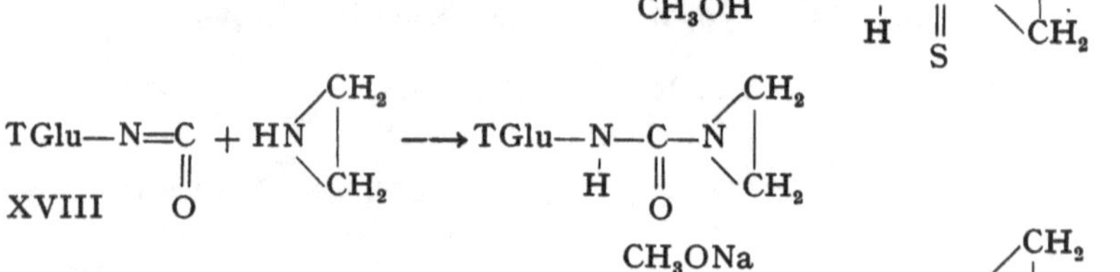

XIX

N-(Äthylen)-N'-(β-D-glukosyl-1)-thioharnstoff (XVII) wurde analog der Modellsubstanz XIV gewonnen. Die Darstellung des XVII entsprechenden Zuckerharnstoffs XIX gelang bisher nur, wenn von Tetraacetylglukoseisocyanat (XVIII) ausgegangen wurde, das als reine Substanz wesentlich schlechter zugänglich ist als X.

Die bis jetzt synthetisierten Zuckerderivate sind gut wasserlöslich; Ergebnisse der pharmakologischen Prüfung stehen noch aus.
Die vorliegende Übersicht enthält u. a. experimentelle Ergebnisse der Diplomarbeiten von M. Schütt und H. Welfle. Herrn M. Schütt und Herrn H. Welfle habe ich für die gute Zusammenarbeit sehr zu danken.

Herrn Prof. Rieche bin ich für die ständige Anteilnahme an diesen Arbeiten sehr zu Dank verpflichtet.

Literaturverzeichnis

[1] Lettré, H., A. Mex und E. Ruhbaum, Hoppe-Seylers Z. physiol. Chem *289*, 119 (1952).
[2] Druckrey, H., Dt. med. Wschr. *77*, 1534 (1952).
[3] Raabe, S., Grundlagen und Praxis chemischer Tumorbehandlung, S. 243, Springer-Verlag, Berlin-Göttingen-Heidelberg, 1954.
[4] Friedman, O. M., und A. M. Seligman, J. Amer. chem. Soc. *76*, 655 (1954).
[5] Gomori, G., Proc. Soc. Exp. Biol. Med. *69*, 407 (1948).
[6] Rorig, K., J. Amer. chem. Soc. *71*, 3561 (1949); H. Holter und Si-Oh Li, Compt. rend. trav. lab., Carlsburg, sir. Chim. *27*, 393 (1951); C. A. *46*, 10216h (1952).
[7] Bartlett, P. D., S. D. Ross und C. G. Swain, J. Amer. chem. Soc. *69*, 2971 (1947) (a); W. C. J. Ross, Advances in Cancer Research *1*, 397 (1953) (b); R. Preussmann, Arzneimittelforsch. *8*, 9 (1958) (c); N. Brock und H.-J. Hohorst, Arzneimittelforsch. *11*, 164 (1961) (d).
[8] Brock, N., Arzneimittelforsch. *8*, 1 (1958).
[9] Klages, F., Lehrbuch der org. Chemie, Bd. II, S. 450, W. de Gruyter & Co., Berlin 1954.
[10] Dorn, H., Pharmazie *12*, 319 (1957).
[11] Montgomery, H. A. C., und J. H. Turnbull, J. chem. Soc. (London) *1958*, 1963.
[12] Arnold, H., und H. Klose, Arzneimittelforsch. *11*, 162 (1961).
[13] Arnold, H., und F. Bourseaux, Angew. Chem. *70*, 539 (1958); diess. und N. Brock, Arzneimittelforsch. *11*, 143 (1961).
[14] Häussler, A., und L. Ther, Arzneimittelforsch. *3*, 609 (1953).
[15] Micheel, F., Chemie der Zucker und Polysaccharide, S. 202, Akademische Verlagsgesellschaft, Leipzig 1956.

Eingegangen: 20. November 1961

Sonderdruck aus
Monatsberichte der Deutschen Akademie der Wissenschaften zu Berlin
Band 3 · Heft 11/12 · 1961
Akademie-Verlag · Berlin

D. BROX
Institut für technische Chemie der FRIEDRICH-SCHILLER-Universität Jena
(eingereicht von Hrn. RIECHE)

Selektive Chlorierung von Benzol zu Monochlorbenzol in der Gasphase[1]

Die technischen Fortschritte, welche die chemische Großindustrie in den vergangenen 40 Jahren machte, verdankt sie zu einem sehr großen Teil der Entwicklung von Verfahren für die Umsetzung von Gasen an Kontaktflächen, also der heterogenen Katalyse in der Gasphase. Vor etwa 30 Jahren wurde auch die katalytische Chlorierung in der Gasphase erstmalig auf Benzol übertragen; die Angaben blieben aber auf zwei deutsche Patente beschränkt [1, 2].

Die Gasphasechlorierung des Benzols ist bis heute noch nicht zur industriellen Anwendung gekommen, obwohl das Verfahren große Vorteile in bezug auf Betriebssicherheit, Wärmeabfuhr und Zusammensetzung der Reaktionsprodukte mit sich bringen würde. Zweifellos würde eine Gasphasechlorierung zunächst einen höheren Energiebedarf erfordern als die Flüssigphasechlorierung. Aber die Energie für die Verdampfung des Benzols könnte bei Anwendung einer geeigneten Apparatur zum großen Teil aus der Wärmetönung der Chlorierungsreaktion gedeckt werden.

Im Hinblick auf dieses technisch wichtige Problem wurde die vorliegende Arbeit durchgeführt. Mit Rücksicht auf die besondere wirtschaftliche Bedeutung des Monochlorbenzols sollte dabei versucht werden, möglichst viel der Monochlorverbindung zu erhalten und die Bildung weniger wichtiger, höher chlorierter Produkte zurückzudrängen. Außerdem interessierte der Einfluß der Reaktionstemperatur auf das entstehende Chlorbenzol-Dichlorbenzol-Verhältnis sowie die Verwendung verschiedener Katalysatortypen.

Zunächst waren geeignete Laboratoriumsapparaturen zu entwickeln.

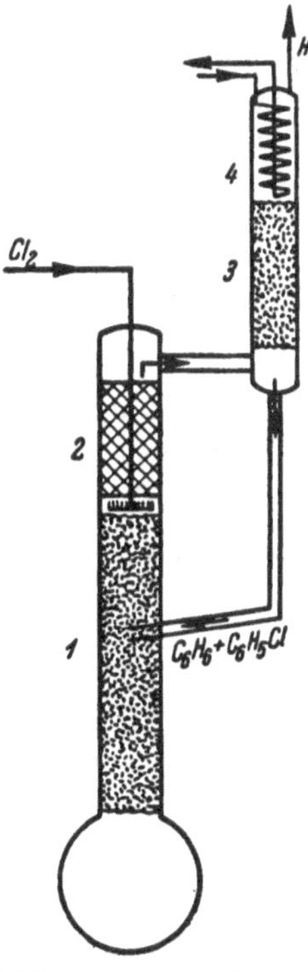

Abb. 1. Chlorierungsapparatur mit aufsteigender Führung der Reaktionspartner
1 = Rektifikationssäule 3 = Raschigsäule
2 = Reaktionsraum 4 = Rückflußkühler

[1] Die Arbeit wurde mit Unterstützung des EKB Bitterfeld durchgeführt.

Abb. 1 zeigt schematisch die zuerst verwendete Apparatur zur Chlorierung von Benzol in der Gasphase *mit aufsteigender Führung* der Reaktionspartner. Das Prinzip dieser Methode besteht darin, daß Chlor zusammen mit Benzoldampf in aufsteigender Richtung einen mit dem Katalysator gefüllten Reaktionsraum durchströmt und dabei zur Reaktion gelangt. Eine einfache Verwirklichung dieses Prinzips wurde dadurch erreicht, daß der obere Teil einer Benzol-Chlorbenzol-Destillationskolonne als Katalysatorraum verwendet wurde. Die Apparatur erlaubte eine vollständige oder teilweise Umsetzung einer bestimmten Benzolmenge mit Chlor in der Gasphase und konnte durch geringfügige Veränderungen (Aufgeben von Benzol am Ende der Trennsäule und stetiges Abnehmen von Benzol-Chlorbenzol-Gemisch aus der Blase) auch kontinuierlich arbeiten.

Als katalytisch eigentlich wirksame Substanz wurde ausschließlich Eisen(III)-chlorid verwendet. Lediglich die Form seiner Anwendung im Kontaktraum wurde variiert. Folgende Punkte wurden dabei berücksichtigt:

a) möglichst quantitative Ausnutzung des Chlorgases

b) weitestgehende Ausschaltung der Reaktion

$$C_6H_5Cl + Cl_2 \rightarrow C_6H_4Cl_2 + HCl$$

Mit einer Spirale aus Reinsteisen wurde Bedingung a) nicht erfüllt. Der Grund dafür lag in einer ungenügenden Raumerfüllung durch den Kontakt im Reaktionsraum. Bei der Anwendung von Eisen-Raschigringen trat die unter b) angeführte Reaktion zu stark in den Vordergrund. Wie die späteren Versuche mit absteigend geführter Chlorierung zeigten, war die spezifische Wirkung dieses Katalysators für den hohen Dichlorbenzolanfall von ca. 10% verantwortlich.

Es lag nahe anzunehmen, daß ein besonderer Legierungsbestandteil im Eisen eine Verschiebung der Geschwindigkeitskonstanten zugunsten der Dichlorbenzolbildung bewirkte. Aus diesem Grunde wurden die verwendeten Eisensorten durch Aufnahme von Funken- und Bogenspektren auf den Gehalt an geringen Nebenbestandteilen geprüft. Es war jedoch jeder in den Eisenraschigringen enthaltene Legierungsbestandteil auch in den gute Ergebnisse liefernden Katalysatoren enthalten. Wenn also kein Nebenbestandteil allein für die schlechten Ergebnisse verantwortlich war, so besteht doch die Möglichkeit, daß gerade die Kombination zweier Beimengungen die veränderte katalytische Wirkung hervorrief.

Bei Verwendung von Aktivkohle, auf der wasserfreies Eisen(III)-chlorid niedergeschlagen war, trat ein zu großer Flüssigkeitsstau infolge Rückfluß im Kontaktraum auf. Dagegen führte die Anwendung eines Eisendrahtnetzes zu ausgezeichneten Ergebnissen. Bei Reaktionstemperaturen zwischen 90 und 95 °C wurde in fünf Stunden ein praktisch vollständiger Umsatz von 1 Mol Benzol zu Monochlorbenzol erreicht. Im Reaktionsraum wurde dabei das Chlor ständig im Unterschuß gehalten (Benzol zu Chlor = 1 : 0,2). Dieses Verhältnis wird in der Literatur für die kontinuierlich arbeitenden Verfahren in flüssiger Phase schon als wirtschaftlich brauchbar bezeichnet [3] und wurde bei unseren sämtlichen Versuchen eingehalten. Der Anteil an Dichlorbenzolen betrug nur 0,7%, das Chlor wurde zu 96% ausgenutzt.

Von einer *Apparatur mit absteigender Führung* der Reaktionspartner, wie sie in Abb. 2 schematisch dargestellt ist, wurden folgende Vorteile erwartet:

Verwendungsmöglichkeit von dicht gepacktem Material im Kontaktraum ohne Flüssigkeitsstauung,
bessere Beeinflussung der Reaktionstemperatur,
schnellere Abführung von Chlorbenzol aus der Chlorierungszone.

Bei Verwendung von Eisenraschigringen und Eisendrahtnetz wurden ähnliche Ergebnisse wie bei der aufsteigenden Methode erzielt, d. h. höhere Dichlorbenzolausbeuten bei ersteren und ausgezeichnete Ergebnisse mit dem Eisendrahtnetz.

Bei auf Aktivkohle niedergeschlagenem Eisen(III)-chlorid trat zwar die erwartete Verbesserung der Strömungsverhältnisse ein, jedoch verhielt sich der Kontakt völlig indifferent. Der Grund für dieses Verhalten konnte ein zu geringer Eisen(III)-ionengehalt auf der Kohle sein, oder statt Eisen(III)-ionen lag vielleicht, bedingt durch den Herstellungsprozeß des Kontaktes, Eisen(III)-oxyd vor. Bei völligem Feuchtigkeitsausschluß erfolgte eine Umwandlung des Oxydes am Kontakt zum Chlorid nur schwer.

Ein hochwirksamer Eisen-Kohle-Kontakt wurde durch Aufbringen von möglichst viel aktiver Substanz auf der Kohle und Vermeidung von Eisen(III)-oxyd-Bildung während des Trockenprozesses erhalten. Bei Reaktionstemperaturen zwischen 86° und 125 °C entstanden nur 0,2 bis 0,6% Dichlorbenzol. Das Chlor wurde zu 98% ausgenutzt.

Die guten Ergebnisse mit diesem Kontakt waren Veranlassung, die

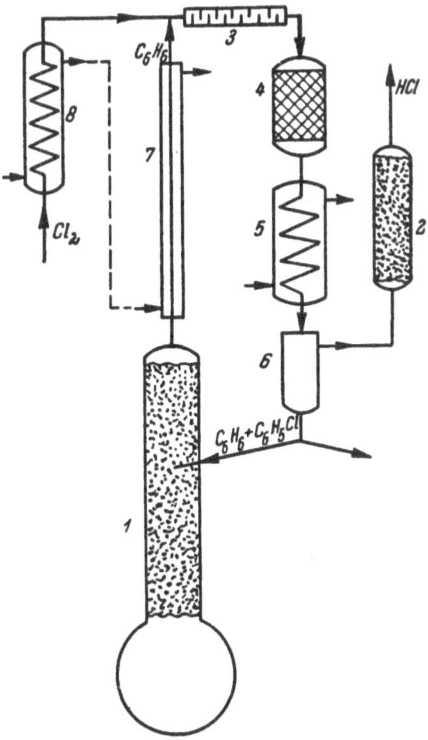

Abb. 2. Chlorierungsapparatur mit absteigender Führung der Reaktionspartner

1 und 2 = Raschigsäulen
3 = Gasmischvorrichtung (Stichkolonne)
4 = Reaktionsraum
5 = Kühler
6 = Verweilgefäß
7 und 8 = Wasserheizmäntel

Versuche mit Silicagel als neuem Trägerstoff für Eisen(III)-chlorid durchzuführen. Auch mit diesem Kontakt konnten gute Ergebnisse erzielt werden. Die Dichlorbenzolgehalte waren gering und die Chlorausnutzung fast quantitativ. Der Katalysator zeigte aber wegen seiner großen Feuchtigkeitsaffinität eine erhöhte Empfindlichkeit. Der Kontakt enthielt 12,5% Eisen(III)-chlorid und 0,7% Kobalt(II)-chlorid (vom Blaugel stammend). Der Kobaltgehalt brachte keine Änderung der katalytischen Eigenschaften mit sich.

Um Aufschluß über die Temperaturabhängigkeit der Dichlorbenzolbildung zu erhalten, wurde bei verschiedenen zwischen den Siedepunkten des Benzols und des Chlorbenzols liegenden Temperaturen chloriert. Die Reaktionstemperaturen ergaben sich durch Änderung des Benzol-Chlor-Durchsatzes am Kontakt.

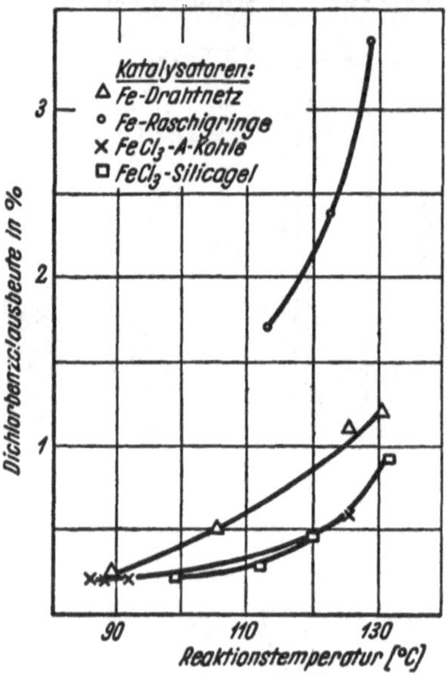

Abb. 3. Dichlorbenzolbildung in Abhängigkeit von der Reaktionstemperatur

Die Abb. 3 zeigt, daß eine Erhöhung der Reaktionstemperatur eine größere Dichlorbenzolbildung zur Folge hat. Das steht im Einklang mit den bereits von Bourion und Mac Mullin [4, 5] in flüssiger Phase erhaltenen Ergebnissen.

Bei allen Versuchen war eine mehr oder weniger starke Dunkelfärbung der Reaktionsprodukte festgestellt worden. Es handelte sich hauptsächlich um vom Kontakt abgeschwemmtes Eisen(III)-chlorid. Bei ersten Versuchen betrug die abgelöste Eisen(III)-chlorid-Menge umgerechnet auf 100 kg entstandenes Chlorbenzol 315 g. Das würde eine schnelle Verarmung des Kontaktes an Fe^{III} und eine verhältnismäßig geringe Lebensdauer bedingen. Versuche zur Verringerung der Verlustmenge führten zum Erfolg. So konnte der Fe^{III}-Verlust durch kürzere Verweilzeit der Reaktionskomponenten im Reaktionsraum bei erhöhten Durchsätzen schon in erträglichen Grenzen gehalten werden. Abb. 4 gibt den $FeCl_3$-Verlust in Abhängigkeit vom Chlorbenzoldurchsatz graphisch wieder. Steigerung des Umsatzes bedeutet also eine geringere Beanspruchung des Kontaktes im Dauerbetrieb.

Zusammenfassend ist also festzustellen, daß die kontinuierliche und selektive Chlorierung von Benzol zu Monochlorbenzol in der Gasphase möglich ist, wenn ein geeigneter $FeCl_3$-enthaltender Kontakt verwendet wird. Auf Grund der Ergebnisse dieser Arbeit ist die Entwicklung eines kleintechnischen Verfahrens möglich.

Analytik

Die Grundlage für sämtliche Untersuchungen war, um jederzeit eine Kontrolle des Chlorierungsablaufes zu ermöglichen, eine schnelle und substanzsparende Methode zur Analysierung des Gemisches von Benzol und seinen Chlorierungsprodukten. Hierfür wurde ein Verfahren von BOURION [4] in abgewandelter Form angewendet: Das Reaktionsgemisch wurde destillativ in zwei Fraktionen (Chlorbenzol enthaltendes Benzol und Dichlorbenzole enthaltendes Chlorbenzol) getrennt und deren Zusammensetzung aus den dafür zusammengestellten Tabellen über die Brechungsindices solcher Mischungen bestimmt.

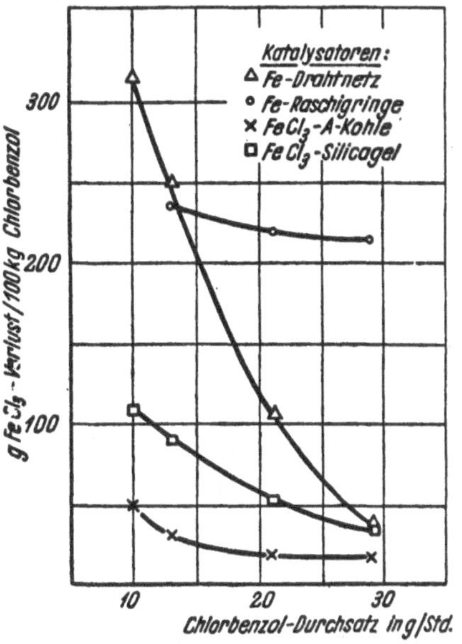

Abb. 4. $FeCl_3$-Verluste des Kontaktes in Abhängigkeit vom Chlorbenzol-Durchsatz

Angaben von INGOLD [6] ermöglichten es, zu einer einheitlichen Dichlorbenzolmischung und entsprechenden Meßwerten zu kommen. Nach INGOLD entstehen bei der Benzolchlorierung immer 55% der p-Verbindung neben 39% des o-Isomeren. Da bei den durchgeführten Vorversuchen keinerlei höher chlorierte Produkte entstanden, wurde eine Mischung aus 55% p-, 39% o- und 6% m-Dichlorbenzol als einheitliche Dichlorbenzolkomponente verwendet.

Die Berechnung des Gesamtgehaltes des Reaktionsproduktes an Benzol und Dichlorbenzolen kann dann nach den Gleichungen erfolgen:

$$\% \text{ Benzol} = \left(100 - \frac{n_{DI}^{20} - 1{,}5004}{0{,}000304}\right) \cdot \frac{G_1}{G_1 + G_2}$$

(nur für $n_{DI}^{20} < 1{,}5090$ entsprechend einem Benzolgehalt der ersten Fraktion von mehr als 70%)

$$\% \text{ Dichlorbenzole} = \frac{(n_{DII}^{20} - 1{,}5246) \cdot G_2}{(G_1 + G_2) \cdot 0{,}000268}$$

(nur für $n_{DII}^{20} < 1{,}5330$ entsprechend einem Dichlorbenzolgehalt der zweiten Fraktion von weniger als 30%).

n_{DI}^{20} = Brechungsindex der ersten Fraktion
$n_{DII}^{?}$ = Brechungsindex der zweiten Fraktion
G_1 = Gewicht der ersten Fraktion
G_2 = Gewicht der zweiten Fraktion

Der restliche Prozentsatz ist Monochlorbenzol. Die Gültigkeit der Formeln mußte auf Grund der nicht ganz linearen Abhängigkeit des Brechungsindexes von der Zusammensetzung der Mischung eingeschränkt werden.

Für eine Analyse ist jeweils nur soviel Substanz nötig, wie für eine destillative Trennung in die zwei Fraktionen gebraucht wird, also etwa 5–7 ccm. Auch die Dauer der Bestimmung richtet sich nur nach dem Zeitaufwand für die Destillation (5–10 Min.).

Um den Analysengang noch weiter zu vereinfachen, wurde versucht, durch Kombination der Brechungswerte des Dreistoffsystems in einem Darstellungsdreieck auch ohne vorherige Trennung in zwei Fraktionen auszukommen. Die erhaltenen Linien gleicher Brechzahlen verlaufen aber so ungünstig, daß unzählige Mischungskombinationen den gleichen Brechungsindex besitzen. Deshalb mußte die Siedetemperatur als zweite für das Gemisch charakteristische Größe herangezogen werden. Da die im Verlauf der Chlorierung erhaltenen Gemische nur geringe Mengen Dichlorbenzole aufwiesen (unter 3%), war folgende Näherung zulässig: Die Siedekurve des leichtsiedenden Zweistoffgemisches Benzol-Chlorbenzol wird durch einen Gehalt bis zu 3% schwersiedendem Dichlorbenzol nicht verändert. Die kleine Menge Dichlorbenzol im Benzol-Chlorbenzol-Gemisch wird sich also nur auf die Größe des Brechungsindexes, nicht aber auf die Siedetemperatur auswirken.

Abb. 5 zeigt einen Ausschnitt aus dem Darstellungsdreieck, in den zusätzlich Linien gleichen Benzol-Chlorbenzol-Verhältnisses eingezeichnet sind. Bei Kenntnis von Siedepunkt und Brechungsindex des zu bestimmenden Gemisches ermittelt man zunächst aus dem Siedediagramm das Benzol-Chlorbenzol-Verhältnis, bestimmt den entsprechenden Punkt auf der Grundlinie des Dreiecks,

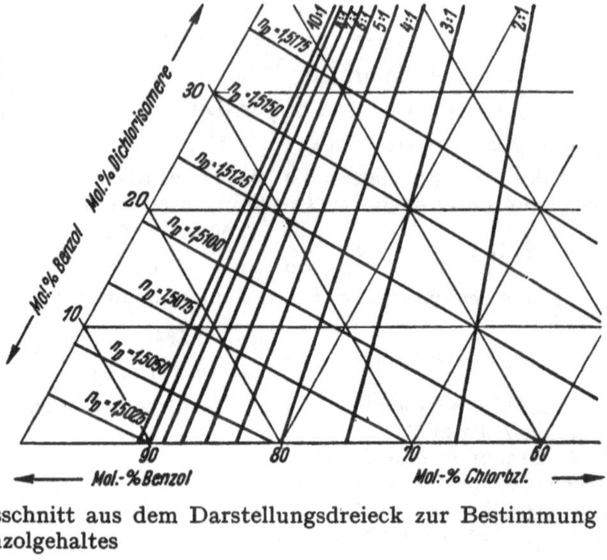

Abb. 5. Ausschnitt aus dem Darstellungsdreieck zur Bestimmung des Dichlorbenzolgehaltes

verbindet ihn mit der gegenüberliegenden Spitze und findet am Schnittpunkt dieser Geraden mit der für das Gemisch zutreffenden Linie gleichen Brechungsindexes die endgültige Zusammensetzung der Mischung.

Mit dieser Methode ist es also möglich, den geringen Dichlorbenzolgehalt des Blaseninhalts einer Benzol-Chlorbenzol-Destillationskolonne laufend und genau zu ermitteln.

Literaturverzeichnis

[1] Kroeber, T., D.R.P. 558068 (18. 8. 1932).
[2] Räth, C., und K. Buchheim, D.R.P. 643387 (18. 3. 1937).
[3] Somló, G., Magyar Kemikusok Lapja *11*, 87–93 (1956).
[4] Bourion, F., Ann. chim. *14*, 215–231 (1920).
[5] Mac Mullin, R. B., Chem. Eng. Progress *44*, No. 3, 183 (1948).
[6] Ingold, C. K., "Structure and Mechanism of Organic Chemistry" S. 259.

Eingegangen: 9. November 1961

Sonderdruck aus
Monatsberichte der Deutschen Akademie der Wissenschaften zu Berlin
Band 3 · Heft 11/12 · 1961
Akademie-Verlag · Berlin

E. NAUMANN
Institut für technische Chemie der FRIEDRICH-SCHILLER-Universität Jena
(eingereicht von Hrn. RIECHE)

Bildung und Spaltung von Sulfochloriden

Der technische Weg zur Einführung der „Sulfonyl-Gruppe" $—SO_2—$ in die therapeutisch wichtigen Sulfonamide und die als oberflächenaktive Substanzen verwendeten Sulfonsäuren führt in der Regel über Sulfochloride. In dieser Körperklasse findet sich deshalb eine erhebliche Zahl wissenschaftlich und technisch wichtiger Zwischenprodukte.

Im Vergleich zu den analogen Carbonsäure-Derivaten zeigen die verschiedenen Sulfonsäurederivate untereinander oft größere Unterschiede in ihrem Verhalten. Ausbeute und Reinheit schwanken bei der technischen Darstellung oft sehr stark. Gelegentlich kam es bei der Aufarbeitung oder Lagerung zu starken Zersetzungserscheinungen. Beim Trocknen von Sulfochloriden, z. B. von p-Nitrobenzolsulfochlorid, sind sogar schon explosionsartige Zersetzungen beobachtet worden.

Zahlreiche Beobachtungen und Befunde deuten darauf hin, daß die an der Sulfonylgruppe haftenden Bindungen für das Verhalten von entscheidender Bedeutung sind und daß sie wesentlich von der Natur der organischen Reste beeinflußt werden. Neben Studien über die zu Sulfochloriden führenden Reaktionsmechanismen sind deshalb Untersuchungen über die Abhängigkeit ihres Verhaltens von den organischen Resten von besonderer Bedeutung.

Verfahren zur Herstellung von Sulfochloriden

Eine große Zahl von Sulfochloriden läßt sich, auch im Laboratorium, statt auf älterem klassischem Wege günstiger nach neueren Verfahren gewinnen.

Tabelle 1. Verfahren zur Herstellung von Sulfochloriden (X = Halogen)

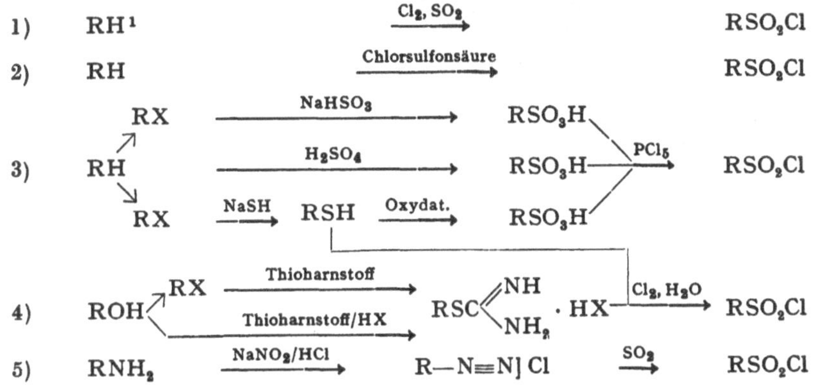

[1] Nur bei Aliphaten möglich.

Nach dem Verfahren 1), dem sogenannten REED-Prozeß, werden technisch große Mengen höhergliedriger Alkylsulfochloride gewonnen (z. B. Mersole für die Herstellung von Waschmitteln). Der Verlauf dieser durch Licht oder Peroxyde initiierten Kettenreaktion, der in Parallele zur Halogenierung steht, ist an vielen Stellen eingehend untersucht worden [1]. Jedoch ist immer noch unklar, auf welche Weise das Schwefeldioxyd seinen Platz als Sulfonylgruppe „findet" und nicht einfach Chlorierung eintritt; denn es ist bisher weder eine Aktivierung des SO_2-Moleküls, noch ein energetischer Gewinn für die Teilschritte der Reaktion

$$R\cdot + SO_2 \rightarrow RSO_2\cdot$$
$$SO_2 + Cl\cdot \rightarrow \cdot SO_2Cl$$

nachgewiesen worden.

Für das Verfahren 2), das ebenfalls in einer Stufe zu Sulfochloriden führt, die „Chlorsulfonierung" mit Chlorsulfonsäure, gibt es in der Literatur verschiedene Deutungen. A. RIECHE und W. FISCHER [2] haben die Reaktion als Ganzes und in Teilschritten untersucht und dabei nachgewiesen, daß primär Sulfonsäuren entstehen,

$$RH + ClSO_3H \xrightarrow[-HCl]{} RSO_3H$$

welche sekundär in einer meist langsam verlaufenden Gleichgewichtsreaktion

$$RSO_3H + ClSO_3H \rightleftharpoons RSO_2Cl + H_2SO_4$$

Sulfochloride bilden. In Konkurrenz zu diesem Sekundärschritt läuft, in verschiedenen Fällen sogar bevorzugt, die Bildung von Sulfon nebenher:

$$RSO_3H + RH + ClSO_3H \longrightarrow R\text{-}SO_2\text{-}R + HCl + H_2SO_4$$

Da die „Chlorsulfonierung" über die Sulfonsäure verläuft, steht sie in naher Beziehung zu den unter 3) aufgeführten Verfahren, bei denen auf verschiedene Weise eine Sulfonsäure gewonnen und diese mit einem Chlorierungsmittel in das Sulfochlorid übergeführt wird. Wegen der Unterschiede im Primärschritt beim Verfahren 3) und der abweichenden Bedingungen bei der Umsetzung und wegen der Bildung besonderer Nebenprodukte dürften jedoch die Chlorsulfonierungsreaktionen zweckmäßig als eigene Gruppe zu betrachten sein.

RIECHE und FISCHER konnten weiterhin zeigen, wie sich die Reaktionsbedingungen (Zeit, Temperatur, Konzentrationsverhältnisse, Mischungsweise, Salzzusatz usw.), vor allem aber die Natur des organischen Restes auf die Ausbeute an Sulfochlorid und das Ausmaß der Sulfonbildung auswirken.

Tabelle 2. Sulfochloridbildung durch Chlorsulfonierung in Abhängigkeit vom organischen Rest und vom molaren Verhältnis.
(Reaktionsbedingungen in °C und Std. (h) als Ergebnis zahlreicher Versuche jeweils optimal gewählt)

Mol-Verhältnis $RH : ClSO_3H$	1 : 1	1 : 3	1 : 5
Benzol-SO_2Cl	14% (80°, 2 h)	69%	75%
Toluol-(4)-SO_2Cl	21% (20°, 0,5 h)		
Chlorbenzol-(4)-SO_2Cl	7% (100°, 2 h)		
Nitrobenzol-(3)-SO_2Cl	26% (100°, 6 h)	71% (130°)	
Anisol-(4)-SO_2Cl	18% (0°, 2 h)		
Cumol-(4)-SO_2Cl	21% (0°, 2 h)		
p-Cymol-(2)-SO_2Cl	11% (0°, 2 h)	74% (0–20°, 24 h)	

Verfahren 4) wurde hauptsächlich von JOHNSON, SPRAGUE und DOUGLAS [3] bearbeitet. Durch oxydative Chlorierung von Isothioharnstoffsalzen sind zahlreiche, vorher teilweise schwer zugängliche aliphatische und araliphatische Sulfochloride gut herstellbar geworden. Die Alkylisothioharnstoffsalze lassen sich leicht durch Alkylierung von Thioharnstoff mit Alkylhalogeniden oder mit einem Alkohol-Halogenwasserstoff-Gemisch erhalten. Da der zweite Schritt, die Chlorierung, in wäßriger Suspension oder Lösung meist bei Eisbadtemperatur vorgenommen wird, lassen sich so auch verschiedene thermisch labile Sulfochloride gewinnen. Auch Mercaptane lassen sich auf diesem Wege recht gut in Sulfochloride überführen.

Unter 5) ist ein Verfahren aufgeführt, das MEERWEIN und Mitarbeiter [4] nach den verschiedensten Richtungen hin untersucht haben: Diazoniumchloride werden in flüssigem Schwefeldioxyd oder in SO_2-haltigen Lösungen zersetzt. Zusätze von Kupferchlorid oder auch anderen Salzen begünstigen dabei in vielen Fällen die Sulfochloridbildung. Einige Diazoniumsalze liefern bei der Reaktion aus primär entstehender Sulfinsäure größere Mengen an Thiosulfonsäureester

$$R—SO_2—S—R$$

A. RIECHE und M. MEYER [5] haben den Zusammenhang zwischen Konstitution, Beständigkeit und Kupplungsfähigkeit der eingesetzten Diazoniumsalze einerseits und Ausbeute an Sulfochlorid und Bildung von Thiosulfonsäureestern andererseits verfolgt. Es zeigte sich, daß die Ausbeute an Sulfochlorid mit der Kupplungsfähigkeit der Diazoniumsalze parallel geht, daß aber die Beständigkeit der Ausgangsverbindungen keinen Einfluß hat. Unter sonst gleichen Bedingungen sind die Ergebnisse bei Verbindungen mit Substituenten in p-Stellung besser als bei m-Derivaten. Bemerkenswert ist der Einfluß des Lösungsmittels auf die Ausbeuten an Sulfochlorid. Die Unterschiede sind beim Anisol-sulfochlorid besonders groß (Tabelle 3):

Tabelle 3. Ausbeute an Sulfochlorid in Abhängigkeit vom organischen Rest und der Art des Lösungsmittels beim MEERWEIN-Verfahren. (TSSE = Thiosulfonsäure-Ester)

Lösungsmittel	Eisessig		Aceton		Tetrahydrofuran	
Endprodukte	RSO_2Cl	TSSE	RSO_2Cl	TSSE	RSO_2Cl	TSSE
Benzol-sulfochlorid	33%		39%		42%	
Toluol-(4)-	56%		65%		67%	
Toluol-(3)-	24%					
Chlorbenzol-(4)-	71%		61%		71%	
Chlorbenzol-(3)-	42%					
Nitrobenzol-(4)-	70%		0%	14%	0%	32%
Nitrobenzol-(3)	41%					
Anisol-(4)-	0%	56%	17%	21%	42%	0%

Thermische und hydrolytische Spaltung von Sulfochloriden

Für die Reinigung, Behandlung und Weiterverarbeitung der Sulfochloride sind Kenntnisse über ihre thermische und hydrolytische Beständigkeit von Bedeutung. Von gewissen Vertretern, z. B. dem Benzylsulfochlorid, ist schon länger bekannt, daß sie sich bei relativ niedrigen Temperaturen recht glatt in Alkylchlorid und SO_2 spalten:

$$RSO_2Cl \longrightarrow RCl + SO_2$$

In eingehenden Studien [6] wurde nachgewiesen, daß diese Spaltung bei vielen Sulfochloriden anzutreffen ist und offenbar mit der Festigkeit der C–S-Bindung zusammenhängt. Ordnet man die Verbindungen nach den sich aus kinetischen Untersuchungen ergebenden Geschwindigkeitskonstanten, so erhält man für eine mittlere Temperatur (160 °C) eine Reihe, in welcher die organischen Reste in zunehmendem Maße die thermische Stabilität der Sulfochloride erhöhen:

Benzyl- $<$ p-Chlorbenzyl- $<$ p-Nitrobenzyl- $\approx$ o-Nitrobenzyl- $<$ Octadecan-(1)- $<$ γ-Phenylpropan- $<$ β-Phenyläthan- $<$ n-Propan- $<$ Methan- $\approx$ Äthan- $<$ o-Nitrobenzol- $<$ p-Chlorbenzol- $<$ m-Nitrobenzol- $\approx$ p-Nitrobenzol- $<$ p-Toluol- $<$ Benzol-sulfochlorid.

Hedlund [7] hatte beim Studium der Sulfochlorid-Hydrolyse in wäßrigem Aceton eine im wesentlichen umgekehrte Reihenfolge für die Stabilitätsverhältnisse gefunden. Weitere Hydrolysestudien, welche Geiseler und Asinger unter etwas abgeänderten Bedingungen ausführten, stimmen mit dieser Reihenfolge überein [8]. In der Regel sind demnach Chlorsulfonyl-Gruppen, welche thermisch stabil sind, hydrolytisch relativ leicht zu spalten und umgekehrt.

Neben der zu Alkylchlorid und SO_2 führenden „Desulfonierung" ist, vor allem in der aromatischen Reihe wegen der dort nötigen höheren Spalttemperaturen, aber auch deutlich bei den aliphatischen Vertretern noch eine andere Spaltungsreaktion unter Entbindung von Chlorwasserstoff zu beobachten. Unter der katalytischen Wirkung von dabei entstehenden ungesättigten Produkten nimmt die Spaltung meist autokatalytischen Charakter an und kann sich bis zu explosionsartigem Verlauf steigern. Solche Reaktionen werden durch Verbindungen vom Typ der Friedel-Crafts-Katalysatoren, z. B. $AlCl_3$, $ZnCl_2$, $FeCl_3$ stark gefördert. Die organischen Bestandteile bleiben bei den unter HCl-Entbindung verlaufenden Spaltungen als unlösliche, dunkle, spröde Harzprodukte zurück.

Dieser Befund ist eine Erklärung für die bei der technischen Herstellung, besonders bei der Trocknung auftretenden Spontanzersetzungen von aromatischen Sulfochloriden.

Literaturverzeichnis

[1] Schumacher, H. J., und J. Stauff, Angew. Chem. *55*, 341 (1942); Kroepelin, H. und Mitarbeiter, Angew. Chem. *64*, 273 (1952).
[2] Fischer, W., Dissertation, Math.-Naturw. Fak., Univers. Jena, 1960.
[3] Johnson, R. B., Sprague, J. M. et al., J. Amer. chem. Soc. *58*, 1348 (1936); J. Amer. chem. Soc. *59*, 1837 (1937); J. Amer. chem. Soc. *60*, 1486 (1938); J. Amer. chem. Soc. *61*, 2548 (1939); J. org. Chem. *16*, 621 (1951).
[4] Meerwein, H., DBP 859461 (1952); R. Göllner, Diss., Marburg 1947; F. Mensch, Diss., Marburg 1949; O. Steinfort, Diss., Marburg 1952; J. Lange, Diss., Marburg 1952.
[5] Meyer, M., Diplomarbeit, Math.-Naturw. Fakult., Univ. Jena, 1957.
[6] Naumann, E., Diss., Math.-Naturw. Fakult., Univ. Jena, 1958; Rieche, A., und E. Naumann, J. prakt. Chem. 4. R., *9*, 108 (1959); Naumann, E., Z. phys. Chem. *211*, 332, 339, 345 (1959).
[7] Hedlund, I., Diss. Uppsala, 1942, Upps. Universitets Arsskrift 1942, 1.
[8] Geiseler, G., und F. Asinger, Ber. dtsch. chem. Ges. *89*, 1100, 1233 (1956).

Eingegangen: 20. November 1961

Sonderdruck aus
Monatsberichte der Deutschen Akademie der Wissenschaften zu Berlin
Band 3 · Heft 1 · 1961
Akademie-Verlag · Berlin

H. SEEBOTH

Institut für organische Chemie der Dt. Akad. Wiss., Forschungsgemeinschaft

Zum Mechanismus der BUCHERER-Reaktion

Die Umwandlung von Naphtholen in Naphthylamine und umgekehrt mit Hydrogensulfit ist als BUCHERER-Reaktion bekannt und findet in der Naphthalinreihe vielfältige technische Anwendung. Die Reaktion soll nach Literatur und Lehrbüchern über die Zwischenstufe der Hydrogensulfitanlagerungsverbindung der Ketoform der Naphthole I bzw. Ketiminform der Naphthylamine II verlaufen.

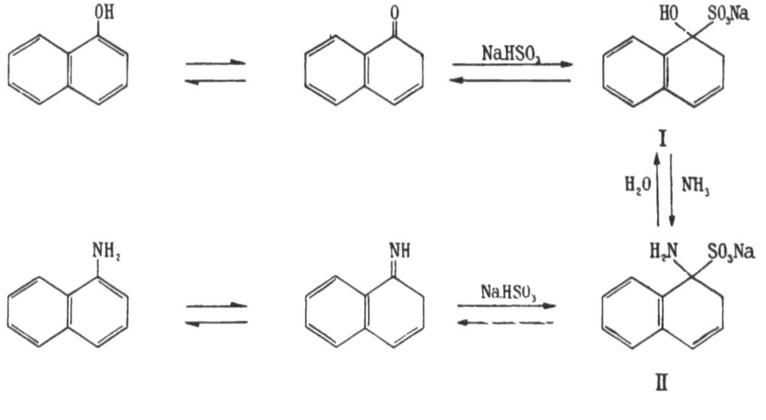

Wir haben vor einiger Zeit gefunden, daß diese Annahme nicht richtig ist. Zur Klärung von in der Literatur vorhandenen widersprechenden Angaben über die Struktur der bei der Reaktion auftretenden Zwischenverbindungen haben wir eine Reihe Additionsverbindungen aus Naphtholen und $NaHSO_3$ – auch viele unbekannte – sehr rein hergestellt und eingehend studiert. Die Darstellung erfolgt durch Umsatz eines α- oder β-Naphthols oder Naphthylamins mit dem 4–10fachen Überschuß $NaHSO_3$ in wäßrigem Medium in 8–30 Stdn. bei 90° C. Die Isolierung und Reingewinnung der Addukte ist teilweise äußerst mühevoll.
Legt man die im obigen Schema gezeigte Konstitution als aliphatisches Ketonhydrogensulfitaddukt zugrunde, so sollte man erwarten, daß die OH-Gruppe acylierbar, die Doppelbindung hydrierbar und die Sulfogruppe gegen die Cyanogruppe austauschbar ist. Wir haben trotz sehr vieler Bemühungen unter Anwendung der verschiedensten Reaktionsbedingungen diese Reaktionen nicht realisieren können. Die Verbindungen reagieren also nicht wie Ketonhydrogensulfitaddukte. Sehr bemerkenswert ist ihre Beständigkeit in wäßriger, saurer Lösung, die ebenfalls nicht einer normalen Carbonylhydrogensulfitverbindung entspricht. Andererseits finden wir aber, daß sie mit Ketonreagenzien glatt unter Wasseraustritt reagieren, was also auf eine vorhandene Carbonylgruppe schließen läßt.
Zur Konstitutionsermittlung der Hydrogensulfitaddukte ist von uns erstmalig die IR-Spektroskopie herangezogen worden. Die Spektren zeigen die dem α- bzw. β-Tetralon entsprechenden Ketonbanden. Die Spektren ihrer Kondensationsprodukte mit Phenylhydrazin, Semicarbazid und Hydroxylamin lassen eine C-N-Doppelbindung deutlich erkennen.
Die IR-spektrographische Untersuchung und das chemische Verhalten beweisen somit, daß den Zwischenverbindungen der BUCHERER-Reaktion je nachdem, ob sie sich von einem α- oder β-Naphthalinderivat ableiten, die Konstitution von α- bzw. β-Tetralonsulfonsäuren zuerkannt werden muß. Bei den Umsetzungsprodukten mit Carbonylreagenzien handelt es sich um die entsprechenden Oxime, Semicarbazone und Phenylhydrazone.

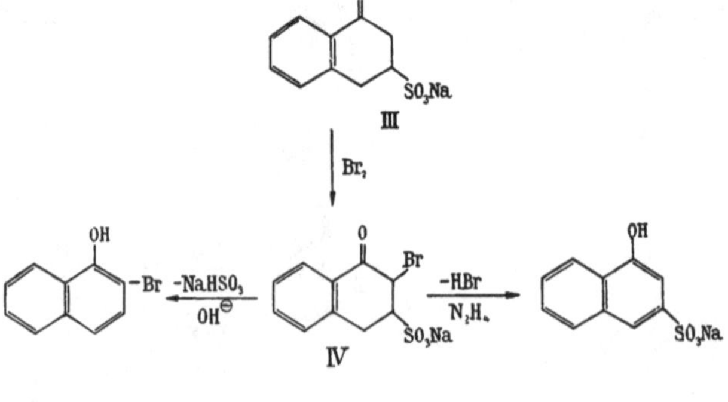

Analog den aliphatischen Ketonen liefern die α-Tetralonsulfonsäuren III, wie wir an mehreren Beispielen zeigen konnten, bei der Halogenierung α-Halogenketone IV. Diese spalten unter der Einwirkung von Alkalien Hydrogensulfit ab und bilden quantitativ 2-Halogennaphthole-(1). Aus 2-Brom- bzw. 2-Chlor-tetralon-(1)-sulfonsäure-(3) können auf diese Weise 2-Chlor- und 2-Bromnaphthol-(1), die sonst sehr schwer zugänglich sind, bequem dargestellt werden. Weiterhin haben wir auf diesem Wege eine Reihe bisher nicht zugänglicher 2-Bromnaphthol-(1)-sulfonsäuren synthetisiert.
Behandelt man die halogenierten Hydrogensulfitaddukte der Naphthole 3–4 Min. in acetatgepufferter saurer Lösung mit katalytischen Mengen Hydrazin, so kommt es zur Abspaltung von HBr, und es entstehen in ausgezeichneten Ausbeuten Naphthol-(1)-sulfonsäuren-(3).

Diese Reaktion bietet eine neue Synthese von 1-Hydroxynaphthalinsulfonsäuren-(3). Sie zeigt ferner sehr eindrucksvoll die Konstitution der Bromtetralonsulfonsäure und damit die Struktur der Zwischenverbindungen der BUCHERER-Reaktion als *m-Tetralonsulfonsäuren.*

Auf dem angegebenen Weg haben wir außer der 1-Hydroxynaphthalinsulfonsäure-(3) die 1-Hydroxynaphthalindisulfonsäuren-(3,5); -(3,6); -(3,7) und -(3,4) hergestellt. Die beiden letzten sind bisher in der Literatur nicht beschrieben.
Die Anlagerung von $NaHSO_3$ an Naphthole oder Naphthylamine findet rein formal an die α, β-ungesättigte Ketoform der Naphthole oder Ketiminform der Naphthylamine statt. Die Untersuchung der Reaktion der 1-Dimethylaminonaphthalinsulfonsäure-(4) V mit $NaHSO_3$ ergab einen genaueren Einblick in den Reaktionsverlauf. Die genannte Säure reagiert mit $NaHSO_3$ und bildet wie 1-Amino- oder 1-Hydroxynaphthalinsulfonsäure-(4) Tetralon-(1)-disulfonsäure-(3,4) VI.

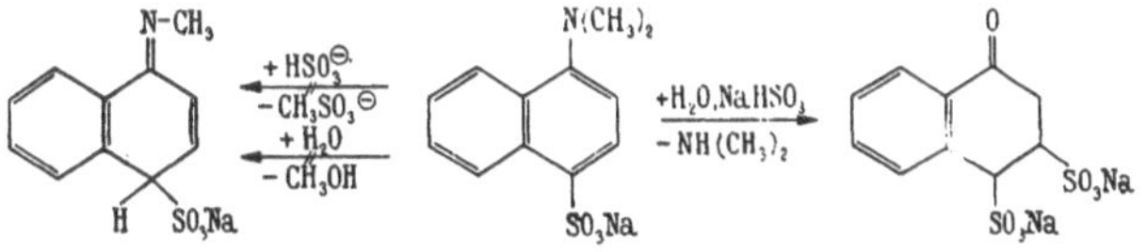

V VI

Wenn die Adduktbildung über eine reaktionsfähige Ketiminform vor sich ginge, so müßte in diesem Fall die Abspaltung einer Methylgruppe gefordert werden. Würde ein solcher Vorgang durch Hydrolyse bedingt, müßte Methanol entstehen. Eine zweite unwahrscheinliche Möglichkeit besteht in der Methylierung des Hydrogensulfitanions, wobei Methansulfonsäure entstehen sollte. Wir finden bei der genannten Umsetzung weder Methanol noch Methansulfonsäure, noch das als Hydrolyseprodukt zu erwartende Methylamin einer eventuell auftretenden Ketiminform. Dagegen können 80% der theoretisch zu erwartenden Menge *Dimethylamin* isoliert werden. Die Ausgangsverbindung neigt beim anhaltenden Erhitzen in 0,1 n bis 1 n Schwefelsäure oder anderen, schwachen Säuren absolut nicht dazu, die Dimethylaminogruppe abzuhydrolysieren.

Das Studium der Umsetzung der 1-Dimethylaminonaphthalinsulfonsäure-(4) und Natriumhydrogensulfit bringt damit einen anschaulichen Beweis, daß bei der BUCHERER-Reaktion ganz allgemein das Hydrogensulfitmolekül direkt am Naphthol oder Naphthylamin angelagert wird, eine Ketoform oder Ketiminform dabei also ohne Bedeutung ist. Die sauren Salze der schwefligen Säure liefern gerade so viel H-Ionen, daß der Start der Reaktion erfolgen kann.

Es ist anzunehmen, daß der erste Schritt in der elektrophilen Anlagerung eines Protons an ein C-Atom mit großer Elektronendichte besteht. Also bei α-Naphtholen und α-Naphthylaminen am C-Atom 2 oder 4.

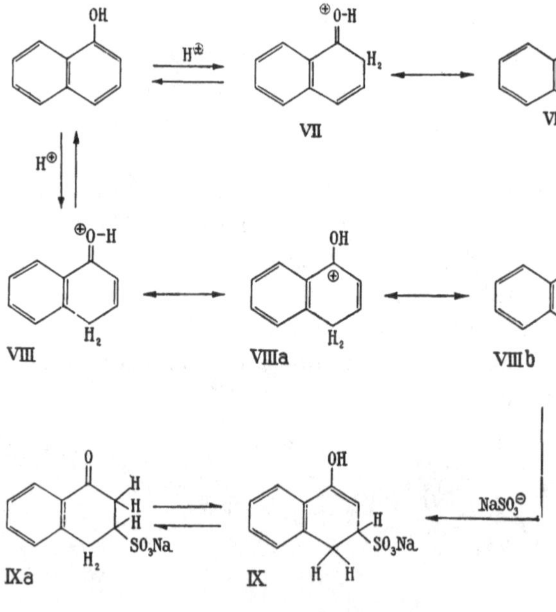

Die durch Protonenanlagerung entstandenen stark mesomeriefähigen Gebilde VII und VIII liegen vermutlich, abgesehen von Anfangs- und Schlußphasen, stets in kleiner und konstanter Konzentration vor. Während die Carbeniumstruktur VII a der Verbindung VII nur durch den Übergang in α-Naphthol stabilisiert werden kann, ist VIII über die Carbeniumform VIII a in der Lage, durch die Verschiebung eines π-Elektronenpaares eine positive Ladung am C-Atom 3 auszubilden (VIII b), an das nunmehr das Hydrogensulfit-Anion zu IX angelagert wird.

IX geht schließlich in seine *energieärmere Ketoform* IXa über, bei der die Doppelbindung der Carbonylgruppe zum aromatischen Ring in Konjugation steht.
Diese Vorstellungen über den Reaktionsverlauf geben nun auch eine Erklärung für die Tatsache, daß die BUCHERER-Reaktion in einigen Fällen sehr glatt, in anderen Fällen schwierig oder gar nicht verläuft.
Die Hydrogensulfit-Addukte von Naphthylaminen sind unbeständige Enamine (z. B. X), die bei primären und sekundären Aminen mit ihrer stabileren tautomeren Ketiminform im Gleichgewicht stehen (z. B. XI mit XIa).
Bei der Überführung von Naphtholen in Naphthylamine kondensiert die zunächst entstandene Tetralonsulfonsäure mit dem Amin. Die gebildete

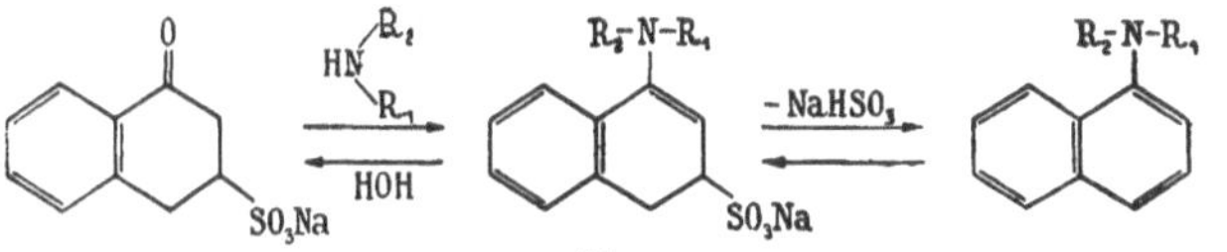

X

Enaminsulfonsäure (Na-Salz, X) spaltet bei dem vorhandenen großen Aminüberschuß $NaHSO_3$ ab und stabilisiert sich zum Naphthylamin.
Bei der Umwandlung von Naphthylaminen in Naphthole hydrolysiert die Enaminsulfonsäure zur Tetralonsulfonsäure, die im sauren Medium beständig ist und erst unter der Einwirkung von Alkalien in Naphthol und Sulfit zerfällt.
Durch Umsetzung primärer aromatischer und aliphatischer Amine mit Tetralon-(1)-sulfonsäuren-(3) ist es uns unter Bedingungen, bei denen das sich bildende Kondensationswasser sofort beseitigt wird, gelungen, erstmalig Hydrogensulfitaddukte N-substituierter Naphthylamine zu isolieren. Bei den erhaltenen Stoffen handelt es sich um die SCHIFFschen Basen der Tetralonsulfonsäuren (XI) und nicht um deren tautomere Enaminform (XIa).

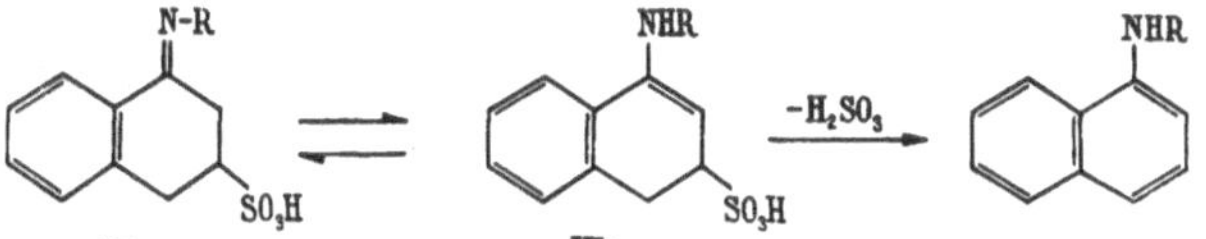

XI XIa

Die Substanzen sind wasserlöslich und in der Kälte gegen verdünnte Alkalien beständig. Erhitzt man sie in verdünnter Hydrogensulfitlösung, so erhält man, sozusagen in normaler Beendigung der BUCHERER-Reaktion, durch Abspaltung von $NaHSO_3$ N-substituierte α-Naphthylamine. Heiße Alkalien bewirken die gleiche Reaktion, wohingegen sie durch verdünnte Säuren in die Ausgangssubstanzen (Tetralonsulfonsäuren und Amin) hydrolysiert werden.

Zusammenfassend läßt sich über den Verlauf der BUCHERER-Reaktion folgendes sagen: Die Zwischenverbindungen sind *Tetralon- und Enaminsulfonsäuren, deren Sulfogruppe m-ständig zur Keto- bzw. Aminogruppe* steht. Die auftretenden Enaminsulfonsäuren, die bei primären und sekundären Aminen mit ihrer Ketiminform im Gleichgewicht stehen, sind unbeständig aber darstellbar. Der Reaktionsverlauf entspricht dem folgenden Schema:

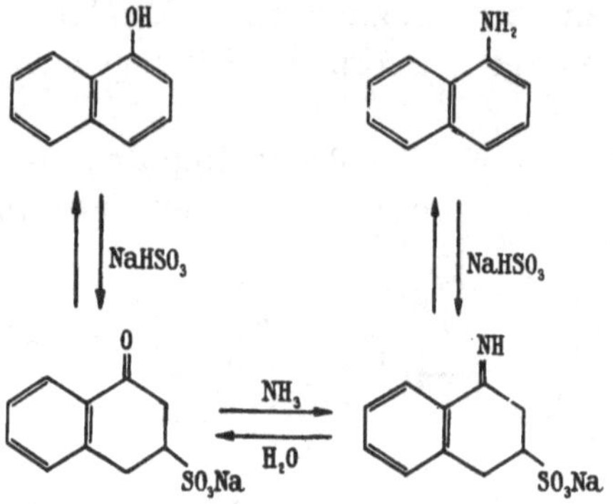

Die bestimmende Reaktion ist der Übergang der *Tetralonsulfonsäure in die Tetraloniminsulfonsäure* und umgekehrt. Die Lage dieses Gleichgewichtes wird bestimmt von der Konzentration der Reaktionsteilnehmer und von der Neigung der Ketimin- bzw. Enaminsulfonsäure, entweder $NaHSO_3$ abzuspalten oder zu hydrolysieren.

Eingegangen: 30. Dezember 1960

RIECHE, A. und H. SEEBOTH, Angew.Chem. 70, 52, 312 (1958); 72, 635 (1960)

RIECHE, A. und H. SEEBOTH, Mitteilungsblatt der Chem.Ges. der DDR, Sonderheft 1959, Katalyse, S.245

RIECHE, A. und H. SEEBOTH, Liebigs Ann.Chem. 638, 43, 57, 66, 76, 81, 92, 101 (1960)

Sonderdruck aus
Monatsberichte der Deutschen Akademie der Wissenschaften zu Berlin
Band 3 · Heft 1 · 1961
Akademie-Verlag · Berlin

H. SEEBOTH

Institut für organische Chemie der Dt. Akad. Wiss., Forschungsgemeinschaft

Zum Mechanismus der Carbazol-Synthese nach BUCHERER

Die Zwischenstufen der BUCHERER-Reaktion sind nicht Hydrogensulfit-Anlagerungsverbindungen der Ketoform der Naphthole, sondern, wie wir fanden, *m*-Tetralonsulfonsäuren [1].
Durch diese Feststellung war es uns möglich, die bei der von BUCHERER vor 50 Jahren aufgefundenen Carbazolsynthese aus Naphtholen oder Naphthylaminen und Phenylhydrazin in Gegenwart von Hydrogensulfit verlaufenden Reaktionen in allen Einzelheiten aufzuklären. Beim Umsatz von α-Naphtholen oder α-Naphthylaminen mit Phenylhydrazin und $NaHSO_3$ entstehen stabile Tetralonphenylhydrazon-(1)-sulfonsäuren-(3) (z. B. I). Die gleichen Verbindungen sind auch aus Tetralon-(1)-

sulfonsäuren-(3) (z. B. II) – also den Zwischenverbindungen der Bucherer-Reaktion – und Phenylhydrazin leicht zugänglich. Sicher verläuft die Phenylhydrazonbildung aus dem Naphthol oder Naphthylamin ebenfalls über die Tetralonsulfonsäure. Die Phenylhydrazone gehen unter der Einwirkung von Säuren in der Hitze in 1,2-Benzocarbazole III, Diaminoverbindungen (z. B. IV) oder in beides über, wobei gleichzeitig teilweise Hydrolyse in Tetralonsulfonsäure und Phenylhydrazin eintritt.

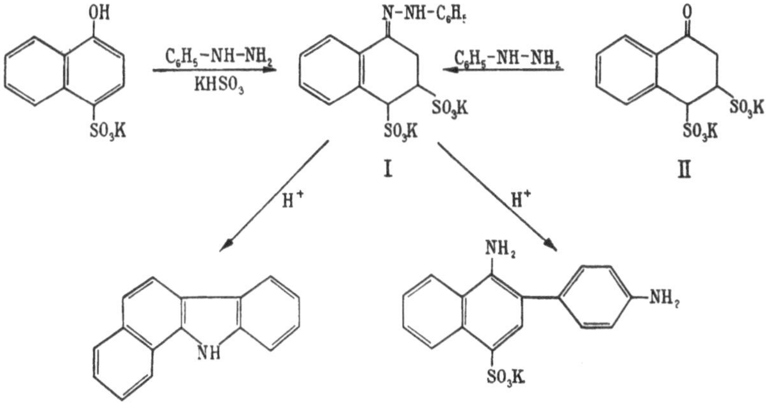

III IV

Bei der Reaktion von β-Naphtholen oder β-Naphthylaminen mit Phenylhydrazin in Anwesenheit von Hydrogensulfit sind Tetralon-phenylhydrazon-(2)-sulfonsäuren-(4) V bisher nicht aufgefunden worden, und bei der Einwirkung von Phenylhydrazin auf die Tetralon-(2)-sulfonsäure-(4) VI konnten wir, gleichgültig unter welchen Bedingungen die Reaktion durchgeführt wurde, immer nur das Phenylhydrazinsalz der 1,2-Dihydro-3,4-benzocarbazolsulfonsäure-(2) VII isolieren. Diese spaltet unter dem Einfluß von Säuren oder Basen Sulfit ab und liefert 3,4-Benzocarbazol.

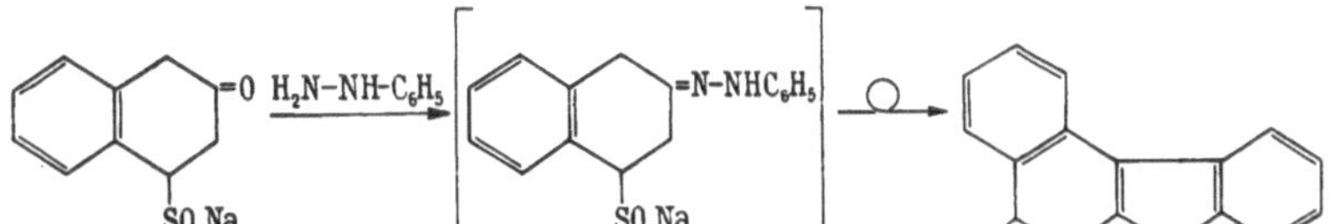

VI V VII

Bei der Umsetzung von β-Naphtholen oder Naphthylaminen mit Phenylhydrazin in Gegenwart von $NaHSO_3$ werden also über Dihydrocarbazolsulfonsäuren als Endstufe der Reaktion 3,4-Benzocarbazole gebildet. Fuchs und Niszel [2] haben bereits früher auf die Analogie der Indolsynthese nach Fischer mit der Carbazolsynthese nach Bucherer hingewiesen. Diese Vorstellungen können wir um so mehr bekräftigen, da die Zwischenstufen der Carbazolsynthese *echte Phenylhydrazone* sind.

Überträgt man den bekannten Mechanismus der Indolsynthese auf die Bildung des 3,4-Benzocarbazols VIII aus β-Naphthol, Phenylhydrazin und $NaHSO_3$, so erhält man das folgende, mit den experimentellen Befunden übereinstimmende Schema.

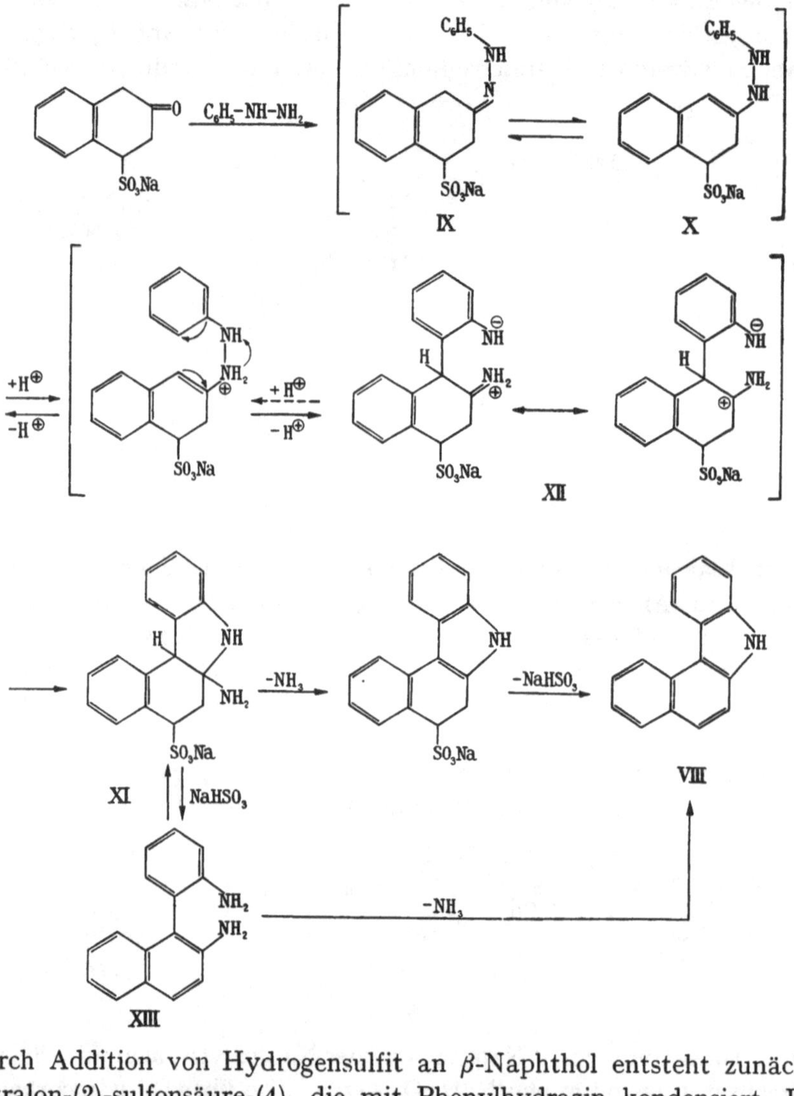

Durch Addition von Hydrogensulfit an β-Naphthol entsteht zunächst Tetralon-(2)-sulfonsäure-(4), die mit Phenylhydrazin kondensiert. Das gebildete Phenylhydrazon IX erleidet eine spontane Umlagerung in die in diesem Fall energieärmere Hydrazoform X.

Die Knüpfung der C-C-Bindung zwischen dem Benzolkern und dem Dihydronaphthalin ist auf den + E-Effekt der nicht protonisierten NH-Gruppe und auf die Positivierung des α-C-Atoms des Dihydronaphthalins zurückzuführen. Unter gleichzeitiger Abgabe eines Protone wird sodann die N-N-Bindung gelöst. Ein freies Elektronenpaar des negativierten NH-Gruppe schließt in der Carbeniumform von XII der Ring zur Zwischenstufe XI. Die Carbazolbildung kann aus XI durch Ammoniakabspaltung über die Dihydrocarbazolsulfonsäure erfolgen. Eine weitere Möglichkeit besteht darin, daß XI – oder wahrscheinlicher XII – Sulfit abspaltet und über das o,o'-Diamin XIII in Benzocarbazol übergeht.

Wir haben bei der Umsetzung der β-Tetralonsulfonsäure-(4) mit Phenylhydrazin trotz größter Bemühungen das 2-Amino-1-[2-aminophenyl]-naphthalin XIII nicht auffinden können. Wir stellen ferner fest, daß das genannte o,o'-Diamin durch $2^1/_2$stündiges Kochen in 2 *n* HCl nur zu 15% Carbazol bildet, während gleichlanges Erhitzen mit $NaHSO_3$-Lösung oder schwefliger Säure sehr wahrscheinlich über die Zwischenverbindung XI 89% Carbazol ergeben. Diese Beobachtungen sprechen dafür, daß die Carbazolsynthese praktisch ausschließlich über *Dihydrocarbazolsulfonsäuren* verläuft. Bei den bei der Carbazolsynthese aus β-Naphtholen gelegentlich in kleinen Mengen aufgefundenen o,o'-Diaminen handelt es sich also um Nebenprodukte.

Damit ist der Verlauf der Carbazolsynthese nach BUCHERER und die Bildung aller bei der Reaktion aufgefundenen Zwischen- und Nebenprodukte geklärt. Die *Carbazolsynthese* verläuft analog der *Indolsynthese* nach EMIL FISCHER.

Literaturverzeichnis

[1] Vgl. Mber. Dt. Akad. Wiss. 3, 43 (1961).
[2] FUCHS, W., und F. NISZEL, Ber. dtsch. chem. Ges. *60*, 209, 2058 (1927).

Eingegangen: 30. Dezember 1960

Sonderdruck aus
Monatsberichte der Deutschen Akademie der Wissenschaften zu Berlin
Band 3 · Heft 11/12 · 1961
Akademie-Verlag · Berlin

H. SEEBOTH

Institut für organische Chemie der Dt. Akad. Wiss., Forschungsgemeinschaft

Der Mechanismus der katalytischen Umsetzung von Aminen, Alkoholen und Äthern am Aluminiumoxyd-Kontakt in der Gasphase[1]

Aluminiumoxyd katalysiert eine Reihe wichtiger technischer Reaktionen. Aus aliphatischen Alkoholen kann man z. B. in Gegenwart von Al_2O_3 in der Gasphase je nach Bedingungen und Natur des Katalysators inter-

[1] Der Aufsatz ist eine Zusammenfassung der wichtigsten Ergebnisse der Arbeiten von A. RIECHE und R. MÖLLER, die im VEB Farbenfabrik Wolfen durchgeführt wurden, und der Arbeiten von A. RIECHE und H. SEEBOTH, Institut für organische Chemie der Dt. Akad. Wiss., und ein Versuch ihrer einheitlichen theoretischen Deutung.

oder intramolekular Wasser abspalten und Äther bzw. Olefine herstellen [1]. Anilin setzt sich am Aluminiumoxyd-Kontakt zu Diphenylamin um.

1. Umsetzungen von Aminen am Aluminiumoxyd-Kontakt

a) Anilin

H. E. Hölscher und D. F. Chamberlein [2] erreichten bei der Reaktion von Anilin am Al_2O_3-Kontakt in der Dampfphase bei 460° einen Umsatz von 20–33%. Dieser sank jedoch schon nach 10 Stunden und betrug nach 15 Stunden infolge Ermüdung des Kontaktes nur noch 30% des ursprünglichen.

Zur Klärung des Reaktionsmechanismus und grundsätzlicher Fragen, wurde der Umsatz von Anilin am Al_2O_3-Kontakt in der Gasphase eingehend untersucht. Eine ausführliche Auswertung der Ergebnisse ist bereits an anderer Stelle erfolgt [3]; dort sind auch die entwickelten und verwendeten Apparaturen beschrieben. Es wurden Aktivtonerden technischer Herkunft, sowie selbsthergestellte bezüglich ihrer Leistungsfähigkeit untersucht. Es wurde festgestellt, daß Aktivtonerden ohne Zusätze die beste Wirkung besitzen und hiervon wieder die aus Aluminiumsulfat hergestellten.

Bei allen Versuchen wurde ein schnelles Absinken der katalytischen Wirksamkeit beobachtet. Der Grund dafür liegt in einer Kohleabscheidung am Kontakt, wodurch die aktiven Zentren verklebt werden. Die untersuchten Katalysatoren zeigten außerordentlich schwankende Aktivitäten. Innere Oberfläche und Porenverteilung wurden bestimmt. Die Wirksamkeit ist zwar vom Oberflächenwert und der Porengröße abhängig, doch ließen sich strenge Beziehungen nicht ableiten. Am besten wirksam sind Kontakte, die neben einer möglichst großen Oberfläche eine ganz bestimmte, eng begrenzte Porengröße besitzen, die einen bestimmten Minimalwert nicht unterschreitet. Diesen Bedingungen am nächsten kam der untersuchte, speziell für die Herstellung von Äthylen aus Äthanol entwickelte technische Katalysator L_8.

Die Versuche wurden bei einer Temperatur von 450° durchgeführt. Unterhalb von 370° erfolgte keine merkliche Umsetzung; oberhalb 450° wurde verstärkte Kohlebildung am Kontakt und damit ein Leistungsabfall beobachtet. Die günstigste Raumgeschwindigkeit lag zwischen 0,22 und 0,4 g Anilin pro Kubikzentimeter Katalysator und Stunde.

Vor Beginn der Reaktion wurde der Kontakt zunächst 12–14 Stunden auf die Reaktionstemperatur erhitzt, um das nicht konstitutionell gebundene Wasser auszutreiben. Die Aktivierung fand in Gegenwart von Stickstoff statt. Als Transportmittel wurde absolut sauerstofffreier Stick-

stoff verwendet. Dadurch wurde die Kohlebildung am Kontakt wesentlich verringert und dessen Lebensdauer um das drei- bis vierfache verlängert.
Die Leistung der Katalysatoren sank auch im günstigsten Fall nach 66 Stunden Reaktionszeit auf etwa die Hälfte herab. Danach war eine Regenerierung nötig. Diese erfolgte bei 470° und, um Überhitzung durch Abbrennen der Kohle zu vermeiden, unter Verwendung von mit Stickstoff verdünnter Luft. Sie führte zur ursprünglichen Leistungsfähigkeit zurück.
Der Kontakt L_8 katalysiert bei 450° nicht nur die Bildung von Diphenylamin aus Anilin, sondern auch die Rückspaltung von Diphenylamin und Ammoniak zu Anilin. Für die Bildung von Diphenylamin aus Anilin wurden am Kontakt L_8 Umsatzwerte von etwa 40% gefunden. Beim Umsatz von 1 Mol Diphenylamin und 1,3 Mol Ammoniak erhielt man 38,8% Anilin; d. h., es stellte sich der gleiche Umsetzungsgrad ein. Danach ist die *Diphenylaminbildung* in der Dampfphase eine *Gleichgewichtsreaktion*:

Darum ist es nicht möglich, Anilin in *einem* Durchsatz quantitativ in Diphenylamin umzuwandeln. Die Grenze der Umwandlung liegt bei 450° bei etwa 60%.
Es ließ sich zeigen, daß die Katalyse auf den anwesenden, aktiven Hydroxylgruppen des Al_2O_3-Kontaktes beruht. Damit ergaben sich wichtige Hinweise für den Reaktionsverlauf. Es scheint eine Wasserstoff-austausch-Katalyse vorzuliegen, wie sie von A. EUCKEN und E. WICKE [4] bei der Abspaltung von Wasser aus Isopropylalkohol festgestellt wurde. Die Reaktion verläuft offenbar ionisch nach folgendem Mechanismus:

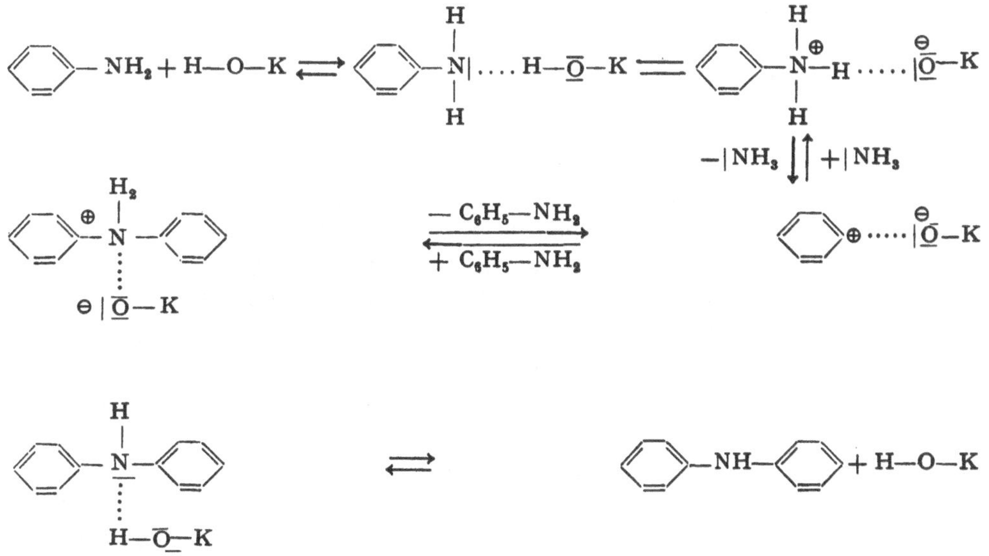

Ein Wasserstoffion der Hydroxylgruppe bildet mit der Aminogruppe des Anilins ein Ammoniumion. Im Schema bedeutet „K" Katalysator, die Punkte sollen eine adsorptive Bindung andeuten. Durch Ausbildung der Ammoniumstruktur wird die C-N-Bindung gelockert, und es erfolgt NH_3-Abspaltung unter Bildung eines Phenylcarbeniumkations und Katalysatoranions. Ein Anilinmolekül reagiert dann nukleophil mit dem Carbeniumkation, wobei ein Diphenylammoniumion entsteht. Letzteres gibt dem Katalysatoranion ein Proton; so wird Diphenylamin gebildet und die Hydroxylform des Katalysators zurückgeliefert. Alle durchlaufenen Stufen stehen miteinander im Gleichgewicht. Ausgehend vom Diphenylamin und Ammoniak verläuft die Reaktion in gleicher Weise in umgekehrter Richtung.

b) Toluidine, Xylidin

Wie Anilin verhielt sich m-Toluidin, das sich zu 31% in 3,3'-Dimethyldiphenylamin umwandeln ließ. o-Toluidin (I), p-Toluidin und p-Xylidin ergaben als Hauptprodukte Acridinderivate (z. B. III) und keine oder wenig sekundäre Arylamine (z. B. II).

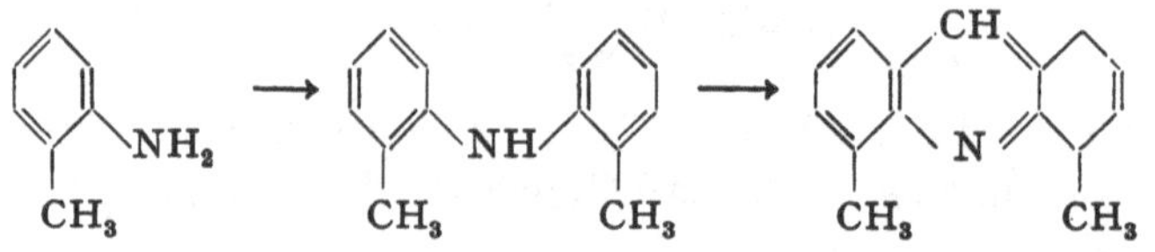

I II III

Die Acridinkörper sind sehr wahrscheinlich aus dem zunächst entstandenen sekundären Amin und einem C_1-Körper, der durch thermische Zersetzung des eingesetzten Stoffes auftreten kann, gebildet worden. Die Zersetzungserscheinungen waren bei der Umsetzung dieser substituierten Aniline wesentlich stärker als beim Anilin selbst, was sich durch entsprechende starke Kohleabscheidung am Kontakt zu erkennen gab.

c) Benzylamin

Die Bildung von Diarylaminen aus primären aromatischen Aminen am Al_2O_3-Kontakt in der Gasphase verläuft nach einem Ionenmechanismus. Bei Verwendung von Benzylamin (IV) sollte die Reaktion besonders leicht verlaufen, da Benzylderivate bekanntlich leicht Benzylkationen bilden. In der Tat ging IV bereits bei 300° am Kontakt L_8 zu 46% in Dibenzylamin (V) und Ammoniak über [6]. Daneben entstand Toluol (VI) (8%) und wenig Tribenzylamin (0,8%). Der Kontakt blieb hell und zeigte keine Beladung mit Kohle. Bei einer Reaktionstemperatur von 450° entstanden 47% VI, 30% Benzonitril (VII), 2,5% Stilben und ebenfalls Ammoniak. Bereits P. Sabatier und G. Gaudion [7] fanden eine ähnliche Umsetzung am Nickelkontakt. Man konnte ferner zeigen, daß die Bildung von VI und VII über V verläuft. V wandelt sich bereits bei 370° am L_8-Kontakt in etwa gleichen Ausbeuten wie beim vorgenannten

Versuch in VI, VII und Ammoniak neben kleinen Mengen Stilben und Wasserstoff um.

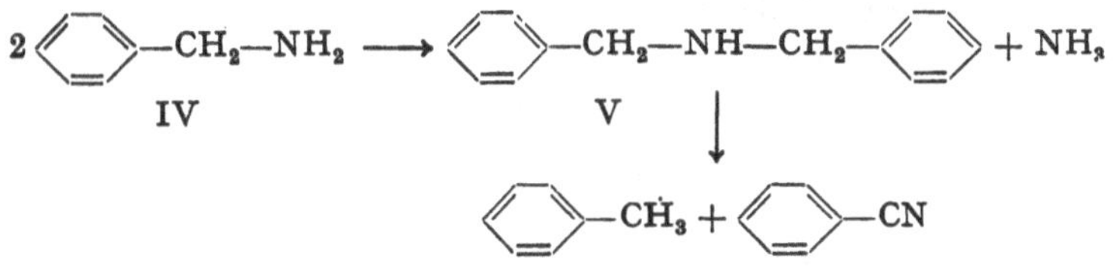

IV V VI VII

Vermutlich bilden sich zunächst Benzylkationen, die durch Abspaltung eines Hydridanions aus dem stickstoffhaltigen Rest zu VI hydriert werden. Das zurückbleibende Gebilde wird größtenteils zu VII dehydriert und zu einem kleinen Teil in Ammoniak und VI verwandelt.

2. Umsetzung von Benzyläthern am Aluminiumoxyd-Kontakt

Einen dem Dibenzylamin ähnlichen Spaltungsverlauf haben H. Adkins und V. Volkers [8] mit *Dibenzyläther* (VIII) am Aluminiumoxyd-Kontakt beobachtet. Sie erhielten Benzaldehyd und Toluol. Wir konnten mit dem Kontakt L_8 die Ergebnisse der genannten Autoren bestätigen [9]. Bei einem 19 Stunden laufenden Versuch[1] im sauerstofffreien Stickstoffstrom bei 340° und einer Raumgeschwindigkeit von 0,23 erhielten wir neben nicht umgesetztem Äther 37 % Toluol und 35 % Benzaldehyd. Ersetzt man den Kontakt durch Raschigringe, so erfolgt der Zerfall von VIII unter gleichen Bedingungen in demselben Sinne, aber nur zu insgesamt 30 %.

Die Dismutation des Dibenzyläthers ist als Ionenreaktion aufzufassen, bei der ein Hydrid-Ion übertragen wird.

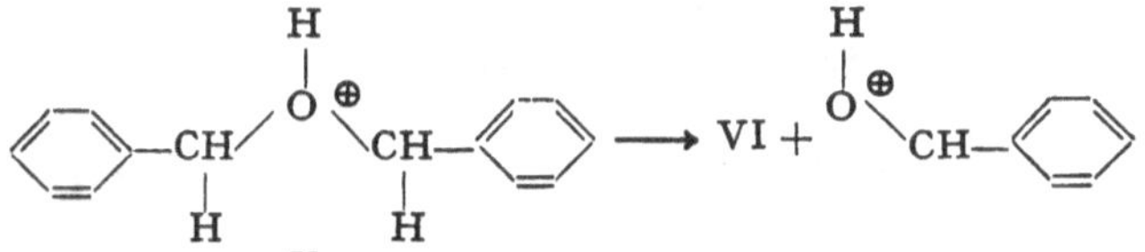

X

Für den Start der Reaktion spielen wiederum die Hydroxylgruppen des Katalysators eine Rolle. Sie liefern die Protonen zur Bildung des Oxoniumadduktes X.

Eine dem Umsatz von Diarylamin mit Ammoniak zu primärem aromatischem Amin analoge Reaktion, nämlich die Reaktion des Dibenzyläthers mit Wasser zu Benzylalkohol, ließ sich am Kontakt L_8 nicht realisieren. Auch in diesem Fall erhielt man Benzaldehyd und Toluol.

[1] Apparatur, Literatur-Stelle [9]

Wir fanden, daß sich unter gleichen Bedingungen Benzylalkohol (XI) (in Gegenwart von Wasser) am L_8-Kontakt bereits zum Äther umsetzte wobei VIII teilweise wieder in Benzaldehyd und Toluol zerfiel.
Wir konnten aber feststellen, daß der Kontakt L_8 auch Äther in Gegenwart von Wasser in Alkohole überführt. Diäthyläther ließ sich z. B. bei 270° mit 1,7 Mol Wasser zu Äthylalkohol (20%) unter gleichzeitiger Bildung von Äthylen spalten. N. KOSLOW und N. GOLUBOWSKAJA [10] geben an, Äther am Al_2O_3-Kontakt bei 280–350° ohne Bildung von Äthylen zu 13–27% hydrolysiert zu haben.
Die katalytische Spaltung von Äthern mit Wasser zu Alkoholen scheint noch wenig untersucht zu sein.
Entsprechend der Dibenzylätherspaltung könnten aus Benzylmethyläther (XII) entweder Toluol und Formaldehyd oder Benzaldehyd und Methan entstehen. In einem 15-Stunden-Versuch bei 240° und einer Raumgeschwindigkeit von 0,29 erhielten wir am L_8-Kontakt 54% Dibenzyläther, 12% Toluol, 9% Benzaldehyd und eine kleine Menge Methanol neben etwa 10% nicht umgesetztem XII. Das während der Reaktion gebildete Gas bestand nur aus Dimethyläther (XIV). Die gleichen Stoffe erhielten wir beim Umsatz von Benzylalkohol und Methanol (Molverhältnis 1 : 1), wobei Benzylmethyläther als Hauptprodukt entstand. Das folgende Schema gibt den Reaktionsverlauf wieder.

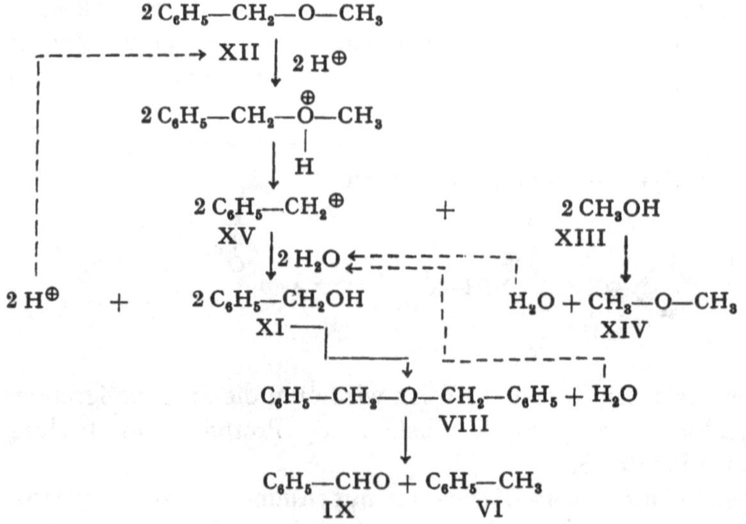

An der Oberfläche des Katalysators bilden sich zunächst durch Anlagerung von Protonen Oxoniumaddukte, die in Benzylkationen (XV) und Methanol spalten. Von XV leiten sich alle Folgeprodukte ab. In die Elektronenlücke des Benzylkations vermögen sich Verbindungen, die freie Elektronenpaare besitzen, unter Bildung von Oniumkomplexen anzulagern. Anschließend erfolgt Stabilisierung durch Protonenabspaltung. So bildet sich aus XV und Wasser Benzylalkohol (Schema). Benzylmethyläther entsteht am Al_2O_3-Kontakt aus Benzylalkohol und Methanol nach folgender Gleichung:

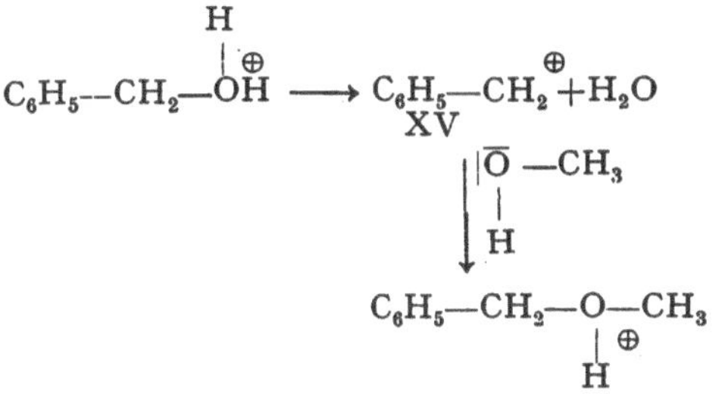

Das Auftreten von Benzylkationen bei der Benzylmethylätherspaltung am L_8-Kontakt konnten wir weiterhin durch die Feststellung stützen, daß in Gegenwart von Ammoniak Benzylamin und in Gegenwart von Essigsäure Essigsäurebenzylester entsteht. Im ersten Fall reagiert Ammoniak, im zweiten Essigsäure nukleophil mit dem Benzylrest.

Durch die Untersuchungen sind die Grundlagen für eine technische Synthese von Diphenylamin aus Anilin in der Dampfphase geschaffen worden. Des weiteren wurde der Verlauf der Spaltung von Benzyläthern am Aluminiumoxydkontakt und die Bildung aller bei der Reaktion aufgefundenen Produkte aufgeklärt.[1]

Für die Anregung und ständige Förderung dieser Untersuchungen möchte ich Herrn Prof. RIECHE an dieser Stelle meinen herzlichen Dank aussprechen.

Literaturverzeichnis

[1] SABATIER, P., und A. MAILHE, C. r. *147*, 108 (1908) bzw. SENDERENS, J. B., C. r. *148*, 228 (1909).
[2] HÖLSCHER, H. E., und D. F. CHAMBERLEIN, Ind. Engng. Chem. *43*, 1579 (1951).
[3] RIECHE, A., und R. MÖLLER, J. prakt. Chem. [4] **15**, 24 (1961). – I. Mitt.
[4] EUCKEN, A. und E. WICKE Naturwiss. *32*, 161 (1944)
EUCKEN, A. und E. WICKE, Z. Naturforsch. *2a* 163 (1947)
WICKE, E., Z. Elektrochem. u. angew. phys. Chem. *52*, 86 (1948).
[5] RIECHE, A., und R. MÖLLER, J. prakt. Chem. [4] **15**, 44 (1961). – II. Mitt.
[6] RIECHE, A., und R. MÖLLER, J. prakt. Chem. [4] **15**, 50 (1961). – III. Mitt.
[7] SABATIER, P., und G. GAUDION, C. r. *165*, 226 (1917).
[8] ADKINS, H., und V. VOLKERS, J. Amer. chem. Soc. *53*, 1420 (1931).
[9] RIECHE, A., H. SEEBOTH und G. ROHS, J. prakt. Chem., z. Z. im Druck.
[10] KOSLOW, N., und N. GOLUBOWSKAJA, Chem. I, Ser. A. J. allg. Chem. (russ.) *6* (68), 1506 (1936); C. *1937* I, 1668.
[11] RIECHE, A., und H. SEEBOTH, Chem. Techn. *13*, 614 (1961).

Eingegangen: 11. November 1961

[1] Spaltung von Benzyläthern mit Salzsäure im wäßrigen Medium, siehe Literatur-Stelle [11].

Sonderdruck aus
Monatsberichte der Deutschen Akademie der Wissenschaften zu Berlin
Band 3 · Heft 11/12 · 1961
Akademie-Verlag · Berlin

H. ALBRECHT

Hauptlaboratorium des VEB Chemische Werke Buna, Schkopau, und Institut für organische Chemie der Dt. Akad. Wiss., Forschungsgemeinschaft

Über die Hydrierung von Monovinylacetylen[1]

Die Gewinnung des Butadiens-(1,3) nach dem NIEUWLAND-Verfahren verläuft über nur zwei Stufen: Aus Acetylen wird Monovinylacetylen (MVA) hergestellt und dies wird anschließend partiell hydriert. Besonders die zweite Reaktion wurde in zahlreichen Veröffentlichungen behandelt [1–3]. Eine wirklich partielle Hydrierung ist nach bisherigen Erfahrungen nur mit nascierendem Wasserstoff möglich [1, 4, 5].

[1] Zusammenfassung einer Veröffentlichung von A. RIECHE, A. GRIMM und H. ALBRECHT in Brennstoffchemie *42*, 177–185 (1961).

Die bisherigen Bearbeiter haben die entstehenden Hydrierungsgemische zur Feststellung ihrer Zusammensetzung präparativ aufgearbeitet. Es war schwierig, alle entstehenden Produkte, insbesondere die drei Butene, quantitativ zu bestimmen. Die Gaschromatographie bot ganz neue Möglichkeiten hierfür. Deshalb wurde das Problem der Hydrierung von MVA von uns noch einmal sehr eingehend bearbeitet. Dazu war es nötig, nicht nur das Verhalten des MVA, sondern auch die Reaktionen aller möglichen Zwischenprodukte, die bei der Hydrierung desselben entstehen können, genau zu verfolgen. Folgende Verbindungen mußten also berücksichtigt werden: Butadien-(1,3), Butadien-(1,2), Butin-(1), eventuell Butin-(2), Buten-(1), cis- und trans-Buten-(2). Bei den drei

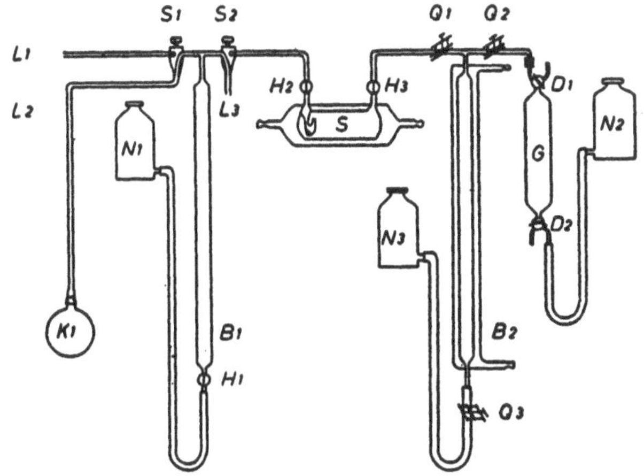

Abb. 1. Apparatur zur drucklosen Hydrierung von MVA in flüssiger Phase

Butenen ist unter den Bedingungen der Hydrierung weiterhin mit einer Isomerisierung zu rechnen. Die Berechnung des theoretischen Gleichgewichts derselben in Abhängigkeit von der Temperatur erfolgte nach Literaturangaben [6]. Die Versuche wurden in der in Abb. 1 dargestellten Apparatur zunächst in flüssiger Phase durchgeführt. Die Analysen wurden gaschromatographisch ausgeführt.

Bei der Hydrierung des MVA in Alkohol als Lösungsmittel mit Palladium-, Platin- und Nickelkatalysatoren bei 25 °C wurden unterschiedliche Ergebnisse erhalten. Beim Arbeiten mit Palladium auf Bariumsulfat entstanden maximal 69% Butadien-(1,3) neben 30% Butenen und 1% Butan, mit Platin-Mohr 48% Butadien-(1,3), 39% Butene und 13% Butan.

Aus der Abb. 2 ist zu ersehen, daß Butadien solange gebildet wird, als noch MVA vorhanden ist. Die drei Butene entstehen in unterschiedlichen

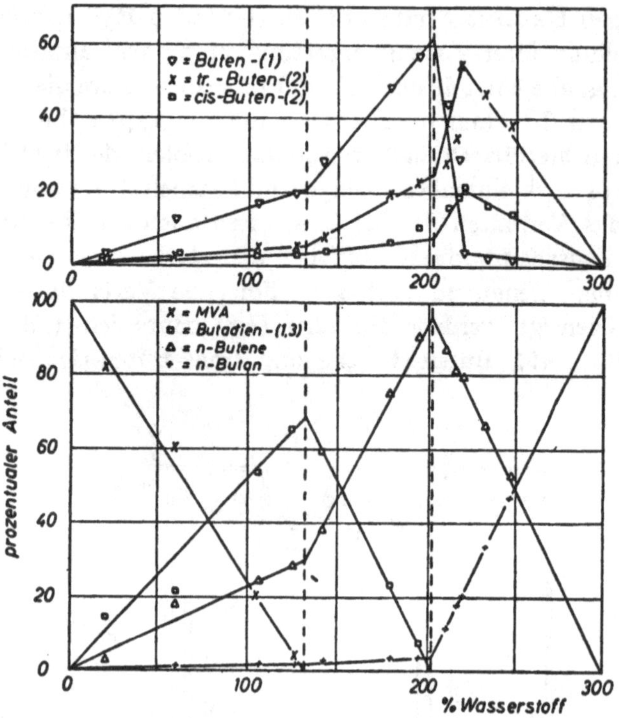

Abb. 2. Verlauf der Hydrierung von MVA in flüssiger Phase; Zusammensetzung des Gemisches der Hydrierungsprodukte; Aufteilung der Butene bei verschiedenen Stadien der Hydrierung

Mengen von Anfang an, jedoch fast kein Butan. Erst wenn das Maximum der Butenbildung erreicht ist, erfolgt rasche Weiterhydrierung zu Butan.

Mit Raney-Nickel wurden nur 35% Butadien-(1,3), 42% Butene und 23% Butan erhalten. Dabei war die Zusammensetzung der Hydrierungsprodukte ab Beginn der Hydrierung bis zum Verbrauch des eingesetzten Kohlenwasserstoffes konstant. Auch durch teilweise Vergiftung des Palladiumkatalysators mit Bleiacetat nach LINDLAR [7] konnte keine höhere Butadienausbeute erhalten werden.

Unter den gleichen Bedingungen wurde Butadien-(1,3) mit Palladium auf Bariumsulfat als Katalysator hydriert, es entstanden **63,6%** Buten-(1), **30,8%** trans-Buten-(2) und **5,6%** cis-Buten-(2). Ähnliche Versuche wurden von YOUNG und Mitarbeitern [8] durchgeführt.

Aus Butadien-(1,2) entstanden **44,5%** Buten-(1), **3,3%** trans-Buten-(2) und **52,2%** cis-Buten-(2). Butin-(1) und Butin-(2) wurden fast quantitativ zum Buten-(1) bzw. Buten-(2) hydriert. Die angegebenen Analysenergebnisse beziehen sich dabei auf den Punkt der Hydrierung, wo die Ausgangsverbindung gerade vollständig verbraucht ist. Anschließend erfolgte in jedem Falle die weitere Hydrierung der Butene unter

gleichzeitiger Isomerisierung nach dem Assoziationsmechanismus von Twigg [9] oder dem Dissoziationsmechanismus von Farkas [10].
Vergleicht man die Zusammensetzung der Butene, die bei der Hydrierung des MVA entstehen, mit der Zusammensetzung der erhaltenen Butene bei der Hydrierung aller möglichen primären Zwischenprodukte, so stellt man fest, daß ein Gemisch von 51% Butadien-(1,3), 24% Butadien-(1,2) und 25% Butin-(1) die gleiche Zusammensetzung der Butene liefert wie das MVA allein. Bei der Hydrierung des MVA entstanden aber gleich ab Beginn der Hydrierung außer den 30% Butenen ca. 70% Butadien-(1,3), bezogen auf das eingesetzte MVA, so daß anzunehmen ist, daß ursprünglich 85% Butadien-(1,3) gebildet wurden, wovon aber nur 70% desorbiert, während die restlichen 15% zu Butenen weiterhydriert wurden. Daraus ist zu schließen, daß der aus den Katalysator in die Lösung desorbierte Anteil von Butadien nicht, der adsorbierte Teil weiterhydriert wird. Weiterhin entstanden ursprünglich 7,5% Butadien-(1,2) und 7,5% Butin-(1), die aber sofort zu Butenen weiterhydriert wurden. Da also unter den beschriebenen Bedingungen sofort ab Beginn der Hydrierung außer Butadien-(1,3) auch Butadien-(1,2) und Butin-(1) entstehen, ist eine partielle Hydrierung ausschließlich zum Butadien-(1,3) mit dem verwendeten Katalysator nicht möglich.
Bei der Hydrierung mit nascierendem Wasserstoff dagegen werden die von den verwendeten Metallen (Na, Zn usw.) abgegebenen Elektronen an den Stellen im Molekül angelagert, wo die größte Elektronendichte ist, weil die entsprechenden C-Atome elektrophilen Charakter haben [11]. Es folgt dann die Anlagerung von Protonen, die aus dem Wasser oder aus dem verwendeten Alkohol stammen. Da beim MVA die Elektronendichte an den beiden C-Atomen neben der Dreifachbindung am größten ist, erfolgt also hier die Wasserstoffaufnahme und damit die partielle Hydrierung zum Butadien-(1,3).
Bei der katalytischen Hydrierung des MVA in der *Gasphase* unter verschiedenen Bedingungen gelang es nicht, mehr als 22% Butadien zu erhalten. Außerdem entstanden durch hydrierende Polymerisation ölige Produkte.

Herstellung der C_4-Kohlenwasserstoffe und der Hydrierungskatalysatoren

MVA wurde nach Nieuwland [12], Butin-(1) nach Hurd [13], Butin-(2) über Propin als Zwischenprodukt [14, 15] hergestellt. Butadien-(1,2) wurde aus Butadien-(1,3) gewonnen [13, 16]. Die Herstellung des Platin-Mohrs erfolgte nach Willstätter [17], die des Palladium-Mohrs nach Wieland [18], die des Palladiums auf Bariumsulfat nach Mozingo [19] und Raney-Nickel wurde nach Paul und Hilly [20] hergestellt.

Ich danke dem Leiter des Hauptlaboratoriums des VEB Chemische Werke Buna, Herrn Dr. A. GRIMM, für die Überlassung des Themas und die Förderung der Arbeit. Herrn Prof. RIECHE danke ich für seine zahlreichen Anregungen und seine ständige Unterstützung.

Literaturverzeichnis

[1] LEBEDEW, S. W., A. I. GULJAJEW und A. A. WASILJEW, J. allg. Chem. (russ.) *5*, 1421 (1935); C. 1936 II 1521.

[2] KLEBANSKI, A. L., L. D. POPOW und M. J. ZUKERMAN, J. allg. Chem. (russ.) *16*, 2083 (1946).

[3] I. G. Farbenind., F. P. 820286 (1937), C. 1938, I 4115; F. P. 825195 (1938), C. 1938, II 2349.

[4] HURUKAWA, Z., J. elektrochem. Assoc. Japan *7*, 2 (1939); C. 1940, I, 1761.

[5] I. G. Farbenind., F. P. 498242 (1939); C. 1939, I, 2871.

[6] THACKER, C. M., H. O. FOLKINS und F. L. MILLER, Ind. Engng. Chem. *33*, 584 (1941).

[7] LINDLAR, H., Helv. chim. Acta *35*, 446 (1952).

[8] YOUNG, W. G., R. L. MEIER, J. VINOGRAD, H. BOHLINGER, L. KAPLAN und S. L. LINDEN, J. Amer. chem. Soc. *69*, 2046 (1947).

[9] TWIGG, G. H., Trans. Faraday Soc. *35*, 934 (1939).

[10] FARKAS, A., Trans. Faraday Soc. *35*, 906 (1939).

[11] KLAGES, F., Lehrb. d. org. Chemie, Bd. II, S. 262, 318, Walter de Gruyter u. Co, Berlin 1954.

[12] NIEUWLAND, J. A., W. S. CALCOTT, F. B. DOWNING und A. S. CARTER, J. Amer. chem. Soc. *53*, 4197 (1931).

[13] HURD, C. D., und R. N. MEINER, J. Amer. chem. Soc. *53*, 290 und 296 (1931).

[14] CONN, J. B., G. B. KISTIAKOWSKY und E. A. SMITH, J. Amer. chem. Soc. *61*, 1868 (1939).

[15] HEISIG, G. B., J. Amer. chem. Soc. *53*, 3254 (1931).

[16] VOIGT, R., J. prakt. Chem. *151*, 309 (1938).

[17] WILLSTÄTTER, R., Ber. dt. chem. Ges. *54*, 122 (1921).

[18] WIELAND, H., Ber. dt. chem. Ges. *45*, 489 (1912).

[19] MOZINGO, R., Org. Synteses *26*, 77 (1946).

[20] PAUL und HILLY, ref. von R. SCHRÖTER, Angew. Chem. *54*, 230 (1941).

Eingegangen: 14. November 1961

Sonderdruck aus
Monatsberichte der Deutschen Akademie der Wissenschaften zu Berlin
Band 3 · Heft 11/12 1961
Akademie-Verlag · Berlin

H. MÜCKE

Hauptlaboratorium des VEB Chemische Werke Buna, Schkopau, und Institut für organische Chemie der Dt. Akad. Wiss., Forschungsgemeinschaft

Untersuchungen über die thermische und oxydative Chlorwasserstoffabspaltung am Polyvinylchlorid-Suspensionspolymerisat-Schkopau und deren Beeinflussung durch Fremdstoffe und Stabilisatoren

Polyvinylchlorid (PVC) spaltet beim Erhitzen auf genügend hohe Temperaturen Chlorwasserstoff ab und verfärbt sich. Sauerstoff beschleunigt die Zersetzung. Nachstehend wird über Versuche berichtet, in denen der Einfluß vieler Faktoren auf die Stabilität und Zersetzung von PVC-SP in An- und Abwesenheit von Sauerstoff überprüft wurde.
Die in Abb. 1 dargestellte Apparatur diente zur Untersuchung der Chlorwasserstoffabspaltung. Sie ähnelt einer Trockenpistole mit Gas-Zu- und Ableitung. Das Reaktionsrohr zur Aufnahme eines Glasschiffchens mit der PVC-SP-Probe wurde durch siedendes o-Dichlorbenzol konstant auf 170 °C gehalten. Diese Temperatur entspricht der gebräuchlichen Verarbeitungstemperatur für PVC auf der Walze. Durch das Reaktionsrohr wurde mit Ätzkali getrockneter Reinstickstoff, Luft oder Sauerstoff geleitet und der mit den Spülgasen mitgeführte abgespaltene Chlorwasserstoff in der Vorlage titriert.

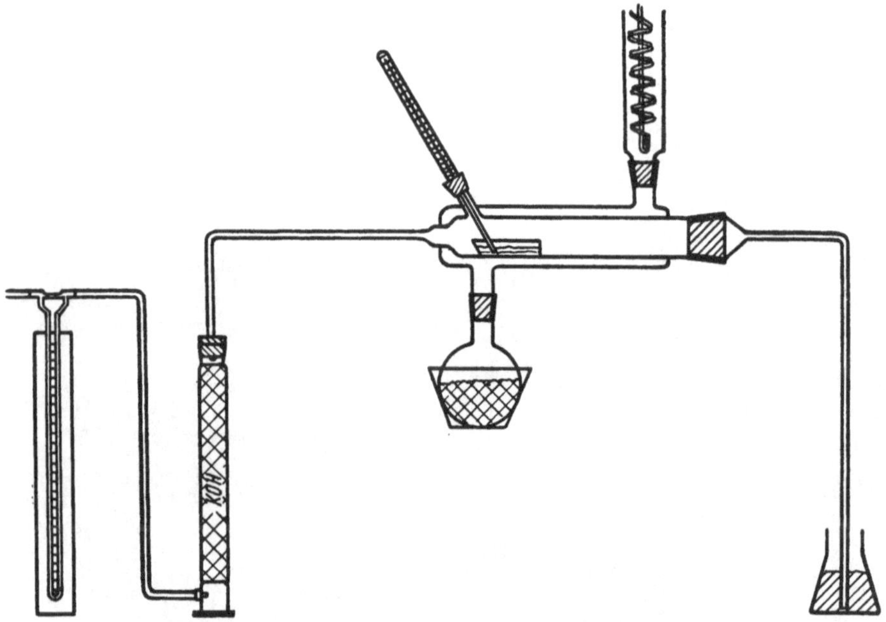

Abb. 1. Apparatur zur laufenden Bestimmung der HCl-Abspaltung beim Polyvinylchlorid

In Reinstickstoff ist in dem untersuchten Zeitraum bis zu 400 Minuten bei 170° die HCl-Abspaltungsgeschwindigkeit konstant, d. h., es tritt keine Beschleunigung oder Verzögerung der HCl-Abspaltung ein, und man erhält bei der Auftragung der abgespaltenen HCl-Menge gegen die Versuchszeit eine Gerade (Abb. 2a).

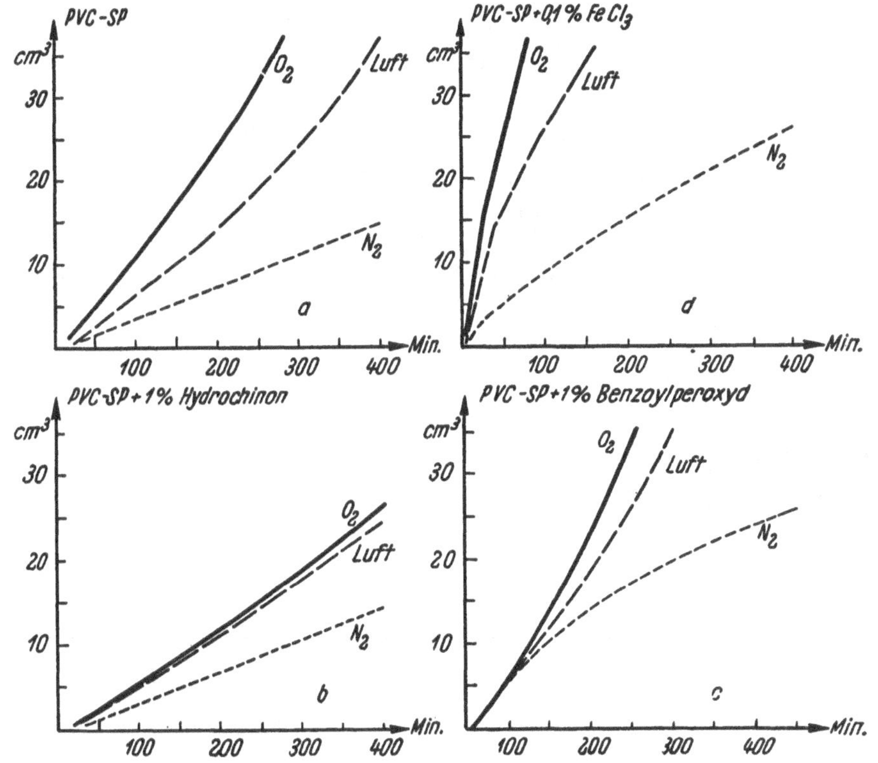

Abb. 2. HCl-Abspaltung beim Polyvinylchlorid-Suspensionspolymerisat bei An- und Abwesenheit von Sauerstoff und unter dem Einfluß von $FeCl_3$, Hydrochinon und Benzoylperoxyd

Innerhalb der ersten 120 Minuten ist die abgespaltene HCl-Menge in Luft um 80% größer, in Sauerstoff dreimal so groß wie in Reinstickstoff. Darüber hinaus beobachtet man hier eine deutliche Zunahme der HCl-Abspaltungsgeschwindigkeit mit der Versuchsdauer, d. h., die Reaktion hat bei Anwesenheit von Sauerstoff autokatalytischen Charakter. Sie entspricht damit dem typischen Verlauf von Autoxydationsvorgängen, die bekanntlich durch Zerfall des gebildeten Peroxydes eine autokatalytische Beschleunigung erfahren. Es ist deshalb anzunehmen, daß in erster Stufe an verschiedenen Stellen des Makromoleküls Hydroperoxyde gebildet werden, die bei der hohen Reaktionstemperatur alsbald zerfallen und einen radikalischen Abbau des PVC veranlassen.

Gestützt wird diese Annahme u. a. durch folgende Beobachtungen:

1. In dem in Gegenwart von Sauerstoff erhitzten PVC lassen sich schon nach kurzer Zeit infrarotspektroskopisch Carbonylgruppen nachweisen $\left(>C\begin{smallmatrix} H \\ OOH \end{smallmatrix} \rightarrow\ >C{=}O + H_2O \right)$. Das freiwerdende Zersetzungswasser ist nachweisbar. Burnett, Miller und Willis [1] ist es gelungen, im oxydierten Polyäthylen Hydroperoxydgruppen ultrarotspektroskopisch nachzuweisen.

2. Durch Beimischung von 1% Hydrochinon zum PVC-SP konnte der Einfluß von Sauerstoff und Luft auf die HCl-Abspaltung stark gemindert werden (Abb. 2b), hingegen blieb die Stickstoffkurve unverändert. Dies zeigt, daß die Abspaltung in Stickstoff ein rein thermisch ausgelöster Prozeß ist. Hydrochinon hemmt nur die radikalische, nicht die thermische Abspaltung von HCl, ähnlich wie es nur die nach einem Radikalmechanismus, nicht aber die nach einem Ionenkettenmechanismus verlaufenden Polymerisationen abstoppen kann.

3. Im Gegensatz hierzu zeigte sich beim Zusatz von 1% Dibenzoylperoxyd, das bekanntlich auch Autoxydationsprozesse beschleunigt, in allen drei Gasen eine beträchtliche Verstärkung der HCl-Abspaltung (Abb. 2c). Während im Anfang die drei Kurven zusammenfallen, verflacht die Stickstoffkurve später und nimmt allmählich ihre normale Steigung an, was auf den Verbrauch der Benzoylradikale hindeutet.

4. Wie später noch ausführlicher gezeigt wird, verstärken gewisse Schwermetallsalze, besonders Eisensalze, die HCl-Abspaltung stark in Gegenwart von Sauerstoff (Abb. 2d). Schwermetallsalze sind bekanntlich Autoxydationskatalysatoren, indem sie entstehende Peroxyde zu raschem Zerfall bringen und neue Radikale für den Kettenstart liefern. Alle diese Befunde sind eine starke Stütze für den radikalischen Abbau des PVC beim Erhitzen in Gegenwart von Sauerstoff.

Man ist deshalb wohl berechtigt, hauptsächlich zwei Reaktionstypen für die HCl-Abspaltung aus reinem PVC anzunehmen:

a) Die rein thermische Abspaltung, die wahrscheinlich einem ionischen Mechanismus folgt und die, wie später noch gezeigt wird, durch basische organische Stoffe stark beschleunigt werden kann.

b) Beim Erhitzen von PVC in Gegenwart von Sauerstoff wird die rein thermische HCl-Abspaltung noch von der sauerstoffkatalysierten Spaltung überlagert, die einem radikalischen Mechanismus folgt.

Früher war man allgemein der Ansicht, daß Chlorwasserstoff einen katalytischen Einfluß auf die PVC-Zersetzung hat. Darum wurden zuerst Stabilisatoren verwendet, die HCl zu binden vermögen, wie Soda, Bleistearat, Epoxyde, Diphenylthioharnstoff. In der Untersuchung von ARLMAN [2] wurde festgestellt, daß der autokatalytische Effekt des Chlorwasserstoffs nicht existiert oder unerheblich ist. Andere Autoren [3, 4] gaben einschränkend an, daß dies nur in Abwesenheit von Sauerstoff gilt, also unter Bedingungen, die bei der praktischen Verarbeitung nicht existieren.

Wir konnten die Ergebnisse von ARLMAN mit unserer Untersuchungsmethode nicht bestätigen. In einem Versuch wurde das PVC zunächst 150 Minuten wie üblich auf 170° erhitzt, dann der Spülgasstrom für 2 Stunden unterbrochen. Dadurch kam es zur Ausbildung einer HCl-Atmosphäre in der Apparatur, die auf das Prüfmaterial einwirken konnte. Daran anschließend wurde der Spülgasstrom wieder angestellt. Die jetzt auftretenden Salzsäuremengen sind größer als beim normalen Versuch.

Im Reinstickstoff ist dieser Effekt gering; er wird stärker in Luft und sehr stark in Sauerstoff. Daraus ist zu ersehen, daß Chlorwasserstoff die PVC-Zersetzung katalysiert, diese Zersetzung aber wirklich eindrucksvoll nur in Gegenwart von Sauerstoff ist. Die HCl-Abspaltung ist, wie später noch erörtert wird, auch bei Anwesenheit von sogenannten „Stabilisatoren" in Sauerstoff am stärksten.

Vermischt man PVC mit geringen Mengen eines anderen Stoffes, so kann dieser sich indifferent auf die HCl-Abspaltung verhalten, sie beschleunigen oder verzögern (Stabilisatorwirkung). $FeCl_3$ bewirkt in reinem Stickstoff eine mäßige, in Gegenwart von Sauerstoff eine sehr starke Beschleunigung der HCl-Abspaltung. Diese Feststellung ist für die Praxis wichtig, da auf eisernen Walzen und Pressen durch den abgespaltenen Chlorwasserstoff kleine Mengen $FeCl_3$ entstehen können, die in das Material gelangen. Fe-Pulver wirkt nur in Gegenwart von Sauerstoff; Zn- und Cu-Pulver wirken offensichtlich nach einem anderen Reaktionsmechanismus; denn hier hat man ohne Rücksicht auf das Gasmedium eine starke HCl-Abspaltung. Während Al-Pulver und $AlCl_3$ die Zersetzung nicht beeinflussen, verzögert Mg-Pulver die Abspaltung erheblich. Offensichtlich sind die aus den Metallpulvern gebildeten Chloride die für die HCl-Abspaltung wirksamen Agenzien. ZnO und $ZnCl_2$ wirken stärker beschleunigend als $FeCl_3$. Deutlich wirken $CuCl_2$, $CoCl_2$ und Co^{II}-acetat, aber schwächer als $FeCl_3$. Die Sulfate der genannten Metalle zeigen praktisch keine Wirkung.

Organische Basen, wie z. B. Anilin, Chinolin, Diphenylamin, Phenyl-β-naphthylamin, Methylenblau, Harnstoff, Thioharnstoff, Epoxyphenylharnstoff, Diphenylthioharnstoff zeigen schon bei 0,1%igen Beimischungen ohne Rücksicht auf das Gasmedium eine außerordentlich starke HCl-Abspaltung.

Wirkung von Stabilisatoren

Aus der Reihe von Stabilisatoren für PVC (basische anorganische Salze, Metallsalze langkettiger Fettsäuren, Epoxyde und Zinnorganoverbindungen) untersuchten wir die Wirkung einer großen Zahl von Organozinnverbindungen. Nur für die Vertreter mit abnehmendem Butylierungsgrad soll der Verlauf der HCl-Abspaltung bei 3%igem Zusatz wiedergegeben werden (Abb. 3), da diese Kurven die Abhängigkeit der Wirkung von der Konstitution sehr deutlich zeigen.
Während Zinntetrabutyl wirkungslos ist, zeigt die Dibutylzinnverbindung die weitaus beste Wirkung. Der Ersatz aller Butylreste durch Dodecylmerkaptogruppen führt schließlich im Zinntetradodecylmerkaptid wieder zu einem starken Abfall der Wirksamkeit.

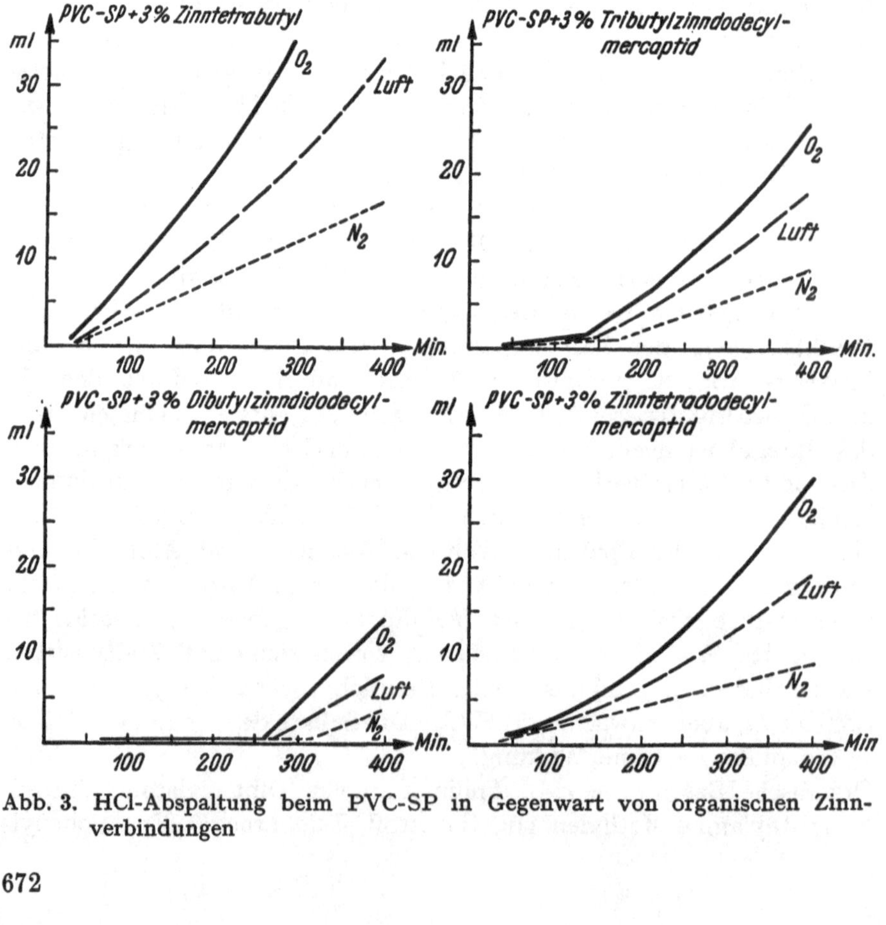

Abb. 3. HCl-Abspaltung beim PVC-SP in Gegenwart von organischen Zinnverbindungen

Der Dibutylzinnverbindungstyp ist stets der wirksamste. So gaben z. B. Abmischungen von PVC-SP mit 1% Dibutylzinndidodecylmerkaptid noch nach einer Verweilzeit von 120 Minuten bei 170 °C praktisch völlig farblose und glasklare Walzfolien, die auch bei der Hartverarbeitung nach dieser langen Zeit auf der Walze nicht festklebten. Durch ultrarotspektroskopische Untersuchungen wurde gefunden, daß diese Verbindung die Ausbildung von Carbonylgruppen, Hydroxylgruppen und olefinischen Anteilen im PVC weitestgehendst verhindert.

Untersucht wurde auch die Verfärbung des PVC bei Gegenwart von Stabilisatoren mit dienophiler Komponente. Durch Zusatz solcher Stabilisatoren wie Dibutylzinnmaleat, Dibutylzinn-bis-(monobutylmaleat) und auch der von uns neu dargestellten Verbindung Dibutylzinn-di-β-benzoylacrylat blieb die Verfärbung des PVC beim Erhitzen in Stickstoff für eine außerordentlich lange Zeit völlig aus und war auch später nur sehr schwach, während in Luft und Sauerstoff eine wesentlich stärkere Verfärbung eintrat. Ohne Stabilisator ist die Verfärbung in Stickstoff für lange Zeit sehr viel intensiver als beim Erhitzen in Sauerstoff, obwohl in Sauerstoff die dreifache HCl-Menge abgespalten wird, da letzterer „ausbleichend" wirkt. Die Wirkung der obengenannten Stabilisatoren kommt sicher dadurch zustande, daß in Stickstoff die dienophile Komponente mit den in der PVC-Kette entstandenen konjugierten Doppelbindungen im Sinne einer Diels-Alderschen Diensynthese reagiert, so daß sich lange Zeit keine Farbträger ausbilden können. Ähnliches, nur schwächer ausgeprägt, ist vom Bleistearat und dem Dibutylzinndidodecylmerkaptid zu sagen. Die HCl-Abspaltung ist auch hier bei allen Fällen in Sauerstoff am stärksten.

Die Wirkung kann wie folgt erklärt werden:

Da der thermische Zerfall von PVC an Luft ein sehr komplexer Vorgang ist, können nur solche Stoffe als Stabilisatoren gut wirksam sein, die in die verschiedenen Phasen des Zerfallsvorgangs einzugreifen vermögen. Man kann dies durch geeignete Mischungen verschiedener Stabilisatoren erreichen oder durch einheitliche Verbindungen, die, wie bestimmte zinnorganische Verbindungen, vielfältig reagieren können:

1. Diese Verbindungen sind in der Lage, thermisch (ionisch) abgespaltenen Chlorwasserstoff zu binden:

   z. B. $(C_4H_9)_2Sn(SR)_2 + HCl \rightarrow (C_4H_9)_2Sn\genfrac{}{}{0pt}{}{\diagup SR}{\diagdown Cl} + HSR$

   Die Aufnahme von HCl könnte möglicherweise auch nach Abspaltung von Butylradikalen erfolgen.

2. Das freiwerdende Merkaptan wirkt als Antioxydans und Radikalkettenabbrecher und hindert die Bildung von Hydroperoxyden, von

Carbonylgruppen und Kettenvernetzungen. Es ist ferner in der Lage, mit gebildeten reaktionsfähigen ungesättigten Systemen zu reagieren und deren Folgereaktionen zu verhindern.

3. Zersetzend wirkende Spuren von Schwermetallsalz können durch das Merkaptan unwirksam gemacht werden.

4. Aus dem Stabilisator abgespaltene Alkylradikale wirken als Radikalkettenabbrecher, indem sie mit den entstehenden reaktiven Zentren des Makromoleküls (Radikalstellen) reagieren und die Folgereaktionen inhibieren.

Den Herren Prof. A. Rieche, Berlin, und Dr. A. Grimm, Schkopau, danke ich für zahlreiche Anregungen und ihre ständige Anteilnahme und Förderung der Arbeit.

Literaturverzeichnis

[1] Burnett, J. D., H. G. J. Miller, H. A. Willis, J. Polymer Sci. *15*, 592 (1955).
[2] Arlman, E. J., J. Polymer Sci *12*, 543 (1954).
[3] Drusedow, D., C. F. Gibbs, Modern Plastics *1953*, 123.
[4] Winkler, D. E., J. Polymer Sci *35*, 3 (1959).

Eingegangen: 14. November 1961

Sonderdruck aus
Monatsberichte der Deutschen Akademie der Wissenschaften zu Berlin
Band 3 · Heft 10 · 1961
Akademie-Verlag · Berlin

Chemie

L. REDINGER
Institut für organische Chemie der Dt. Akad. Wiss., Forschungsgemeinschaft

Über Alkalilignine, ihre Kondensationsprodukte mit Phenolen und die Herstellung härtbarer Harze

Das Lignin fällt bei den Holzaufschlußverfahren für die Zellstoffgewinnung je nach den technischen Bedingungen mehr oder weniger chemisch verändert an. Beim Sulfitaufschluß befindet sich das Lignin als sog. Ligninsulfosäure in der Sulfitablauge. Es sind zwar eine ganze Reihe von Verwendungen für Ligninsulfosäure bekannt [1], doch geht der größte

Teil in den Ablaugen verloren und verunreinigt die Flüsse. Eine wirklich große Verwendung von Ligninsulfosäure wäre wahrscheinlich auf dem Kunststoffgebiet möglich, doch muß hierfür die Sulfogruppe durch Hydrolyse oder Alkaliaufschluß entfernt werden. Aus entsulfoniertem Lignin lassen sich durch Kondensation mit Phenolen härtbare Harze herstellen, die als wohlfeiles Bindemittel für faseriges Material, auch Abfallstoffe aus der Forst- und Landwirtschaft, dienen könnten [2].

Beim Alkaliaufschluß bzw. „Sulfataufschluß" des Holzes fällt das Lignin als Alkalilignin an und wird im allgemeinen nach Eindampfung der Ablaugen zum Zwecke der Wiedergewinnung des Alkalis verbrannt. In Einzelfällen, wie z. B. beim VEB Filmfabrik „Agfa" Wolfen, gelangt das Alkalilignin mit den Ablaugen in die Vorfluter. Mit der Isolierung dieses Alkalilignins haben sich W. Voss und E. Scholz (VEB „Agfa" Filmfabrik) befaßt und hierfür ein technisch durchführbares Verfahren entwickelt. Mit diesem Alkalilignin, das ein sandfarbenes Pulver darstellt, haben wir unsere Versuche durchgeführt mit dem Endziel, härtbare Harze daraus herzustellen. Das Ziel konnte voll und ganz erreicht werden.

I. Analytische Untersuchungen an Alkaliligninen

a) aus Fichtenholz

Wie Rieche und Mitarbeiter schon vor langer Zeit fanden, lassen sich Säure-Lignine, wie Scholler- und Bergius-Lignin, mit Phenol kondensieren [3]. Durch Umsetzung mit Formaldehyd können Harze vom Novolaktyp erhalten werden. Auch das Alkalilignin kann man den gleichen Kondensationsreaktionen unterwerfen [4]. Zur Klärung einiger Fragen des Kondensationsmechanismus und der günstigsten Kondensationsbedingungen wurden zunächst das Alkalilignin selbst sowie seine Kondensationsprodukte mit Phenol untersucht.

Unter Zugrundelegung des Phenylpropanskeletts für einen Ligninbaustein konnte aus den ermittelten C-, H- und CH_3O-Analysenwerten das durchschnittliche Molgewicht eines Bausteins, sowie seine Bruttoformel errechnet werden. Für Alkalilignin aus Fichtenholz wurde dabei ein Molgewicht von 178,5 und die Bruttoformel

$$C_{9,9}H_{10,0}O_{3,1}$$

gefunden.

Zur Bestimmung der funktionellen Gruppen im Alkalilignin wurde dieses zunächst der erschöpfenden Methylierung, Veresterung mit Benzolsulfochlorid sowie der Acetylierung mit Essigsäureanhydrid in alkalischem Medium unterworfen. Die analytische Auswertung der dabei erhaltenen Äther und Ester ergab übereinstimmend, daß ein Ligninbaustein 0,9 Hydroxylgruppen enthält. Durch potentiometrische Titration mit Colaminnatrium in Äthylendiamin [5] wurden 0,7 saure Gruppen pro Baustein gefunden, von denen 0,5 phenolische OH-Gruppen und 0,2 Carboxylgruppen sind. Letztere konnten auch durch Veresterung und Titration in organischen Lösungsmitteln mit quarternären Ammoniumbasen erfaßt werden. Durch Umsetzung mit p-Nitrophenylhydrazin ließen sich 0,1 Carbonylgruppen und durch Reaktion mit Phthalomonopersäure 0,1 C=C-Doppelbindungen pro Ligninbaustein nachweisen.

Mit diesem Ergebnis ist eine Aufgliederung der Bruttoformel möglich:

$$C_9H_{6,2}O_{0,8}(CH_3O)_{0,9}(OH)_{0,5\,phen.}(OH)_{0,4\,aliph.}(=O)_{0,1}(OOH)_{0,2}.$$

Der Restsauerstoff (0,8/Baustein) dürfte in einer Dialkyl- oder Alkyl-Arylätherbindung vorliegen. Setzt man in die obige Bruttoformel pro Valenz für die ermittelten funktionellen Gruppen und die heterocyclischen Verknüpfungen je 1 H-Atom, so ergibt sich ein Defizit von 0,1 H-Atom gegenüber der Bruttoformel des Phenylpropans. Es muß also angenommen werden, daß im Alkalilignin auch C–C-Verknüpfungen zwischen den Phenylpropanbausteinen bestehen.

Ein Vergleich des untersuchten Alkalilignins mit „Milled-Wood-Lignin" nach Björkman [6], einem z. Z. am besten zugänglichen Vergleichspräparat

$$C_9H_{6,6}O_{1,1}(CH_3O)_{0,92}(OH)_{0,3\,phen.}(OH)_{1,0\,aliph.},$$

läßt erkennen, daß während der alkalischen Druckkochung des Holzes keine Methoxylgruppen abgespalten worden sind. Die im Alkalilignin auftretenden Carboxylgruppen weisen auf Oxydationsvorgänge hin; ebenso die Abnahme an aliphatischen OH-Gruppen, für die vermutlich außerdem Wasserabspaltung, Crackung und Rekondensation die Gründe sind. Die Zunahme an phenolischen OH-Gruppen könnte durch Alkyl-Aryl-Äthersprengung erklärt werden.

b) aus Lignit und Roggenstroh

Als Lignit werden Braunkohlen bezeichnet, bei denen die Humifizierung erst soweit fortgeschritten ist, daß die Holzstruktur mit bloßem Auge noch erkennbar ist. Das bei der alkalischen Druckkochung von Lignit anfallende Alkalilignin, sowie Alkalilignin aus Roggenstroh, das uns W. Voss zur Verfügung stellte, wurde von uns nach den gleichen Methoden und Umsetzungen wie beim Alkali-Fichten-Lignin untersucht und folgende Bruttoformel ermittelt:

Alkalilignin aus Lignit:

$$C_9H_{6,92}O_{0,80}(CH_3O)_{0,47}(=O)_{0,2}(OH)_{0,96}(OOH)_{0,12}.$$

Alkalilignin aus Stroh:

$$C_9H_{8,86}O_{1,04}(CH_3O)_{0,52}(OH)_{1,13}.$$

Beim Vergleich der Bruttoformeln aller drei untersuchten Alkalilignine fällt der geringe Methoxylgehalt der Alkalilignine aus Stroh und Lignit auf. Da Stroh und Lignit unter wesentlich schärferen Bedingungen (16–20%ige Natronlauge, 220 °C) als Fichtenholz (6–8%ige Natronlauge, 170–180 °C) aufgeschlossen wurden, ist anzunehmen, daß während des Aufschlusses Entmethylierung eingetreten ist. Wieweit sich die entsprechenden nativen Lignine aus allen drei Rohstoffen unterscheiden, soll durch Untersuchungen der entsprechenden Milled-Wood-Lignine geklärt werden.

II. Kondensation von Alkalilignin mit Phenol

Die Kondensation von Lignin mit Phenol, die unter Wasserabspaltung verläuft, ist schon lange bekannt und dürfte in der Hauptsache nach folgendem Schema verlaufen [7]:

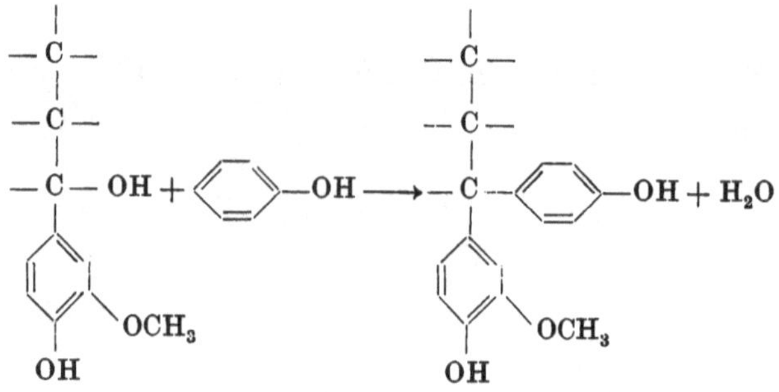

Denkbar wäre auch Spaltung von heterocyclischen Ringen [8]:

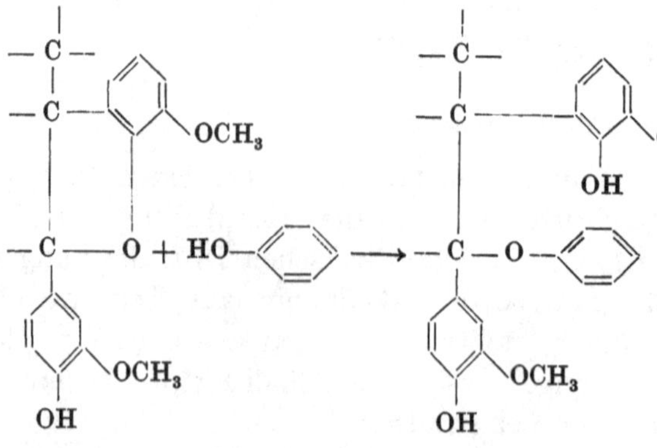

Diese Reaktion wurde von A. Rieche und Mitarbeitern bei Säureligninen [3], die Abfallprodukte der Holzhydrolyse sind, und entsulfoniertem Lignin [2] näher untersucht und technisch ausgewertet. Um die Verhältnisse bei der Kondensation von Phenol mit dem vorliegenden Alkalilignin aus Fichtenholz zu untersuchen, wurden die Versuchsbedingungen, wie Molverhältnis der Kondensationspartner, Temperatur, Zeit und Katalysatormenge variiert. Alle Kondensationsprodukte zeigten gleiche Analysenwerte und enthielten 1 Mol Phenol pro Phenylpropanbaustein. 0,6 Mol Wasser wurden dabei abgespalten.

Aus den Analysenwerten für C, H und Methoxyl konnte das Molgewicht eines Bausteins zu 268 und die Bruttoformel

$$C_{15,9}H_{14,8}O_{3,9}$$

errechnet werden.

Die Ergebnisse der Verätherung, Veresterung und potentiometrischen Titration gestatteten auch hier die Aufgliederung:

$$C_{15}H_{10,4}O_{1,1}(CH_3O)_{0,9}(OH)_{1,2\,phen.}(OH)_{0,2\,aliph.}(=O)_{0,1}(OOH)_{0,2}.$$

C = C-Doppelbindungen waren nicht mehr nachweisbar. Die wesentliche Zunahme der phenolischen OH-Gruppen deutet darauf hin, daß das Phenol nur im geringen Maße mit seiner OH-Gruppe in die Reaktion eingetreten ist. Von uns durchgeführte Kondensationen von Alkali-Lignin mit anderen Phenolen, wie o- und p-Kresol, Resorcin und Guajacol wiesen darauf hin, daß die Reaktionsfähigkeit des p-ständigen Wasserstoffatoms der phenolischen Komponente von ausschlaggebender Bedeutung ist. p-Kresol reagierte fast gar nicht; das Kondensat mit o-Kresol hatte 0,6, mit Guajacol 0,4 und mit Resorcin 1,0 Mol pro Ligninbaustein aufgenommen.

Weiterhin wurden Kondensationen mit Phenol und methyliertem Alkalilignin, bei dem also keine OH-Gruppen zur Reaktion zur Verfügung stehen, durchgeführt. Die Analysen solcher Kondensate ergaben, daß nur 0,2 Mol Phenol aufgenommen worden sind, wahrscheinlich durch Anlagerung an die Doppelbindung und nach Reaktion II.

Aus der Bilanz der phenolischen und aliphatischen OH-Gruppen ergab sich, daß neben Reaktion I auch phenolische OH-Gruppen des Alkalilignins mit Phenol reagiert haben müssen. Oxydative Vorgänge, die nach PUMMERER [9] über Phenoxyradikale führen, könnten die Ergebnisse rechtfertigen, insbesondere da während der Kondensation H_2S- und SO_2-Geruch wahrnehmbar war, der auf Reduktion der als Katalysator benutzten Schwefelsäure beruht.

III. Alkalilignin-Phenol-Formaldehydharze

a) Alkalilignin-Phenol-Novolake

RIECHE und Mitarbeiter [2, 3] konnten an Säureligninen und entsulfoniertem Lignin (sog. Lignophenol) zeigen, daß die entsprechenden Phenolkondensate, mit Formaldehyd weiterkondensiert, Harze vom Novolaktyp ergeben. Später wurde die Harzherstellung auf das Alkalilignin übertragen [4].

Eine mit Alkalilignin und Formaldehyd, also ohne vorherige Phenolkondensation, im sauren Medium durchgeführte Umsetzung ergab ein Harz mit einem viel zu hohen Fließpunkt, so daß es für die Verarbeitung auf der Presse ungeeignet ist. Erst bei der Herstellung eines gemischten Phenol-Alkaliligninharzes wurden Produkte erhalten, die je nach dem Grad der Entwässerung Fließpunkte aufwiesen, die bei 45–95 °C lagen. Kondensiert wurde bei 150 °C 2 Stunden im Molverhältnis Alkalilignin : Phenol wie 1 : 3 mit 2% conc. Schwefelsäure als Katalysator. Die Weiterkondensation wurde mit 1,5 Mol Formaldehyd, als 30%iges Formalin, und Salzsäure als Katalysator bei 95–105 °C ca. 1 Stunde durchgeführt. Nach Entwässerung wurden schwarzglänzende, spröde, brechbare Massen erhalten, deren Duktilität vom Fließpunkt abhängt. Die Harze sind in Alkalien und polaren organischen Lösungsmitteln löslich.

Nach zahlreichen Versuchen gelang es in Zusammenarbeit mit dem Institut für Chemie und Technologie der Plaste, Leipzig, und dem VEB Plasta Erkner aus Alkalilignin-Phenol-Novolaken Preßmassen und Preßlinge herzustellen, die den Normwerten des Bakelittyp 31 gerecht werden. Lediglich die Schlagzähigkeitswerte liegen etwas unter dem Mindestwert.

Eine weitere große Einsatzmöglichkeit von Alkalilignin-Novolaken besteht in der Verwendung als Sandbindemittel für Gußformen [11]. Die Gießereiindustrie verwendet für das Formmaskenverfahren (CRONING-Verfahren [12]) Reinphenol- oder Phenol-Kresol-Harze, die fein gemahlen mit Sand und Hexamethylentetramin gemischt in Dauerformen bei erhöhter Temperatur gehärtet werden. Beim Schütten in die Formen tritt teilweise wieder Entmischung ein und damit Erhöhung der Ausschußquote. Dieser Nachteil ist durch eine feuchte Harzumhüllung zu beheben. Hierfür kommt die Harzschmelze, d. h. Umhüllung bei höherer Temperatur, oder Harzlösung [13], deren Lösungsmittel leicht zu entfernen ist, in Frage.

Beide Möglichkeiten wurden für den Einsatz von Alkalilignin-Novolaken untersucht. Nach zahlreichen Versuchsreihen im Labormaßstab wurde die Harzherstellung und Sandumhüllung unter den erarbeiteten optimalen Bedingungen in den halbtechnischen Maßstab übertragen. Im

VEB Plasta Erkner wurden 200 kg Alkaliligninharz hergestellt, mit dessen 50%iger methanolischer Lösung etwa 4 t Formsand im VEB Stahlgießerei Elstertal und im VEB Nähmaschinenwerk Wittenberge umhüllt werden konnten. Die hergestellten Kerne und Masken zeigten zufriedenstellende Eigenschaften. Der Abguß verlief normal, und die Gußstücke wiesen einwandfreie Oberflächen auf. Die von der Technik geforderte Biegefestigkeit von ca. 40–50 kg/cm^2 wird bisher von Sanden mit 5% Reinphenol-Harzen erreicht. Die Werte mit der gleichen Menge Alkalilignin-Harz liegen bei 70 kg/cm^2, so daß in weiteren Versuchen der Harzgehalt auf 3,5% gesenkt werden konnte, ohne daß die Normwerte unterschritten wurden. Ein weiterer Vorteil der Alkalilignin-Harze ist neben der 40%igen Phenoleinsparung, die sich aus der Technologie des Harzes ergibt, daß die beim Gießen entstehenden Gase keine Phenole enthalten, wie es bei Reinphenolharzen der Fall ist und zu Gesundheitsschädigungen führen kann (Phenolkrätze).

b) Alkalilignin-Phenol-Resole

Da für die Herstellung von Formmasken nicht der gesamte Anfall an Alkalilignin untergebracht werden kann, wurden Versuche zur Herstellung von Alkalilignin-Phenol-Resolen durchgeführt, die als Bindemittel für Hartfaserplatten Verwendung finden können. In umfangreichen Versuchsreihen wurden die günstigsten Herstellungsbedingungen ermittelt. Die erste Kondensationsstufe zum Phenolalkalilignin-Kondensat wurde wie oben geschildert durchgeführt und mit 1,5 Mol Formaldehyd und 0,3 Mol Natronlauge 25 Min. bei 100 °C weiter kondensiert.
Die Prüfung solcher Alkalilignin-Resole auf ihre technische Eignung ist im Institut für Holztechnologie und Faserbaustoffe, Dresden, Direktor Prof. Dr. FLEMMING, vorgenommen worden. Die erhaltenen Werte, auch die einer größeren Serie eines halbtechnischen Harzansatzes, waren den bisher verwendeten handelsüblichen Kresolharzen äquivalent. Auch hier würde der Einsatz von Alkalilignin für Resole 40% Phenoleinsparung bedeuten.

IV. Alkalilignin-Xylenolharze

Da der Hartfaserplattenindustrie keine Reinphenole zur Verfügung stehen, versuchten wir die Harzherstellung aus Alkalilignin auf andere technische Phenole auszudehnen. Harze, die aus Alkalilignin und Xylenol unter den bisher erarbeiteten Bedingungen hergestellt waren, erfüllten jedoch nicht die technischen Forderungen. Nach gründlichem Studium der ersten Kondensationsstufe [14], d. h. der Bildung des Alkalilignin-Xylenol-Kondensats, ergab sich, daß der Kondensationsgrad im Gegensatz zur Kondensation mit Phenol stark von der eingesetzten Xylenolmenge abhängt. Bei einem Molverhältnis Alkalilignin: Xylenol wie 1 : 10 wurde ein Mol Xylenol pro Baustein gebunden. Es lag daher die Vermutung nahe, daß das Lignin nur mit den reaktionsfähigsten Bestandteilen des technischen Xylenolgemisches reagiert. Drei- bis fünfmaliger Einsatz des redestillierten überschüssigen Xylenols erbrachte gleiche Kondensate, d. h. eine Verarmung an reaktionsfähigen Komponenten konnte nicht festgestellt werden. Eine restlose Klärung dieses Problems dürfte aber erst nach sehr oft wiederholter Verwendung des wiedergewonnenen Xylenols möglich sein.

Resole aus Alkalilignin-Xylenol-Kondensaten nach den neu ermittelten Versuchsbedingungen erwiesen sich für den Einsatz zu Hartfaserplatten als brauchbar; jedoch stehen hier noch halbtechnische Versuche aus. Auf die gleiche Weise hergestellte Vorkondensate lassen sich mit Formaldehyd im sauren Medium zu Novolaken umsetzen, die wie die Alkalilignin-Phenol-Novolake als Sandbindemittel gute Eigenschaften aufweisen. Die Verarbeitung solcher Novolake zu Preßmassen wird noch untersucht. Eine technische Verwertung dieser Harze würde 100%ige Phenolersparnis bedeuten.

Herrn Prof. RIECHE danke ich für die Anregung dieser Arbeit und die ständige Anteilnahme und Förderung.

Literaturverzeichnis

[1] Übersicht: Ullmanns Encyklopädie der technischen Chemie, 3. Aufl. Verlag Urban & Schwarzenberg, München, Berlin 1960.
[2] RIECHE, A., Sonderdruck, Referat z. Tagung Chem. Ges. DDR Leipzig 1953; RIECHE, A., Angew. Chem. *66*, 152 (1954); RIECHE, A., und A. GNÜCHTEL, Plaste und Kautschuk *1*, 36 (1954); RIECHE, A., und A. GNÜCHTEL, DWP 3232, F. P. 877702, DWP 3346, It. Pat. 403963.
[3] RIECHE, A., und GNÜCHTEL, A., DWP 2547; s. auch [2].
[4] RIECHE, A., A. GNÜCHTEL und K. JUNGHANS, DWP 11150; K. JUNGHANS, Diplomarbeit, Jena 1956.
[5] BROCKMANN, H., und G. MEYER, Ber. dt. chem. Ges. *86*, 1514 (1953).
[6] BJÖRKMAN, A., Nature *179*, 1057 (1954), Svensk Papperstidn. *60*, 158, 243, 285, 329 (1957).
[7] SCHRAUTH, W., und K. QUASEBARTH, Ber. dt. chem. Ges. *57*, 8, 54 (1924); FUCHS, W., J. amer. chem. Soc. *58*, 673 (1936); BRAUNS, F. E., und D. A. BRAUNS, The Chemistry of Lignin, Ergänzungsband, Verlag Academic Press, New York and London 1960 S. 477ff.
[8] FREUDENBERG, K., Biochem. Ann. *8*, 103 (1939).
[9] PUMMERER, R., Ber. dt. chem. Ges. *52*, 1414 (1919).
[10] RIECHE, A., und L. REDINGER, Plaste und Kautschuk, im Druck.
[11] RIECHE, A., und L. REDINGER, DWP 22048; L. REDINGER Dissertation, Berlin 1959.
[12] CRONING, J., DBP 932323.
[13] APEL, A., und N. RUPP, DBP 914432.
[14] LINDENHAYN, K., Diplomarbeit, Berlin 1961.

Eingegangen: 27. Oktober 1961

FSC
www.fsc.org
MIX
Papier | Fördert
gute Waldnutzung
FSC® C083411

Kolibri 360 GmbH
Ferdinand-Jühlke-Straße 7
99095 Erfurt, Deutschland
produktsicherheit@kolibri360.de